Ihre Arbeitshilfen zum Download:

Die folgenden Arbeitshilfen stehen für Sie zum Download bereit:

- Vorlage: SWOT-Analyse
- Vorlage: Dokumentation der eigenen Biographie
- Arbeitsblätter & Aktionspläne: Identifikation eigener Ressourcen
- Arbeitsblätter: Analyse zu Sinn und Lebensmotiven
- Arbeitsblätter: Analyse der eigenen Werte
- Informationen und Links zur Analyse des Persönlichkeitsprofils

Den Link sowie Ihren Zugangscode finden Sie am Buchanfang.

Resilienz in der Unternehmensführung

Karsten Drath

Resilienz in der Unternehmensführung

Was Manager und ihre Teams stark macht

Karsten Drath

1. Auflage

Haufe Gruppe
Freiburg · München

Bibliografische Information der Deutschen Nationalbibliothek
Die Deutsche Nationalbibliothek verzeichnet diese Publikation in der Deutschen Nationalbibliografie; detaillierte bibliografische Daten sind im Internet über http://dnb.dnb.de abrufbar.

Print ISBN: 978-3-648-04947-1 Bestell-Nr. 01069-0001
EPUB ISBN: 978-3-648-04948-8 Bestell-Nr. 01069-0100
EPDF ISBN: 978-3-648-04949-5 Bestell-Nr. 01069-0150

Karsten Drath
Resilienz in der Unternehmensführung
1. Auflage 2014

© 2014 Haufe-Lexware GmbH & Co. KG, Freiburg
www.haufe.de
info@haufe.de
Produktmanagement: Anne Lennartz

Lektorat: Nicole Jähnichen, www.textundwerk.de
Satz: kühn & weyh Software GmbH, Satz und Medien, 79110 Freiburg
Umschlag: RED GmbH, 82152 Krailling
Druck: fgb · freiburger graphische betriebe, 79108 Freiburg

Alle Angaben/Daten nach bestem Wissen, jedoch ohne Gewähr für Vollständigkeit und Richtigkeit. Alle Rechte, auch die des auszugsweisen Nachdrucks, der fotomechanischen Wiedergabe (einschließlich Mikrokopie) sowie der Auswertung durch Datenbanken oder ähnliche Einrichtungen, vorbehalten.

Inhaltsverzeichnis

Vorwort von Dr. Joachim Faber		17
Vorwort von Dr. Stefan Seiss		19
Vorwort von Clas Neumann		21
Vorwort von David Altman		23
Vorwort von Gilbert Probst		27
1	**Resilienz – eine erste Annäherung**	**31**
1.1	Research is „Me-Search"	32
1.2	Resilienzforschung	34
1.3	Missverständnisse, Mythen und Märchen	38
1.4	Die Bedeutung von Sinn	39
1.5	Werte geben Sinn	41
1.6	Die Haltung macht den Unterschied	42
2	**Woran Executives scheitern**	**43**
2.1	Manager unter Druck	43
2.2	Es geht um alles	45
	2.2.1 Psychisch krank?	47
	2.2.2 Auswirkungen auf die Unternehmen	49
2.3	Eine Bestandsaufnahme: Wie sieht es in Ihrem Leben aus?	49
	2.3.1 Karriere	50
	2.3.2 Partnerschaft	50
	2.3.3 Freunde und Familie	51
	2.3.4 Engagement	51
	2.3.5 Persönliche Entwicklung	52
	2.3.6 Gesundheit und Körper	52
	2.3.7 Sinn	53
	2.3.8 Geld	53
2.4	Resilient oder tough?	56
2.5	Wege in den Burn-out: von Narzissten und Jeanne d'Arcs	58
	2.5.1 Narzissten	58
	2.5.2 Idealisten	59

Inhaltsverzeichnis

2.6	Entgleiste Executives	61
	2.6.1 Emotionen im Business	62
	2.6.2 Warum entgleisen Manager?	63
	2.6.3 Executive Derailers	66
	2.6.3.1 Übermäßige Arroganz	67
	2.6.3.2 Übermäßiger Hang zur Dramatik	68
	2.6.3.3 Übermäßige Sprunghaftigkeit	68
	2.6.3.4 Übermäßige Vorsicht	69
	2.6.3.5 Übermäßiges Misstrauen	70
	2.6.3.6 Übermäßige Distanziertheit	70
	2.6.3.7 Übermäßige Akzeptanz von Risiken	71
	2.6.3.8 Übermäßige Exzentrik	72
	2.6.3.9 Übermäßiger Hang zu passiv-aggressivem Verhalten	72
	2.6.3.10 Übermäßiger Perfektionismus	73
	2.6.3.11 Übermäßige Tendenz gefallen zu wollen	74
	2.6.3.12 Welche Eigenschaften treffen auf Sie zu?	74
	2.6.4 Derailer und Resilienz	75
	2.6.5 Derailer und Persönlichkeitsstörungen	76
2.7	Zu viel Resilienz – Psychopathen auf der Chefetage	77
	2.7.1 Was ist Psychopathie?	79
	2.7.2 Ursachen und Symptome von Persönlichkeitsstörungen	81
	2.7.3 Empfindsam, resilient, psychopathisch	82
	2.7.4 Psychopathie und Erfolg	83
	2.7.4.1 Steve Jobs und das Reality Distortion Field	84
	2.7.4.2 Larry Ellison und Gott	85
	2.7.4.3 Richard Fuld und die Finanzkrise	85
	2.7.4.4 Didier Lombard und die „Selbstmord-Mode"	86
3	**Resilienz und Unternehmensführung**	**89**
3.1	Management, Leadership und Resilienz	91
	3.1.1 Resilienzfördernde Führung macht erfolgreich	94
	3.1.2 Was lässt sich von erfolgreichen Unternehmen lernen?	95
	3.1.2.1 Erfolgreiche Chefs managen Polaritäten	97
	3.1.2.2 Sind erfolgreiche Chefs resiliente Chefs?	98
3.2	Was macht Resilienz aus?	101
	3.2.1 Starr oder flexibel?	103
	3.2.2 Sense of Coherence	104
	3.2.3 Die Kinder von Kauai	106
3.3	Die Sphären individueller Resilienz	110
	3.3.1 Das Sphären-Modell: Herleitung und Abgrenzung	112
	3.3.2 Persönlichkeit	114

3.3.2.1	Was hat Persönlichkeit mit Resilienz zu tun?	117
3.3.2.2	Exkurs: Persönlichkeitspsychologie	118
3.3.2.3	Die Big Five-Persönlichkeitsfaktoren	123
3.3.2.4	Big Five und Resilienz	126
3.3.2.5	Reiss Motivation Profile	128
3.3.2.6	Resilience Factor Inventory	132
3.3.2.7	„Rohe" und „erarbeitete" Resilienz	134
3.3.2.8	Löwenzahn und Orchideen	135
3.3.3	Biographie	137
3.3.3.1	Unsere Vergangenheit prägt unsere Zukunft	139
3.3.3.2	Wie funktioniert das Gedächtnis?	141
3.3.4	Haltung	143
3.3.4.1	Selbstverantwortung	145
3.3.4.2	Disziplin und Impulskontrolle	147
3.3.4.3	Innere Führung	148
3.3.4.4	Realistischer Optimismus	149
3.3.4.5	Gesunde Distanz	150
3.3.5	Ressourcen	153
3.3.5.1	Wurzeln	155
3.3.5.2	Flügel	157
3.3.6	Hirn-Körper-Achse	159
3.3.6.1	Achtsamkeit	161
3.3.6.2	Buddhismus „light"	162
3.3.6.3	Somatische Marker	163
3.3.7	Beziehungen / Authentizität	166
3.3.7.1	Was ist Authentizität?	167
3.3.7.2	Critical Leader Relationships	169
3.3.8	Sinn	172
3.3.8.1	Sinn kommt von suchen	173
3.3.8.2	Die Bausteine von Sinn	174
3.3.8.3	Werte als kleinere Einheit von Sinn	176
3.3.9	Eine Inventur: Was macht Ihre Resilienz aus?	178
3.3.9.1	Persönlichkeit	178
3.3.9.2	Biographie	179
3.3.9.3	Haltung	179
3.3.9.4	Ressourcen	180
3.3.9.5	Hirn-Körper-Achse	180
3.3.9.6	Beziehung / Authentizität	181
3.3.9.7	Sinn	181
3.4	Von individueller Resilienz zum Resilienzfeld	182
3.4.1	Die Bedeutung von Arbeit für unser Leben	186
3.4.2	Was beeinflusst das Resilienzfeld in Unternehmen?	187

Inhaltsverzeichnis

	3.4.3	Executive Teams und das Resilienzfeld	189
	3.4.4	Eng verwandt: Organisationale Energie	190
3.5	Die Ebenen des Resilienzfeldes		194
	3.5.1	Herleitung der Ebenen	197
	3.5.2	Zusammensetzung	198
	3.5.3	Lernfähigkeit	200
	3.5.4	Vertrauen und Unterstützung	201
	3.5.5	Konfliktfähigkeit	202
	3.5.6	Commitment	204
	3.5.7	Accountability	205
	3.5.8	Sinn und Identität	206
4	**Neurobiologie, Wohlbefinden und Stress**		**209**
4.1	Hirnforschung – Hype oder Heilsbringer?		209
	4.1.1	Das Gehirn ist einzigartig und veränderbar	211
	4.1.2	Das Gehirn strebt nach Wohlbefinden und Schmerzvermeidung	213
	4.1.3	Im Gehirn dirigiert das Unbewusste das Bewusste	216
	4.1.4	Das Gehirn strebt nach Stimmigkeit	219
	4.1.5	Das Gehirn trennt nicht zwischen Fakten und Emotionen	220
	4.1.6	Aufbau und Entstehung der wesentlichen Bestandteile des Gehirns	222
4.2	Funktion und Wirkungsweise von Stress		226
	4.2.1	Wie funktioniert Stress?	227
	4.2.1.1	Das „klassische" Stress-System	228
	4.2.1.2	Das „diffuse" Stress-System	229
	4.2.2	Stress und dessen Auswirkung auf Resilienz	231
	4.2.3	Erklärungsmodelle für die Wirkung von Stress	233
	4.2.3.1	Effort-Reward-Modell (nach Siegrist)	233
	4.2.3.2	Transaktionales Stress-Modell (nach Lazarus)	234
	4.2.4	Stress ist messbar	236
	4.2.4.1	Stressfaktoren des Resilienzfeldes	237
	4.2.4.2	Messung des individuellen Stresslevels	240
	4.2.4.3	Stress und Speichel bzw. Urin	240
	4.2.4.4	Stress und Blut	241
	4.2.4.5	Stress und Puls	241
4.3	Resilienzfördernde Führung aus Sicht der Hirnforschung		243
	4.3.1	Zugehörigkeit & Verbundenheit	246
	4.3.2	Wachstum & Entwicklung	247
	4.3.3	Selbstwert & Status	248
	4.3.4	Orientierung & Kontrolle	249
	4.3.5	Autonomie & Selbstwirksamkeit	250
	4.3.6	Fairness & Angemessenheit	251
	4.3.7	Kongruenz der Grundbedürfnisse	253

5	**Lebenswandel, Psyche und Gesundheit**	**255**
5.1	Das Projekt „Langes Leben"	255
	5.1.1 Wohlbefinden & Schmerzvermeidung	257
	5.1.2 Zugehörigkeit & Verbundenheit	257
	5.1.3 Wachstum & Entwicklung	258
	5.1.4 Selbstwert & Status	258
	5.1.5 Orientierung & Kontrolle	259
	5.1.6 Autonomie & Selbstwirksamkeit	259
	5.1.7 Fairness & Angemessenheit	261
5.2	Psyche, Hirn und Immunsystem	262
	5.2.1 Funktionsweise des menschlichen Immunsystems	263
	5.2.2 Wechselwirkungen zwischen Psyche und Immunsystem	265
	5.2.2.1 Langanhaltender Disstress macht krank	266
	5.2.2.2 Vorübergehender Eustress ist gesund	267
	5.2.2.3 Placeboeffekt: Wenn der Glaube Berge versetzt	267
	5.2.3 Resilienz und Immunsystem	268
	5.2.3.1 Persönlichkeit	269
	5.2.3.2 Biographie	272
	5.2.3.3 Innere Haltung	273
	5.2.3.4 Ressourcen	275
	5.2.3.5 Hirn-Körper-Achse	276
	5.2.3.6 Vertrauensvolle, authentische Beziehungen	278
	5.2.3.7 Sinn	279
5.3	Geist, Gesundheit und Gene	280
	5.3.1 Das menschliche Genom	281
	5.3.1.1 Identifizierte Gen-Komplexe	283
	5.3.2 Epigenetik: die Lehre vom „zweiten Code"	286
	5.3.2.1 Wie der „zweite Code" funktioniert	287
	5.3.2.2 Die Erkenntnisse der Epigenetik	288
	5.3.2.3 Können epigenetische Marker vererbt werden?	289
6	**Was gefährdet Resilienz?**	**291**
6.1	Schutzfaktoren und Risikofaktoren	293
6.2	Gesellschaftliche Faktoren: Leben in der VUKA-Welt	294
	6.2.1 Volatilität	295
	6.2.1.1 Die prägende Rolle des Kapitalmarkts	297
	6.2.1.2 Die antreibende Rolle der Technologie	298
	6.2.2 Unsicherheit	300
	6.2.3 Komplexität	303
	6.2.3.1 Exkurs: Komplexitätsmanagement	304
	6.2.3.2 Kopf und Bauch	306
	6.2.4 Ambiguität	306

Inhaltsverzeichnis

6.3		Organisationale Faktoren	308
	6.3.1	Problematische Unternehmensenergie	309
	6.3.1.1	Beschleunigungsfalle	310
	6.3.1.2	Unternehmenskorrosion	311
	6.3.1.3	Resignative Lähmung	313
	6.3.2	Dysfunktionale Führung	314
	6.3.3	Schlechtes Klima	316
6.4		Individuelle Faktoren	317
	6.4.1	Überzogene Erwartungen	318
	6.4.2	Die Macht der Glaubenssätze	319
	6.4.3	Das Phänomen „Insecure Overachiever"	320
	6.4.4	Identifikation oder Verschmelzung?	322
	6.4.5	Manager als Opfer	323
6.5		Die Folgen fehlender Resilienz	324
	6.5.1	Von Neurasthenie zu Burn-out	326
	6.5.2	Streit um Zahlen	328
	6.5.3	Doping für die Arbeit	330
7		**Wie lässt sich Resilienz fördern?**	**333**
7.1		CSF: Das größte Resilienz-Programm der Welt	335
	7.1.1	Die Ergebnisse des CSF-Programms	338
	7.1.2	Kritische Stimmen	339
7.2		Die eigene Resilienz verbessern	340
	7.2.1	Gleiches Ziel, unterschiedliche Gründe	340
	7.2.2	Seelisches Krafttraining	342
	7.2.3	Arbeit auf verschiedenen Ebenen	343
	7.2.4	Die Ebene „Persönlichkeit"	343
	7.2.4.1	Big Five Persönlichkeitsfaktoren	343
	7.2.4.2	Resilience Factor Inventory	344
	7.2.4.3	SWOT-Analyse der Persönlichkeit	345
	7.2.5	Die Ebene „Biographie"	347
	7.2.5.1	Die eigene Geschichte erzählen	347
	7.2.5.2	Entwicklungsaufgaben erkennen	349
	7.2.5.3	Glaubenssätze transformieren	351
	7.2.6	Die Ebene „Haltung"	355
	7.2.6.1	Selbstverantwortung stärken	355
	7.2.6.2	Disziplin & Impulskontrolle üben	357
	7.2.6.3	Innere Führung übernehmen	360
	7.2.6.4	Realistischen Optimismus praktizieren	363
	7.2.6.5	Gesunde Distanz einnehmen	365
	7.2.7	Die Ebene „Ressourcen"	368

	7.2.7.1 Unterschiedliche Arten von Ressourcen	369
	7.2.7.2 Tools	370
	7.2.7.3 Aktionsplan	372
	7.2.8 Die Ebene „Hirn-Körper-Achse"	376
	7.2.8.1 Einstellung zum Körper überprüfen	376
	7.2.8.2 Feedback vom Körper einholen	380
	7.2.8.3 Achtsamkeit üben	382
	7.2.9 Die Ebene „Beziehungen/Authentizität"	383
	7.2.9.1 Critical Leader Relationships	384
	7.2.9.2 Bestandsaufnahme und Aktionsplan	385
	7.2.10 Die Ebene „Sinn"	386
	7.2.10.1 Was Sterbende bedauern	387
	7.2.10.2 Was gibt Ihnen Sinn?	388
	7.2.10.3 Was sind Ihre Werte?	390
	7.2.11 Leben Sie Ihre Werte?	392
7.3	Zielgerichtete Beratungsformate	394
	7.3.1 Die Basis: das Modell „Leadership Choices"	397
	7.3.1.1 Die Phase „Awareness"	398
	7.3.1.2 Die Phase „Plan"	398
	7.3.1.3 Die Phase „Choicepoints"	398
	7.3.1.4 Die Phase „Integration"	399
	7.3.1.5 Die Phase „Results"	399
	7.3.1.6 Die Ebenen „Micro" und „Macro"	399
	7.3.2 Executive Resilience	400
	7.3.3 Organizational Resilience	401
7.4	Das Resilienzfeld verbessern	403
	7.4.1 Resilienzfeld beeinflusst Leistung	405
	7.4.2 Stellhebel auf verschiedenen Ebenen	406
	7.4.3 Zusammensetzung	408
	7.4.3.1 Kulturelle Analyse	410
	7.4.3.2 Bewertung der kulturellen Passung	412
	7.4.4 Lernfähigkeit	414
	7.4.4.1 Kulturelle Analyse	415
	7.4.4.2 Führungskräfte- und Mitarbeiterentwicklung	416
	7.4.5 Vertrauen, Konfliktfähigkeit und Commitment	418
	7.4.5.1 Kulturelle Analyse	419
	7.4.5.2 Team-Entwicklung	421
	7.4.6 Accountability, Sinn & Identität	426
	7.4.6.1 Kulturelle Analyse	426
	7.4.6.2 Entwicklung von Leitbildern	429
	7.4.6.3 Pilotierung von Leitbildern	431
	7.4.6.4 Rollout von Leitbildern	433

7.5	Resilienzorientierte Führung	434
	7.5.1 Der resilienzorientierte Führungsstil	435
	7.5.1.1 Resilienzorientierte Führung = Gute Führung	435
	7.5.1.2 Konzeptionelle Wurzeln	437
	7.5.2 Die Prinzipien resilienzorientierter Führung	439
	7.5.2.1 Die Regeln der VUKA-Welt verstehen	439
	7.5.2.2 Polaritäten erkennen und managen	441
	7.5.2.3 Die innere Haltung optimieren	442
	7.5.2.4 Resilienz und Resilienzfeld managen	443
	7.5.3 Die Erkenntnisse der Forschung nutzen	445
	7.5.3.1 Grundregeln resilienzorientierter Führung	445
	7.5.3.2 Neurobiologische Grundbedürfnisse	446

Danksagung   449

Über den Autor   450

Über Leadership Choices   450

Literaturverzeichnis   451

Stichwortverzeichnis   460

Für Eckart

Vorwort von Dr. Joachim Faber

Die letzten sieben Jahre seit der amerikanischen Finanzkrise, der europäischen Staatsschuldenkrise und der darauf folgenden weltweiten Wirtschaftskrise haben die Entscheider in Politik und Wirtschaft in besonderer Weise ins Rampenlicht treten lassen. Die krisenhafte Zuspitzung der Weltwirtschaft gemeinsam mit den immer stärker ins Bewusstsein tretenden Herausforderungen des Klimawandels, der Ressourcenknappheit und der Megacitys fordert Persönlichkeiten, die einem breiteren Anforderungsspektrum gerecht werden müssen als ihre Kollegen noch vor wenigen Jahrzehnten. Kurzfristiges, rein opportunistisch getriebenes Denken und Handeln führt in solch einem komplexen und volatilen Umfeld mittelfristig zumeist zu einer Verschlechterung der Situation. Sinnvoll sind hingegen eine faktenbasierte, nüchterne und vor allem unabhängige Bewertung der Situation und ein langfristiger Kurs, der sich daraus ableitet. Dies erfordert Rückgrat von Entscheidern, denn es mag dazu führen, dass man Chancen auslassen muss und die Performance kurzfristig leidet. Aber diese Geradlinigkeit bringt langfristig deutlich die positiveren Effekte mit sich.

Die neue Welt und die dafür benötigte Art der Führung beleuchtet Karsten Drath in diesem gelungenen Buch. Ausgehend von den Dynamiken der Finanzmärkte schildert er anschaulich die Auswirkungen auf gesellschaftliche und wirtschaftliche Zusammenhänge und auch die Konsequenzen, die dies für heutige Entscheider hat. Basierend auf der Analyse langfristig erfolgreicher Unternehmen leitet er ein Führungsverständnis ab, das nachhaltige Entwicklung ebenso im Blick hat wie die Grundbedürfnisse des Mitarbeiters, der gut geführt werden will. Interessant ist dieses Buch vor allem, weil es sachkundig und lesenswert einen weiten Bogen über viele Wissensbereiche spannt und konsequent aus der Perspektive von Entscheidern geschrieben ist. Besonders gefallen hat mir das Zitat von Alfred Herrhausen „Wer sich selbst nicht zu führen versteht, kann auch andere nicht führen", das voll und ganz meine Überzeugung widerspiegelt. Selbstführung, Haltung, Disziplin und innere Widerstandsfähigkeit gekoppelt mit einer klaren Vision und fest verankerten Werten sind Tugenden, die Führungskräfte heute mehr denn je brauchen.

Vorwort von Dr. Joachim Faber

Die Fähigkeit, sich mit der eigenen Gefühls- und Gedankenwelt auseinanderzusetzen und diese zu steuern, ist sicherlich eine wesentliche Kompetenz, die jeder Manager heute braucht. Karsten Drath zeigt in seinem Buch ein nachvollziehbares Modell auf, das dabei helfen kann, diese Fähigkeit in Führungskräften zu stärken ohne dabei zu sehr zu psychologisieren. Das Buch des Executive Coachs Karsten Drath ist durchaus interessant und inspirierend. Eine gelungene Lektüre, die ich jedem Entscheider nur empfehlen kann.

Dr. Joachim Faber

Aufsichtsratsvorsitzender der Deutschen Börse AG

Ehemaliger CEO der Allianz Asset Management

Vorwort von Dr. Stefan Seiss

Seit knapp 20 Jahren arbeite ich für Coca-Cola in der Supply Chain — einer Industrie, die nicht umsonst Fast Moving Consumer Goods heißt. Marketingkampagnen, Wetter, Großereignisse — all dies hat einen unmittelbaren Einfluss, welche Produkte wir in welcher Menge und Verpackung am richtigen Ort haben müssen. Doch damit nicht genug: Hinzu kommen gesetzliche Rahmenbedingungen, sich verändernde Rohstoffkosten, neue Anforderungen unserer Kunden und Konsumenten. Gleichzeitig wollen wir besser werden — unsere Produktivität und Kosteneffizienz steigern. Im Ergebnis sind viele alltägliche Entscheidungen so komplex und abhängig von anderen Faktoren, dass in der Regel nicht alle Informationen vorliegen, um daraus immer eindeutige Aktionen ableiten zu können. Entscheidungen unter Unsicherheit sind der Regelfall und führen mitunter zu großem Druck.

Wir bei Coca-Cola sind zum einen sehr mit unserer Marke verbunden und zum anderen überzeugt davon, dass die Welt den konstruktiv Unzufriedenen gehört. Mit dieser Einstellung versuchen wir, immer wieder das Bestehende kritisch zu hinterfragen und zu optimieren. Das erfordert ein hohes Maß an geistiger Flexibilität und emotionaler Stabilität von allen, denn jeder kann morgen gefordert sein, Veränderungen umzusetzen oder mitzutragen. Manche tun sich damit von Natur aus leichter als andere. Hier hat mir die Lektüre von „Resilienz in der Unternehmensführung" vieles verdeutlicht. Das Buch beschreibt einleuchtend und nachvollziehbar, warum manche Menschen einfacher mit Veränderungen und Rückschlägen klarkommen als andere. Es beschreibt auch, welche anderen Faktoren, wie beispielsweise die innere Haltung, zur inneren Widerstandskraft beitragen. Diese Erkenntnisse kann ich aus eigener Anschauung absolut bestätigen. Das Konzept der Resilienz ist wahrscheinlich **die** Schlüsselkompetenz für Führungskräfte in der heutigen Zeit.

Ich bin davon überzeugt, dass die Fähigkeit, die eigene innere Widerstandsfähigkeit bewusst zu stärken, zukünftig von immer größerer Bedeutung sein wird. Das Modell „Executive Resilience", das Karsten Drath in diesem Buch vorstellt, verdient tatsächlich die Bezeichnung ganzheitlich. Und ich kann außerdem aus eigener Erfahrung bestätigen, dass die Arbeit mit diesem Modell funktioniert, denn Karsten Drath ist seit zwei Jahren mein Coach. In unserer Zusammenarbeit hilft er mir, meine eigenen Muster in Bezug auf Veränderungen besser zu verstehen und meine Fähigkeit zur Selbststeuerung zu verbessern. Das hilft mir unter anderem dabei, meine Organisation besser zu führen und eine gute Balance für mich zu finden. Heutzutage ist es völlig normal, sich immer wieder gegenseitig herauszufordern und sich durchaus viel zuzumuten, so wie eine Fußballmannschaft im Trainingslager auch

Vorwort von Dr. Stefan Seiss

immer versucht besser zu werden. Karsten Drath unterscheidet in seinem Buch „unreflektierte Härte" und „bewusste Disziplin". Diese Differenzierung ist sehr wichtig, wenn es darum geht, ein Team oder eine Organisation zu fordern ohne sie zu überfordern. Das Buch ist von einem Praktiker geschrieben, der die dünne Luft an der Spitze aus eigener Erfahrung kennt. Gleichzeitig steckt das notwendige Maß an Theorie in diesem Buch, die allerdings leicht verständlich und nachvollziehbar erläutert wird. Wichtig finde ich vor allem auch die konkreten Hinweise zu einer resilienzorientierten Führung und zur Verbesserung der Arbeitsatmosphäre. Alles in allem habe ich viel durch die Lektüre dieses Buches gelernt.

Dr. Stefan Seiss

Vorstand Supply Chain

Coca-Cola Erfrischungsgetränke AG

Vorwort von Clas Neumann

Wir bewegen uns in einer globalen Arbeitswelt, die auf bisher ungeahnte Weise Menschen über Kontinente und Zeitzonen hinweg in Teams zusammenbringt. Mobilität ist dabei nicht nur ein Thema von Reisen und Meetings in fernen Ländern, sondern sie umfasst auch die persönliche Agilität, also das innere Einlassen auf andere Kulturen. Die Zusammenarbeit in virtuellen Teams, ständige Erreichbarkeit und schnelle Taktung gehören ebenfalls dazu. Agilität verlangt ständige Weiterbildung, wie z. B. das Erlernen neuer Technologien, die die Art und Weise verändern, wie wir miteinander kommunizieren und zusammenarbeiten. Agilität übersteigt dabei in ihrer Bedeutung heute die Erfahrung, die es braucht, um einen Job besonders routiniert erledigen zu können. Vielmehr gilt es in der heutigen Managementrealität, die Notwendigkeit zur ständigen Weiterentwicklung und Veränderung positiv anzunehmen und mitzugestalten. Agile und resiliente Manager sind daher in der Lage, Veränderungen früh zu erkennen und diese aktiv für sich zu nutzen.

Das Thema Resilienz, also die Fähigkeit auf Druck und Stress positiv agieren zu können, spielt dabei eine entscheidende Rolle. Durch die sich immer schneller verändernde Umwelt kommt es fast zwangsläufig zu ungewohnten Situationen, in denen der empfundene Druck zunimmt oder die Unsicherheit wächst. Daher ist die Fähigkeit, mit Unsicherheit und Druck umzugehen, heute ein ganz entscheidender Karrierefaktor, da sonst aus Stress und gefühltem Kontrollverlust schnell Panik wird, die dann sehr schnell zu folgeschweren Fehlentscheidungen führt. Aus meiner langjährigen Erfahrung als Führungskraft weiß ich, dass gerade im internationalen Umfeld Resilienz einen großen Unterschied macht zwischen erfolgreichen Managern und denen, deren Bereiche in Schwierigkeiten kommen. Gerade von Führungskräften wird erwartet, in kritischen Situationen Druck rauszunehmen und nicht einfach nach unten „durchzureichen". Das bedeutet nicht, Dinge rosarot zu sehen, zu beschönigen oder gar die Unwahrheit zu berichten. Übergroßer Optimismus als Reaktion auf Schwierigkeiten ist gerade in der IT-Industrie der Hauptgrund für das Misslingen vieler Initiativen. Diese scheitern dabei nicht aufgrund der mangelnden Erfahrung oder Intelligenz des verantwortlichen Managers, sondern schlicht aufgrund von extremen Verhaltensweisen, die auf übermäßiger Angst, unbegründeter Zuversicht oder einer falschen Risikoabwägung beruhen und die Führungskräfte zum Entgleisen bringen. Resiliente Manager haben dagegen die Fähigkeit entwickelt, ihre Emotionen zu steuern und so auch in kritischen Situationen souverän und reflektiert zu bleiben.

Vorwort von Clas Neumann

Warum also dieses Buch über Resilienz? Die gute Nachricht ist: Resilienz ist nicht nur denjenigen Führungskräften vorbehalten, die eine Begabung dafür haben, sie ist auch erlernbar. Karsten Drath hat in dem vorliegenden Buch nicht nur den Stand der Wissenschaft zum Thema Resilienz anschaulich zusammengefasst, sondern gibt auch klare Handlungsanweisungen, wie eine bessere Resilienz entwickelt werden kann. Er nimmt dabei nicht nur auf Literatur Bezug, sondern schöpft aus dem reichen Schatz seiner langjährigen Erfahrung als Coach von Hunderten von Führungskräften. Daher ist sein Buch eine hervorragende Kombination aus Theorie und Praxis, die vor allem für Manager und Führungskräfte von hoher Relevanz ist. Denn Drath beschreibt nicht nur, er hält uns auch den Spiegel vor — und mit manchmal erschreckender Klarheit erkennen wir, dass wir mitnichten so perfekt sind, wie wir gelegentlich zu sein glauben, und dass unsere Fähigkeit zu Resilienz ebenso noch ausbaufähig ist.

Karsten Draths Buch ist meiner Ansicht nach eine sehr schlüssige und ernstzunehmende Anleitung, um in entscheidenden Momenten Kraft und Ruhe nicht nur auszustrahlen, sondern diese auch wirklich zu besitzen. Es hilft, ein starker Manager zu werden, der sowohl souverän als auch selbstreflektiert agiert. Ganz bewusst richtet sich Drath aber auch an zukünftige Führungskräfte, die die richtigen Techniken erlernen wollen (oder müssen), um auf dem Weg „nach oben", oder besser noch, auf dem Weg in eine erfüllte, verantwortungsvolle Aufgabe, nicht zu entgleisen.

Als Führungskraft, die selbst viel rund um den Globus unterwegs ist, kann ich feststellen, dass Resilienz eines der Hauptmerkmale derer ist, die sich in dieser Welt sicher bewegen können. Es ist eine absolute Schlüsselkompetenz, die ich persönlich auch bei Bewerbern immer suche. Denn abseits von hervorragenden Zeugnissen, Beurteilungen und Fähigkeiten kommt es im entscheidenden Moment (und oft sind es eben nur wenige, kritische Momente in einer Karriere, die über den weiteren Verlauf derselben entscheiden) eben darauf an, die richtigen Dinge zu tun — und nicht nur alles richtig zu tun.

Letztlich hilft ein gesunder „Vorrat" an Resilienz auch, den notwendigen inneren Abstand zu Problemen familiärer und beruflicher Art zu behalten, und so handlungsfähig zu bleiben und eine insgesamt höhere Zufriedenheit mit dem zu erzielen, was man tut. Nicht jeder kann, muss oder sollte CEO eines DAX-Konzerns werden, aber jeder kann ein Stückchen dem näherkommen, was der persönliche Lebenstraum ist, ohne auf dem Weg dahin zu entgleisen. Schlussendlich geht es darum, ein Leben zu führen, bei man sich jeden Tag aufs Neue freut — sowohl zu Hause als auch im Beruf. Dieses Buch liefert einen wichtigen Beitrag hierzu.

Clas Neumann

Senior Vice President, SAP AG

Vorwort von David Altman

Der Schweizer Autor Alain De Botton schrieb, dass „gut die Hälfte der Kunst des Lebens aus Resilienz besteht". Seit Jahrzehnten haben wir am Center for Creative Leadership (CCL) das Privileg, mit Hunderttausenden von Führungskräften aus verschiedenen Ländern, Branchen und organisatorischen Hintergründen in Forschung und Praxis zusammenzuarbeiten. Unsere Diskussionen drehen sich dabei häufig um persönliche und berufliche Krisen, denen sie ausgesetzt sind und wie sie diese bewältigen — oder auch nicht. Wenn wir diese Führungskräfte fragen, ob ihr Leben heute schnelllebiger, unsicherer, komplexer und vieldeutiger ist als früher, antworten fast alle ohne zu zögern mit „Ja". Wenn wir sie aber fragen, ob sie ein ausreichendes Maß an Resilienz mitbringen, um die Herausforderungen, die sich ihnen in den Weg stellen, zu bewältigen, reagieren viele zögerlich mit der Antwort „Meistens, aber nicht immer". Viel zu wenige Führungskräfte sind sich darüber im Klaren, ob sie über genügend Resilienz verfügen, um die täglichen Schwierigkeiten zu bewältigen — und das, obwohl die meisten von ihnen wissen, dass diese innere Widerstandskraft ein Schlüsselfaktor für ihren Erfolg als Manager und Mensch ist.

Jeder von uns wird in seinem Leben Krisen und Phasen niedriger Energie durchleben. Auch ich habe dieses Phänomen bereits in meiner beruflichen Laufbahn erlebt. In unserer heutigen Welt können wir nie restlos sicher sein, welcher nun der richtige nächste Schritt ist, denn es gibt einfach immer zu viele Variablen zu berücksichtigen. Diese Unsicherheit ist eine Belastung und raubt uns Energie. Bleiben wir zu lange in solch einem Zustand niedriger Energie, laufen wir Gefahr, mitunter schlechte Entscheidungen aufgrund reflexhafter Gewohnheiten anstatt bewusster Reflexion und Abwägung zu treffen. Als Führungskraft erfolgreich zu sein erfordert persönliche Hingabe, eine klare Vision und ein konstant hohes Maß an innerer Energie. Die Forschung von CCL zeigt dabei deutlich, dass Manager sich am meisten durch Erfahrung, d. h. durch die Bewältigung von Herausforderungen, insbesondere von Krisen, Turnarounds, Akquisitionen, Auslandseinsätzen und Rückschlägen weiterentwickeln. Jedoch besteht die Voraussetzung, um aus diesen Herausforderungen etwas lernen zu können, zum Teil darin, diese überhaupt gut durchzustehen, d. h. ausreichend resilient zu sein. Wir wissen, dass Führungskräfte scheitern oder Schaden nehmen, wenn das Maß an Schwierigkeit die eigene Kapazität übersteigt. Wenn ein Manager an Herausforderungen wachsen will, gilt es daher zunächst diese Kapazität an Resilienz zu vergrößern.

Dieses höchst interessante Buch meines Kollegen Karsten Drath liefert einen hervorragenden Beitrag zu unserem Verständnis der Zusammenhänge, die Manager

Vorwort von David Altman

ihre Fähigkeit weiterentwickeln lassen, im Angesicht von Schwierigkeiten und Druck zu wachsen. Er weist in diesem Buch überzeugend nach, dass Resilienz erlernbar ist und im Laufe des gesamten Lebens weiterentwickelt und verbessert werden kann. Karsten Drath beschreibt plastisch und nachvollziehbar ein einfaches und zugleich profundes Modell, mit dem sich ein höheres Maß an Resilienz erreichen lässt. Es hilft dabei zu verstehen, was manche Führungskräfte in die Lage versetzt, ein hohes Maß an innerer Widerstandsfähigkeit zu entwickeln, um an Krisen zu wachsen, während andere an diesen scheitern.

Er präsentiert Forschungsergebnisse, die deutlich machen, dass Resilienz nicht gleichbedeutend mit der Abwesenheit von Stress und Schmerz ist. Vielmehr erleben wir als Menschen alle von Zeit zu Zeit negativen Stress, Enttäuschung, Unsicherheit, Wut, Trauer, Schmerz und Scheitern. Die Kernfrage, um die es in diesem Buch geht, ist jedoch, wie wir mit diesen Belastungen umgehen.

Karsten Drath bereitet in diesem Buch umfangreiche Forschungsergebnisse auf, die als eine zentrale Botschaft des Buches nahelegen, dass Resilienz keine fest verdrahtete Kompetenz ist, mit der man entweder geboren wird oder nicht. Stattdessen kann sie auf der individuellen Ebene durch Achtsamkeit, Motivation, Entschlossenheit sowie emotionalem und kognitivem Selbstmanagement entwickelt werden. Sie kann außerdem durch starke und vertrauensvolle Beziehungen zu Familienmitgliedern, Kollegen und Freunden verbessert werden. Ein weiterer wesentlicher Aspekt, um die innere Widerstandsfähigkeit gegen Belastungen von außen zu stärken, ist die Entwicklung eines starken Gefühls von Lebenssinn in allem, was wir tun. Menschen haben eine größere Kapazität, Widrigkeiten zu trotzen, wenn sie eine Verbindung zu etwas spüren, das größer ist als sie selbst. Der österreichische Psychiater Viktor E. Frankl, selber ein Überlebender des Holocaust, bemerkte einmal: „Das Leben wird nie durch die Umstände unerträglich, sondern ausschließlich durch einen Mangel an Sinn und Bedeutung". Somit besteht der Weg zu einem höheren Maß an Resilienz zu einem Großteil aus effektivem Selbstmanagement, der Pflege authentischer Beziehungen und der Konzentration auf konstruktive Emotionen im Angesicht von Krisen und Schwierigkeiten.

Eine weitere zentrale Botschaft dieses Buchs ist dabei auch, dass die Fähigkeit sich selbst zu führen, eine wesentliche Voraussetzung dafür ist, um andere effektiv führen zu können.

„No man is an island", ist der Anfang eines bekannten Gedichts des englischen Lyrikers John Donne. Es besagt, dass jeder Mensch stets mit den Menschen in seinem Umfeld in Beziehung steht. Dies trifft auch für Führungskräfte zu. Daher sind wir nicht nur verantwortlich für unser eigenes Maß an Resilienz, sondern auch dafür, diese Kompetenz in unseren Mitarbeitern zu fördern. Karsten Drath beleuchtet das Konzept der Resilienz dabei auch aus einer systemischen Sichtweise und erläutert ein Modell, mit dem sich verschiedene Komponenten eines „Resilienzfeldes" identifizieren und verstehen lassen. Des Weiteren gibt er eine ganze Reihe konkreter und praktisch anwendbarer Hinweise in Bezug auf resilienzorientierte Führung, die Manager anwenden sollten, wenn sie nachhaltig die individuelle Resilienz der Mitarbeiter und das Resilienzfeld in ihrem Bereich fördern möchten.

Bei CCL glauben wir daran, dass es im Leben darum geht, bewusste Entscheidungen zu treffen, warum, wann, wo und wie man führen möchte. Unserer Erfahrung nach ist es für den Erfolg von Managern und ihren Teams hilfreich, sich jederzeit im Klaren über diese Entscheidungen zu sein. Die Verbesserung der eigenen Resilienz ist ein wesentlicher Bestandteil davon. Resilient zu sein ist für Führungskräfte und ihre Teams von zunehmender Bedeutung, um ihre Effizienz und Effektivität in Krisenzeiten aufrechtzuerhalten. Dieses Buch liefert einen wertvollen Beitrag dazu, Ansätze zu finden, wie die Lücke zwischen dem eigenen Potenzial und der vorhandenen Kompetenz geschlossen werden kann, um damit einen positiven Effekt für die Welt zu haben.

David Altman, Ph. D.

Executive Vice President and Managing Director, Europe, Middle East and Africa, Center for Creative Leadership

Vorwort von Gilbert Probst

Wir leben in einer vernetzten und sich schnell verändernden Welt, die unsere existierenden Steuerungsmechanismen immer öfter an ihre Grenzen führt. Die Realität unserer globalisierten Gesellschaft ist, dass branchenspezifische oder regionale Entwicklungen unmittelbare Auswirkungen auf der ganzen Welt haben. Globale Krisen können heute in kürzester Zeit und ohne Vorwarnung entstehen. Technologische Umwälzungen verändern die Art der Meinungsbildung und der Entscheidungsfindung. Gleichzeitig ergeben sich ständig zahlreiche neue und einzigartige Möglichkeiten für die globale Entwicklung und für Veränderungen zum Besseren. Diese Entwicklungen gilt es zum Wohle der gesamten Menschheit zu identifizieren und zu nutzen. Um dies zu erreichen, wurde 1971 das World Economic Forum (WEF) in Genf gegründet. Ziel dieser unparteiischen Non-Profit-Organisation ist die Förderung der globalen Zusammenarbeit und des Austauschs zwischen Vertretern aus Industrie, Politik und Wissenschaft, um die Folgen der wachsenden Komplexität und wechselseitigen Abhängigkeiten zu verstehen und besser zu adressieren.

2013 stand das Forum in Davos unter dem Motto „Resilient Dynamism". Damit wurde der bereits beschriebenen neuen globalen Realität Rechnung getragen. Um resilient zu sein, bedarf es der Fähigkeit, sich schnell an veränderte Rahmenbedingungen anzupassen und überraschende Krisen zu kompensieren, während man weiterhin wichtige Ziele verfolgt. Im Falle von Regierungen bedeutet dies Institutionen aufzubauen, die in der Lage sind, Krisen abzufedern und die Volkswirtschaft zu stimulieren. Unternehmen werden resilient, indem sie sich auf eine mögliche Veränderung der Rahmenbedingungen z. B. durch den Klimawandel oder die demografische Entwicklung vorbereiten. Für die individuelle Führungskraft bedeutet Resilienz vor allem, die Fähigkeit zur Selbststeuerung auszubauen und Herausforderungen mit ganzheitlichem und vernetztem Denken zu begegnen.

Doch Resilienz alleine genügt nicht. Um sich in einem Klima lang anhaltender wirtschaftlicher Schwäche positiv zu entwickeln, bedarf es zusätzlich der Dynamik und der Agilität gepaart mit ambitionierten Zielen und mutigen Entscheidungen. Erst die Kombination aus beidem, Resilienz und Dynamik, birgt das Potenzial für eine nachhaltige Verbesserung globaler Führung. Dies wird Verhaltensänderungen von zahlreichen wirtschaftlichen, politischen und gesellschaftlichen Anführern und wissenschaftlichen Vordenkern erfordern, die immer mit der verbesserten Steuerung der eigenen Persönlichkeit anfangen. Doch Unternehmensführung in turbulenter Zeit erfordert nicht nur vernetztes Denken, sondern auch unternehmerisches Handeln und persönliches Überzeugen. Es reicht nicht aus, neue Denkweisen

Vorwort von Gilbert Probst

und innovative Zugänge zu komplexen Problemsituationen zu entwickeln. Vielmehr muss darauf aufbauend zielgerichtet Wandel herbeigeführt und durch eine motivierende und mitreißende Führung im Unternehmen umgesetzt werden. Dies hat viel früher bereits der große Schweizer Pädagoge Johann Heinrich Pestalozzi erkannt, als er das Zusammenspiel von Kopf, Hand und Herz forderte. Im Sinne dieser Logik und um den aktuellen globalen Bedürfnissen gerecht zu werden, investiert das Forum jedes Jahr in den Aufbau der nächsten Generation von Führungskräften im Rahmen des Global Leadership Fellows Programme. Dieses 2- bis 3-jährige Ausbildungsprogramm wurde geschaffen, um junge Führungskräfte — die sogenannten Fellows — gezielt in ihrer persönlichen Entwicklung zu fördern. Ziel ist es, agile, motivierte und engagierte Persönlichkeiten mit emotionaler Intelligenz, Resilienz, kognitiven Fähigkeiten, intellektueller Kuriosität und Sozialkompetenz auszustatten. Fellows sind an einer kritischen Entwicklungsschwelle, wenn sie dem Forum beitreten. Ausgestattet mit einer herausragenden internationalen Karriere in Wirtschaft, Gesellschaft oder Politik, suchen Fellows die Herausforderung, einen positiven Beitrag für die Welt zu leisten. Inspiriert durch unsere Vision lernen Fellows globale, regionale und lokale Zusammenhänge besser kennen, indem sie eng mit aktuellen Führungspersönlichkeiten zusammenarbeiten und von Professoren an den weltweit besten Universitäten unterrichtet werden. Zusätzlich wird jeder Fellow durch ein gezieltes, individuelles Coaching unterstützt. Die Zusammenarbeit mit einem Expertenpool von Leadership Coaches erlaubt es dem Forum (WEF), die Entwicklung ganzheitlicher Führungskompetenzen zielgerichtet zu fördern.

Das Buch meines geschätzten Kollegen Karsten Drath, eines unserer langjährigen Coaches, der mit den Fellows zusammenarbeitet, setzt genau an dieser Nahtstelle an. Die bereits beschriebene sich verändernde globale Dynamik erfordert Resilienz und Agilität auf den verschiedensten Ebenen. Dieses Buch beleuchtet die gesellschaftlichen, wirtschaftlichen, politischen und organisatorischen Veränderungen, mit denen Führungskräfte heute umgehen müssen, und ergänzt diese um den Blickwinkel der individuellen psychologischen Widerstandsfähigkeit und um Aspekte einer resilienzfördernden Art von Unternehmensführung, die Organisationen heute dazu befähigen kann, effektiver und souveräner mit Krisen und einschneidenden Veränderungen umzugehen. Karsten Drath trägt dabei eine beachtliche Menge valider Forschungsergebnisse verschiedener akademischer Disziplinen von Neurobiologie bis Volkswirtschaft zusammen und integriert diese zu einem sinnvollen Gesamtbild, das er gut strukturiert und leicht verständlich erläutert. Abgerundet wird das Buch durch die umfangreiche Erfahrung mit internationalen Führungskräften, die er in seiner langjährigen Arbeit als Coach gesammelt hat und immer wieder erläuternd einfließen lässt. Dabei beschränkt er sich in seinen Ausführungen nicht nur auf die fachkundige Beschreibung komplexer Problemstellungen, sondern er entwickelt auch zahlreiche praktikable und nachvollziehbare

Lösungsansätze, die jede Führungskraft beherzigen sollte, wenn sie in unserer komplexer werdenden Welt nachhaltig erfolgreich sein möchte. Diese betreffen zum einen Möglichkeiten zur verbesserten Führung der eigenen Person, die eine notwendige Voraussetzung für die Führung anderer Menschen ist, und zum anderen zur Verbesserung des eigenen Führungsverständnisses, so dass Unternehmen und Organisationen zukünftig widerstandsfähiger und agiler auf Veränderungen reagieren können, um positive globale Wachstumsimpulse zu setzen.

Gilbert Probst

Managing Director und Dekan

World Economic Forum

Hinweis des Autors

Aus Gründen der besseren Lesbarkeit und weil ich mir nicht anders zu helfen weiß, wird in diesem Buch durchgehend die männliche Form gebraucht. Diese Unzulänglichkeit in der Sprache bitte ich zu entschuldigen. Ihnen als weibliche Leserschaft sei an dieser Stelle versichert, dass ich Sie mit diesem Buch genauso meine und ansprechen möchte.

1 Resilienz – eine erste Annäherung

The greatest glory in living lies not in never falling, but in rising every time we fall.

(Nelson Mandela, südafrikanischer Freiheitskämpfer und erster schwarzer Präsident Südafrikas)

Warum stecken manche Menschen private und berufliche Krisen und Rückschläge augenscheinlich einfach weg, während andere zu Boden gehen? Warum wachsen manche Menschen im Angesicht von Schwierigkeiten über sich hinaus, während andere klein beigeben? Wir alle haben das schon beobachtet: Ein Manager wird nach vielen Jahren harter und guter Arbeit nach einer Restrukturierung gekündigt und findet danach nicht wieder zurück zu seiner alten Stärke und Zuversicht. Ein anderer Executive in der gleichen Situation schüttelt sich nur einmal kurz und nutzt dann seine Abfindung für Reisen, eine Ausbildung oder andere langgehegte Wünsche, bevor er seine Karriere erfolgreich weiterführt.

Der US-amerikanische Management-Professor Morgan McCall hat 1988 in seinem Buch „The Lessons of Experience" die Karrieren zahlreicher Topmanager untersucht. Diese berichteten übereinstimmend, dass das Durchleben und Bewältigen beruflicher Herausforderungen und Krisen für sie die größte Quelle persönlichen Wachstums war. Problemstellungen, mit denen man zum ersten Mal konfrontiert ist, die ein großes Fehlerpotenzial haben und bei denen Erfolg oder Niederlage sehr sichtbar sind, sorgen für eine Menge Arbeit, Ärger und die eine oder andere schlaflose Nacht. Ein Manager schwimmt sich dann entweder frei und bewältigt die Herausforderung, oder er geht nicht selten unter, zumindest was den Verlauf seiner weiteren Karriere angeht. Persönliche Herausforderungen und Krisen sind also einerseits eine Gefahr, stellen aber andererseits auch die mit Abstand größte Quelle von Wachstum als Mensch und Führungskraft dar. Warum ist das so? Warum ist die Bewältigung von Herausforderungen so wichtig und was versetzt Menschen in die Lage dazu? Was genau hat es mit dieser Eigenschaft auf sich, die manche Menschen scheinbar mühelos durchs Leben gehen lässt, während andere kämpfen müssen? Experten nennen sie Resilienz. Laien nennen sie Widerstandsfähigkeit oder das Stehaufmännchen-Symptom.

1.1 Research is „Me-Search"

Erfolg ist, sich selbst zu mögen, zu mögen was man tut und wie man es tut.

(Maya Angelou, US-amerikanische Schriftstellerin)

Die Frage um das Wesen von Resilienz fasziniert mich schon seit langem. Nach meiner Zeit in der Unternehmensberatung, die sehr lehrreich und durchaus auch anstrengend war, lernte ich als Manager eines großen Industriekonzerns was es heißt, die eigenen Grenzen zu erfahren. Ich war zuständig für ein großes internationales IT-Programm mit rund 200 Mitarbeitern an verschiedenen Standorten in der Welt. Wir waren erfolgreich aber teuer. Über viele Jahre flog ich „meine Pfalzen ab" und hatte einen Riesenspaß dabei. In dieser Zeit gab es viele Wechsel im Topmanagement, ich jedoch blieb im Sattel. Ich war fit, trieb viel Sport, lief regelmäßig Marathons und Triathlons und absolvierte sogar den berühmten Ironman-Wettbewerb. Und ich war stolz auf mich und wollte, dass andere mich toll fanden. Aber in der Konzernzentrale rumorte es. Ich hatte Kritiker, die fanden, das Programm sei schlecht geführt und zudem zu teuer. Am meinem Stuhl wurde gesägt, was ich nicht wahrhaben wollte, und mein Management deckte mir nicht den Rücken. Zudem kriselte es zu Hause seit langem in meiner Ehe. Von einem Tag auf den anderen konnte ich auf einem Ohr fast nichts mehr hören. Diagnose: Innenohrinfarkt. Das Gefühl, den eigenen Körper nicht mehr unter Kontrolle zu haben, war extrem beängstigend für mich. Nach einer zu kurzen Auszeit, in der ich regelmäßig Infusionen erhielt, kam ich wieder zurück. Aber ich war geschwächt und ein Teil von mir wollte nicht mehr. In der Zwischenzeit hatte die Opposition weiter gearbeitet und nach einem knappen weiteren Jahr war ich draußen. Aus einem erfolgreichen, ambitionierten Manager war über Nacht Ausschuss geworden. Eine gute Messgröße dafür war mein E-Mail-Posteingang, der binnen weniger Tage von 200 Mails pro Tag auf fast 0 zurückging. Das Gefühl, nicht mehr gebraucht oder gewollt zu werden, war sehr stark und bereitete mir viele schlaflose Nächte. Ich verspürte einen großen Drang, sofort die nächstbeste Stelle anzunehmen, um dieses Gefühl nicht mehr spüren zu müssen. Durch gutes Zureden meiner damaligen Frau tat ich dies nicht und hielt den Schmerz und die Phase der Verunsicherung aus. Ich nahm mir ein halbes Jahr Zeit für mich und verarbeitete die Erlebnisse in meinem ersten Buch. Nach Abschluss dieses Sabbaticals erhielt ich ein sehr interessantes und lukratives Angebot für eine internationale Management-Position, das ich nicht ablehnen konnte. Rückblickend war diese schmerzliche Episode die beste Lehrzeit meines Lebens.

Während ich aus dieser Lebenskrise gestärkt hervorging und mich nach weiteren Karriereschritten in der Beratungsbranche schließlich zum Unternehmer und Executive Coach weiterentwickelte, erlitt mein damaliger Chef, der stets ein Aus-

Research is „Me-Search" 1

bund an Energie und Gesundheit gewesen war, kurz nach meinem Weggang einen schweren Burn-out, von dem er sich nie wieder ganz erholte. Die Frage nach dem Warum hat mich sehr lange beschäftigt.

Als ich vor einigen Jahren dann zum ersten Mal vom Konzept der Resilienz und den dazugehörigen Forschungsergebnissen hörte, war ich sofort fasziniert. Was bringt Menschen dazu, schwere Krisen nicht nur zu bewältigen, sondern auch noch gestärkt aus ihnen hervorzugehen? Welche Eigenschaft ermöglicht es Menschen, lebensfeindliche Umgebungen wie die Konzentrationslager des Dritten Reichs nicht nur zu überleben, sondern sie auch gesund und lebensbejahend hinter sich zu lassen? Was haben diese Menschen bei aller Unterschiedlichkeit gemeinsam und was können Manager heute daraus lernen?

In den letzten Jahren hat die Dringlichkeit dieses Themas für mich stark zugenommen. Dies hatte zum einen damit zu tun, dass ich mir im Rahmen meiner Ausbildung zum Executive Coach solide psychologische Grundlagen aneignen wollte, die mir als Ingenieur und Manager natürlich fehlten, weshalb ich ein mehrmonatiges Praktikum in einer angesehenen psychosomatischen Privatklinik absolvierte. Dort lernte ich zahlreiche Manager als Patienten kennen, die, wie ich in Gesprächen erfuhr, teilweise nur noch ein Schatten ihres ehemaligen Selbst waren. Das hat mich sehr berührt. Zum anderen verschärfte sich für mich die Brisanz des Themas durch die zusehends abnehmende Berechenbarkeit des gesellschaftlichen und beruflichen Umfelds, die in den letzten Jahren einhergeht mit einem gestiegenen Maß von unvorhersehbarer Gewalt überall auf der Welt aber auch mit einer Welle an Burn-outs und Suiziden u. a. auch bei Topmanagern und auch in meinem Bekanntenkreis. Das Konzept der Resilienz zu verstehen ist in solchen Zeiten wahrscheinlich wichtiger denn je.

Ich habe mich sowohl mit dem Wesen der individuellen Resilienz befasst als auch mit der Fragestellung, was Teams und Unternehmen widerstandsfähiger macht als andere. Bei meiner Recherche zu dem Thema habe ich viel über zahlreiche, sehr unterschiedliche Bereiche der Forschung gelernt und dabei wurde mir klar, dass es mir wahrscheinlich nicht gelingen wird, das Thema vollends in der Tiefe zu verstehen, denn zu viele Puzzleteile greifen hier ineinander. Aber beim Sichten von Forschungsergebnissen und Konzepten aus Soziologie, Psychologie, Persönlichkeitsdiagnostik, Sportmedizin, Neurobiologie, Immunologie und Genetik sind mir doch ein paar wesentliche Zusammenhänge aufgefallen, die helfen können, das Konzept der Resilienz für Manager greifbar und anwendbar zu machen. Auch wenn die aktuelle Burn-out-Diskussion wahlweise hysterisch oder polemisch geführt wird, ist das Thema der Resilienz für Unternehmen heute absolut relevant. So überlegt zum Beispiel ein großer Software-Konzern, für den ich seit langem arbeite, das Kriterium der Resilienz als Einstellungskriterium zu etablieren, denn es wird mehr und mehr zur Schlüsselkompetenz, ist vielleicht sogar wichtiger als Intelligenz, Ausbildung oder Erfahrung. Und dieses Unternehmen ist mit seiner Überlegung nicht alleine. Sogar Bewerber beschreiben sich im Vorstellungsgespräch mittlerweile als resilient. Vor zwei Jahren war der Begriff den meisten dagegen nicht einmal geläufig.

Das Problem mit Resilienz ist, dass man erst im Nachhinein weiß, ob man sie hat oder nicht, denn Menschen werden nicht einfach resilient geboren. Resilienz ist vielmehr das Ergebnis eines komplexen Anpassungsprozesses von Menschen zur besseren Bewältigung ihrer Umwelt. Sei es im Kampf um Marktanteile, beim Machtkampf im Vorstand oder beim Kampf gegen Krebs: Resilienz ist der Schlüssel zum Meistern schwieriger Umstände.

1.2 Resilienzforschung

Es gibt nichts Praktischeres als eine gute Theorie.

(Immanuel Kant, deutscher Philosoph)

Die Forschung zum Thema Resilienz und resilienzfördernde Führung begann nach meinem Verständnis bereits vor rund 90 Jahren. Die wesentlichen Eckpunkte, sicherlich unvollständig und subjektiv, möchte ich im Folgenden kurz skizzieren.

- 1921 initiierte der US-amerikanische Psychologe Lewis Terman eine groß angelegte Langzeitstudie an über 1.500 Kindern und Jugendlichen, die weit nach seinem Tod sehr interessante Aufschlüsse über die Faktoren liefern sollte, die zu einem langen und zufriedenen Leben führen.
- Hans Selye beschrieb Mitte der 1930er Jahre erstmalig die Entstehung und Wirkungsweise von Stress, eine wichtige Grundlage für die Resilienz-Theorie.
- Der österreichische Psychiater und Neurologe Viktor Frankl ergänzte in den 1950er Jahren die Komponente „Sinn" als wesentlich für die innere Widerstandsfähigkeit im Angesicht schwieriger Umstände. Frankl verlor quasi seine gesamte Familie jüdischer Herkunft in den Konzentrationslagern Hitlers und verbrachte selbst drei Jahre in verschiedenen Lagern, darunter auch Auschwitz. Im Gegensatz zu vielen anderen überlebte er.
- Wenige Jahre später prägte der US-amerikanische Psychologie-Professor Jack Block in Berkeley den Begriff „Ego Resiliency" als ein Persönlichkeitsmerkmal,

Resilienzforschung 1

das sich aus dem Zusammenspiel genetischer, biologischer und sozialer Einflüsse ergibt.
- Knapp fünf Jahre später begann die US-amerikanische Entwicklungspsychologin Emmy Werner mit der Langzeitstudie zum gesamten Geburtenjahrgang der Insel Kauai von 1955. Sie verfolgte die Entwicklung der knapp 700 Kinder über einen Zeitraum von 20 Jahren und gewann so wichtige Erkenntnisse zu Schutzfaktoren, die einen Teil dieser Kinder auch aus schwierigsten Elternhäusern gesund und erfolgreich hervorgehen ließen.
- Der in den Niederlanden geborene Psychiater Maurice Vanderpol überlebte die Besatzung durch die Nazis nur, indem er sich zwei Jahre lang versteckte und eine fremde Identität annahm. In seiner späteren Arbeit mit anderen Überlebenden des Holocaust beschäftigte er sich mit dem „Schutzschild", den diese Männer und Frauen entwickelt hatten, um zu überleben. Als Kernaspekte erkannte er die befreiende und distanzschaffende Wirkung von schwarzem Humor sowie den Aufbau und die Pflege von starken, vertrauensvollen Beziehungen. Ein weiterer Aspekt war das Gefühl einer Art von „innerem seelischen Raum", den viele der KZ-Überlebenden in sich spürten und in den kein Aggressor vorstoßen konnte.
- Sir Michael Rutter, ein britischer Kinderpsychiater, untersucht seit den 1970er Jahren die Zusammenhänge zwischen frühkindlichen Erfahrungen und der weiteren Entwicklung von Kindern und Erwachsenen.
- Ebenfalls zu dieser Zeit begann der US-amerikanische Psychologe Norman Garmezy die Schutzfaktoren von gesunden Kindern zu untersuchen, deren Eltern unter Schizophrenie litten.
- Der US-amerikanische Psychologe Robert Ader brachte kurz darauf erstmals die Bedeutung des Körpers ins Spiel, indem er die Auswirkungen der Psyche auf das Immunsystem nachweisen konnte.
- Friedrich Lösel, ein deutscher Psychologie, beschäftigte sich ebenfalls seit dieser Zeit mit der Erforschung von Schutz- und Risikofaktoren von straffälligen Jugendlichen.
- Aaron Antonovsky arbeitete zu Beginn der 1980er Jahre mit nach Israel emigrierten KZ-Überlebenden und prägte den Begriff des Kohärenzgefühls, das die gesunden Überlebenden gemeinsam hatten und das er als wesentlich für ihre Resilienz ansah.
- Der US-amerikanische Molekularbiologe Jon Kabat-Zinn hat die Resilienzforschung schließlich in den 1980er Jahren um den Aspekt der Achtsamkeit („Mindfulness") erweitert.
- Management-Vordenker wie die US-Amerikaner Jim Collins und Al Siebert übertrugen das Resilienz-Konzept auf Manager und Unternehmen.

Resilienz – eine erste Annäherung

- Die deutsche Ökonomin Heike Bruch forscht seit rund zehn Jahren zum Konzept der Organisationalen Energie, das wichtige Erkenntnisse für die Beschreibung von Resilienz in Organisationen liefert.
- Der deutsche Psychologe und Forscher Klaus Grawe leitete 2004 aus den bisher gewonnenen Erkenntnissen der Neurobiologie die menschlichen Grundbedürfnisse ab und der australische Wissenschaftsautor und Unternehmensberater David Rock entwickelt kurz darauf ein Führungsmodell, das auf denselben Erkenntnissen beruht.

Viele Pioniere aus verschiedenen Forschungsdisziplinen haben also in den letzten gut 90 Jahren das Konzept von Resilienz und resilienzfördernder Führung geprägt.

Pioniere der Resilienzforschung		
Name	Beitrag zum Thema	Beginn
Lewis Terman	Längsschnittstudie zum Verständnis des Einflusses verschiedener Faktoren auf die Lebenserwartung	1921
Hans Selye	Erstmalige Beschreibung der grundlegenden körperlichen Abläufe bei „Stress"	1936
Viktor Frankl	Arbeit mit Suizid-Patienten, Erfahrungen aus dem eigenen Überleben von Konzentrationslagern	1946
Jack Block	Prägung des Begriffes „Ego Resiliency"	1950
Emmy Werner	Langzeituntersuchung an Kindern aus schwierigen Familien auf Hawaii	1955
Maurice Vanderpol	Erfahrungen und Rückschlüsse aus dem eigenen Überleben von Konzentrationslagern	1965
Michael Rutter	Einflüsse von Erziehung, Umfeld, Genetik u. a. auf Resilienz	1972
Norman Garmezy	Untersuchung an gesunden Kindern schizophrener Eltern	1974
Robert Ader	Nachweis des Zusammenhangs zwischen Resilienz und Immunsystem	1975
Friedrich Lösel	Untersuchungen an jugendlichen Straftätern zu Risiko- und Schutzfaktoren	1975
Aaron Antonovsky	Zusammenhänge zwischen Gesundheit, Stress und Bewältigungsmechanismen	1979
Jon Kabat-Zinn	Zusammenhänge zwischen Achtsamkeit und Stressresistenz	1979
Jim Collins	Erweiterung des Resilienzkonzepts auf Organisationen	1994
Al Siebert	Anwendung des Resilienzkonzepts im Unternehmensumfeld	2001

Resilienzforschung

Pioniere der Resilienzforschung		
Name	Beitrag zum Thema	Beginn
Heike Bruch	Erweiterung des Resilienzkonzepts um das Konstrukt der Organisationalen Energie	2003
Klaus Grawe	Erweiterung des Resilienzkonzepts um neurobiologische Grundbedürfnisse	2004
David Rock	Erweiterung des Resilienzkonzepts um Erkenntnisse der Neurobiologie zum Thema Führung	2008

Viele der frühen Theorien zum Thema Resilienz maßen der ererbten Veranlagung eine große Bedeutung zu, d. h., sie vertraten die These: Man wird entweder resilient geboren oder nicht. Wie ich im Kapitel „Lebenswandel, Psyche und Gesundheit" (5) noch zeigen werde, entspricht diese Annahme nur zum Teil der aktuellen Erkenntnislage. Eine wachsende Anzahl von Untersuchungen an Menschen aus verschiedenen Kontexten legt vielmehr die Schlussfolgerung nahe, dass man zwischen angeborener und erworbener Resilienz unterscheiden muss und dass Resilienz folgerichtig zu großen Teilen erlernbar ist. Es gibt sogar Studienergebnisse, die nahelegen, dass Menschen, deren angeborene Resilienz eher gering ausgeprägt ist, ein größeres Potenzial haben, Resilienz durch Arbeit an sich selbst zu erwerben als von Natur aus resiliente Menschen.

Die zuvor beschriebenen Erkenntnisse und Theorien zu dem Thema sind allesamt einleuchtend und nachvollziehbar. Bei genauerer Betrachtung gibt es zahlreiche inhaltliche Überlappungen, jedoch auch einige komplementäre Aspekte, die auf die Resilienz von Einzelpersonen zutreffen. Die Studienergebnisse liefern zudem auch wertvolle Ansätze, was die Widerstandsfähigkeit von Teams und Organisationen angeht. Diese werde ich in diesem Buch in einem integrierten Konzept darstellen.

1.3 Missverständnisse, Mythen und Märchen

Wie viele Trugschlüsse und Irrtümer ... gehen auf Kosten der Wörter und ihrer unsicheren oder missverstandenen Bedeutung.

(John Locke, englischer Philosoph)

Die Arbeit an diesem Buch hat mir gezeigt, dass es Zeit wird, mit einigen Mythen aufzuräumen, die sich hartnäckig zum Thema Resilienz halten.

Eine dieser Mären ist es, dass resiliente Menschen sich besser schonen und sich so einfach weniger Stress aussetzen als andere. Doch die in dieser Publikation zitierten Forschungsergebnisse zeigen, dass das Gegenteil der Fall ist. Zahlreiche Studien legen nahe, dass resiliente Manager vielmehr eine andere Einstellung zu negativen Belastungen entwickelt und kultiviert haben und diese daher als weniger belastend empfinden, obwohl sie objektiv durchaus mit sehr großen Aufgaben zu kämpfen haben. Wie wir noch sehen werden, ist Stress eine Folge der Aktivierung des Schmerzareals im Gehirn, da vom Gehirn nicht zwischen körperlichem, sozialem oder seelischem Schmerz unterschieden wird. Bei Menschen mit einer ausgeprägten Resilienz wird tendenziell eher das Belohnungszentrum als das Schmerzareal aktiviert, da sie sich von schwierigen Herausforderungen nicht überwältigt fühlen, sondern einen „Kick" davon bekommen, diese zu überwinden.

Wenn ich Manager nach Beispielen für resiliente Menschen frage, wird mir oft deutlich, dass Resilienz leicht mit Härte verwechselt werden kann, was ein weiteres Missverständnis ist. Resilienz hat sicher viel mit Disziplin, aber auch mit Bewusstsein und Reflexion zu tun. Resiliente Manager tun Dinge, weil sie einen Sinn darin sehen und weil sie sich richtig anfühlen. Härte hat dagegen in meiner Erfahrung häufig etwas mit fehlender Reflexion und mangelndem Bewusstsein für sich selbst zu tun. Harte Manager tun Dinge, weil sie davon überzeugt sind, dass sie getan werden müssen oder dass dies von ihnen erwartet wird. Dazwischen liegt ein großer Unterschied, der auch einen signifikanten Einfluss auf die langfristige Widerstandsfähigkeit von Führungskräften hat.

Die wenigen Unternehmen, die das Thema Resilienz im Management als bedeutsam für ihren langfristigen Erfolg erkannt haben, fangen nun pragmatisch damit an, Kandidaten für Führungspositionen systematisch auf ihre Resilienz zu durchleuchten. Dahinter liegt der Irrglaube, dass Resilienz ein fester Teil der Persönlichkeit ist, denn nur diese Dimension wird bei solchen Tests überprüft, und zum anderen der Trugschluss, dass mehr Resilienz in jedem Fall besser ist als weniger. Dass dies nicht so einfach zu sehen ist, werde ich im Kapitel „Zu viel Resilienz — Psychopathen auf der Chefetage (2.7) zeigen.

Ein anderer Mythos ist die Annahme, dass resiliente Menschen schlicht Optimisten sind und dass krisenresistente Unternehmen vor optimistisch eingestellten Mitarbeitern nur so bersten. Dies trifft jedoch ebenfalls nicht zu. Optimismus, also die Erwartung, dass schon alles gut gehen wird, hat sich stattdessen sogar als Risikofaktor herausgestellt. Die Qualität, auf die es ankommt, ist vielmehr die Erwartung, dass Probleme auftauchen werden, und die Überzeugung, dass man sie bewältigen kann.

So haben auch die fröhlichen Menschen, die die Welt mit einer rosaroten Brille sahen, die Konzentrationslager oftmals nicht überlebt, sondern die eher ernsten Realisten.

Resiliente Menschen, so ein weiterer Mythos, sind auch nicht zwangsläufig die besseren Menschen. Der Begriff ist vielmehr völlig wertneutral zu sehen und bezieht sich ausschließlich auf die Fähigkeit, mit schwierigen Lebensereignissen konstruktiv umzugehen und diese durchzustehen. So macht denn auch Viktor Frankl keinen Hehl daraus, dass die Idealisten und Philanthropen das KZ häufig nicht überlebt haben. Dieselbe Logik gilt auch in Unternehmen. Resiliente Manager zeichnen sich durch eine sehr nüchterne und schonungslos realistische Einschätzung der Faktoren aus, die für ihr Überleben notwendig sind. Das bedeutet nicht, dass diese Manager keine Vision oder Werte haben oder nicht inspirierend sein können, um ihre Mannschaft zu motivieren. Bei größeren Herausforderungen wie Turnarounds und Restrukturierungen hat sich allerdings eine kühle, sachliche, fast schon pessimistische Grundhaltung als bedeutsamer für den Erfolg herausgestellt.

1.4 Die Bedeutung von Sinn

Wer um einen Sinn seines Lebens weiß, dem verhilft dieses Bewusstsein mehr als alles andere dazu, äußere Schwierigkeiten und innere Beschwerden zu überwinden.

(Viktor Frankl, österreichischer Neurologe und Psychiater)

Der schonungslose Realismus ist verwandt mit einem anderen Aspekt, der wichtig für Resilienz ist, nämlich der Haltung, dass Schwierigkeiten genau wie Erfolge ihren Sinn haben. Wir alle kennen Manager, die sich selbst bemitleiden, wenn sie mit Rückschlägen konfrontiert werden. Sie fühlen sich überwältigt, sehen sich als

Resilienz – eine erste Annäherung

Opfer und können nicht erkennen, welchen Lerneffekt es haben kann, eine solche Durststrecke zu durchschreiten. Resiliente Menschen haben dagegen die Fähigkeit entwickelt, in allen Höhen und Tiefen des Lebens einen Sinn zu vermuten. Sie haben zudem den tiefempfundenen Willen kultiviert, aus jeder noch so widrigen Lage etwas lernen zu wollen. Die Fähigkeit, Schwierigkeiten einen Sinn zu geben, hat dabei die Funktion einer Brücke, die von der aktuellen misslichen Lage in eine bessere Zukunft führt.

Die Bedeutung von „Sinn-Findung" für die Entwicklung von Resilienz hat bereits Viktor Frankl in seiner Logotherapie (griechisch *logos*: Sinn) herausgestellt, einer Therapieform, die Menschen dabei hilft, die Entscheidungen zu treffen, die ihr Leben wieder bedeutsam und sinnvoll machen. Dabei war es ihm wichtig, dass Sinn in jeder noch so ausweglosen Lage gefunden werden kann. Sinn bedeutet inneren Freiraum, den man den äußeren Widrigkeiten entgegensetzen kann. In seinem Buch „Der Mensch vor der Frage nach dem Sinn" beschreibt er eine Schlüsselsituation im Konzentrationslager, die im Nachhinein für die Entwicklung der Logotherapie von großer Bedeutung war: Frankl war auf dem Weg zum Arbeitseinsatz und überlegte, ob er seine letzte Zigarette gegen eine Schüssel Suppe eintauschen sollte. Und er dachte darüber nach, wie er sich gegenüber einem neuen Aufseher verhalten würde, der den Ruf hatte, besonders sadistisch zu sein. Plötzlich bemerkte er, wie belanglos sein Leben geworden war und fühlte sich angewidert von sich selbst. Er wollte wieder einen höheren Sinn in seinem Leben finden. Also malte er sich aus, wie er nach seiner Zeit im KZ Vorlesungen über die Psychologie von Konzentrationslagern halten würde, damit andere Menschen nachempfinden könnten, was die Häftlinge durchmachen mussten. Obwohl er keineswegs davon ausgehen konnte, dass er überleben würde, schmiedete er ganz konkrete Pläne und beschäftigte sich gedanklich und emotional damit. Dies half ihm, die Ausweglosigkeit seiner Situation zu überwinden. Frankls Ansatz hat auch heute im Business nichts an Bedeutung eingebüßt. Zwar geht es vordergründig nicht um Leben und Tod, doch die politischen Scharmützel, in denen sich Manager häufig befinden, und das Aushalten von ungeduldigen, ungerechten oder sonst wie unmöglichen Geschäftsführern oder Vorständen wird von vielen als durchaus existenzbedrohend erlebt. Wie sonst sind die vielen Fälle von Selbstmord in den letzten Jahren zu erklären? Das Erarbeiten von Sinn in jeder Situation und das Verlassen der Opferrolle sind wesentliche Ziele meiner Arbeit mit Führungskräften. Aber viele Manager tun sich schwer damit, die angestammte Haltung dauerhaft zu verlassen. Es erfordert viel Ehrlichkeit, unbequeme Arbeit an sich selbst und Durchhaltevermögen.

1.5 Werte geben Sinn

*Wir verlangen, das Leben müsse einen Sinn haben –
aber es hat nur ganz genau so viel Sinn,
als wir selber ihm zu geben imstande sind.*

(Hermann Hesse, deutscher Schriftsteller)

Es sollte nicht überraschen, dass erfolgreiche Executives meist über ein starkes, sinnstiftendes Wertesystem verfügen. Starke Werte schaffen eine Art von Aura um die Führungskraft herum, in der Konflikte und Machtkämpfe über die individuellen Interessen hinaus Sinn machen, denn sie orientieren sich an einem höheren Ziel.

Das gleiche trifft auch auf Organisationen zu. Resiliente Organisationen, die durch Krisen, sich verändernde Marktbedingungen und Angriffe von außen und innen gehen, verfügen über ein starkes implizites Wertesystem, das ihrem Handeln einen Sinn gibt, der über Umsatz und Profit hinausgeht. Das müssen nicht notwendigerweise dieselben Werte sein, wie sie bei vielen Unternehmen neben dem Fahrstuhl hängen. Wichtiger ist, dass sie von allen geteilt werden.

▶ **BEISPIEL**
Ein gutes Beispiel für eine sehr resiliente Organisation ist die katholische Kirche, die seit mehr als 2.000 Jahren Machtkämpfen, Kriegen, Skandalen, Teilung und Statusverlust trotzt, ohne bislang bedeutungslos geworden zu sein — im Gegenteil. Das tut sie, indem sie beständig ein ausgeprägtes konservatives Wertesystem pflegt.

Man muss ja nicht alles mögen, was in der katholischen Kirche geschieht, und man muss auch mit ihren Werten nicht übereinstimmen, aber die Resilienz ist ihr schwerlich abzustreiten — und Resilienz ist wertneutral. Ein effektives Wertesystem bleibt dabei weitestgehend stabil über die Zeit und hilft Managern und Unternehmen, sich in Krisenzeiten daran anzulehnen. Je stärker der Glaube daran ist, und das ist durchaus auch im religiösen Sinne gemeint, desto stärker ist seine positive und verbindende Wirkung.

1.6 Die Haltung macht den Unterschied

Die größte Entscheidung deines Lebens liegt darin, dass du dein Leben ändern kannst, indem du deine Geisteshaltung änderst.

(Albert Schweitzer, deutscher Arzt und Theologe)

Ein weiterer zentraler Aspekt von Resilienz ist die Überzeugung, jede noch so schwierige Situation nicht nur verstehen, sondern auch beeinflussen zu können. Diese Fähigkeit könnte man auch als Erfindungsreichtum oder Improvisationstalent bezeichnen. Im psychologischen Kontext wird diese Eigenschaft auch mit dem Begriff der Utilisation, also dem Nutzbarmachen von Situationen, umschrieben. Es geht darum, jeder misslichen Lage das bestmögliche abzutrotzen und sich nicht der Resignation zu ergeben, wenn die Umstände nicht optimal sind. Führungskräfte mit einer ausgeprägten Resilienz wursteln sich durch auswegslose Situationen und sehen Möglichkeiten, wo andere nur Schwierigkeiten sehen. Sie verfügen über zahlreiche, mitunter auch ungewöhnliche Ressourcen, die ihnen in schwierigen Situationen zu Hilfe kommen.

> **BEISPIEL**
>
> In seinem Buch „Duell im ewigen Eis" beschreibt Rainer Langner packend den Wettkampf zwischen dem Norweger Roald Amundsen und dem Briten Robert Scott um die Ehre, als Erster den Südpol zu erreichen. Amundsen, der mit seinem Team 34 Tage vor Scott das Ziel erreichte, hatte viele solcher Ressourcen. Eine davon war seine unverwüstliche Fitness, die er sich u. a. erarbeitet hatte, als er mit dem Fahrrad von Norwegen nach Spanien fuhr, um dort sein Kapitänspatent zu erwerben. Scott hingegen war in vielen Bereichen eher optimistisch eingestellt und starb mit seiner gesamten Mannschaft nur wenige Kilometer vom rettenden Proviantlager entfernt.

Kreativität und Erfindungsgeist fallen uns relativ leicht, wenn wir entspannt sind. Geraten wir hingegen unter Stress, neigen wir dazu, in altbewährte Verhaltensmuster zu verfallen. Im Kapitel „Neurobiologie, Wohlbefinden und Stress" (4) werde ich auf die Erkenntnisse der Hirnforschung hierzu eingehen, die Erklärungen für dieses Verhalten liefern. Improvisationsfähigkeit unter großem Druck ist daher die wesentliche Fähigkeit, die Entdecker aber auch Manager mit hoher Resilienz auszeichnet und letztlich erfolgreich macht bzw. am Leben erhält. Von außen mag man den Eindruck haben, dass so eine Person einfach Glück hat. Aber dieser Eindruck täuscht. Executives mit einer hohen Resilienz schaffen durch Improvisationstalent und ihrem Unwillen aufzugeben häufig Situationen, in denen Dinge passieren, die sich als hilfreich für sie herausstellen. Und sie haben die Fähigkeit entwickelt, diese Vorfälle für sich zu erkennen und nutzbar zu machen. Das ist weit mehr als bloßes Glück.

2 Woran Executives scheitern

Es ist nicht einfach, ein Manager zu sein, und es wird schwieriger, je höher man kommt. Das war schon immer so. Der mittelalterliche Kirchenmanager Bernhard von Clairvaux, in seiner Zeit ein hochrangiger Kleriker und bedeutendster Vertreter des aufstrebenden Zisterzienserordens, schrieb vor etwa 1.000 Jahren an seinen ehemaligen Schüler Papst Eugen III.

„Wo soll ich anfangen? Am besten bei Deinen zahlreichen Beschäftigungen, denn ihretwegen habe ich am meisten Mitleid mit Dir. Ich fürchte, dass Du, eingekeilt in Deine zahlreichen Beschäftigungen, keinen Ausweg mehr siehst und deshalb Deine Stirn verhärtet; dass Du Dich nach und nach des Gespürs für einen durchaus richtigen und heilsamen Schmerz entledigst. Es ist viel klüger, Du entziehst Dich von Zeit zu Zeit Deinen Beschäftigungen, als dass sie Dich ziehen und Dich nach und nach an einen Punkt führen, an dem Du nicht landen willst. Du fragst an welchen Punkt? An den Punkt, wo das Herz anfängt, hart zu werden. Frage nicht weiter, was damit gemeint sei. Wenn Du jetzt nicht erschrickst, ist Dein Herz schon so weit. Wenn Du Dein ganzes Leben und Erleben völlig ins Tätigsein verlegst und keinen Raum mehr für Besinnung vorsiehst, soll ich Dich da loben? Darin lobe ich Dich nicht. Ja, wer mit sich schlecht umgeht, wem kann der gut sein? Denke also daran: Gönne Dich Dir selbst. Sei wie für alle anderen auch für Dich selbst da."

2.1 Manager unter Druck

In circa fünf Jahren wird es zwei Arten von Unternehmenslenkern geben: solche, die global denken, und solche, die arbeitslos sind.

(Peter Drucker, österreichisch-amerikanischer Managementautor)

Das „Center for Creative Leadership (CCL)" ist eine globale Non-Profit-Organisation, die 1970 von H. Smith Richardson, dem damaligen Inhaber des Firmenkonglomerats rund um das auch in Deutschland bekannte Erkältungsprodukt „Wick VapoRub", zur Erforschung, Förderung und Verbreitung von guter und kreativer Führung ins Leben gerufen wurde. Richardson wollte Ende der 1960er Jahre verstehen, wie Führung funktioniert, und vor allem, ob sie erlernbar ist. Zu diesem Zweck wurden zunächst einige Dutzend Studenten rekrutiert, die sich bereits durch ihre Fähig keit zu führen hervorgetan hatten. Diese wurden von Richardson durch Praktika und Stipendien gefördert. Im Ausgleich dafür stellten sie sich für zahlreiche Persönlichkeitstests, Befragungen und psychologische Versuche zur Verfügung. Diese Forschung brachte mit die ersten wissenschaftlich belastbaren Erkenntnisse zum Thema Führung und stellte einen Teil der Grundlage dar, auf die später CCL seine Arbeit stützte. Seit seiner Gründung hat CCL weltweit mit hunderttausenden von Managern auf verschiedenen Ebenen gearbeitet, immer mit dem Ziel, aus Managern authentische und starke Leader zu machen. Jährlich absolvieren heute rund 30.000 Führungskräfte die diversen Programme von CCL. Der Umgang mit Leistungsdruck, Schwierigkeiten und Rückschlägen ist ein elementarer Bestandteil davon.

In einer Studie von CCL wurden 230 hochrangige Manager zu ihrer Einschätzung zum Thema „Führung und Stress" befragt. Hier sind einige der Erkenntnisse dieser Untersuchung:

- 88 % der Befragten gaben an, dass die Arbeit eine wesentliche Ursache von Stress in ihrem Leben darstellt.
- 75 % der Manager bestätigten, dass ihre Führungsrolle ein wesentlicher Grund für ihren Stresslevel ist. Als wesentliche Faktoren dafür wurden am häufigsten Zeitmangel und fehlende Ressourcen genannt.
- Mehr als 65 % der befragten Führungskräfte empfanden ihren aktuellen Stresslevel höher als noch vor fünf Jahren.
- Nach eigener Einschätzung gehen 85 % der befragten Manager effektiv mit Stress um.
- Sportliche Betätigung ist die mit Abstand überwiegende Strategie von Managern, um mit Stress umzugehen.
- Mehr als 90 % gaben an, dass ein zeitweiser Rückzug aus dem Arbeitskontext ihnen hilft körperlich und seelisch abzuschalten.
- 79 % der befragten Führungskräfte äußerten, dass die Arbeit mit einem Coach ihnen helfen würde, besser mit Stress umzugehen.

Treffen diese Aussagen auch auf Sie zu? War das schon immer so oder sind Manager heute einfach schwächer als früher? Wird in großer Öffentlichkeit über ein Phänomen geklagt, das keineswegs neu ist und nie anders war? Oder hat sich das Umfeld verändert, in dem Führungskräfte heute agieren? Liegt es vielleicht an gestiegener Geschwindigkeit, Unsicherheit und Komplexität, die den heutigen Arbeitsalltag von Entscheidern dominieren? Auf die Zusammenhänge und verschiedenen Forschungsergebnisse dazu werde ich im Kapitel „Was gefährdet Resilienz?" (6) ausführlich eingehen. Unabhängig von jeglicher Polemik lässt sich jedoch feststellen, dass die Aufgabe, Menschen und Unternehmen zu führen, seit jeher zu den schwierigsten Aufgaben gehört, die es gibt. Die meisten Führungskräfte, mit denen ich arbeite, wurden zudem nie darauf vorbereitet zu führen, sei es sich selbst, sei es andere Mitarbeiter, andere Manager oder gar ganze Bereiche und Unternehmen. Der noch immer in unserem Ausbildungssystem und selbst an elitären Business Schools vorherrschende Glaube, dass Führung, also der bewusste Einsatz und die Steuerung von Emotionen in einem Arbeitskontext, nicht bedeutsam für den Unternehmenserfolg ist und daher bestenfalls zu den „Soft Skills" gehört, kostet heute viele Führungskräfte ihre Gesundheit und mitunter auch ihr Leben. Um Missverständnissen vorzubeugen: Ich sehe Manager dabei nicht als unschuldige Opfer des „Systems", denn eigene Weiterentwicklung ist eine Holschuld und kann an niemanden delegiert werden. Obwohl die Abhängigkeiten und Entscheidungsdynamiken im System „Unternehmen" viele Führungskräfte häufig in unangenehme oder unschöne Situationen bringen, die die sie lieber vermeiden würden, reicht es doch nicht aus, mit Blick auf diese Dynamiken einfach in der Tagesordnung fortzufahren. Eine Führungskraft muss immer wieder unpopuläre Entscheidungen treffen und es kann immer zu Situationen kommen, wo sie z. B. nichts kommunizieren darf, obwohl dies für die Mitarbeiter hilfreich wäre. Und dennoch gibt es in meiner Erfahrung zahlreiche Gestaltungsspielräume für Führung, die zumeist nicht ausreichend genutzt werden.

Manager müssen dazu übergehen, wirklich Profis in Bezug auf die Führung von Menschen und von sich selbst werden zu wollen. Dazu gehört es auch, ihre eigene Person, bestehend aus Körper, Geist und Seele, als ihre wichtigste Produktivressource zu erkennen und sich entsprechend fit zu machen. Niemand käme auf die Idee, völlig unerfahren und untrainiert zu einem Marathon anzutreten. Aber viele Führungskräfte tun dies jeden Tag, denn sie gehen in der Regel ziemlich unvorbereitet an das Führen ihrer selbst, ihrer Mitarbeiter und Unternehmen heran, was definitiv eine Langstreckendisziplin ist.

2.2 Es geht um alles

Ich glaube nicht, dass Burn-out davon kommt, dass man nicht genug schläft oder sich nicht richtig ernährt. Ich glaube, dass Burn-out durch Verbitterung entsteht. Klar kann man „zu hart" arbeiten, aber es geht in Wirklichkeit darum, welche Dinge es sind, die Du brauchst, um aufgetankt zu bleiben, um Energie zu haben, und um nicht verbittert zu werden.

(Marissa Mayer, US-amerikanische CEO von Yahoo)

Woran Executives scheitern

Aus dem Englischen stammen die häufig von Managern benutzten Phrasen „I put my neck on the line" (übersetzt sinngemäß mit: Mein Kopf liegt auf dem Richtholz...) und „I have skin in the game" (sinngemäß übersetzt: Es geht um meine Haut ...). Diese martialisch wirkenden Redewendungen sind Ausdruck dafür, dass viele Führungskräfte sich so sehr mit ihrem Job identifizieren, dass sie nicht mehr unterscheiden zwischen dem Job und ihrem Leben. Eine Bedrohung der Karriere wird daher bei diesen Entscheidern immer mehr auch zu einer wahrgenommenen Gefährdung der eigenen Existenz. Diese Identifikation führt mitunter zu tragischen Konsequenzen. Da Unternehmen heute immer transparenter und Medien immer schneller werden, dringen einige — wenn auch längst nicht alle — solcher Ereignisse an die Öffentlichkeit, die vor 15 Jahren womöglich noch sehr viel diskreter gehandhabt worden wären. Dazu zählen auch die Schicksale, auf die ich im Folgenden kurz eingehen möchte und die verdeutlichen, dass Führungsverantwortung gekoppelt mit übergroßer Identifikation mitunter lebensgefährlich sein kann.

▶ **BEISPIEL**

Der jüngste Fall eines CEO-Selbstmords im deutschsprachigen Raum war Carsten Schloter. Der charismatische und umtriebige Swisscom-Chef nahm sich im Juli 2013 das Leben.

Betrachtet man dies als bloßen Einzelfall, so wirkt dieser extrem und äußerst tragisch. Analysiert man hingegen die Entwicklung der letzten Jahre, zeigt sich ein besorgniserregender Anstieg bei Fällen von Burn-out und Suiziden bei Führungskräften. Könnte es eine Verbindung geben zwischen dieser Entwicklung, der immer komplexer werdenden Umwelt und dem zunehmenden Druck? Die deutsche Sozialwissenschaftlerin Saskia Freye hat die Karrieren deutscher Vorstände in den letzten Jahrzehnten analysiert. Waren bis 1990 die Vorstandsvorsitzenden deutscher Industrieunternehmen durchschnittlich 10 Jahre im Amt, hielten sie sich im Jahr 2005 nur noch 7,5 Jahre an der Spitze. Die Tendenz seitdem: weiter fallend.

Man fragt sich bei einem solch tragischen Vorfall wie dem Suizid von Schloter nach dem Grund, warum es dazu kommen konnte. Der Fall Schloter legt nahe, dass es nie den einen Grund und auch nicht den einen Schuldigen gibt, wohl aber eine Summe von Faktoren, die gemeinsam das Potenzial haben, mit der Zeit das Maß an innerer Widerstandsfähigkeit zu untergraben, was dann irgendwann in die Katastrophe führen kann, sei es Selbstmord, Burn-out, Substanzmissbrauch oder anderes. Schloter galt als charismatisch, extrem arbeitsam, mobil und innovativ. Sein Leben hatte er dem Beruf und seiner Leistung gewidmet. Er war hart zu sich selbst, durchtrainiert und grenzenlos erreichbar. Ein Vorzeige-Manager — wie viele andere auch. Aber es gab auch die andere Seite. Seine Frau und seine Kinder lebten seit Jahren von ihm getrennt und Berichte um Konflikte mit seinem Verwaltungsratschef machten die Runde. In Interviews hatte er zuletzt über Schwierigkeiten mit seiner Work-Life-Balance berichtet und von gelegentlicher Getriebenheit und Verzweiflung. Und mit diesen Gefühlen war er offensichtlich nicht alleine, wie eine Übersicht zu Executives mit vergleichbarer Geschichte zeigt. Allerdings schafften es einige seiner Management-Kollegen, rechtzeitig einen Absprung zu finden, z. B. in Form einer Auszeit, und es nicht zum Äußersten kommen zu lassen.

ARBEITSHILFE ONLINE	**Übersicht zu betroffenen Topmanagern**
	Unter http://arbeitshilfen.haufe.de/ finden Sie eine Übersicht von Topmanagern, die ihr Leben in der bisherigen Form nicht mehr weiterleben konnten oder wollten. Die Beispiele erheben dabei keinen Anspruch auf Vollständigkeit und umfassen nur Fälle der letzten sechs Jahre, die in deutsch- und englischsprachigen Ländern durch die Medien gingen. Auch wenn sich hinter manchen Fällen sicher mehr verbirgt als nur eine Auszeit, bin ich bei der offiziellen Sprache der Pressemeldungen geblieben. Fälle aus meiner Tätigkeit als Coach wären reichlich zu ergänzen, unterliegen aber der professionellen Verschwiegenheitspflicht.

2.2.1 Psychisch krank?

In dem Augenblick, in dem ein Mensch den Sinn und den Wert des Lebens bezweifelt, ist er krank.

(Sigmund Freud, österreichischer Tiefenpsychologe)

Führungskräfte, die Selbstmord begehen oder einen Burn-out bekommen, werden von der Öffentlichkeit, insbesondere aber auch von Manager-Kollegen häufig als psychisch krank dargestellt. Das hat den Vorteil, dass man sich dann selbst gut davon distanzieren kann, denn man selbst ist ja gesund. Allerdings ist es nicht ganz so einfach.

In Deutschland töten sich offiziell rund 10.000 Menschen jährlich, viele davon mit diagnostizierten psychischen Schwierigkeiten. Rund 10 % aller Selbstmorde werden jedoch von seelisch gesunden Menschen verübt. Führt man sich vor Augen, wie geistig beweglich, diszipliniert und strukturiert ein Manager sein muss, um sein Arbeitspensum zu schaffen, so ist davon auszugehen, dass mit Abstand die meisten Führungskräfte aus medizinischer Sicht als seelisch gesund, auf jeden Fall aber nicht kränker als ihre Management-Kollegen einzustufen sind, selbst wenn sie einen Selbstmord begehen.

Ähnliches gilt auch für Fälle von Burn-out im Management-Umfeld. Laut einer über fünf Jahre dauernden Befragung von 10.000 Führungskräften, die von der Freiburger Unternehmensberatung Saaman durchgeführt wurde, weisen rund 45 % der Manager Anzeichen schwerer Erschöpfung auf, ein Kardinalssymptom von Burn-out, ohne dabei automatisch als psychisch krank zu gelten. Es gibt also keinen Grund dafür, sich in Sicherheit zu wiegen, indem man Executives, deren Resilienz kollabiert ist, als „krank" abstempelt. Als ehemaliger Manager, aber vor allem aus meiner Arbeit als Coach weiß ich, dass der Weg ins Topmanagement mit einem starken Willen, viel Arbeit, Ausdauer und Härte verbunden ist, denn das kompetitive und politische Umfeld auf Teppichetagen führt zu immensem Druck. Und es führt dazu, dass nur diejenigen Männer und Frauen weiterkommen, die nach außen die perfekte Fassade von Selbstsicherheit, Stärke und Souveränität entwickeln. Doch dahinter verbergen sich bei gesunden Menschen oft Zweifel, Ängste und Unsicherheiten. Das ist ganz normal, aber sie müssen irgendwo damit hin. Fehlen diese völlig, so hat man es oft mit Psychopathen zu tun. Diese bringen sich nicht selbst um, treiben dafür aber ganze Organisationen in den Burn-out. Auf dieses Phänomen gehe ich später noch ein.

Erschwerend hinzu kommt die Einsamkeit an der Spitze. Das Gefühl, sich niemandem in einem vertrauensvollen Gespräch risikolos öffnen zu können, ist eine Gefahr für die Resilienz vieler Manager, insbesondere wenn Eskalationen, Demütigungen und Anfeindungen zu verarbeiten sind. Zwar fühlen sich viele Führungskräfte nicht einsam, aber sie verwechseln in meiner Erfahrung häufig die Quantität mit der Qualität von Beziehungen, denn nur die bringt die gute Erdung, die insbesondere für Chefs so wichtig ist. Hat man es als Führungskraft erst einmal nach oben geschafft, wird die Angst vor Bedeutungs- und Statusverlust größer. Dann bekommt das Hamsterrad, das von innen betrachtet durchaus einer Karriereleiter ähnelt, eine bedrohliche Eigendynamik. Wenn ein Manager zudem bedingt durch den eigenen Aufstieg privat vor einem Scherbenhaufen steht, drängt sich irgendwann die Frage nach dem Sinn auf, denn ein Selbstwert, der sich wie bei vielen ohne höhere Ziele ausschließlich am eigenen Erfolg festmacht, zerfällt bei Rückschlägen schnell und weicht einem Gefühl der Hoffnungslosigkeit. De facto ist der Druck auf der Chefetage eines internationalen Unternehmens heute so hoch, dass kaum ein Mensch dies über längere Zeit aushält und dabei gesund bleibt. Die Resilienz von Topmanagern ist also zum individuellen Schlüsselkriterium geworden, aber auch zum Kriterium für den langfristigen Unternehmenserfolg.

2.2.2 Auswirkungen auf die Unternehmen

Der wichtigste Erfolgsfaktor eines Unternehmens ist nicht das Kapital oder die Arbeit, sondern die Führung

(Reinhard Mohn, deutscher Medienunternehmer)

So tragisch die hier beschriebenen Entwicklungen für die betroffenen Manager und ihre Familien privat sind, haben sie natürlich auch weitreichende Auswirkungen auf die Unternehmen selbst. Die Firmenleitung gerät ohne ihren Kopf nicht selten ins Schlingern. Im schlimmsten Fall entsteht ein Machtvakuum und Strategien werden nicht mehr umgesetzt. Die Leistungsfähigkeit und Kultur ganzer Organisationen kann durch den plötzlichen und traurigen Exit ihrer Führungskräfte enorm beeinträchtigt werden. Wertschöpfung findet dann nur noch in stark eingeschränktem Maße statt, und nicht nur auf der Chefetage macht sich Resignation breit. Wird diese Tatsache am Kapitalmarkt bekannt, kann im schlimmsten Fall sogar der Aktienkurs auf Talfahrt gehen, weil der Organisation eine nachhaltige Steigerung des Unternehmenswertes ohne ihr Machtzentrum zunächst nicht mehr zugetraut wird. Es braucht Geduld, eine glückliche Hand bei der Nachfolgeregelung und eine Menge Aufbauarbeit, um diesen Schaden wieder gutzumachen.

2.3 Eine Bestandsaufnahme: Wie sieht es in Ihrem Leben aus?

Die Welt gehört den konstruktiv Unzufriedenen.

(Muhtar Kent, CEO Coca-Cola)

Generell gilt, dass die Resilienz einer Führungskraft immer dann besonders gefordert ist, wenn es in mehreren Lebensbereichen zu Krisen oder Rückschlägen kommt. Je mehr Bereiche als nicht erfüllend oder gar problematisch empfunden werden, desto negativer die Auswirkung auf das zur Verfügung stehende Maß an Resilienz.

Und Sie? Wie steht es um Ihre Lebenssituation? Lesen Sie sich die folgenden Abschnitte zu den verschiedenen Lebensbereichen durch und lassen Sie sich von den Fragen zur Reflexion anregen. Wie sehr sind Sie alles in allem mit dem jeweiligen Lebensbereich zufrieden? Nutzen Sie die Fragen in jedem Abschnitt zur Reflexion dieses Lebensbereichs. Nehmen Sie sich ausreichend Zeit dafür. Seien Sie so ehrlich wie möglich mit sich selbst.

Markieren Sie anschließend Ihre Antwort pro Lebensbereich auf der jeweiligen Skala, wobei der Wert 1 für „überhaupt nicht" und der Wert 10 für „voll und ganz" steht.

2.3.1 Karriere

- Wie sehr sind Sie mit Ihrer Berufswahl zufrieden?
- Verlief Ihre bisherige berufliche Laufbahn nach Plan?
- Gab es größere Rückschläge und konnten Sie etwas daraus lernen?
- Wie sehr sind Sie mit Ihrem aktuellen Karrierelevel zufrieden?
- Wie stehen Sie im Verhältnis zu Ihrer Peergroup, z. B. Studienkollegen?
- Lieben Sie, was Sie tun?
- Alles in allem, wie sehr erfüllt Sie Ihre berufliche Tätigkeit und Ihre Karriere auf einer Skala von 1 bis 10 (1 = überhaupt nicht; 10 = voll und ganz)?

2.3.2 Partnerschaft

- Leben Sie in einer Beziehung? Wenn nein, würden Sie gerne?
- Wie wohl fühlen Sie sich in Ihrer Partnerschaft?
- Wie sehr vertrauen Sie Ihrem Partner und wie offen sind Sie miteinander?
- Sind Sie treu? Ist Ihr Partner treu?
- Wie sehr inspiriert Sie Ihr Partner?
- Wie erfüllend ist die Sexualität in Ihrer Beziehung?
- Fühlen Sie sich von Ihrem Partner geliebt?
- Alles in allem, wie sehr erfüllt Sie Ihre Beziehung auf einer Skala von 1 bis 10 (1 = überhaupt nicht; 10 = voll und ganz)?

Eine Bestandsaufnahme: Wie sieht es in Ihrem Leben aus?

2.3.3 Freunde und Familie

- Haben Sie in Ihrer Familie oder in Ihrem Freundeskreis Menschen, die Sie einfach gerne haben und denen Sie alles anvertrauen können?
- Haben Sie mit diesen Menschen regelmäßig, d. h. öfter als einmal pro Monat, Kontakt?
- Öffnen Sie sich diesen Menschen? Sind diese Ihnen gegenüber offen und vertrauensvoll?
- Wie viel Konflikte gibt es in Ihrer Familie bzw. in Ihrem Freundeskreis?
- Gibt es da, wo Sie sich am häufigsten aufhalten, Menschen, mit denen Sie gerne Zeit verbringen?
- Fühlen Sie sich von Freunden und Familie wertgeschätzt bzw. geliebt?
- Alles in allem, wie sehr erfüllt Sie Ihr Freundeskreis bzw. Ihre Familie auf einer Skala von 1 bis 10 (1 = überhaupt nicht; 10 = voll und ganz)?

2.3.4 Engagement

- Haben Sie Hobbys oder Interessen, die Sie inspirieren und begeistern ohne notwendigerweise sinnvoll zu sein?
- Sind Sie politisch, sozial, kirchlich oder ehrenamtlich engagiert?
- Ziehen Sie aus diesen Aktivitäten Zufriedenheit?
- Nehmen Sie sich ausreichend Zeit für diese Aktivitäten, d. h. öfter als einmal im Monat?
- Lieben Sie das, was Sie tun?
- Alles in allem, wie sehr erfüllt Sie Ihr Engagement bzw. Ihre Hobbies auf einer Skala von 1 bis 10 (1 = überhaupt nicht; 10 = voll und ganz)?

2.3.5 Persönliche Entwicklung

- Kennen Sie Ihre Stärken und Schwächen?
- Sind Sie mit sich als Mensch prinzipiell im Reinen?
- Haben Sie Ziele für die weitere Entwicklung Ihrer Persönlichkeit?
- Inwieweit haben Sie sich im letzten Jahr im für Sie positiven Sinn weiterentwickelt?
- Wie sehr ermöglicht Ihnen Ihre Art zu leben, als Mensch und Führungskraft zu wachsen?
- Lieben Sie sich selbst?
- Alles in allem, wie sehr sind Sie mit Ihrer persönlichen Entwicklung auf einer Skala von 1 bis 10 zufrieden (1 = überhaupt nicht; 10 = voll und ganz)?

2.3.6 Gesundheit und Körper

- Wie sehr sind Sie mit Ihrer körperlichen und seelischen Gesundheit zufrieden?
- Inwieweit fühlen Sie sich generell wohl in Ihrer Haut?
- Wie sieht es mit Ihrer emotionalen Stabilität aus?
- Wie sehr sind Sie mit Ihrer Fitness zufrieden?
- Fühlen Sie sich attraktiv?
- Lieben Sie Ihren Körper?
- Alles in allem, wie sehr sind Sie mit Ihrer Gesundheit und Ihrem Körper auf einer Skala von 1 bis 10 zufrieden (1 = überhaupt nicht; 10 = voll und ganz)?

Eine Bestandsaufnahme: Wie sieht es in Ihrem Leben aus?

2.3.7 Sinn

- Wissen Sie, für welche Werte Sie stehen?
- Inwieweit haben Sie ein höheres Ziel, das Sie in Ihrem Leben erreichen möchten?
- Hat Ihr Leben einen Sinn für Sie?
- Inwieweit glauben Sie an die Existenz einer konkreten oder abstrakten höheren Macht?
- Fühlen Sie sich mit dieser Macht verbunden?
- Entspricht Ihre Art zu leben den Werten, die für Sie bedeutsam sind?
- Lieben Sie Ihr Leben?
- Alles in allem, wie sehr erfüllt Sie Ihr Leben auf einer Skala von 1 bis 10 mit Sinn (1 = überhaupt nicht; 10 = voll und ganz)?

2.3.8 Geld

- Machen Sie sich häufig Sorgen über Geld?
- Verfügen Sie über genügend finanzielle Mittel, um sich sicher zu fühlen?
- Haben Sie genug Geld, um Ihr Bedürfnis nach Freiheit und Autonomie auszuleben?
- Haben Sie genug Geld, um Ihr Bedürfnis nach Status und Selbstverwirklichung auszuleben?
- Haben Sie genug Geld, um einen Teil davon zu spenden?
- Haben Sie ein positives Verhältnis zu Geld?
- Alles in allem, wie sehr sind Sie mit Ihrer finanziellen Ausstattung auf einer Skala von 1 bis 10 zufrieden (1 = überhaupt nicht; 10 = voll und ganz)?

Zusammenfassung

So weit, so gut. Übertragen Sie nun die einzelnen Skalenwerte in die folgende Grafik. Jedes Kreissegment steht für einen Lebensbereich und jeder der gestrichelten Kreise entspricht zwei Skalenpunkten.

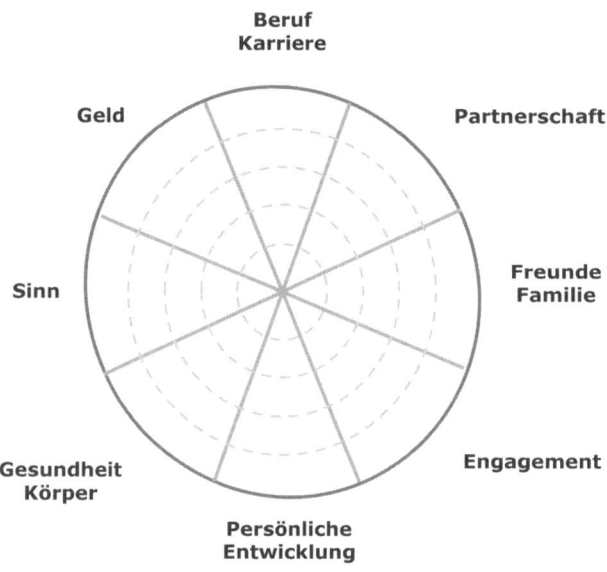

Abb. 1: Lebensbereiche

Tragen Sie ausgehend von der Mitte Ihre Skalenwerte ein und schraffieren Sie den Bereich zur besseren Sichtbarkeit. Ihr Ergebnis könnte aussehen, wie in der folgenden Grafik dargestellt. Sie können übrigens auch eine vertraute Person bitten, Ihnen auf diese Weise Feedback zu geben.

2
Eine Bestandsaufnahme: Wie sieht es in Ihrem Leben aus?

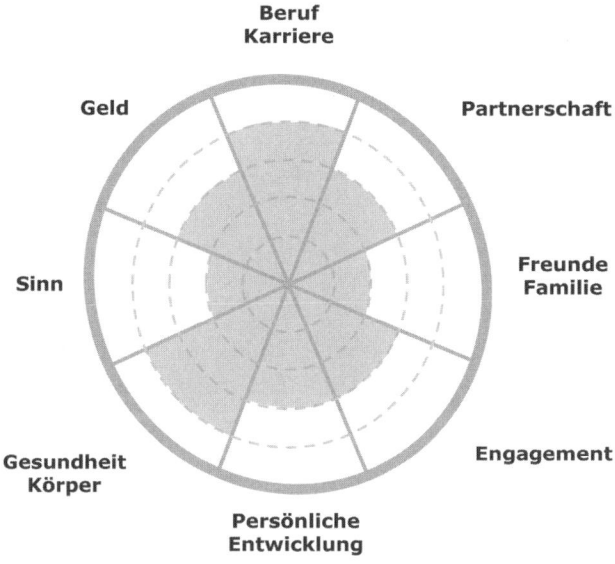

Abb. 2: Zufriedenheit mit den einzelnen Lebensbereichen

Welche Gedanken gehen Ihnen durch den Kopf, wenn Sie sich Ihre Lebensbereiche ansehen?
Wenn der von Ihnen ausgefüllte Bereich ein Rad wäre, wie gut würde dieses Rad dann rollen bzw. wie holprig wäre die Fahrt?
Welche Bereiche Ihres Lebens sind zurzeit überbetont?
Welche Lebensbereiche brauchen mehr Fokus und Energie von Ihnen?

ARBEITSHILFE ONLINE

Übung zur Betrachtung Ihrer Lebensbereiche

Wenn Sie die Übung zur Betrachtung Ihrer Lebensbereiche wiederholen möchten oder andere Menschen dazu einladen möchten, dies ebenfalls für Sie oder für sich selbst zu tun, so finden Sie eine entsprechende Vorlage unter http://arbeitshilfen.haufe.de/

2.4 Resilient oder tough?

Zu den Steinen hat einer gesagt: „Seid menschlich". Die Steine haben gesagt: „Wir sind noch nicht hart genug".

(Erich Fried, österreichischer Lyriker)

Auf einem Vortrag über Resilienz sah ich einmal ein Bild, das einen Leuchtturm in sturmumtoster See zeigte. Das Fundament war völlig unter Wasser und nur wenige Meter darüber stand der Leuchtturmwärter auf einer Plattform, der in Richtung Kameramann blickte. Letzterer befand sich offensichtlich in einem Hubschrauber hoch über den Wellen. Das Bild sollte die Aussage unterstreichen: „Resiliente Menschen sind standhaft wie ein Leuchtturm inmitten stürmischer See".

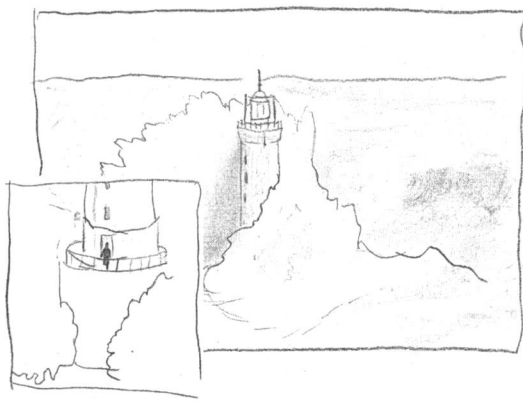

Abb. 3: Skizze des Leuchtturms La Jument; Quelle: Kara Drath

Irgendetwas störte mich an dieser Metapher, aber ich konnte lange nicht greifen, was genau. Dann recherchierte ich die Hintergründe zu diesem Foto und es stellte sich heraus, dass es sich um eine Bilderserie handelte. Dem gezeigten Foto folgten noch zwei weitere Einstellungen, in denen eine sich nähernde Riesenwelle zu sehen war, die schließlich den Ort, an dem der Leuchtturmwärter stand, vollständig unter sich begrub. Als ich das sah, wurde mir klar, was mich daran gestört hatte. Wenn Manager das Konzept der Resilienz und der resilienzorientierten Führung ausschließlich mit „Förderung von Härte" übersetzen, wie es in manchen älteren Managementbüchern auch nahegelegt wird, dann ist es nur eine Frage der Zeit, bis Lebensumstände beruflicher oder privater Natur eintreten, die härter sind als man selbst. Natürlich spielt eine gewisse Disziplin eine Rolle und ich werde im Kapitel „Lebenswandel, Psyche und Gesundheit" (5) von faszinierenden Forschungsergebnissen berichten, die die Bedeutung von Disziplin für ein erfülltes Leben unterstreichen.

Mindestens ebenso wichtig sind jedoch die Fähigkeit zur Eigenreflexion und das bewusste Wahrnehmen der eigenen Person bestehend aus Körper, Geist und Seele mit ihren aktuellen Bedürfnissen und Befindlichkeiten. In der folgenden Grafik ist schematisch und vereinfachend dargestellt, dass resiliente Manager eher Reflexion mit Disziplin kombinieren, während „harte" Führungskräfte tendenziell unreflektiert ausschließlich auf Disziplin setzen. Trifft hingegen fehlende Eigenreflexion auf fehlende Selbststeuerung, so spreche ich von „entgleisten" Managern, ähnlich einem ICE, der aus den Schienen gesprungen ist und unkontrolliert durch die Gegend rast und Schaden anrichtet. Hierauf werde ich im Kapitel „Entgleiste Executives" (2.6) noch gesondert eingehen.

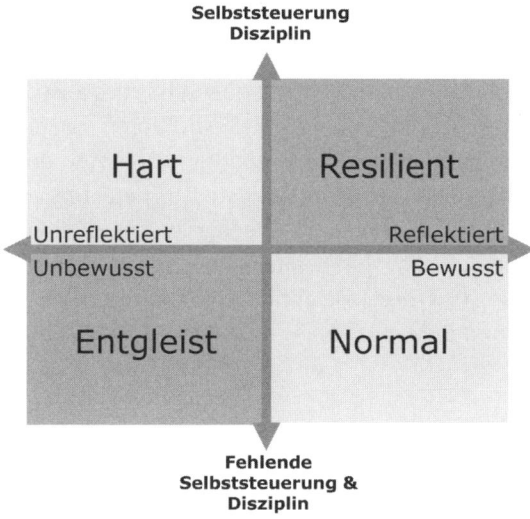

Abb. 4: Resilienz bedeutet mehr als Härte

Trifft ein gewisses Maß an Eigenreflexion auf schwach ausgeprägte Selbststeuerung, so spricht die Forschung vom „Knowing-Doing-Gap", ein Phänomen, dem sicher die meisten Manager von Zeit zu Zeit erliegen, weswegen ich es auch mit „Normal" bezeichne. Es beschreibt die Tatsache, dass wir in aller Regel sehr gut wissen, was gut für uns, unsere Mitarbeiter und unser Unternehmen ist, jedoch dieses Wissen häufig nicht anwenden, sondern ignorieren — wie z. B. der Manager, der weiß, dass er weniger taktisch und mehr strategisch arbeiten sollte, aber es aufgrund des permanenten Zeitdrucks und anderer ihm vielleicht unbewusster Gründe nicht tut.

Zusammenfassend lässt sich also sagen, dass es bei Resilienz nicht um unreflektierte Härte gegen sich und andere und schon gar nicht um fehlende Eigenreflexion oder Selbststeuerung geht. Resiliente Führungskräfte sind vielmehr in der Lage, in ihrem Leben ein hohes Maß an Selbststeuerung und Disziplin mit Eigenreflexion und Bewusstsein der eigenen Person zu kombinieren.

2.5 Wege in den Burn-out: von Narzissten und Jeanne d'Arcs

Beide schaden sich selbst: der zu viel verspricht und der zu viel erwartet.

(Gotthold Ephraim Lessing, deutscher Schriftsteller und Philosoph)

In unserer Arbeit mit Managern sehen wir immer wieder, dass bei Managern, die ihre Resilienz aufgebraucht haben und auf einen Burn-out oder Ähnliches zusteuern, in der Regel eine von zwei spezifischen Persönlichkeitsstrukturen vorliegt. Stark vereinfacht gesagt, handelt es sich bei ihnen entweder um Narzissten oder um Idealisten. Natürlich gibt es auch viele andere Zuspitzungen des Charakters von Managern, die sie dafür anfällig machen, irgendwann in ihrer Karriere zu scheitern. Hierauf werde ich noch gesondert in den nächsten Kapiteln eingehen. Und es gibt ebenfalls auch andere Persönlichkeitsstrukturen, die anfällig für Burn-out machen. Aber in der Kombination Manager und Burn-out überwiegen diese beiden Typen bei weitem.

2.5.1 Narzissten

Der sehr narzisstische Mensch hat eine unsichtbare Mauer um sich erstellt; er ist alles, die Welt ist nichts – oder vielmehr: Er ist die Welt.

(Erich Fromm, deutscher Psychoanalytiker und Philosoph)

Narziss, der Jüngling aus der griechischen Mythologie, hat sich in sein eigenes Spiegelbild in einem Teich verliebt und ist schließlich bei dem Versuch ertrunken, diesem Abbild nahe zu sein.

Manager mit einer narzisstischen Tendenz passen wunderbar in die moderne Berufswelt. Schließlich sind sie bereit viel zu leisten, perfekte Arbeit abzuliefern und große Verantwortung zu übernehmen, um die nagenden Selbstzweifel tief in ihrem Inneren nicht zu spüren. Kein Wunder also, dass sie oft Führungspositionen übernehmen und dort Innovationen vorantreiben und erfolgreich sind, denn all das sind sichere Wege ins Rampenlicht. Die Liebe zu sich selbst ist so groß, dass diese Manager dadurch beflügelt über sich selbst hinauswachsen. So führt nach einer Studie der Friedrich Albrecht Universität Erlangen-Nürnberg vor allem dieser Wunsch nach Aufmerksamkeit gekoppelt mit erhöhter Risikobereitschaft dazu, dass von narzisstischen CEOs geführte Unternehmen neue Technologien eher einführen als andere. Die Parallele zwischen Narzissten und machtorientierten Managern ist deutlich. Beide beanspruchen für sich Privilegien und halten eine Bevorzugung ihrer Person für das Natürlichste der Welt. Doch der Narzisst hat zwei Gesichter: das „grandiose" und das „unsichere". Wenn die Anforderungen von außen wachsen, die Kritik überhandnimmt und womöglich auch noch die Kräfte altersbedingt abnehmen, kann dieses überfordernde Selbstkonzept sehr negativ für die Resilienz sein. In der Psychologie spricht man dann von einer narzisstischen Kränkung, die den Selbstwert der betroffenen Manager tief erschüttern kann. Trifft dies auf eiserne Disziplin und fehlende Eigenreflexion, sind dem Ausbrennen Tür und Tor geöffnet.

2.5.2 Idealisten

Ein Idealist muss nicht dumm sein, aber enttäuscht wird er immer sein.

(Oscar Wilde, irischer Schriftsteller)

Während der Narzisst sich selbst verfallen ist, wird der idealistische Manager von seiner Identifikation mit höheren Zielen oder Werten zu teilweise übermenschlichen Höchstleistungen angespornt.

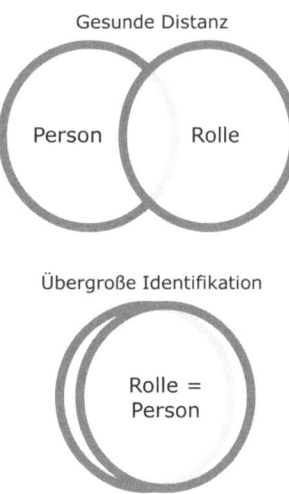

Abb. 5: Rolle und Person

Jeanne d'Arc, heute französische Nationalheldin, war eine Jugendliche, die in der Zeit des 100jährigen Krieges in Visionen die Eingebung erhielt, Frankreich von der Besatzung der Engländer zu befreien. Obwohl die Lage aussichtslos und ihre Chancen mehr als gering waren, erzielte sie beachtliche Erfolge, bevor sie schließlich verraten und auf dem Scheiterhaufen verbrannt wurde.

Manager mit einer idealistischen Tendenz, wie sie Johanna von Orleans eigen war, sind dabei keineswegs nur im sozialen Bereich, sondern sind auch in allen anderen Teilen der Gesellschaft anzutreffen. Sie zeichnen sich aus durch große Disziplin, Engagement, Integrität und hohe Ambitionen, was sie oft in großen Zusammenhängen denken lässt und erfolgreich macht. Als Perfektionisten setzen sich diese Manager sehr hohe Ziele, aber es fällt es ihnen oft schwer, Aufgaben zu delegieren und Kontrolle abzugeben. Zudem macht ihre hohe Anfälligkeit für das sogenannte „Helfer-Syndrom" es ihnen oftmals unmöglich, eine Anfrage abzulehnen und sich gut abzugrenzen. Sie neigen dazu, sich so sehr mit ihrer Aufgabe zu identifizieren, dass schließlich Person und Rolle miteinander verschmelzen können. Diese Dynamiken verschleißen die eigene Resilienz, und wenn die Kräfte erst einmal aufgebraucht sind, kippen ihr Enthusiasmus und ihre Energie oftmals um in tiefe Verzweiflung. Ihre Disziplin hält sie dann oft noch solange aufrecht, bis schließlich nichts mehr geht.

> **Zusammenfassung**
>
> Es gibt zahlreiche Zuspitzungen oder Pointierungen der Persönlichkeit von Managern. Diese sind dabei in aller Regel nicht als psychische Störungen zu deuten, sondern eher als exzentrische Charaktereigenschaften, die aus psychologischer Sicht aber noch absolut im Bereich des „Normalen" liegen, auch wenn dies sicher kein besonders eng umgrenztes Gebiet ist. Bei Managern bringen vor allem die narzisstische und die idealistische Ausprägung ein hohes Risiko mit sich, die eigene Resilienz im Laufe der Zeit über verschiedene Mechanismen zu verlieren und sich schließlich ausgebrannt in totaler Erschöpfung wiederzufinden. Die Wahrscheinlichkeit als Coach mit einem Manager narzisstischer Couleur zu arbeiten, ist allerdings sehr gering, denn die Eingenommenheit von sich selbst macht es diesen Menschen schwer, sich anderen anzuvertrauen.

2.6 Entgleiste Executives

Im Jesuitenorden gibt es eine vernünftige Regelung: Keiner, der nach Macht strebt, darf Vorgesetzter werden. Dahinter steht die jahrhundertelange Erfahrung christlicher Orden, dass die Pathologie des nach Macht Strebenden ihn ungeeignet macht, Herrschaft auszuüben.

(Rupert Lay, deutscher Theologe und Unternehmensberater)

Es gibt viele Gründe, warum Manager in ihrer Karriere Rückschlage erleben oder ungeplant ein Plateau in ihrer Entwicklung erreichen. Die meisten haben damit zu tun, dass in vielen Unternehmen Veränderungen immer schneller passieren und sich so immer häufiger neue Konstellationen in den Dimensionen Teams, Kollegen, Chefs, Freunden und Feinden ergeben. Mentoren verlassen die Firma, der Bereich wird reorganisiert oder mit einem anderen verschmolzen, ein Thema ist auf einmal nicht mehr strategisch, der neue Chef möchte einen eigenen Kandidaten platzieren etc.

In fast jeder Karriere unserer Klienten gibt es einen Knick oder zumindest eine dunkle Stelle, die später in Erzählungen gut vertuscht wird. Diese Dinge passieren einfach. Je resilienter ein Manager ist, desto besser hat er gelernt, diese Entwicklungen nicht als Infragestellung und Abwertung seiner Person zu sehen, sondern vielmehr als eine interessante Lernerfahrung, die Teil des großen Spiels „Big Business" ist. Dieses Spiel ist nicht lustig, denn es ist ein Spiel von Erwachsenen, aber es funktioniert nach dem Prinzip eines Spiels. Es hat Regeln, auch wenn sie ungeschrieben sind, es gibt Spielfiguren, die eigene Interessen haben, es gibt Ereigniskarten, die die eigenen Pläne über den Haufen werfen, und es gibt Gewinner und Verlierer, die nicht selten ausgewürfelt werden. Manche Manager scheitern aber nur vordergründig an diesen unvermeidbaren Entwicklungen auf dem Spielfeld und sind darüber meist tief bestürzt. Diese Manager haben als Teil ihrer Persönlichkeit Denk- und Verhaltensmuster entwickelt, die sie buchstäblich entgleisen lassen. Ihr Selbstmanagement reicht nicht aus, um diese Muster zu steuern. Vielmehr trifft häufig das Gegenteil zu und sie werden von ihren Mustern gesteuert.

2.6.1 Emotionen im Business

Wer führen will, muss lernen, Emotionen zu produzieren.

(Rupert Lay, deutscher Theologe und Unternehmensberater)

Die vorherrschende Meinung in der Ausbildung von künftigen Managern geht immer noch davon aus, dass Emotionen, insbesondere destruktive, nicht in die Chefetage gehören. Führungskräfte sollen stets Ruhe, Gelassenheit, Zuversicht und Souveränität verbreiten. Übertriebene Sachlichkeit ist okay, aber negative oder gar destruktive Emotionen sind nicht adäquat. Das ist manchmal jedoch gar nicht so einfach. Jedes menschliche Wesen, auch eine Führungskraft, hat einen inneren Gedankenstrom und Gefühle wie Wut, Zweifel und Ängste. Unser Gehirn ist einfach so konstruiert. Es versucht ständig, mögliche Probleme vorherzusehen und zu lösen, um mögliche Gefahren zu vermeiden. Im Kapitel „Neurobiologie, Wohlbefinden und Stress" (5)werde ich noch näher auf die Zusammenhänge und Hintergründe hierzu eingehen.

In meiner Arbeit als Coach arbeite ich viel mit Führungskräften, die nicht nur unerwünschte Gedanken und Gefühle haben, sondern von ihnen auch gefangen sind wie ein Fisch am Haken. Entweder identifizieren sie sich mit den Gedanken und Gefühlen, oder sie vermeiden Situationen, die diese hervorrufen, wie z. B. neue Herausforderungen. Wenn sich Manager bereits mit ihren eigenen Denk- und Verhaltensmustern beschäftigt haben, kommt es mitunter dazu, dass sie sich selbst für ihre negativen Emotionen auch noch kritisieren. Die besonders Harten jedoch ignorieren ihre negativen Emotionen oder suchen quasi zur Desensibilisierung aktiv Situationen, die diese Gedanken und Gefühle in ihnen hervorrufen. In jedem Fall nehmen destruktive Gedanken und Gefühle bei diesen Managern zu viel Raum ein und lenken kognitive Energie von anderen, wahrscheinlich wichtigeren Themenstellungen ab. Dies ist ein gängiges Problem, das häufig durch populäre Selbst-

Managementstrategien noch verstärkt wird. Wir treffen regelmäßig auf Manager mit wiederkehrenden emotionalen Schwierigkeiten, wie z. B. Entscheidungsangst, Angst vor Zurückweisung, ständigem Fokus auf empfundenen eigenen Schwächen, übergroßem Neid, die ihre eigenen handgestrickten Techniken entwickelt haben, um ihre Probleme in den Griff zu bekommen — häufig ohne Erfolg. Es liegt ausreichend Forschung vor, die nahelegt, dass der Versuch, einen Gedanken bzw. eine Emotion zu ignorieren, sie im Gegenteil langfristig und dauerhaft verstärken.

> **BEISPIEL**
>
> In einer berühmten Studie des Harvard Professors Daniel Wegner wurden Teilnehmer aufgefordert, jegliche Gedanken an weiße Bären zu unterdrücken. Natürlich hatten sie Schwierigkeiten, dies zu tun. Später, als das Gedankenverbot aufgehoben wurde, dachte diese Gruppe ungewollt häufiger, länger und intensiver an weiße Bären als eine Kontrollgruppe.

Resiliente Führungskräfte lassen sich von ihren negativen Emotionen und Gedanken nicht kontrollieren, sie versuchen aber auch nicht, diese zu ignorieren oder aktiv dagegen anzukämpfen. Vielmehr gehen sie bewusst und mit Bedacht mit ihren Emotionen konstruktiv um, eine Eigenschaft, die häufig als emotionale Agilität oder Selbststeuerung bezeichnet wird. In unserer komplexen, sich ständig verändernden Wissensgesellschaft wird die Fähigkeit, die eigenen negativen und destruktiven Impulse und Gefühle zu managen, von immer größerer Bedeutung für den eigenen und auch für den Unternehmenserfolg sein. Zahlreiche Studien legen nahe, dass emotionale Agilität Führungskräften helfen kann, Stress zu managen, Fehlentscheidungen zu reduzieren sowie innovativer und leistungsfähiger zu werden.

2.6.2 Warum entgleisen Manager?

Alle Manager sind anfällig für diese elf Fallstricke – fest verankerte Persönlichkeitsmerkmale, die ihren Managementstil und ihre Handlungen beeinträchtigen.

(David Dotlich & Peter Cairo, US-amerikanische Management-Autoren)

David Dotlich, ehemaliger Topmanager bei Honeywell, und Peter Cairo, Dozent an der Columbia University, haben in ihrem sehr lesenswerten Buch „Why CEOs Fail" basierend auf tausenden von Fällen untersucht, was die häufigsten Gründe dafür sind, dass die Karrieren von Topmanagern scheitern. In ihrem Buch beziehen sie sich auf die Arbeit des Universitätsprofessors Robert Hogan, der international als einer der Vorreiter im Bereich der Persönlichkeitstypisierung von Führungskräften gilt, sowie auf die Forschung des Center for Creative Leadership (CCL), einer renommierten internationalen Organisation, die sich seit 1970 mit der Erforschung von erfolgreicher Führung beschäftigt. Dotlich und Cairo beschäftigte die Frage, warum rund zwei Drittel aller Führungskräfte in westlichen Industrienationen im Laufe ihrer Karriere scheitern, sei es, dass sie gefeuert, entmachtet oder weggelobt werden. Sie fanden heraus, dass der häufigste Grund dafür in der fehlenden Fähigkeit besteht, ein leistungsfähiges Team aufzubauen und zu entwickeln. Alles, was die Fähigkeit beeinträchtigt, ein Team aufzubauen, behindert auch die Leistung als Führungskraft, denn ein Manager kann nur durch sein Führungsteam steuernd auf das Unternehmen einwirken.

Diese Ergebnisse werden auch von einer Untersuchung des US-amerikanischen Personalentwicklers Jack Zenger und seines Kollegen, dem US-amerikanischen Organisationspsychologen Joseph Folkman, bestätigt, die 2009 in der Harvard Business Review veröffentlicht wurde. Die beiden studierten die Ergebnisse aus 360°-Feedbacks von mehr als 11.000 Managern und verglichen die Rückmeldungen zu den Verhaltensmustern mit dem Karriereerfolg der Executives, insbesondere, wenn diese gefeuert oder degradiert worden waren. Die ersten vier der am häufigsten angemahnten Verhaltensweisen hatten direkt mit dem Aufbau und der Entwicklung eines funktionieren Teams zu tun.

Abb. 6: Fehlende Eigenschaften, die Manager am häufigsten scheitern lassen; Quelle: Zenger & Folkman, Harvard Business Review 2009

Doch was genau brachte diese Führungskräfte ins Straucheln? In Stresssituationen treten bei den meisten Menschen gewisse negative Eigenschaften hervor. Diese werden von Hogan als „Risikofaktoren" bezeichnet. Unter normalen Umständen können diese Charakteristiken auch Stärken darstellen. Werden sie hingegen einseitig genutzt und übertrieben, wird dies zur Falle. Wenn Manager überarbeitet, gestresst, besorgt oder anderweitig aus der Ruhe gebracht sind, können diese Risikofaktoren dann zu Tage treten und ihre Effektivität sowie die Qualität ihrer Beziehungen zu Kunden, Kollegen und Mitarbeitern untergraben. Die Mitarbeiter und Kollegen dieser Manager nehmen diese negativen Eigenschaften zwar wahr, geben ihnen aber aus Sorge um ihre eigene Karriere häufig kein Feedback dazu, was die Schere zwischen Selbst- und Fremdwahrnehmung noch vergrößert.

Forschungsergebnisse deuten darauf hin, dass Führungskräfte bestimmte Risikofaktoren in ihrem Verhalten schon in jungen Jahren im Umgang mit Eltern, Gleichaltrigen, Verwandten und anderen Personen entwickelt haben. Diese Verhaltensweisen können so automatisiert sein, dass sie weitestgehend unbewusst ablaufen. Die beiden US-amerikanischen Sozialpsychologen Joseph Luft und Harry Ingham haben für dieses Phänomen bereits 1955 den Begriff „Blinder Fleck" geprägt, da der Manager etwas über sein Verhalten nicht weiß bzw. es nicht wahrnimmt, das dagegen seiner Umgebung wohl bekannt ist.

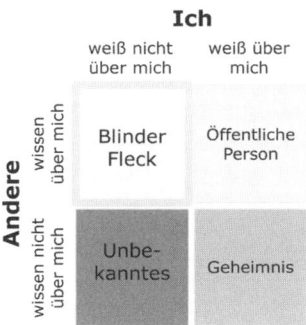

Abb. 7: Das Johari-Fenster (nach den Vornamen Joseph und Harry)

Das Scheitern von Managern ist selten das Resultat unzureichender Intelligenz, Erfahrungen oder Fähigkeiten. Es ist vielmehr die Folge, wenn hochqualifizierte und erfahrene Führungskräfte sich mit den besten Absichten unlogisch, unberechenbar und irrational verhalten. Diese unbewussten Kräfte bezeichnen Dotlich und Cairo als „Executive Derailers", also als Faktoren, die Manager zum Entgleisen bringen. In ihrer Arbeit mit Führungskräften haben sie elf dieser Derailer identifiziert und benannt. Die meisten Manager sind von einem bis drei solcher Faktoren betroffen. Selten haben Manager aber auch eine deutliche Ausprägung bei allen Derailern. Nur ganz wenige Profile zeigen dagegen gar keine Zuspitzung in einem Bereich.

Es ist durchaus wahrscheinlich, dass auch Sie einen oder mehrere dieser Persönlichkeitseigenschaften haben. Vielleicht sind Sie brillant darin, Probleme zu strukturieren und zu analysieren, und diese Fähigkeit hat Ihrer Firma bereits zahlreiche Fehlinvestitionen erspart oder Ihr Unternehmen vom Wettbewerb differenziert. Wenn Sie aber unter Stress geraten, kann es sein, dass Ihre Tendenz, Sachverhalten analytisch und detailliert auf den Grund zu gehen, dazu führt, dass Sie keine Entscheidungen mehr treffen können. Dieses Phänomen ist gar nicht selten und wird in der Literatur auch als „Analysis Paralysis" bezeichnet.

> **ARBEITSHILFE ONLINE**
>
> **HoganLEAD Risikobericht**
>
> Wenn Sie genauer wissen möchten, welche Risikofaktoren mit Ihrer Persönlichkeit und Ihrer damit verbundenen Art zu Führen einhergehen, können Sie hierzu z. B. den HoganLEAD Risikobericht durchführen. Informationen hierzu finden Sie unter http://arbeitshilfen.haufe.de/

Die große Mehrheit der Führungskräfte erhält kein regelmäßiges, strukturiertes und adäquates Feedback in Bezug auf ihr Verhalten, und ich spreche hier nicht vom jährlichen Performance-Gespräch, das von vielen ohnehin als Farce oder zumindest als notwendiges Übel wahrgenommen wird. Dadurch bleiben die blinden Flecken bestehen und können ihre schädliche Wirkung entfalten. Wenn Chefs hingegen geeignetes Feedback erhalten, dann sind viele von ihnen in der Lage, ihr Verhalten durch geschärfte Selbstwahrnehmung und Eigenreflexion besser zu steuern und ihre Executive Derailer in den Griff zu bekommen. Dies setzt natürlich vor allem die eigene Veränderungsbereitschaft voraus.

2.6.3 Executive Derailers

Das ist das einzige Land, wo diejenigen, die erfolgreich sind und Werte schaffen, deswegen vor Gericht stehen.

(Josef Ackermann, schweizer Banker, ehemaliger Vorstandsvorsitzender Deutsche Bank)

Doch welches sind nun die Executive Derailers? Dotlich und Cairo haben folgende Faktoren identifiziert, die die Karrieren von Führungskräften gefährden können:

1. Übermäßige Arroganz
2. Übermäßiger Hang zur Dramatik
3. Übermäßige Sprunghaftigkeit
4. Übermäßige Vorsicht

5. Übermäßiges Misstrauen
6. Übermäßige Distanziertheit
7. Übermäßige Akzeptanz von Risiken
8. Übermäßige Exzentrik
9. Übermäßiger Hang zu passiv-aggressivem Verhalten
10. Übermäßiger Perfektionismus
11. Übermäßige Tendenz gefallen zu wollen

Auf den folgenden Seiten werde ich die einzelnen Verhaltensweisen kurz umschreiben. Vielleicht kommt Ihnen ja die eine oder andere davon bekannt vor. Am Ende dieser Übersicht können Sie sich selbst einschätzen.

2.6.3.1 Übermäßige Arroganz

Sie haben Recht und alle anderen haben Unrecht. Bei diesem Derailer geht es um eine überzogene Selbsteinschätzung in Bezug auf die eigenen Kompetenzen und die Bedeutung, die man sich selbst gibt. Führungskräfte mit dieser Eigenschaft sind häufig unfähig, Fehler einzugestehen bzw. aus gemachten Erfahrungen zu lernen.

Reflektiertes bzw. ideales Verhalten	Unreflektiertes bzw. Derailer-Verhalten
• Sie sind bereit für das zu kämpfen, was Ihnen wichtig ist.	• Sie sind nicht bereit, in einem Konflikt nachzugeben, egal zu welchem Preis.
• Nachdem Sie andere Positionen mit Ihrem Standpunkt abgeglichen haben, kommen Sie zu dem Ergebnis, dass Ihre Position die sinnvollste ist.	• Sie sind davon überzeugt, dass Ihre Position die sinnvollste ist, bevor Sie diese mit anderen Standpunkten abgeglichen haben.
• Wenn die von Ihnen favorisierte Strategie oder Idee nicht funktioniert, übernehmen Sie die Verantwortung dafür.	• Wenn die von Ihnen favorisierte Strategie oder Idee nicht funktioniert, weigern Sie sich die Verantwortung dafür zu übernehmen.
• Sie überprüfen und verproben Ihren eigenen Standpunkt kritisch, wenn Sie neue Informationen erhalten.	• Sie interpretieren neue Informationen passend zu Ihrem eigenen Standpunkt und nutzen dies als Bestätigung.
• Mit Ihrer Ausstrahlung können Sie bewusst andere beeinflussen.	• Mit Ihrer Ausstrahlung dominieren Sie andere.

2.6.3.2 Übermäßiger Hang zur Dramatik

Manager mit diesem Derailer sind immer im Mittelpunkt. Sie lieben die große Geste und den dramatischen Auftritt. Sie haben ein einnehmendes Wesen und ein starkes Geltungsbedürfnis. Sie sind ständig damit beschäftigt Beachtung zu erlangen, was dazu führt, dass ihnen unter Druck die Konzentration auf das Wesentliche fehlt.

Reflektiertes bzw. ideales Verhalten	Unreflektiertes bzw. Derailer-Verhalten
- Sie nutzen Ihre Ausstrahlung und Ihr Charisma, um andere emotional zu berühren und zu inspirieren.	- Sie machen jede Situation zur Bühne und Ihr Gegenüber wird zum Publikum, das Sie bewundern soll.
- Sie nutzen Ihre Fähigkeit, Menschen in Ihren Bann zu ziehen und zu begeistern, um die Aufmerksamkeit von Medien, Analysten oder potenziellen Mitarbeitern auf Ihr Unternehmen zu lenken.	- Sie nutzen Ihre Fähigkeit, Menschen in Ihren Bann zu ziehen und zu begeistern, um sich selbst durch die gewonnene Aufmerksamkeit gut zu fühlen.
- Sie können Ihre Eloquenz gezielt und strategisch einsetzen, um ein wichtiges Ziel zu erreichen.	- Sie sind beständig buntschillernd und extrovertiert, egal ob es die Situation erfordert oder nicht.
- Sie sind in der Lage, Ihr Charisma zurückzufahren, z. B. um anderen zuzuhören und etwas Neues zu lernen.	- Sie sind nicht in der Lage, Ihr Charisma zurückzufahren und reflektieren nicht oder nur selten darüber, was Sie damit eigentlich erreichen möchten.

2.6.3.3 Übermäßige Sprunghaftigkeit

Ihre Stimmungsschwankungen beeinflussen Ihre Entscheidungen. Menschen mit diesem Derailer zeigen überschwänglichen Enthusiasmus in Bezug auf Personen oder Vorhaben und eine häufig daraufffolgende Enttäuschung wegen derselben Personen oder Vorhaben infolge mangelnder emotionaler Kontinuität.

Reflektiertes bzw. ideales Verhalten	Unreflektiertes bzw. Derailer-Verhalten
- Sie werden wütend als Reaktion auf einen schwerwiegenden Fehler oder ein aufgetretenes Problem.	- Je nach Tagesform geraten Sie bereits bei kleineren Problemen außer sich, ohne dass Sie selbst artikulieren könnten warum.
- Ihre Mitarbeiter halten Sie für berechenbar und wissen, was Sie von Ihnen erwarten können.	- Für Ihre Mitarbeiter sind Sie unberechenbar, diese wissen nicht im Voraus, woran man bei Ihnen gerade ist.

Entgleiste Executives 2

Reflektiertes bzw. ideales Verhalten	Unreflektiertes bzw. Derailer-Verhalten
• Sie verhalten Sich in aller Regel in ähnlichen Situationen gleich.	• Sie zeigen in ähnlichen Situation mal optimistisches und mal pessimistisches Verhalten.
• Durch Ihre Worte und Taten generieren Sie durchgängig Energie und Enthusiasmus.	• Durch Ihre Worte und Taten generieren Sie an einem Tag Energie und Enthusiasmus, während Sie am nächsten Tag schlechte Laune und Zweifel verbreiten.
• Sie steuern Ihre Emotionen, um ein bestimmtes Ergebnis zu erzielen.	• Sie werden von Ihren Emotionen gesteuert, ohne dass Sie das Gefühl haben, diese beeinflussen zu können.

2.6.3.4 Übermäßige Vorsicht

Es fällt Ihnen schwer, folgenschwere Entscheidungen zu treffen. Führungskräfte mit dieser Persönlichkeitseigenschaft haben eine übersteigerte Angst, Fehler zu machen und dafür kritisiert zu werden. Dies mündet nicht selten in unbewussten Widerständen gegenüber Veränderungen, was mitunter wiederum dazu führt, dass gute Gelegenheiten ungenutzt verstreichen.

Reflektiertes bzw. ideales Verhalten	Unreflektiertes bzw. Derailer-Verhalten
Bevor Sie eine Entscheidung treffen, gehen Sie auch das Worst-Case-Szenario durch, um Risiken zu minimieren.	Sie fokussieren sich auf das Worst-Case-Szenario und sind häufig nicht in der Lage, eine zeitnahe Entscheidung zu treffen.
Sie lassen sich Zeit mit schwerwiegenden Entscheidungen, denn eine falsche Entscheidung kann schwerwiegende negative Konsequenzen haben.	Sie lassen sich Zeit mit jeder Entscheidung, denn jede Entscheidung kann schwerwiegende negative Konsequenzen haben.
Sie lehnen Projekte ab, wenn Sie klare Indizien dafür haben, dass die Planung fehlerhaft ist.	Sie zögern Entscheidungen über Projekte heraus, da Sie den unbegründeten Verdacht haben, dass die Planung fehlerhaft sein könnte.

2.6.3.5 Übermäßiges Misstrauen

Ihr Fokus liegt auf dem, was falsch ist oder Ihren Interessen zuwider läuft oder laufen könnte. Diesen Managern fehlt es an sozialem Gespür, Souveränität und Vertrauen. Sie begegnen potenziellen Konflikten mit Zynismus und einer ausgeprägten Angst vor politischem Schaden für die eigene Person.

Reflektiertes bzw. ideales Verhalten	Unreflektiertes bzw. Derailer-Verhalten
▪ Bevor Sie eine Entscheidung treffen, wägen Sie Vor- und Nachteile gegeneinander ab.	▪ Sie versuchen die alleinige Verantwortung für Entscheidungen zu vermeiden, denn Sie sehen bei jeder Entscheidung vor allem das damit verbundene Risiko.
▪ Sie sind Menschen gegenüber dann vorsichtig, wenn Sie wissen, dass ihre Handlungen durch politische oder eigene Interessen motiviert sind.	▪ Sie gehen davon aus, dass die Handlungen aller Menschen durch politische oder eigene Interessen motiviert sind.
▪ Sie können negative Rückmeldungen annehmen und daraus lernen und gehen davon aus, dass Ihnen Ihr Gegenüber damit helfen will.	▪ Es fällt Ihnen schwer, negative Rückmeldungen anzunehmen, denn Sie gehen davon aus, dass Ihnen Ihr Gegenüber damit schaden will.
▪ Wenn Sie Feedback geben, kombinieren Sie positive und negative Aspekte des Verhaltens Ihres Gegenübers.	▪ Sie geben ausschließlich negatives Feedback.

2.6.3.6 Übermäßige Distanziertheit

Sie sind emotional nicht beteiligt und wirken intellektuell abgehoben. Bei dieser Verhaltensweise geht es um mangelndes Interesse an den Gefühlen anderer Personen bzw. an mangelndem Gespür dafür. Dies führt häufig dazu, dass Führungskräfte große Schwierigkeiten haben, ihr Gegenüber emotional zu erreichen oder gar zu inspirieren.

Reflektiertes bzw. ideales Verhalten	Unreflektiertes bzw. Derailer-Verhalten
▪ Sie schaffen eine sachliche Atmosphäre, in der Entscheidungen transparent und aus nachvollziehbaren Gründen getroffen werden.	▪ Sie schaffen eine kalte Atmosphäre, die möglichst versucht, alles Menschliche oder Emotionale zu vermeiden.
▪ Inmitten von Krise und Konflikt bleiben Sie präsent und souverän, was Ihren Mitarbeitern Sicherheit gibt.	▪ Inmitten von Krise und Konflikt sind Sie nicht mehr greifbar, was Ihre Mitarbeiter verunsichert.
▪ Sie sind generell eher reserviert, können aber jederzeit eine Beziehung zu Menschen aufbauen, wenn es die Situation erfordert.	▪ Sie wirken reserviert und hölzern und es fällt Ihnen schwer, in relevanten Situationen eine Beziehung zu Menschen aufzubauen.
▪ Beziehungspflege und das Bilden von Allianzen sind Ihnen generell eher unangenehm, aber wenn es die Situation erfordert, kümmern Sie sich persönlich um besonders wichtige und einflussreiche Stakeholder.	▪ Unabhängig von der Situation sind Sie nicht in der Lage oder willens, Beziehungen zu pflegen oder Allianzen zu etablieren.

2.6.3.7 Übermäßige Akzeptanz von Risiken

Regeln gelten generell nur für andere. Für Sie gibt es immer Ausnahmen. Diese Manager kennzeichnen sich durch ihr charmantes Auftreten, gepaart mit einer großen Bereitschaft, auch unnötige Risiken einzugehen. Der Kick, den diese Manager dabei empfinden, führt dazu, dass sie mitunter die in sie gesetzten Erwartungen nicht erfüllen und sich schwer damit tun, aus gemachten Erfahrungen zu lernen.

Reflektiertes bzw. ideales Verhalten	Unreflektiertes bzw. Derailer-Verhalten
▪ Sie hinterfragen Regeln und testen regelmäßig Grenzen aus, um Wachstum und Innovation zu fördern.	▪ Sie ignorieren Regeln und Grenzen, da Sie sie für langweilig und für Sie nicht zutreffend halten.
▪ Sie nutzen Ihre Impulsivität, um Neues voranzubringen.	▪ Ihre Impulsivität ist in der Regel eher schädlich.
▪ Sie schätzen es, kalkulierbare Risiken einzugehen und nehmen Fehler nicht besonders schwer.	▪ Sie treffen Entscheidungen und gehen unnötige Risiken ein, ohne die möglichen Konsequenzen ausreichend zu bedenken.

Reflektiertes bzw. ideales Verhalten	Unreflektiertes bzw. Derailer-Verhalten
- Sie setzen Ihren Charme und Ihre Kreativität ein, um Dinge im Unternehmen zu bewegen.	- Sie setzen Ihren Charme und Ihre Kreativität zu Ihrem eigenen Vorteil ein, weil Sie es genießen, andere Menschen zu manipulieren.
- Wenn es die Situation erfordert, nutzen Sie Provokation als Instrument, um eine Diskussion in Gang zu bringen.	- Sie sprechen aus, was Ihnen in den Sinn kommt, unabhängig von Ihrem eigentlichen Ziel.

2.6.3.8 Übermäßige Exzentrik

Ihr Drang anders sein zu wollen als alle anderen wird zum Selbstzweck. Bei diesem Derailer geht es um die Tendenz, in buntschillernder, ungewöhnlicher und exzentrischer Art und Weise zu agieren. Dies führt häufig dazu, dass diese Manager als kreativ gelten, es ihnen aber häufig an praktischem Urteilvermögen und Umsetzungsstärke mangelt.

Reflektiertes bzw. ideales Verhalten	Unreflektiertes bzw. Derailer-Verhalten
- Sie haben eine Million großartiger Ideen, von denen viele in die Tat umgesetzt werden.	- Sie haben eine Million großartiger Ideen, die nie umgesetzt werden.
- Mit Ihrer originellen und unkonventionellen Art verhindern Sie Routine und Mittelmaß.	- Mit Ihrer unberechenbaren und irrationalen Art verunsichern und verschrecken Sie Ihre Mitarbeiter.
- Sie haben viele neuartige Initiativen auf den Weg gebracht, deren Entwicklung Sie verfolgen und steuern.	- Sie haben viele neuartige Initiativen auf den Weg gebracht, deren Entwicklung Sie nicht ausreichend verfolgen und steuern.
- Sie passen Ihren unkonventionellen Führungsstil an, wenn es die Situation erfordert.	- Sie weigern sich, Ihren unkonventionellen Führungsstil anzupassen oder sich an Verhaltensnormen zu halten.

2.6.3.9 Übermäßiger Hang zu passiv-aggressivem Verhalten

Die Tatsache, dass Sie nicht widersprechen, heißt noch lange nicht, dass Sie zustimmen. Manager mit dieser Eigenschaft verfügen über eine große Unabhängigkeit, was die Erwartungen von anderen ihnen gegenüber betrifft. Dies führt dazu, dass sie häufig als egoistisch, stur und unkooperativ gelten.

Reflektiertes bzw. ideales Verhalten	Unreflektiertes bzw. Derailer-Verhalten
• Was Sie sagen und was Sie tun weicht dann voneinander ab, wenn Sie keine andere Möglichkeit sehen.	• Was Sie sagen und was Sie tun, ist in der Regel nicht das Gleiche.
• Ihr Umfeld weiß in aller Regel, was die Motive Ihres Handelns sind.	• Die Motive Ihres Handelns sind Ihrem Umfeld nicht bekannt.
• Sie versuchen in der Regel Konflikte zu vermeiden, teilen aber Ihren Standpunkt mit, wenn es die Situation erfordert.	• Sie vermeiden Konflikte und teilen Ihren Standpunkt nur sehr selten mit.
• Sie sind sich der Erwartungen anderer und Ihrer Verpflichtungen ihnen gegenüber bewusst.	• Die Erwartungen anderer und Ihre Verpflichtungen sind Ihnen unbekannt oder interessieren Sie nicht.

2.6.3.10 Übermäßiger Perfektionismus

Sie konzentrieren sich auf Details, verlieren aber leicht das große Ganze aus den Augen. Bei diesem Verhalten geht es um einen übergroßen Hang zur Perfektion, die viel Zeit und Aufwand kostet und nur schwer zu befriedigen ist. Dies führt dazu, dass Mitarbeiter häufig nicht ihr Potenzial entfalten können und sich gegängelt fühlen. Es führt auch dazu, dass Entscheidungen häufig zu lange brauchen.

Reflektiertes bzw. ideales Verhalten	Unreflektiertes bzw. Derailer-Verhalten
• Sie sind in der Lage, sich auf Details zu fokussieren, wenn es die Situation erfordert.	• Sie fokussieren sich ständig und ausschließlich auf Details, was Sie davon abhält, das große Ganze zu sehen.
• Sie finden es sinnvoll, dass eine Präsentation sorgfältig erstellt ist.	• Sie fokussieren sich mehr auf das Aussehen einer Präsentation als auf den Inhalt.
• Sie mögen keine unsicheren oder unklaren Situationen, sind sich aber bewusst, dass sich diese nicht immer vermeiden lassen.	• Sie versuchen in jeder Situation, Unsicherheit und Unklarheit um jeden Preis z. B. durch Struktur zu vermeiden.
• Sie steuern Prozesse und Menschen mit Geschick und Hingabe.	• Sie fokussieren sich so sehr auf Prozesse und Schnittstellen, dass Sie die Bedürfnisse der Menschen, die die Prozesse ausführen, häufig vergessen.
• Sie wissen, was Sie delegieren können und was Sie selbst machen müssen.	• Sie müssen alles selber machen, da es sonst nicht Ihren Vorstellungen entspricht.

2.6.3.11 Übermäßige Tendenz gefallen zu wollen

Gemocht zu werden ist für Sie bedeutsamer als alles andere. Executives mit diesem Derailer streben nach allseitiger Beliebtheit, und es fällt ihnen schwer, aus sich heraus eigenständig zu handeln und evt. unpopuläre Entscheidungen zu treffen. Dies hat häufig zur Konsequenz, dass sie zwar vordergründig beliebt sind, aber keine klare Linie in ihrem Handeln erkennbar ist.

Reflektiertes bzw. ideales Verhalten	Unreflektiertes bzw. Derailer-Verhalten
- Sie sind davon überzeugt, dass zufriedene Mitarbeiter bessere Arbeit leisten.	- Sie sind davon überzeugt, dass bereits ein unzufriedener Mitarbeiter die Leistung des gesamten Unternehmens gefährden kann.
- Die Teams, die Sie steuern, treffen Entscheidungen vornehmlich nach ausreichender Diskussion im Konsens.	- Die Teams, die Sie steuern, treffen entweder kaum Entscheidungen, oder erreichen nur faule Kompromisse.
- Sie sind in der Lage, sich schnell an neue Situationen und Begebenheiten anzupassen.	- Sie sind so flexibel, dass niemand — Sie eingenommen — Ihre eigentliche Position zu einem Thema kennt.
- Sie sprechen Konflikte an und zeigen dabei echtes Interesse am Gegenüber.	- Sie sprechen Konflikte nicht direkt an, höchstens über Dritte.

2.6.3.12 Welche Eigenschaften treffen auf Sie zu?

Hand aufs Herz, kamen Ihnen einige der Verhaltensweisen auf unangenehme Art bekannt vor? In der folgenden Tabelle können Sie das Risiko einschätzen, ob einer oder mehrere der Faktoren auf Sie zutreffen. Aber Vorsicht mit solchen Selbsteinschätzungen, denn auch Sie könnten einem blinden Fleck aufsitzen. In der Persönlichkeitspsychologie nennt man das auch soziale Erwünschtheit. Sie liegt dann vor, wenn die Befragten Antworten geben, die ihnen eher populär erscheinen als die objektive Antwort.

ARBEITSHILFE ONLINE

Vorlage zur Einschätzung Ihrer Risikofaktoren

Wenn Sie diesen Effekt vermeiden wollen, können Sie einige Menschen, denen Sie vertrauen, um eine ehrliche Einschätzung Ihrer Risikofaktoren bitten. Die entsprechende Vorlage finden Sie unter http://arbeitshilfen.haufe.de/.

	Risiko			
	Keines	Gering	Moderat	Hoch
Übermäßige Arroganz				
Übermäßiger Hang zur Dramatik				
Übermäßige Sprunghaftigkeit				
Übermäßige Vorsicht				
Übermäßiges Misstrauen				
Übermäßige Distanziertheit				
Übermäßige Akzeptanz von Risiken				
Übermäßige Exzentrik				
Passiv-aggressives Verhalten				
Übermäßiger Perfektionismus				
Übermäßige Tendenz gefallen zu wollen				

2.6.4 Derailer und Resilienz

Ich bin der Typ, der auch mal aneckt, so wie Che Guevara oder James Bond.

(Bernd Stromberg, Manager Schadensregulierung M-Z, Capitol Versicherung AG, aus der Serie „Stromberg")

Executive Derailer können negative Auswirkungen auf die Karriere von Führungskräften haben, insbesondere wenn sie als blinde Flecken unbewusst ihr Unwesen treiben. Aber das allein ist noch nicht alles. Sie haben auch eine negative Auswirkung auf die Resilienz, und zwar auch und gerade, wenn sie bewusst sind. Jeder stark ausgeprägte Risikofaktor stellt einen Bereich dar, an dem die Führungskraft in ihrer Umgebung potenziell aneckt. Um dieses Anecken zu vermeiden und die eigene Karriere nicht zu gefährden, muss die Person Energie aufbringen. Je mehr Derailer also stark ausgeprägt sind, desto mehr mentale Kraft muss aufgebracht werden, um im Managementumfeld zu bestehen, und desto mehr wird die Resilienz angegriffen. Diese Faustregel gilt allgemein mit Ausnahme des Derailers „Distanziertheit", der zwar karriereschädlich ist, aber auch für das berühmte dicke Fell sorgen kann. Umgekehrt wirkt die niedrige Ausprägung einiger Derailer wie Sprunghaftigkeit, Misstrauen und Exzentrik als Schutzfaktor für Resilienz. In der folgenden Grafik sind die Wirkungsweisen der einzelnen Faktoren dargestellt.

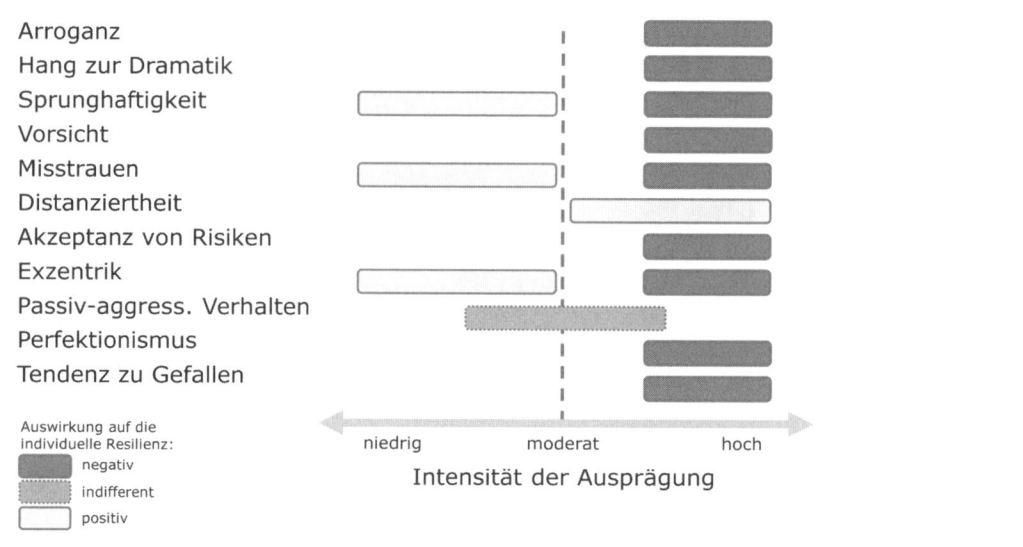

Abb. 8: Risikofaktoren und Resilienz

2.6.5 Derailer und Persönlichkeitsstörungen

Es ist gefährlich, anderen etwas vorzumachen, denn es endet damit, dass man sich selbst etwas vormacht.

(Eleonora Duse, italienische Schauspielerin)

Derailer stellen Ecken und Kanten dar, die prinzipiell jede Person hat, die aber bei der Führung von Mitarbeitern ihre besonders schädlichen Wirkungen entfalten und zum Stolperstein werden können. Diese Risikofaktoren sind in aller Regel Teil einer normalen, gesunden Persönlichkeit. Allerdings ist in der Psychologie der Übergang von normal zu auffällig und weiter zu gestört recht fließend. So verwundert es denn auch nicht, dass die Derailer jeweils eine Entsprechung auf Seiten der als pathologisch zu betrachtenden Persönlichkeitsstörungen haben. Im folgenden Kapitel werde ich noch näher darauf eingehen. Die folgende Übersicht soll die Zusammenhänge zwischen Risikofaktoren und Persönlichkeitsstörungen andeuten, die zusammen ein Kontinuum bilden von „psychisch gesund aber auffällig" bis hin zu „psychisch krank".

Zusammenhang zwischen Executive Derailern und Persönlichkeitsstörungen

Executive Derailer (gesund)	Verwandte Persönlichkeitsstörung (gestört)
Übermäßige Arroganz	Narzisstische Persönlichkeitsstörung
Übermäßiger Hang zur Dramatik	Histrionische Persönlichkeitsstörung
Übermäßige Sprunghaftigkeit	Emotional instabile Persönlichkeitsstörung
Übermäßige Vorsicht	Ängstliche Persönlichkeitsstörung
Übermäßiges Misstrauen	Paranoide Persönlichkeitsstörung
Übermäßige Distanziertheit	Schizoide Persönlichkeitsstörung
Übermäßige Akzeptanz von Risiken	Dissoziale Persönlichkeitsstörung
Übermäßige Exzentrik	Borderline Persönlichkeitsstörung
Übermäßiger Hang zu passiv-aggressivem Verhalten	Passiv-aggressive Persönlichkeitsstörung
Übermäßiger Perfektionismus	Zwanghafte Persönlichkeitsstörung
Übermäßige Tendenz zu gefallen	Abhängige Persönlichkeitsstörung

Natürlich ist der Zusammenhang komplex und nicht jeder Derailer lässt sich in jedem Fall einer Persönlichkeitsstörung eindeutig zuordnen. Aber die Übersicht soll verdeutlichen, dass „normales" Führungsverhalten unter Druck sich auf einer Skala niederschlägt, an deren anderem Ende das Krankheitsbild einer Persönlichkeitsstörung stehen kann.

2.7 Zu viel Resilienz – Psychopathen auf der Chefetage

Es gibt kein Genie ohne eine Spur von Wahnsinn.

(Aristoteles, altgriechischer Philosoph)

Resilienz ist eine Schlüsselkompetenz, um im hochkompetitiven Umfeld der Vorstandsetagen auf lange Sicht erfolgreich zu sein und dabei seelisch, geistig und körperlich gesund zu bleiben.

Woran Executives scheitern

Menschen mit einer schwach ausgeprägten Resilienz haben Schwierigkeiten, sich gegenüber den Herausforderungen des Lebens, wie Enttäuschungen, Rückschlägen, Kritik und Druck, abzugrenzen und diese zu bewältigen, ohne sie zu stark an sich heranzulassen und daran zu zerbrechen.

Will man sich dem Thema Resilienz von der anderen Seite nähern, muss man nach Menschen suchen, die im Angesicht von Schwierigkeiten, Stress, Konflikten und Krisen brillieren, die durch nichts aus der Ruhe zu bringen sind und in jeder noch so ausweglosen Situation Souveränität ausstrahlen und einen klaren Kopf bewahren. Man findet diese Gruppe von Menschen erstaunlicherweise sehr gut beschrieben in der Literatur über Psychopathen.

Robert Hare ist ein emeritierter Professor für Kriminalpsychologie an der Universität von British Columbia und hat sich international mit der Erforschung des Phänomens „Psychopathie" einen Namen gemacht. Unter anderem entwickelte er 1991 die noch heute zur Diagnose von Persönlichkeitsstörungen eingesetzte Psychopathy Checklist Revised (PCL-R). Dieses Instrument war ursprünglich zur Identifikation von Psychopathie bei kriminellen Gewalttätern entwickelt worden. Inzwischen sind sich viele Experten allerdings sicher, dass psychopathische Serientäter nur die extreme Ausprägung einer weit verbreiteten Persönlichkeitszuspitzung darstellen.

Die Chefetage scheint ein Ort zu sein, der sogenannte „funktionale Psychopathen" überdurchschnittlich häufig anzieht. In einer Studie untersuchte Hare mit seinem Team über 200 Führungskräfte aus sieben US-amerikanischen Konzernen mittels des von ihm entwickelten Testverfahrens. Dazu befragten seine Teammitglieder jeden Manager in strukturierten Interviews zu 20 verschiedenen Denk- und Verhaltenskategorien. Die vergebenen Punkte wurden über alle Kategorien aufsummiert. Die Gesamtwerte rangieren dabei im Ergebnis zwischen 0 und 40. Bei einem erreichten Gesamtwert von 30 Punkten ist laut Hare die Schwelle zur Psychopathie erreicht. Während im Bevölkerungsdurchschnitt nur etwa 1 % diesen Wert überschreiten, waren es bei den befragten Managern mit knapp 5 % rund fünfmal so viele. Immerhin acht Führungskräfte erreichten dabei mehr als 30 Punkte. Diese Ergebnisse werden auch von einer Studie der beiden britischen Psychologinnen Belinda Board und Katarina Fritzon von der University of Surrey bestätigt. Sie verglichen die Wesensmerkmale von 39 britischen Firmenchefs mit denen von über 1.000 Insassen der englischen Hochsicherheitsklinik Broadmoor hinsichtlich der Ausprägung von Merkmalen von Persönlichkeitsstörungen. Ihre erstaunliche Erkenntnis war, dass bestimmte Merkmale für spezifische Störungsbilder bei den untersuchten Managern tatsächlich stärker ausgeprägt waren als bei den Gewaltverbrechern. Dies waren vor allem die Tendenz zu Ich-Bezogenheit, Grandiosität und Manipulation sowie fehlende Empathie gekoppelt mit ausgeprägter Rücksichtslosigkeit. Hinzu kamen noch Elemente von Zwanghaftigkeit, Perfektionismus, Dominanzstreben und Besessenheit. Im Gegensatz zu den Gefängnisinsassen verfügten sie jedoch zusätzlich über ein hohes Maß an Selbstbeherrschung und Impulskontrolle, augenscheinlich eine wichtige Eigenschaft, um auf dem Vorstandsstuhl und nicht auf der Gefängnispritsche zu landen.

Bei Executives scheinen sich also tatsächlich überdurchschnittlich häufig „klassische" psychopathische Wesenszüge mit Fähigkeiten wie Selbststeuerung und Disziplin zu kombinieren. Der britische Psychologe und Hochschullehrer Kevin Dutton, der sich gerne mit strähnigem Haar, Fleischermesser und Sonnenbrille fotografieren lässt, beschäftigt sich bereits eine Weile auf sehr unterhaltsame Art mit dem Thema Psychopathen. Auf seiner Homepage hat er Besucher dazu eingeladen, den poppig gestalteten Online-Test „Levenson Self-Report Psychopathy Scale" zu absolvieren. Dabei wurde auch der Beruf der Teilnehmer erfasst. Insgesamt haben 5.500 Probanden an dieser Studie teilgenommen, die allerdings wissenschaftlichen Kriterien kaum standhalten kann, da z. B. die Identität der Versuchspersonen nicht nachprüfbar ist. Die Berufsgruppe, die im Test die stärkste Ausprägung an psychopathischen Merkmalen auf sich vereinen konnte, war die Gruppe der Führungskräfte, gefolgt von Anwälten, Journalisten, Verkäufern und Chirurgen. Die Untersuchungen von Hare, Board, Fritzon und Dutton liefern also in der Tat interessante Indizien dafür, dass es so etwas wie „funktionale Psychopathen" gibt und dass diese unter Führungskräften deutlich häufiger vorkommen als im Rest der Bevölkerung.

2.7.1 Was ist Psychopathie?

Psychopathen sind selbstsicher, schieben nichts auf, fokussieren sich aufs Positive, nehmen Dinge nicht persönlich und machen sich keine Vorwürfe, wenn etwas nicht geklappt hat. Sie bleiben cool, wenn sie unter Druck stehen. Sie sind furchtlos, charmant und gewissenlos. Es gibt Situationen im Leben, wo das eine oder andere Merkmal durchaus nützlich sein kann.

(Kevin Dutton, britischer Psychologe)

Der Begriff Psychopathie leitet sich aus dem Griechischen ab und bedeutet wörtlich übersetzt so viel wie „Seelenleiden". Umgangssprachlich wird mit dem Begriff Psychopath eine Person beschrieben, die zu Aggressionen neigt und anderen Menschen bewusst Leid zufügt, ohne dabei Schuld zu empfinden. Spätestens seit Alfred Hitchcocks Film „Psycho" aus dem Jahre 1960 denkt man beim Begriff Psychopath fälschlicherweise an die zentrale Szene des Films, in der der Serienmörder

Norman Bates die weibliche Protagonistin Marion Crane unter der Dusche ersticht. Tatsächlich handelte es sich hier wohl eher um eine paranoide Schizophrenie oder eine multiple Persönlichkeitsstörung, zwei Krankheitsbilder, die klinisch gesehen eigentlich nicht zum Formenkreis der Psychopathie gehören. Außerdem sind Psychopathen nicht zwangsläufig gewalttätig, zumindest dann nicht, wenn ein hohes Maß an Selbststeuerung in der Persönlichkeit vorhanden ist. Nicht ohne Grund gilt die Diagnose „Psychopathie" heute in der Schulmedizin daher als zu ungenau und veraltet. Sie wurde ersetzt durch verschiedene, genauer umschriebene Persönlichkeitsstörungen. Von den im vorherigen Kapitel geschilderten Störungen finden sich generell vor allem Symptome der narzisstischen und der dissozialen Persönlichkeitsstörungen als Elemente von Psychopathie.

- Narzisstische Persönlichkeit
    - Oberflächlicher Charme
    - Kommunikationsstark
    - Überhöhtes Selbstbild
    - Manipulativ und charismatisch
    - Unfähig Reue zu empfinden
    - Unfähig tiefe Gefühle zu empfinden
    - Fehlende Empathie
    - Unfähig Verantwortung zu übernehmen
- Dissoziale Persönlichkeit
    - Ist schnell gelangweilt
    - Empfindet gesellschaftliche Normen als nicht für sich zutreffend
    - Verfügt über unzureichende Selbstbeherrschung
    - Keine langfristige Zukunftsperspektive
    - Fehlende Disziplin
    - Neigt zu Impulsivität
    - Zielgerichtete Aggressivität
    - Verantwortungslosigkeit
    - Neigt zu Gesetzeskonflikten

Kennen Sie Menschen, auf die viele dieser Eigenschaften zutreffen? Dann ist die Chance, dass es sich dabei um einen Manager handelt, statistisch fünfmal höher, als dass diese Person ein durchschnittlicher Angestellter ist. Kombiniert man diese Faktoren nämlich mit einem hohen Maß an Selbststeuerung und Disziplin, so ergibt dies den „funktionalen Psychopathen", der häufig in der Unternehmensleitung anzutreffen ist. Psychopathische Manager sind dabei eloquent, charmant, mutig, selbstbewusst und erfolgreich. Sie verfügen über einen unbeugsamen Willen und beherrschen eine große Partitur an Emotionen, die sie scheinbar beliebig abrufen können, um von ihrem Gegenüber das zu bekommen, was sie wollen. Ihre Visionen sind ansteckend und verleiten Menschen dazu, ihnen zu folgen, um am ganz großen Erfolg teilzuhaben. Wer sich ihnen allerdings in den Weg stellt oder für sie nicht mehr nützlich ist, wird nicht selten aus dem Weg geräumt.

2.7.2 Ursachen und Symptome von Persönlichkeitsstörungen

Psychopathie entsteht durch Veränderungen im Belohnungssystem des Gehirns.

(Fokus, 03/2010)

Die Ursachen von Persönlichkeitsstörungen sind nicht vollständig geklärt; ein Zusammenwirken von genetischen Faktoren und frühkindlichen Erfahrungen gilt als wahrscheinlich. So deuten z. B. erste Erkenntnisse darauf hin, dass bei Psychopathen häufig das Gen MAOA in einer bestimmten Variante vorliegt. Die genaueren Zusammenhänge erläutere ich im Kapitel „Geist, Gesundheit und Gene" (5.3). Psychopathie lässt sich auch im Gehirn nachweisen. Charakteristisch für Psychopathie ist eine Veränderung in einer bestimmten Struktur des Gehirns, genauer im präfrontalen Cortex, die mit der Steuerung von planvollem Denken und Handeln in Verbindung gebracht wird. Des Weiteren wird eine gestörte Funktionsweise der Amygdala vermutet, einer Struktur, die mit der emotionalen Bewertung von Sachverhalten und Ereignissen in Zusammenhang steht. Dieses Hirnareal wird auch etwas populistisch als der Sitz des Gewissens bezeichnet. In einem Selbstversuch ließ der britische Psychologe Kevin Dutton eben dieses Zentrum in seinem Gehirn durch den Einsatz von transkranieller Magnetstimulation für einen kurzen Zeitraum deaktivieren. Er berichtete anschließend, beim Betrachten von Fotos, die Verstümmelte, Gefolterte und Hingerichtete zeigten, keinerlei Gefühlsregung außer leichter Belustigung verspürt zu haben. Vor seinem Selbstversuch hatte er hingegen noch sehr stark und messbar auf dieselben Bilder reagiert.

Ein dritter nachweisbarer Effekt in eine beeinträchtigte Regulation des Hippocampus, einer Hirnstruktur, die für soziale Lernprozesse zuständig ist. Menschen mit deutlich psychopathischer Ausprägung haben Schwierigkeiten, aus gemachten Erfahrungen mit anderen Rückschlüsse und Lehren zu ziehen und diese abzuspeichern.

Bei Psychopathen wurden außerdem erhöhte Dopamin- und Serotonin-Spiegel beobachtet, was die Neigung zu Aggressionen erklären würde. Charakteristisch ist ebenfalls ein dauerhaft reduzierter Cortisol-Level, der das verminderte Empfinden von Stress begründet.

In einer weiteren Untersuchung wurde festgestellt, dass Menschen mit psychopathischen Wesenszügen eine durchschnittlich höhere Aktivität im Bereich der Spiegelneuronen des somatosensorischen Cortex aufweisen, einer Hirnregion, die für verschiedene Sinneswahrnehmungen, darunter auch die Wahrnehmung von Schmerz bei sich selbst, aber auch beim Gegenüber, zuständig ist. Dieser Zusammenhang könnte das große Geschick vieler bekannter Psychopathen bei der Auswahl ihrer Opfer erklären, da sie Schmerz und Schwäche im Gegenüber förmlich „riechen" können.

2.7.3 Empfindsam, resilient, psychopathisch

Wir werden vom Schicksal hart oder weich geklopft, es kommt auf das Material an.

(Marie von Ebner-Eschenbach, österreichische Schriftstellerin)

Menschen mit schwach ausgeprägter Resilienz werden auch als empfindsam, verletzbar oder vulnerabel bezeichnet. Sie verfügen tendenziell über ein hohes Maß an Empathie, der Fähigkeit also, die Gefühle anderer Personen nachzufühlen. Weil sie sich so gut in andere hineinversetzen können, fällt es ihnen typischerweise schwer sich abzugrenzen und Konflikte, Druck oder Kritik nicht an sich heranzulassen. Dadurch wirken sie bei zunehmendem Stresslevel eher wenig souverän. Psychopathen verfügen über ein eher gering ausgeprägtes Maß an Empathie. Durch ihr großes Ego und ihr Charisma wirken sie dabei auch unter großem Druck sehr souverän auf andere. Stellt man beide Extreme gegenüber wie in der folgenden Grafik, so wird deutlich, dass die Eigenschaft der Resilienz sich irgendwo zwischen beiden Polen befinden muss, denn Menschen mit einer ausgeprägten Resilienz haben sowohl die Fähigkeit, mit den Emotionen anderer Menschen mitzuschwingen, als auch die Eigenschaft, generell gut mit Stress umgehen zu können.

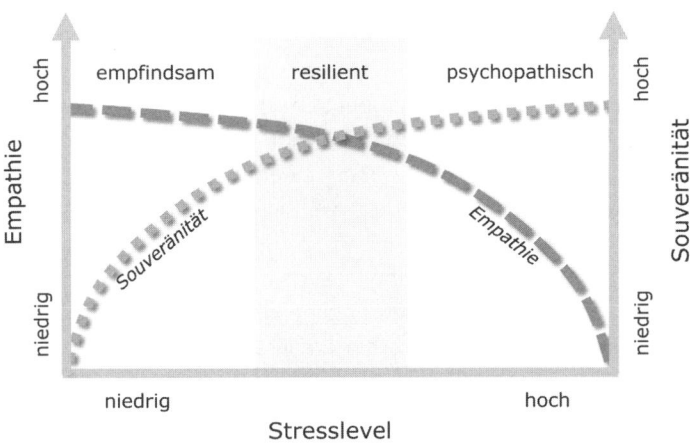

Abb. 9: Zusammenhang von Empathie, Stresslevel und Souveränität

2.7.4 Psychopathie und Erfolg

Die meisten Psychopathen bewegen sich nicht nur mitten unter uns, sie lenken sogar unsere Gesellschaft!

(Jon Ronson, britischer Journalist und Autor)

Als Robert Hare und sein Team die Leistungsbeurteilungen der Manager mit den höchsten Psychopathie-Werten analysierten, fiel auf, dass diese Führungskräfte allesamt als hervorragende Kommunikatoren, raffinierte Strategen und kreative Innovatoren galten. Ihr großer Enthusiasmus, ihre Eloquenz und ihr Selbstbewusstsein wirkten ansteckend auf ihre Umgebung. Aber sie hatten auch ihre dunklen Seiten. Sie neigten dazu, hohe Risiken einzugehen und für die Konsequenzen keine Verantwortung übernehmen zu wollen. Durch ihre Impulsivität kam es je nach Tagesform immer wieder zu Ausbrüchen von Aggression gegenüber Mitarbeitern und Kollegen. Und sie zeigten die Tendenz, Menschen in ihrer Umgebung manipulieren zu können. Diese Ergebnisse decken sich auch mit anderen Untersuchungen zum Thema Psychopathie und Management.

Durch ihr niedriges Maß an Empathie sind Psychopathen die idealen Sanierer und Turnaround-Manager, die mit hohem Selbstbewusstsein das Ruder in der Firma herumreißen und harte Einschnitte verordnen können, ohne von den Schicksalen der Familien, die von Entlassungen betroffen sind, um den Schlaf gebracht zu werden. Sie sind aber auch Gründer- und Unternehmerpersönlichkeiten, die mit ihrem Charisma begeistern und mit ihrer übergroßen Zuversicht Sicherheit in einem hochriskanten Umfeld verströmen. Psychopathen können intuitiv erkennen, welches Verhalten ihnen in einer bestimmten Situation den größten Erfolg verspricht, und es fällt ihnen leicht, sich gegen andere mit großem Geschick durchzusetzen und aus Machtkämpfen als Sieger hervorzugehen. Durch ihr ausgeprägtes Selbstbewusstsein und ihr Selbstverständnis, anderen oder keinen Regeln zu unterliegen, setzen sie sich über viele Konventionen hinweg, was sie in der Regel erfolgreich macht, insbesondere in Krisenzeiten. Da es ihnen allerdings oft an langfristiger bzw. strategischer Perspektive fehlt und es ihnen zudem schnell langweilig wird, neigen sie dazu, auch in Zeiten der Konsolidierung eine Krise nach der anderen zu produzieren, was sie schließlich oft grandios scheitern lässt.

Aus meiner Tätigkeit als Coach kenne ich zahlreiche Führungsetagen großer Konzerne, auf denen solche Manager ihr Unwesen treiben. Aus Gründen der Diskretion führe ich in diesem Buch aber nur aus den Medien bekannte Manager-Persönlichkeiten als Beispiele an. Es ist sicherlich starker Tobak, einem Manager das Siegel „Psychopath" anzuheften, und man sollte eine solche Zuschreibung sorgsam prüfen. Daher möchte ich auch lediglich einige reale und von mehreren Quellen berichtete Verhaltensweisen exemplarisch aufgreifen, die auf psychopathische, d. h. narzisstische oder dissoziale, Charakterzüge hindeuten und diese Manager nicht selten auch berühmt gemacht haben. Ich lasse dabei bewusst die Antwort auf die Frage offen, ob ein bestimmter Manager nun wirklich ein Psychopath ist, da ich dies weder beweisen noch widerlegen kann.

2.7.4.1 Steve Jobs und das Reality Distortion Field

Ein erstes Beispiel für Züge psychopathischen Verhaltens ist Steve Jobs, dessen Leben und Persönlichkeit der US-amerikanische Autor Walter Isaacson in einer von Jobs autorisierten Biographie sehr differenziert beschrieben hat. Der britische Psychologe Keven Dutton attestiert Jobs, psychopathische Züge effektiv für seine Interessen genutzt zu haben. Ein zentraler Aspekt von Jobs Führungsstil war das so genannte „Reality Distortion Field", liebevoll auch RDF genannt, einem Kürzel, das aus der Serie „Star Trek" entlehnt war. Dieses Feld, das Steve Jobs nach Meinung seiner Mitarbeiter umgab, sorgte dafür, dass die Gesetze von Zeit und Raum in seiner Gegenwart keine Relevanz hatten. Vielmehr schaffte er es durch Einsatz einer breiten Palette an Emotionen, seine Mitarbeiter durch Drohen, Kritisieren, Abwerten, gut Zureden, Begeistern oder Schmeicheln dazu zu bewegen, seine teilweise aberwitzigen Erwartungen als die eigenen zu übernehmen. Isaacson beschrieb, dass die Mitarbeiter nach der Begegnung mit Jobs und nachdem sie seinem RDF ausgesetzt waren, dann meist verwirrt und verärgert mich sich waren, dass sie sich auf Jobs Forderungen ernsthaft eingelassen hatten. Eine andere Eigenschaft Jobs bestand darin, Vorschläge seiner Untergebenen zuerst recht derbe zu disqualifizieren, um sie dann eine Woche später als seine eigenen genialen Ideen zu verkaufen.

2.7.4.2 Larry Ellison und Gott

Eine weitere Ikone des Silicon Valley ist der Oracle-Gründer und CEO Larry Ellison, der vom Magazin Forbes als fünftreichster Mensch auf diesem Planeten gehandelt wird. Das Selbstbewusstsein und Statusbedürfnis von Ellison sind berühmt. So fliegt er zu Besprechungen gerne selbst mit seinem italienischen Kampfjet. Unter anderem nennt er mit der „Rising Sun" auch eine der größten Yachten der Welt, mit einem Wert von etwa 200 Millionen US-Dollar, sein Eigen. Einer seiner Biographen, Mike Wilson, fasst es wie folgt zusammen: Der Unterschied zwischen Gott und Larry Ellison ist, dass Gott nicht daran glaubt, Larry Ellison zu sein. Der kanadische Kriminalpsychologe Robert Hatxtre bezeichnet Ellison als Narzissten. Entsprechend ausgeprägt ist sein Wille zum Sieg. Mit seinem Segelteam BMW Oracle Racing holte Ellison 2010 den America's Cup in die USA zurück und verteidigte ihn 2013. Aber nicht, ohne zuvor das Recht des Siegers zu nutzen und die Regeln des Cup 159 Jahre nach der ersten Austragung auf 22 Meter lange Katamarane mit einem starren Kohlefaser-Flügel anstelle eines Segels zu ändern. Diese Renngeräte haben zwar mit einem Segelboot weniger gemein als ein Golf mit einem Formel 1-Boliden. Sie reduzierten die Anzahl der potenziellen Konkurrenten um den Titel jedoch dramatisch. Auch sind sie so schnell und gefährlich, dass beim Training des Artemis-Teams im letzten Jahr der britische Segler Andrew Simpson beim Kentern seines Bootes ums Leben kam.

2.7.4.3 Richard Fuld und die Finanzkrise

Auch bei dem ehemaligen CEO der Investmentbank Lehman Brothers, Richard Fuld, liegt der Schluss auf psychopathische Züge nahe. Nach seinem Studium arbeitete Fuld zunächst als Pilot bei der US Airforce. Nach einer Prügelei mit seinem Vorgesetzten schied er dort aus und begann als Wertpapierhändler bei der Investmentbank, bei der er aufgrund seiner hohen Risikobereitschaft schnell Karriere machte. 1994 wurde er schließlich zum CEO ernannt. Fuld führte Lehman Brothers erfolgreich durch mehrere Krisen, u. a. nach dem Attentat vom 11. September 2001, bei dem die Zentrale und das Rechenzentrum der Bank zerstört wurden. Fuld trug den Spitznamen „Gorilla" nicht nur wegen des ausgestopften Gorillas in seinem Büro, sondern auch wegen seines extrem dominanten, aggressiven und kompetitiven

Führungsstils. So drohte er Mitarbeitern in einem internen Firmenvideo, „ihr Herz herauszureißen und aufzuessen", sollten sie durch hochspekulative Leerverkäufe auffallen. Fuld war aufgrund seines Führungsstils und der von ihm selbst vorangetriebenen Glorifizierung seiner Person stets umstritten, aber der langjährige Erfolg gab ihm Recht. Der britische Professor für Ökonomie und Leadership Mark Stein von der University of Leicester bescheinigte Richard Fuld in einem Fachaufsatz „ausgesprochenen Hochmut und Allmachts-Fantasien, gekoppelt mit überaus aggressivem Verhalten". So wurde Fuld binnen zwei Jahren sowohl zu einem der Top-30-CEOs gekürt (2008, Barron's) als auch zum schlechtesten amerikanischen CEO aller Zeiten (2009, Condé Nast Portfolio). Als die Bank Anfang 2008 infolge der Immobilienblase in Schieflage geriet, weigerte sich Fuld im Vertrauen auf die eigene Unfehlbarkeit und auf staatliche Hilfen, externe Investoren an Bord zu holen. Lehman Brothers musste schließlich im September 2008 als einzige amerikanische Großbank nach 158 Jahren Firmengeschichte Insolvenz anmelden, was 25.000 Mitarbeiter ihren Job kostete und Firmenwerte in der Größenordnung von 600 Milliarden Dollar vernichtete. Fuld, der während seiner Tätigkeit als CEO rund 500 Millionen Dollar verdient hatte, wurde weder zivil- noch strafrechtlich belangt. 2013 führte das Time Magazine Fuld als einen der Top-25-Manager auf, die die globale Finanzkrise ausgelöst hatten.

2.7.4.4 Didier Lombard und die „Selbstmord-Mode"

In Deutschland weniger bekannt ist dagegen der ehemalige Generaldirektor der France Télécom, Didier Lombard, der berüchtigt war für einen herrischen Führungsstil und eine stark ausgeprägte Arroganz. Als er den ehemaligen Staatskonzern mit einer Verbeamtungsrate von 65 % durch ein großes Modernisierungs- und Restrukturierungsprogramm mit dem Namen „Time to Move" führte, im Zuge dessen u. a. 22.000 Stellen gestrichen und Tausende von Mitarbeitern zwangsversetzt wurden, nahmen sich in den Jahren 2008 und 2009 innerhalb kurzer Zeit rund drei Dutzend Führungskräfte und Mitarbeiter das Leben, teilweise, indem sie sich aus Bürofenstern stürzten. Viele dieser Télécom-Mitarbeiter nannten in Abschiedsbriefen die Arbeitsbedingungen und den Führungsstil als maßgebliche Gründe für ihren Freitod. Als Reaktion ließ die Firmenleitung zunächst die Fenstergeländer in Gebäuden erhöhen und den Zutritt zu Terrassen sperren. Lombard sprach gegenüber der Presse zudem von einer unerfreulichen „Selbstmord-Mode", die aber den eingeschlagenen Reformkurs nicht stoppen könne. Außerdem sei die Suizidrate noch im Rahmen und insgesamt noch unter dem Landesdurchschnitt. Als der politische Druck zunahm, opferte Lombard zunächst seinen Stellvertreter und besten Mann Louis-Pierre Wenes, der intern auch den Spitznamen „Kosten-Killer" trug. Erst als auch dies nicht die gewünschte Entlastung brachte, musste Lombard 2010 ebenfalls seinen Posten räumen. 2012 wurde schließlich ein Anklageverfahren wegen Mobbing gegen ihn eröffnet.

2 Zu viel Resilienz – Psychopathen auf der Chefetage

Zusammenfassung

Eine gering ausgeprägte Resilienz führt bei Managern dazu, dass sie Schwierigkeiten im Umgang mit Enttäuschungen, Rückschlägen, Kritik und Druck haben. Aber es gibt auch ein Zuviel an Resilienz, d. h. eine Persönlichkeitsausprägung, die Stressresistenz und Souveränität überbetont und Empathie und Werteorientierung vernachlässigt. Diese Gruppe von Führungskräften lässt sich gut mit dem Konzept der „funktionalen Psychopathen" beschreiben. Man erkennt sie daran, dass sie im Angesicht von Schwierigkeiten, Stress, Konflikten und Krisen stets souverän bleiben und scheinbar durch nichts aus der Ruhe zu bringen sind. Dabei sind sie bereit, so gut wie alles auf dem Altar ihres Erfolgs zu opfern. Ist es also erstrebenswert, Manager vorrangig nach dem Kriterium der Resilienz auszuwählen? Sicherlich nicht. Wie ich in den vorangegangenen Beispielen gezeigt habe, kann eine einseitige Orientierung an Resilienz von Managern gekoppelt mit einem übertriebenen Pragmatismus („Mehr ist besser") dramatische Konsequenzen haben. Es geht also auch hier, wie in den meisten Lebensbereichen, um das richtige Maß und nicht um Extrempositionen.

3 Resilienz und Unternehmensführung

Wer sich selbst nicht zu führen versteht, kann auch andere nicht führen.

(Alfred Herrhausen, ehemaliger Vorstandssprecher Deutsche Bank)

Die Resilienz einer Führungskraft und deren Fähigkeit, die psychische Widerstandsfähigkeit ihrer Mitarbeiter positiv zu beeinflussen, werden in den nächsten Jahrzehnten eine immer größere Bedeutung für den Erfolg von Unternehmen erlangen und damit auch für die Karriere von Managern an Relevanz gewinnen. Wer es schafft, sich selbst und die Menschen in seiner Umgebung in Zeiten der Unsicherheit und des Wandels geistig agil, emotional belastbar und körperlich gesund zu erhalten, der ist nicht bloß ein idealistischer Philanthrop, sondern handelt in einer Zeit des „War for Talent" ökonomisch klug und umsichtig.

Abb. 10: Ebenen der Führung; Quelle: Center for Creative Leadership

Die Aufgabe einer Führungskraft ist es vor allem, andere Menschen, Teams, Bereiche oder ganze Organisationen zu führen. Allerdings wird von vielen Executives vergessen, dass all dies mit der Führung von sich selbst beginnt. Wie bereits im Kapitel „Resilienz — eine erste Annäherung" (1) gezeigt, geht es hier nicht um einseitige und unreflektierte Ausprägung von Härte, sondern um die Kombination von Selbststeuerung und Disziplin mit Bewusstsein und Reflexion. In den modernen Branchen der Informationsgesellschaft sind etwa 15 bis 25 % aller Mitarbeiter mit Führungsaufgaben betraut, d. h., sie sind qua Aufgabe Führungskraft. Leider haben die allermeisten von ihnen dies nie gelernt, denn Führungskraft ist ein Beruf ohne Ausbildung. In der Betriebswirtschaftslehre kommt Führungstheorie zwar vor, wird dort aber akademisch verklausuliert und treibt dadurch mitunter merkwürdig weltfremde Blüten. Alles Weitere wird unter dem Begriff „Soft Skills" subsumiert und kommt selbst an Business Schools mit dem Anspruch auf Erstklassigkeit nur als Randthema vor. Die Führungskräfte einer Industrienation steuern so ziemlich alles, was einer Gesellschaft lieb und teuer ist, und dennoch werden sie nicht darauf vorbereitet. Niemand würde in einen Zug steigen ohne der festen Überzeugung zu sein, dass der Zugführer gut ausgebildet ist. Gleiches gilt für den Piloten im Flugzeug oder auch bereits für den Fahrer im Taxi. Manager hingegen verrichten häufig ihren Job, ohne in puncto Führung eine solide Grundlage zu haben, insbesondere was die Führung der eigenen Person angeht.

Aus unserer Arbeit mit Executives wissen wir, dass die meisten Manager vor allem Gesprächsbedarf hinsichtlich ihrer „inneren Führung" haben. Natürlich klingt das am Beginn der Zusammenarbeit, wenn vielleicht noch die Personalabteilung oder der Vorgesetzte zugegen ist, jeweils ganz anders. Da geht es um Reflexion, um Strategie und um Positionierung. Ist der vertrauliche Rahmen aber erst einmal da, dann dreht es sich in der Regel um Selbstzweifel, fehlendes Vertrauen, überschießende Emotionen, unterdrückte aggressive Impulse, fehlende Empathie, Wertekonflikte oder fehlende Anerkennung. Und damit wir uns richtig verstehen: Das ist gut so! Strategie und Positionierung kommen anschließend. Durch die Arbeit an sich selbst werden die blinden Flecken kleiner und haben damit weniger unbewussten Einfluss auf das eigene Führungsverhalten und die Entscheidungen. Erst wenn man sich die dunklen Ecken im eigenen Keller angeschaut hat, verlieren diese an Bedrohlichkeit und dürfen in den Hintergrund treten. Die Arbeit an der eigenen Resilienz hat daher immer auch etwas mit der Arbeit an sich selbst zu tun. Dazu braucht man nicht zwingend einen Coach oder Mentor, aber man ist angewiesen auf ein wertschätzendes Gegenüber, um andere Sichtweisen und Haltungen einnehmen zu können. Eigenreflexion allein ist wichtig, aber häufig nicht ausreichend.

Im Laufe ihrer Karriere kommen die meisten Führungskräfte mindestens einmal an einen Wendepunkt, den der US-amerikanische Managementautor Marshall Goldsmith in seinem sehr lesenswerten Buch „What Got You Here Won't Get You There" beschrieben hat. An diesem Punkt entscheidet sich, ob die Karriere des Managers weitergeht oder ob sie ihren Zenit erreicht hat. Im Zusammenhang mit Führung und Resilienz vollzieht sich an diesem Punkt idealerweise ein Reifungsprozess, der sich vor allem durch einen Wandel im Fokus bemerkbar macht. Ging es bis hierhin vor allem um die Person des Managers selbst, seinen Erfolg und seine Karriere, so geht es in der nächsten Entwicklungsstufe um das Streben nach einem höheren Ziel, um das Wachstum anderer Menschen und um die Nachhaltigkeit des eigenen Handelns. Standen im ersten Teil seiner Karriere gesunder Egoismus, Ehrgeiz und Leistungswille sowie die persönliche Weiterentwicklung im Vordergrund, so geht es nach dem Wendepunkt häufig darum, gemeinsam mit anderen etwas zu erreichen und etwas Bleibendes zu hinterlassen. Dies schlägt sich auch in Bezug auf die resilienzfördernden Aspekte von Führung nieder, z. B. durch die bewusste Veränderung in der Verteilung von Fordern und Fördern und in Form des eigenen Führungsstils. Etwas schlichter formuliert geht es hier um die Weiterentwicklung vom Manager zum Leader oder Führer, einer Unterscheidung, die ob der deutschen Sprache und Vergangenheit nicht trivial ist.

3.1 Management, Leadership und Resilienz

Managen bedeutet bewirken, herbeiführen, die Leitung oder Verantwortung übernehmen. Führen heißt beeinflussen, die Richtung und den Kurs bestimmen, Handlungen und Meinungen steuern. Die Unterscheidung ist wesentlich. Manager machen die Dinge richtig. Führer tun die richtigen Dinge.

(Warren Bennis, US-amerikanischer Wirtschaftswissenschaftler)

Warren Bennis ist einer der führenden Köpfe in den USA zum Thema Führungstheorien. Wie viele seiner internationalen Kollegen, differenziert er die beiden Begriffe „Management" und „Leadership" und beschreibt sie als komplementäre Aufgaben, Sichtweisen und Einstellungen. Diese Differenzierung ist in der deutschen Sprache am ehesten durch die Übernahme dieser Anglizismen möglich, denn wörtlich übersetzt bedeuten beide Begriffe gleichermaßen „Führung" oder „Leitung". Problematisch für uns Deutsche wird es vor allem bei dem Begriff „Leader", den man mit „Führer", „Anführer" oder „Leiter" übersetzen müsste, also Begriffen, die aus der Zeit des Nationalsozialismus vorbelastet sind. Vor diesem Hintergrund wird zumeist pragmatisch die Differenzierung in „Management" und „Leadership" bzw. zwischen „Manager" und „Leader" vorgenommen, auch wenn das unsere Sprache nicht zwingend origineller macht. Bennis polarisiert dabei die beiden Begriffe wie folgt:

Manager	Leader
Verwaltet	Erneuert
Ist eine Kopie	Ist ein Original
Erhält	Entwickelt
Konzentriert sich auf Systeme und Prozesse	Konzentriert sich auf Menschen und Beziehungen
Verlässt sich auf Kontrolle	Erweckt Vertrauen
Steuert über Anweisung	Führt über Inspiration
Denkt taktisch	Denkt strategisch
Fragt „Wie?" und „Wann?"	Fragt „Was?" und „Warum?"

Manager	Leader
Hält die Bilanz im Blick	Behält den Horizont im Blick
Akzeptiert den Status quo	Fordert den Status quo heraus
Macht die Dinge richtig	Macht die richtigen Dinge

Wegen der Differenzierung und Polarisierung der beiden Begriffe und Konzepte hat sich leider auch so etwas wie ein Modetrend entwickelt, der mitunter absurde Blüten treibt. „Management" gilt bei vielen nicht mehr als chic. Wer etwas auf sich hält, macht jetzt in „Leadership". Unternehmen fordern „mehr Leadership" von jedem Mitarbeiter, auch vom Sachbearbeiter für die Buchstaben A bis F in der Kreditorenbuchhaltung. Als losgelöste Maximalforderung erscheint dies unsinnig. Viele Dinge in der Unternehmenspraxis müssen einfach zuverlässig und in immer wiederkehrenden Prozessschritten abgearbeitet werden, sonst könnte kein Unternehmen auf Dauer existieren. Wichtig ist dabei die Erkenntnis, dass es unabhängig vom Einfluss des Einzelnen auf das Unternehmen immer auch ein Element von Leadership in jeder Tätigkeit gibt.

BEISPIEL

So kann der Sachbearbeiter Leadership ausüben, indem er mutig seinem Vorgesetzten konstruktives und wertschätzendes Feedback gibt, loyal und freundlich zu seinen Kollegen ist und zynischen Flurfunk unterbindet. Und er kann Leadership in Bezug auf sich selbst anwenden, indem er seine Gedanken und Emotionen steuert und gut für seinen Körper sorgt, um auf diese Weise schneller wieder ins Gleichgewicht zu kommen.

Umgekehrt gibt es auch auf der Chefetage noch zahlreiche Aufgaben, die Management erfordern, z. B. die Umsetzung und Abwicklung strategischer Akquisitionen oder Restrukturierungsprojekte. Allerdings nimmt die Notwendigkeit von Leadership mit dem Einfluss des Einzelnen auf das Gesamtunternehmen deutlich zu, denn es geht immer mehr darum, die Richtung für einen Bereich vorzugeben und diese beständig an die Entwicklungen und Rahmenbedingungen des Marktes anzupassen. Diese Zusammenhänge sind in der folgenden Grafik verdeutlicht.

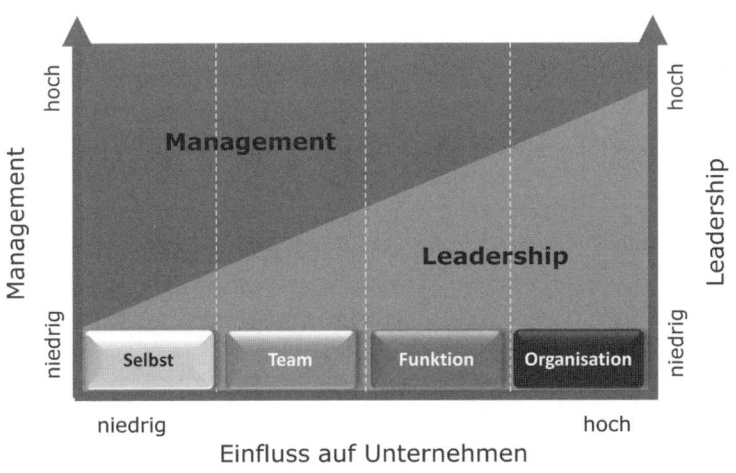

Abb. 11: Anteil von Management und Leadership in der Unternehmenshierarchie

Sowohl Management als auch Leadership haben dabei Berührungspunkte mit dem Konzept der Resilienz.

- Ein guter **Manager** achtet auf seine Mitarbeiter und gibt ihnen nicht dauerhaft mehr Arbeit, als sie potenziell bewältigen können. Ebenso sorgt er dafür, dass die Mitarbeiter über die Fähigkeiten und Ressourcen verfügen, ihre Aufgaben zu bewältigen. Er versteht es, seine negativen Emotionen zu kanalisieren, und sorgt für ein konstruktives Arbeitsklima, um die Qualität der Arbeitsergebnisse sicherzustellen und so die Resilienz seiner Mitarbeiter zu erhalten.
- Ein **Leader** erzeugt eine attraktive und überzeugende Vision und versteht es, seine Mitarbeiter dafür zu begeistern und so aus ihrer Komfortzone zu führen. Dadurch gibt er dem gemeinsamen Handeln einen Sinn und schürt positive Emotionen, was sich ebenfalls günstig auf die Resilienz auswirkt. Ebenso ist er in der Lage, sich selbst zu führen und sich gezielt in einen kraftvollen und ressourcenreichen Zustand zu bringen.

3.1.1 Resilienzfördernde Führung macht erfolgreich

Die selbstverantwortliche Aufgabenstellung beinhaltet auch das Recht, Fehler zu machen und daraus zu lernen. Vielleicht wird beim Dienst nach Vorschrift weniger falsch gemacht. Dafür unterbleibt aber auch die notwendige unternehmerische Entscheidung.

(Reinhard Mohn, deutscher Medienunternehmer)

Macht resilienzfördernde Führung Unternehmen erfolgreich? Es leuchtet ein, dass sich diese Art von Führung positiv auf die Mitarbeiter auswirkt, aber viele Manager begegnen uns mit großer Skepsis, was den messbaren Einfluss auf das Unternehmen angeht. „Eine Firma ist nun mal kein Streichelzoo", hört man dann gerne. Tatsächlich wird hier Resilienzförderung mit Stressvermeidung verwechselt, was verständlich, aber dennoch falsch ist. Ein entsprechendes Indiz kommt von der Harvard Business School, die eine der ersten ist, wenn es darum geht, die Grundzüge der freien Marktwirtschaft zu bejahen. In einer Studie aus dem Jahr 1998 wurde dort erstmals gezeigt, dass die US-amerikanischen Unternehmen mit der besten Aktienperformance bestimmte Führungsprinzipien beachten:

- Sie wechseln ihre Mitarbeiter nicht in Hire-and-Fire-Manier aus, sondern betreiben ein langfristiges Personalmanagement.
- Sie setzen auf Dezentralisierung, flache Hierarchien und Transparenz.
- Sie fördern Selbstmanagement bei ihren Mitarbeitern und investieren in die Weiterbildung.

Diese Prinzipien decken sich zu einem beachtlichen Teil mit Erkenntnissen der Resilienzforschung, wie ich später noch zeigen werde.

Ein weiteres Indiz dafür, dass Resilienz und Unternehmenserfolg zusammenhängen, kommt aus dem Bertelsmann-Konzern, mit einem Umsatz von über 16 Milliarden Euro eines der weltweit größten Medienunternehmen. Bei einer Untersuchung der Profitabilität der 163 größeren Tochterfirmen im Jahr 2007 stellte sich heraus, dass Tochtergesellschaften mit einer stark ausgeprägten partnerschaftlichen Führung und einer hohen Identifikation der Mitarbeiter mit dem Unternehmen die beste Umsatzrendite aufwiesen, wie in der folgenden Grafik zu sehen ist. Beide Faktoren sind mit dem Konzept der resilienzfördernden Führung eng verknüpft.

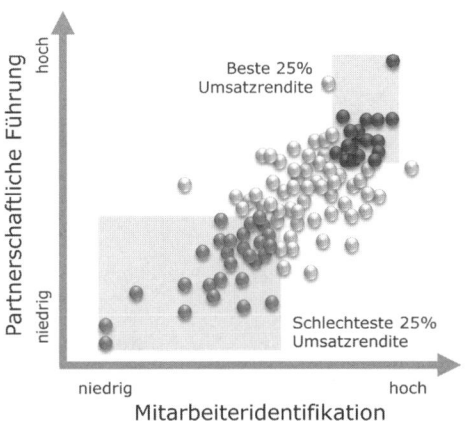

Abb. 12: Führung und Umsatzrendite; Quelle: Dr. Franz Netta, HSI-Vortrag „Partizipation, Gesundheit und wirtschaftlicher Erfolg", Folie 21, VP Personal Bertelsmann, 2007

Es gibt also durchaus Grund zur Annahme, dass eine Führungskultur, die die Resilienz von Mitarbeitern fördert, langfristig auch zu finanziellem Erfolg führt.

3.1.2 Was lässt sich von erfolgreichen Unternehmen lernen?

Wenn ein Seemann nicht weiß, welches Ufer er ansteuern muss, dann ist kein Wind der richtige.

(Lucius Annaeus Seneca, römischer Philosoph und Staatsmann)

Wenn resilienzfördernde Führung langfristig ökonomische Vorteile schafft, dann trifft ja vielleicht auch der Umkehrschluss zu. Heben sich langfristig erfolgreiche Unternehmen auch automatisch durch eine besonders resilienzfördernde Art der Führung hervor? Sind ihre CEOs selbst ausgesprochen resilient?

Jim Collins, ein US-amerikanischer Management-Experte und ehemaliger Professor für Entrepreneurship an der Stanford University, und sein Kollege Morten T. Hansen, Professor für Management an den Business Schools Berkeley, Harvard und INSEAD, haben bei den Arbeiten zu ihrem viel beachteten Buch „Great by Choice" zahlreiche Unternehmen untersucht, die über einen langen Zeitraum wesentlich, d. h. mindestens zehn Mal besser, abschnitten als vergleichbare Firmen derselben Branche. Sind diese Unternehmen anders geführt? Spielt in diesen Unternehmen die Förderung von Resilienz eine besondere Rolle? Collins und Hansen interessierte die Frage, warum manche Unternehmen in Zeiten von zunehmender Komplexität,

Resilienz und Unternehmensführung

Geschwindigkeit und Unsicherheit langfristig Erfolg haben und andere nicht. Welche Faktoren von Führung erhöhen den Wirkungsgrad und sorgen so für eine hohe Anpassungs- und Wettbewerbsfähigkeit in einer globalisierten Wirtschaft, deren Dynamik sich immer weniger vorhersagen lässt? Was unterscheidet die Führung der Unternehmen, die außerordentlich erfolgreich abschneiden, von denen, die sich weniger gut entwickeln? Zur Identifikation der relevanten Firmen wurden dabei folgende Kriterien angelegt:

- Unternehmen, die neu gegründet wurden und daher noch nicht am Markt etabliert waren
- Unternehmen, die erfolgreich waren, obwohl ihre Rahmenbedingungen volatil, unsicher und komplex waren und von ihnen nicht beeinflusst werden konnten
- Unternehmen, die über einen Zeitraum von mindestens 15 Jahren eine bessere Entwicklung als der gesamte Aktienmarkt und die jeweilige Branche hatten

Aus einer anfänglichen Liste von über 20.000 Unternehmen selektierten Collins und Hansen nach diesen Kriterien schließlich die folgenden sieben Unternehmen. Diese Unternehmen wurden jeweils mit dem gesamten Markt und mit Firmen aus der gleichen Industrie verglichen. Im Rahmen der Studie wurden zahllose Dokumente aus der jeweiligen Unternehmenshistorie gesichtet und Interviews geführt, um aus insgesamt 6.000 Jahren Firmengeschichte gemeinsame Muster in Bezug auf Führungsstil, Entscheidungen, Risikotoleranz, Innovation usw. ableiten zu können, die diese Unternehmen von ihren Wettbewerbern unterscheiden.

Erfolgreiche Unternehmen, die im Rahmen der Studie von Collins und Hansen untersucht wurden

Unternehmen	Branche	Zeitspanne	Performance vs. Markt	Performance vs. Branche
Amgen	Biotechnologie	1980-2002	24-fach	77-fach
Biomet	Medizintechnik	1977-2002	18-fach	11-fach
Intel	Informationstechnologie	1968-2002	21-fach	46-fach
Microsoft	Software	1975-2002	56-fach	119-fach
Progressive Insurance	Versicherung	1965-2002	15-fach	11-fach
Southwest Airlines	Fluggesellschaft	1967-2002	63-fach	550-fach
Stryker	Medizintechnik	1977-2002	28-fach	11-fach

3.1.2.1 Erfolgreiche Chefs managen Polaritäten

Für jedes noch so komplexe Problem gibt es eine ganz einfache Lösung. Und die ist meistens falsch.

(Albert Einstein, deutscher Physiker und Nobelpreisträger)

Die Untersuchung von Collins und Hansen ergab, dass die Firmenchefs der erfolgreichsten Unternehmen keineswegs durchweg besonders mutige und risikofreudige Visionäre waren. Tatsächlich waren sie nicht risikofreudiger, nicht mutiger oder visionärer und auch nicht kreativer als ihre Vergleichspartner. Auch hatten sie nicht einfach mehr Glück als ihre weniger erfolgreichen Kollegen. Tatsächlich hielten sich glückliche Fügungen und unglückliche Entwicklungen bei allen untersuchten Firmen ziemlich die Waage.

Die erfolgreichsten Firmenlenker waren allerdings disziplinierter bei der Verfolgung ihrer Ziele und gingen dabei empirischer und besonnener vor.

Die erfolgreichsten Unternehmen verfügten nicht über die innovativsten Manager. Innovationen an sich erwiesen sich interessanterweise nicht als Erfolgsgarant in dieser Vergleichsstudie. Viel wichtiger war die Fähigkeit, Innovationen serienreif zu machen und Kreativität mit Disziplin zu vereinen.

Eine weitere zentrale Erkenntnis betrifft die Schnelligkeit und damit die Organisationale Energie eines Unternehmens, also die Kraft, mit der ein Unternehmen arbeitet und Dinge bewegt. Auf dieses Konzept werde ich im Kapitel „Was gefährdet Resilienz?" (6) noch ausführlicher eingehen. Die erfolgreichsten Unternehmen waren keineswegs die schnellsten in Bezug auf Entscheidungen. Vielmehr waren sie in der Lage, Situationen, in denen sie schnell handeln mussten, von anderen zu differenzieren, in denen es sinnvoller war, zunächst die vorliegenden Daten gründlich zu analysieren, um eine fundierte Entscheidung treffen zu können.

Die erfolgreichsten Unternehmen waren nicht diejenigen, die sich am stärksten veränderten. Im Gegenteil waren solche Firmen am erfolgreichsten, die sich im Vergleich zu ihren Mitbewerbern weniger Veränderungen in der Unternehmensstrategie oder im Unternehmensaufbau vornahmen. Mit anderen Worten lässt sich also sagen: Das Management der erfolgreichsten untersuchten Unternehmen hatte die Eigenschaft, sein Führungsverhalten an verschiedenen Polaritäten auszurichten, wie in der folgenden Grafik abgebildet.

Abb. 13: Essenz erfolgreicher Führung: Polaritäten (Hintergrundbild: Fotolia, Aleksandr Bryliaev)

Polaritäten sind dabei bleibende Eigenschaften oder Faktoren, die sich prinzipiell widersprechen wie z. B. „Kreativität" und „Disziplin" oder „Innovation" und „Beständigkeit". Viele Führungskräfte sind es gewohnt, in den Kategorien „richtig" und „falsch" zu denken und von der Existenz einer absoluten Wahrheit auszugehen, die genau eine richtige und eine Menge falscher Handlungsweisen impliziert.

Dieser traditionelle Ansatz von „Entweder — Oder" wird vielen aktuellen komplexen Problemstellungen nicht mehr gerecht und produziert unbefriedigende Ergebnisse, was die Untersuchung von Collins und Hansen bestätigt. Das Konzept der „Polaritäten" geht von mehreren wahren Einflussgrößen aus, die sich durchaus widersprechen, aber mit einem Ansatz von „Sowohl — als auch" miteinander integriert werden können. Je höher eine Führungskraft in der Unternehmenshierarchie aufsteigt, desto mehr ist sie mit sich widersprechenden Anforderungen und sich gegenseitig ausschließenden Optimierungskriterien konfrontiert. Auf dieses Konzept werde ich im Kapitel „Wie lässt sich Resilienz fördern?" (7) noch näher eingehen.

3.1.2.2 Sind erfolgreiche Chefs resiliente Chefs?

Größe ist kein Resultat der Umstände. Tatsächlich ist Größe weitestgehend eine Folge von bewussten Entscheidungen und Disziplin.

(Jim Collins, US-amerikanischer Managementautor)

Vor allem in Bezug auf die Resilienz der Topmanager sind die Erkenntnisse der Untersuchung von Collins und Hansen sehr erhellend und decken sich mit anderen Studien zum Thema Resilienz und Führung, auf die ich später noch eingehen werde. Die beiden Wissenschaftler fanden heraus, dass die Topmanager der untersuchten Firmen, die am erfolgreichsten waren, sich durch folgende Eigenschaften von den Firmenlenkern der weniger erfolgreichen Unternehmen unterschieden:

- **Akzeptanz der Umstände:** Erfolgreiche Manager verstehen, dass sie einer permanenten Unsicherheit ausgesetzt sind und dass sie bedeutende Vorkommnisse, die in der Welt um sie herum geschehen, weder kontrollieren noch exakt vorhersehen können.
- **Kontrollüberzeugung (Locus of Control):** Den erfolgreichsten Führungskräften war der Gedanke fremd, dass zufällige Ereignisse oder andere Faktoren außerhalb ihrer Kontrolle das Erreichen ihrer Ziele beeinflussen könnten. Sie sahen die Verantwortung für die Geschicke der Firma und für ihr eigenes Schicksal stets bei sich.
- **Lösungsorientierung:** Die stärksten der Manager waren bereit, trotz aller Widrigkeiten, alles in ihren Kräften Stehende zu tun, um sich auf ihre Ziele zu fokussieren, und hatten einen unbeugsamen Willen, diese zu erreichen, was in der Mehrzahl der Fälle auch zum Erfolg führte.
- **Erwartung von Schwierigkeiten:** Den Managern der Top-7-Unternehmen war die Eigenschaft gemein, in wirtschaftlich schlechten, aber vor allem auch in guten Zeiten, wachsam zu bleiben und das plötzliche, unerwartete Auftreten von Veränderungen, Krisen oder Bedrohungen als normal und wahrscheinlich anzusehen. Durch ihre schon fast paranoide Wachsamkeit waren sie auf plötzliche Veränderungen ihres Umfelds besser vorbereitet als die anderen Manager.
- **Werteorientierung & Disziplin:** Die Manager mit der besten Firmenperformance zeichneten sich alle durch ein ausgeprägtes Wertesystem aus sowie durch ein starkes Streben danach, das eigene Handeln konsequent mit den Werten in Einklang zu bringen. Diese Disziplin diente ihnen als innerer Kompass und sorgte dafür, dass sie auch bei großer Unsicherheit der Umgebungsfaktoren nicht von ihrem Kurs abkamen.
- **Innere Autonomie:** Die Top-7-Manager hatten ein hohes Maß an innerer Autonomie gemein, wenn es um die Einschätzung der aktuellen Situation und die Ableitung von Lösungsansätzen ging. Sie stützten sich dabei weder auf allgemein vorherrschende Meinungen, noch orientierten sie sich vorrangig daran, was andere tun oder lassen. Indem sie sich auf ihre eigene, auf Fakten und Erfahrung beruhende Einschätzung der Situation verließen, waren sie in der Lage, mutige, kreative Entscheidungen zu treffen. Sie waren aber ebenso willens, diese unkonventionellen Lösungsansätze komplett in Frage zu stellen, wenn ihre Einschätzung der Lage dies erforderte. Diese oft nonkonformistische Vorgehensweise, die deutlich vom Üblichen abwich, brachte ihnen teils harsche Kritik ein, konnte sie aber nicht von ihrer Meinung abbringen.

Resilienz und Unternehmensführung

- **Sinn:** Die erfolgreichsten Manager fühlten sich etwas Höherem verpflichtet und setzten ihre Energie und ihren Ehrgeiz vor allem ein, um eine Mission zu erreichen oder um ihr Unternehmen oder die Gesellschaft weiterzubringen, nicht aber ausschließlich zu ihrem eigenen Vorteil. Die Überzeugung, dass die eigenen Anstrengungen einem sinnvollen höheren Ziel dienten, wappnete sie gegen die Auswirkungen von Schwierigkeiten, mit denen sie konfrontiert wurden.

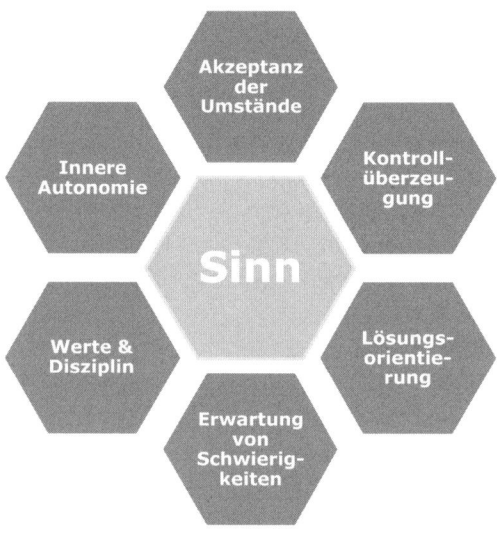

Abb. 14: Aspekte von Resilienz bei erfolgreichen Managern

> **Zusammenfassung**
>
> Management und Leadership sind zwei komplementäre Konzepte, die unterschiedliche Aspekte in der Anleitung und Steuerung von Mitarbeitern und Teams fokussieren. Beide haben Auswirkungen auf die Resilienz von Führungskräften und Mitarbeitern. Werden resilienzfördernde Konzepte in der Management- und Führungskultur eines Unternehmens gelebt, so wirkt sich das langfristig auf die Leistungsfähigkeit und den Erfolg des Unternehmens aus, wie sich durch Studien belegen lässt. Umgekehrt lässt sich aus Untersuchungen von erfolgreichen Firmen ableiten, dass die Topmanager dieser Unternehmen wesentliche Prinzipien resilienter Führung anwenden und ihre Führung an sich widerstrebenden Polaritäten ausrichten. Auch auf der individuellen Ebene zeigen Topmanager erfolgreicher Unternehmen deutliche Aspekte von ausgeprägter Resilienz. Resilienzfördernde Führung ist daher nicht mit Philanthropie oder übertriebenem Humanismus zu verwechseln, sondern dient klar der Steigerung der nachhaltigen Wettbewerbsfähigkeit eines Unternehmens.

3.2 Was macht Resilienz aus?

Im Leben geht es nicht nur darum, gute Karten zu haben, sondern auch darum, mit einem schlechten Blatt gut zu spielen.

(Robert Louis Stevenson, schottischer Autor und Erfinder der Figur Dr. Jekyll und Mr. Hyde)

Der Begriff „Resilienz" leitet sich aus dem Lateinischen ab. Das Verb „resilire" bedeutet so viel wie „zurückspringen" oder „abprallen". Der Begriff kommt ursprünglich aus der Materialwissenschaft, wo er die Fähigkeit eines Körpers beschreibt, auf eine Einwirkung von außen elastisch zu reagieren, und anschließend wieder seine ursprüngliche Form einzunehmen. Man könnte Resilienz also mit „Elastizität" oder „Wiederherstellungsfähigkeit" übersetzen. Angewandt auf den Menschen, beschreibt Resilienz die Fähigkeit, Krisen unbeschadet zu bewältigen und an ihnen zu wachsen, ja, sogar gestärkt aus ihnen hervorzugehen. Das Fehlen von Resilienz wird auch als „Vulnerabilität" bezeichnet. Es leitet sich aus dem lateinischen Wort „vulnus" für „Wunde" ab.

Ursprünglich wurde das Konzept der Resilienz ausschließlich auf Kinder angewandt, denen es gelungen war, sich unter schwierigen Bedingungen, wie z. B. Krieg, Vertreibung, häuslicher Gewalt, Armut, Kriminalität oder Drogenmissbrauch der Eltern, psychisch gesund und im Sinne der Gesellschaft positiv zu entwickeln. Das Konzept der Resilienz fokussierte sich dabei auf die Schutzfaktoren, die es diesen Kindern ermöglichten, unter derart schwierigen Bedingungen gesund zu bleiben.

Im Laufe der letzten Jahrzehnte wurde der Begriff auch vermehrt als Beschreibung für eine allgemeine Kompetenz angewandt, die Menschen jeden Alters dabei unterstützt, Krisen erfolgreich zu bewältigen. Dies gilt heute nicht mehr nur für Extremsituationen, sondern auch generell für die Alltagsbewältigung, insbesondere auch hinsichtlich des Umgangs mit Leistungsdruck in Unternehmen.

Die prinzipielle Wirkungsweise von Resilienz zeigt sich in den verschiedenen Phasen, die auf ein als krisenhaft erlebtes Verhalten folgen. Diese sind in der Grafik verdeutlicht.

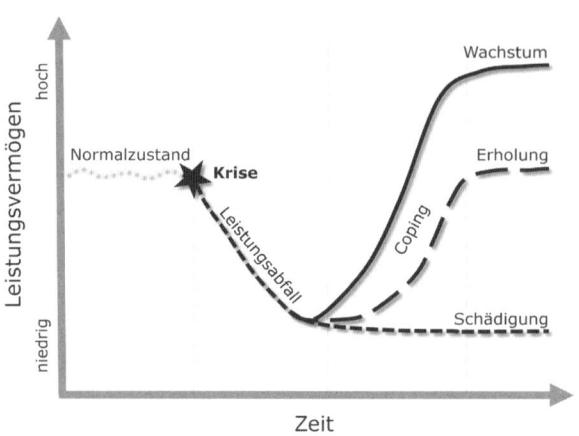

Abb. 15: Schematische Funktionsweise von Resilienz (Quelle: Resilient Leadership; Patterson, Goens & Reed)

- Nach einer Krise, wie z. B. dem Verlust der Position oder einer schweren Erkrankung des Partners, erfolgt typischerweise bei jedem Menschen eine Phase reduzierter Leistungsfähigkeit. Diese kann sich in emotionaler Instabilität oder Niedergeschlagenheit äußern sowie in mangelnder Konzentration und Energielosigkeit.
- Je nach Stärke der Krise und abhängig von der Persönlichkeitsstruktur und den Ressourcen der betroffenen Person entsteht wahlweise eine dauerhafte Schädigung, z. B. in Form einer Depression, oder es erfolgt eine Erholung und damit eine Rückkehr zum ursprünglichen Leistungsniveau. Dies kann je nach Art der Krise Stunden, Tage oder Wochen dauern. Es gibt aber auch Fälle, in denen Menschen wie Phönix aus der Asche an Krisen wachsen und aus ihnen sogar gestärkt hervorgehen.

Die Resilienzforschung hat in den letzten 60 Jahren versucht, den Faktoren auf die Spur zu kommen, die es Menschen ermöglichen, sich von Krisen besser und schneller zu erholen als andere. In den folgenden Kapiteln werde ich die Erkenntnisse dieser Untersuchungen darstellen.

3.2.1 Starr oder flexibel?

Es sind weder die Stärksten, die überleben, noch die Intelligentesten, sondern diejenigen, die am anpassungsfähigsten sind.

(Charles Darwin, britischer Naturforscher)

Einer der zentralen Punkte in Bezug auf die seelische Elastizität und Zähigkeit ist die Tatsache, dass alle Menschen — auch die resilientesten — nach einer Krise mehr oder weniger durch ein „Tal der Tränen" gehen. Krisen prallen an einem gesunden Menschen nicht einfach ab, auch wenn man sich das vielleicht wünschen würde. Es geht daher nicht darum, dieses Tal ganz abzuschaffen, sondern es zu verkleinern.

Eine gute Analogie hierzu sind die Erfahrungen mit verschiedenen Bauweisen von Hochhäusern. Japan ist die Industrienation mit den meisten Erdbeben weltweit. Im Durchschnitt wird der Inselstaat von 73 Erdbeben pro Monat mit einer Magnitude von mehr als 4 auf der Richterskala heimgesucht. Da Land knapp ist, brauchen japanische Städte Hochhäuser, die diesen Krisen standhalten können. Die Hochhäuser der ersten Generation waren verstärkt und auf eine hohe Steifigkeit ausgelegt, ohne allerdings starken Erdbeben trotzen zu können. Verheerende Schäden mit vielen Toten waren die Folge. In den letzten Jahrzehnten haben Ingenieure Methoden entwickelt, die riesige Gebäude flexibel auf externe Erschütterungen reagieren lassen, indem sie die Schwingungen einerseits aufnehmen und in Bewegung umsetzen, sie andererseits aber auch dämpfen und so verhindern, dass das Gebäude sich aufschaukelt und in eine zerstörerische Resonanzschwingung gerät. Solche Gebäude, die heute in jeder erdbebengefährdeten Region gebaut werden, verfügen häufig im Inneren über einen schwingenden Kern.

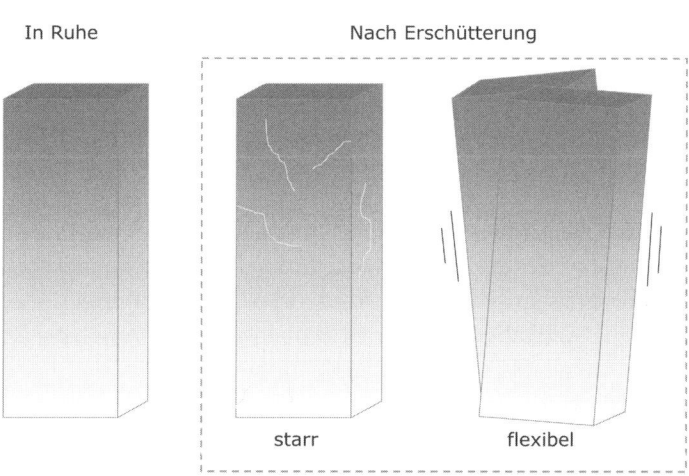

Abb. 16: Resiliente Konstruktionsweisen bei Wolkenkratzern

> **BEISPIEL**
>
> So ist im über 500 Meter hohen Wolkenkratzer „Taipei 101", dem Sitz des Finanzzentrums von Taiwan, zwischen dem 88. und dem 92. Stockwerk ein 660 Tonnen schweres Pendel aufgehängt, das bei einem Erdbeben Schwingungen in sich aufnimmt und so das restliche Gebäude stabilisiert und dessen Kohärenz sicherstellt.

Das Ergebnis zeigt, dass flexible Hochhäuser sehr viel stärkere Erdbeben aushalten können als starre Konstruktionen. Mit psychischer Resilienz verhält es sich sehr ähnlich. Menschen, die gelernt haben, Erschütterungen von außen aufzunehmen und die entstehenden inneren Schwingungen einerseits zuzulassen, andererseits diese aber aktiv zu dämpfen und nicht noch zu verstärken, können besser mit Krisen umgehen als diejenigen, die starr allen Widrigkeiten versuchen zu trotzen.

3.2.2 Sense of Coherence

Es ist vermutlich besser, sich auf das zu konzentrieren, was den Menschen gesund erhält, als immense Mittel für die Erforschung seiner Krankheiten auszugeben.

(Aaron Antonovsky, amerikanisch-israelischer Medizinsoziologe)

Aaron Antonovsky war ein US-amerikanischer Soziologe, der 1960 nach Israel emigrierte und dort u. a. am Applied Social Research Institute arbeitete. Er forschte zunächst zu den Auswirkungen der ethnischen Herkunft und des sozialen Status auf Gesundheit und Lebenserwartung. Als Teil dieser Studien untersuchte er 1970 verschiedene Gruppen von Frauen, darunter auch solche, die in Mitteleuropa zwischen 1914 und 1923 geboren wurden. Etwa die Hälfte (51 %) der damals 47- bis 56-jährigen untersuchten Frauen wies dabei eine gute seelische Gesundheit auf. Einige der Teilnehmerinnen der Studie waren in ihrer Jugend Gefangene in deutschen Konzentrationslagern und hatten dort Gewalt, Hunger und Tod miterlebt. Nach dem Ende des Krieges waren viele von ihnen jahrelang Vertriebene gewesen, bis schließlich 1949 der Staat Israel ausgerufen und von der UNO anerkannt wurde. Aber auch danach hörten die Schrecken für sie nicht auf, denn Israel war binnen weniger Jahre in drei verschiedene Kriege verwickelt, die das Land zu vernichten drohten. Zu Antonovskys großem Erstaunen erfreuten sich rund ein Drittel (29 %) dieser Frauen einer guten psychischen Gesundheit, gerade einmal 22 % weniger als diejenigen, die den Holocaust nicht am eigenen Leib erfahren hatten.

3 Was macht Resilienz aus?

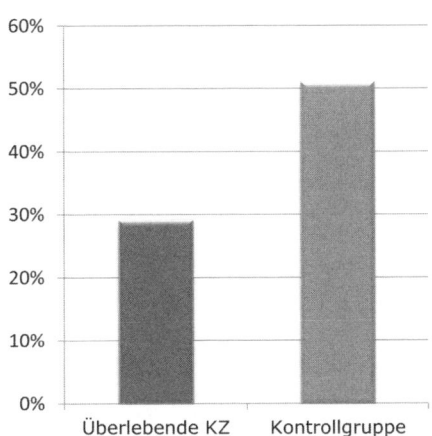

Abb. 17: Anteil psychisch gesunder Frauen

Das warf die Frage auf, wie Menschen es schaffen, unter widrigsten Umständen gesund zu bleiben, was Antonovsky den Rest seines Lebens weiter beschäftigen sollte. In seinem viel beachteten Buch „Health, Stress and Coping" stellte er 1979 die klassische Fokussierung im Gesundheitswesen auf krankmachende Faktoren in Frage und prägte die Wortschöpfung „Salutogenese", (lateinisch „salus": gesund; griechisch „genese": Entstehung) als Bezeichnung für eine neue, zu Beginn kontrovers aufgenommene Forschungsrichtung, die sich mit Faktoren beschäftigt, die Menschen seelisch, aber auch körperlich gesund erhalten. Einer der zentralen Faktoren war dabei das Konzept des „Sense of Coherence", zu Deutsch etwa „Kohärenzgefühl", einer Eigenschaft bzw. Überzeugung, die Antonovsky bei allen KZ-Überlebenden vorgefunden hatte. Dieses Gefühl beschrieb er mittels vier zentraler Komponenten:

Verstehbarkeit	Überzeugung, dass Ereignisse nicht einfach geschehen, sondern vielmehr einer höheren Ordnung unterliegen, und sich somit prinzipiell vorhersehen lassen
Machbarkeit	Überzeugung, dass die eigenen Fähigkeiten und Erfahrungen sowie die vorhandene soziale Unterstützung und Ressourcen ausreichen, um die anstehenden Herausforderungen zu bewältigen
Sinnhaftigkeit	Überzeugung, dass das Leben prinzipiell einen Sinn hat und wert ist gelebt zu werden, unabhängig von den momentanen Schwierigkeiten
Stimmigkeit	Bestreben, die Geschehnisse im außen mit inneren Überzeugungen in Einklang zu bringen

Besonders der Punkt der „Stimmigkeit" ähnelt dabei sehr stark den aktuellen Erkenntnissen der Hirnforschung zu den Grundbedürfnissen des Menschen, auf die ich im Kapitel „Resilienzfördernde Führung aus Sicht der Hirnforschung" (4.3) noch näher eingehen werde. Antonovsky erkannte weiterhin verschiedene andere Faktoren, die einem Menschen dabei helfen, krisenhafte Situationen gesund zu überstehen. Diese bezeichnete er als allgemeine Widerstandsressourcen.

Anpassungsfähigkeit	Die Fähigkeit eines Menschen, sich an unterschiedliche krisenhafte Situationen flexibel anzupassen und im Laufe der Zeit weitestgehend dagegen immun zu werden
Vertrauensvolle Beziehungen	Die Einbindung eines Menschen in tiefe, vertrauensvolle Beziehungen, z. B. in der Familie, im Freundeskreis oder unter Kollegen, so dass die Person sich öffnen kann, ohne Ablehnung erwarten zu müssen
Zugehörigkeit zu Gemeinschaften	Das Bestreben durch Übernahme von Verantwortung in Institutionen wie Kirche, Schule oder Vereinen Sinn zu finden

Die von Antonovsky postulierten Erkenntnisse haben in den letzten Jahrzehnten nicht nur die Medizin, sondern auch viele andere Wissenschaften geprägt. Allerdings wurde er zeitlebens dafür kritisiert, dass sein Ansatz, wenn auch einleuchtend, doch nur schwer beweisbar war. Hier kam eine Arbeit aus einem anderen Teil der Welt zur Hilfe, auch wenn die Ergebnisse erst gut zehn Jahre später veröffentlicht wurden.

3.2.3 Die Kinder von Kauai

Resilienz ist eher ein Prozess als ein Endergebnis.

(Emmy Werner, US-amerikanische Psychologin)

Emmy Werner ist eine US-amerikanische Entwicklungspsychologin und gilt als die Grande Dame der Resilienzforschung. Als sie ihre Forschungstätigkeit an der University of California in der Nähe von Sacramento antrat, galt die noch von den frühen Behavioristen geprägte Lehrmeinung, dass vor allem eine unzureichende mütterliche frühkindliche Obhut und emotionale Ansprache (der Vater spielte in dieser Entwicklungstheorie keine sonderliche Rolle) automatisch zu einer späteren Fehlentwicklung des Kindes in Richtung psychischer oder sozialer Probleme führen würde. Dies wurde auch immer wieder wissenschaftlich untermauert, indem in zahlreichen Studien nachgewiesen wurde, dass bei seelisch kranken, kriminellen oder auf andere Art auffällig gewordenen Jugendlichen in einem sehr großen Anteil der Fälle ein problematisches Elternhaus vorlag. Allerdings verbarg sich hinter diesem Forschungsansatz ein logischer Fehler. Man schloss quasi aus der Tatsache, dass alle Postautos gelb sind, unzulässigerweise, dass alle gelben Autos auch Postautos sind. Es lagen aber in der Tat bis dato keine Erkenntnisse darüber vor, ob Kinder aus problematischen Elternhäusern sich tatsächlich in jedem Falle auch problematisch entwickeln. Werner wollte diese methodische Schwäche umgehen, indem sie eine gesamte Population an Kindern, d. h. einen vollständigen und repräsentativen Querschnitt der Bevölkerung, über einen langen Zeitraum beobachtete und in einer Längsschnittstudie den tatsächlichen Zusammenhang von Elternhaus und Entwicklung der Kinder untersuchte. Diese Population fand sie etwa 4.000 km weiter westlich auf der Hawaii-Insel Kauai. Als sie 1955 mit ihrer Erhebung begann, war Hawaii noch nicht der 50. Bundesstaat der USA, und es gab noch keinen Massentourismus. Die Menschen lebten entweder von Landwirtschaft, Fischerei, oder waren bei den US-amerikanischen Streitkräften, die dort bereits ihre Pazifikflotte stationiert hatten. Die Verhältnisse auf der landschaftlich malerischen Insel Kauai waren zum Teil geprägt von Arbeitslosigkeit, Armut, Kriminalität und Drogenmissbrauch. Werner und ihr interdisziplinäres Team aus Psychologen, Kinderärzten, Krankenschwestern und Sozialarbeitern erfassten insgesamt 698 Kinder, die 1955 geboren wurden, und erhoben ihre Daten im Alter von 1, 2, 10, 18, 32 und 40 Jahren. 210 der untersuchten Heranwachsenden, das entspricht 30 %, wuchsen dabei unter schwierigen Bedingungen auf. Arbeitslosigkeit, Armut, Vernachlässigung, Scheidung, Misshandlungen prägten ihre Kindheit. Erwartungsgemäß bestätigte sich zunächst die Annahme, dass ein Großteil dieser Kinder aus problematischen Elternhäusern, etwa zwei Drittel, zwischen dem 10. und 18. Lebensjahr durch Lern- und Verhaltensprobleme auffiel, mit dem Gesetz in Konflikt geriet oder unter psychischen Problemen litt. Sehr erstaunlich war hingegen, dass ein Drittel der Kinder sich normal entwickelte. Sie absolvierten die Schulausbildung mit Erfolg, machten eine Ausbildung, fanden Arbeit, gingen eine Beziehung ein und gründeten schließlich eine Familie. Sie waren in das soziale Leben eingebunden, wurden nicht straffällig und entwickelten keine psychischen Störungen. Die bis dahin geltende Annahme, dass sich ein Kind aus problematischem Elternhaus zwangsläufig negativ entwickelt, wurde 1992 durch die Publikation der Arbeit von Werner in dem Buch „Overcoming the Odds: High Risk Children from Birth to Adulthood" nachhaltig widerlegt, was einer kleinen Sensation gleichkam.

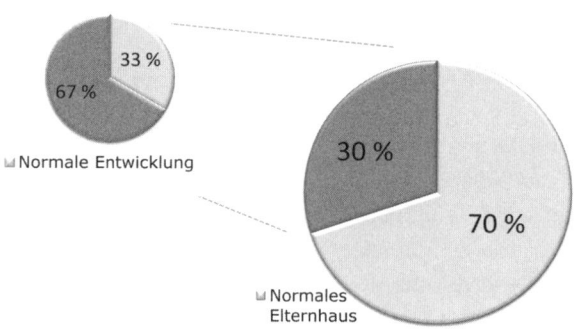

Abb. 18: Die Kinder von Kauai: Verhältnis der einzelnen Populationen in der Untersuchung von Emmy Werner

Noch spannender war natürlich die Frage, was denn diese „resilienten Kinder" gemeinsam hatten. Wie Werner feststellte, verfügten die Kinder über so genannte Schutzfaktoren, die die negativen Auswirkungen widriger Umstände abmilderten.

Schutzfaktoren der individuellen Resilienz

Vertrauensvolle Beziehungen	Da die Eltern häufig nicht als Rollenvorbild oder Bezugsperson taugten, suchten sich diese Kinder meist andere Vertrauenspersonen, zu denen sie eine emotionale Beziehung aufbauen konnten. Das konnten Geschwister oder Großeltern sein oder auch Nachbarn, Lehrer oder Pfarrer. Wichtig bei dieser Beziehung war vor allem die Erfahrung, dass jemand an das Kind glaubte und ihm die Bestätigung gab, etwas wert zu sein.
Rollenvorbilder	Auch fungierten die meist gleichgeschlechtlichen Bezugspersonen unbewusst als Rollenvorbilder, von denen das Kind lernen konnte, Herausforderungen offensiv zu begegnen und Probleme konstruktiv zu bewältigen. In dieser Beziehung konnte es zudem seine Gefühle zum Ausdruck bringen, was wichtig für die emotionale Stabilität ist, und durch Befolgung konkreter Ratschläge schwierige Situation vermindern.
Verantwortung	Die Kinder, die sich trotz widriger Umstände normal entwickelten, hatten weiterhin gemeinsam, dass sie früh Verantwortung übernahmen, z. B. für die Betreuung jüngerer Geschwister oder für ein Amt in der Schule. Durch diese Verantwortung lernten sie früh, sich weniger auf sich selbst und die eigenen Probleme zu fokussieren. Auch erlebten sie das Engagement für andere häufig als eine Quelle von Sinn und positiver Bestätigung.

Realistische Erwartungen	Die Kinder zeichneten sich weiterhin dadurch aus, dass sie ihre Lage realistisch einschätzten und sich anspruchsvolle, aber realistische Ziele setzten, die sie letztendlich meist auch erreichten.
Selbstbewusstsein	Durch die Erfahrung, dass sie durch ihren Einsatz und ihr Engagement selbst etwas bewirken konnten und dass sie für bestimmtes Verhalten Anerkennung von Gleichaltrigen erhielten, entwickelten diese Kinder zumeist ein gesundes und realistisches Selbstbewusstsein und das Gefühl von Selbstwirksamkeit.
Persönlichkeit	Auch individuelle Eigenschaften der Persönlichkeit spielen eine Rolle. So verfügten die resilienten Kinder meist über ein eher ausgeglichenes und ruhiges Temperament. Zudem hatten sie die Fähigkeit, offen auf andere zuzugehen und sich damit Quellen der Unterstützung selbst zu erschließen.

Eine weitere Erkenntnis aus den von Emmy Werner und ihrem Team erhobenen Daten war, dass individuelle Resilienz nicht nur in der Kindheit wirkt. Ein großer Teil der Heranwachsenden, die sich zunächst problematisch entwickelt hatten und durch Kriminalität oder Drogensucht aufgefallen waren, führte im Alter zwischen 32 und 40 Jahren ein normales erfolgreiches Leben. Es waren dabei überdurchschnittlich häufig Frauen, denen es gelang, sich durch Weiterbildung, stabile Beziehungen oder religiöses Engagement von ihrem negativen Umfeld zu distanzieren. Die Arbeit von Emmy Werner und ihrem Team verschob damit grundlegend den Fokus der Entwicklungspsychologie weg von der Fragestellung „Was lässt Menschen im Leben scheitern?", hin zu der Blickrichtung „Was lässt Menschen im Leben erfolgreich sein?". Die Erkenntnisse von Werner wurden bis heute in zahlreichen Studien weltweit bestätigt. Eine dieser Untersuchungen ist die „Bielefelder Invulnerabilitätsstudie" von 1989, in der ein Team um den deutschen Psychologen und Kriminologen Friedrich Lösel 144 Heimkinder im Alter von 14 bis 17 Jahren in einer Querschnittsstudie erfasste und gemeinsam mit den dortigen Erzieherinnen untersuchte. In dieser Gruppe von Jugendlichen aus insgesamt 27 Heimen entwickelten sich 54 % problematisch, während 46 % eine positive Entwicklung nahmen. Die herausgearbeiteten Schutzfaktoren dieser Kinder bestätigen dabei die zuvor dargestellten Erkenntnisse Werners. Damit kamen sowohl Antonovsky, Werner als auch Lösel unabhängig voneinander zu sehr ähnlichen Erkenntnissen, was die verschiedenen Faktoren von Resilienz angeht.

Resilienz und Unternehmensführung

> **Zusammenfassung**
> Resilienz beschreibt die Fähigkeit einer Person, Krisen unbeschadet zu überstehen und sogar an ihnen zu wachsen. Die Grundlagen dieser Forschungsrichtung liegen in der Beobachtung der Entwicklung von Kindern in problematischen Umfeldern. Allerdings gibt es zahlreiche Untersuchungen, die zwingend nahelegen, dass die dort gewonnenen Erkenntnisse auch für Erwachsene Gültigkeit haben.
> Resilienz ist dabei von Härte bzw. Starrheit zu unterscheiden, denn der Weg zu mehr individueller Resilienz ist die innere, d. h. die kognitive und emotionale Flexibilität gekoppelt mit Eigenreflexion und Achtsamkeit sich selbst gegenüber. Personen mit einem hohen Maß an individueller Resilienz haben verschiedene Eigenschaften gemein, wie z. B. das Gefühl von Kohärenz oder Stimmigkeit, das sich durch die Arbeit an eigenen Denk- und Verhaltensmustern verbessern lässt.

3.3 Die Sphären individueller Resilienz

Wie jeder Seefahrer muss auch der Wirtschaftler schon bei Sonnenschein die Sturmwarnsignale ernst nehmen und sein Schiff auf das Unwetter einrichten.

(Hans-Olaf Henkel, deutscher Publizist, ehemaliger Vorsitzender des BDI und Vorsitzender der Geschäftsführung von IBM Deutschland)

Hans-Olaf Henkel ist heute ein weltgewandter Mann mit einer Aura, die ans Aristokratische grenzt. Überraschenderweise kommt er nicht aus einem wohlbehüteten Elternhaus. Nachdem sein Vater im Zweiten Weltkrieg gefallen war, wuchs er als Halbwaise auf und verbrachte sogar mehrere Monate in Kinderheimen, die damals kein sonderlich angenehmer Ort waren. Nach einer Odyssee durch insgesamt 14 Schulen schaffte er schließlich die mittlere Reife und machte eine Lehre zum Speditionskaufmann. In Abendschulen belegte er über viele Jahre Kurse in Betriebs- und Volkswirtschaft sowie in Soziologie. Gut 40 Jahre später, nach einer Karriere im Management von IBM und als Cheflobbyist des BDI, wurde Henkel zum Präsidenten der Leibniz-Gemeinschaft ernannt, einem Zusammenschluss deutscher Forschungsinstitute unterschiedlicher Fachrichtungen. Sogar eine Schmetterlingsart wurde nach ihm benannt.

Auch Gerhard Schröder hat seinen Vater nie kennengelernt. Er wuchs in der Unterschicht auf und seine Familie wurde als asozial bezeichnet. Seine Mutter war auf

3 Die Sphären individueller Resilienz

staatliche Fürsorge angewiesen. Schröder machte zunächst eine Lehre als Einzelhandelskaufmann und holte über den zweiten Bildungsweg über mehrere Jahre sowohl die mittlere Reife als auch das Abitur nach, um anschließend Jura zu studieren. 32 Jahre später war er der siebte Bundeskanzler Deutschlands, den die Medien liebten und der sich auf dem globalen diplomatischen Parkett mit weltmännischer Selbstverständlichkeit bewegte.

Wie gelingt es Menschen aber, unter schwierigsten Lebensumständen ihr volles Potenzial zu entfalten? Wenn man mit Persönlichkeiten spricht, die in ihrem Leben ein ausgesprochen hohes Maß an Resilienz unter Beweis gestellt haben, empfinden diese ihre Leistung zumeist als normal und als nichts Besonderes. Sie sind sich häufig ihrer Kompetenz nicht bewusst, sondern meistern eben ihr Leben so gut sie können und ergreifen die Chancen, die sich ihnen bieten.

Es braucht meist einiges an Zeit und Reflexion, um die eigene Fähigkeit wahrzunehmen. Dies ist bedeutsam, denn es lässt sich an Kompetenzen nur das stärken, was man schon kennt. Die Erkenntnisse von Antonovsky, Werner, Lösel und Co. haben hier umso mehr ihre Relevanz.

Für unsere Arbeit mit Managern brauchen wir bei Leadership Choices ein einfaches und zugleich umfassendes Modell, das die Komplexität der bisher vorliegenden Forschungserkenntnisse minimiert und dennoch nicht trivial ist. Daher haben wir die verschiedenen Faktoren seelischer Widerstandsfähigkeit zu einem räumlichen Konstrukt zusammengefasst, das wir als die „Sphären individueller Resilienz" bezeichnen.

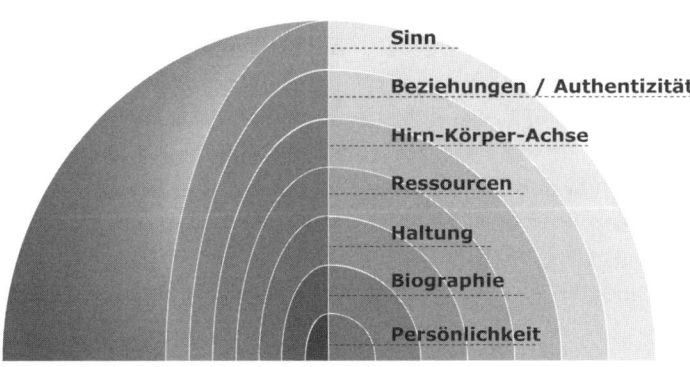

Abb. 19: Die Ebenen individueller Resilienz

Das Modell besteht aus sieben in einander ruhenden Kugelschalen, mit von innen nach außen zunehmendem Radius. Dies soll versinnbildlichen, dass die äußeren Ebenen der Resilienz, d. h. Sinn und authentische Beziehungen, leichter vom Individuum zu beeinflussen sind als der innere Kern, d. h. die eigene Biographie und die Persönlichkeit selbst. Doch selbst das ist nicht völlig unmöglich, wie ich noch darstellen werde. Im mittleren Bereich finden sich mit Hirn-Körper-Achse, Ressourcen und Haltung drei Ebenen, die ebenso zentral für die seelische Widerstandsfähigkeit sind und mit einigem Aufwand vom Individuum beeinflusst werden können.

3.3.1 Das Sphären-Modell: Herleitung und Abgrenzung

Wir dürfen den Menschen nicht nur als das sehen, was er ist, sondern müssen erkennen, wie er sein kann.

(Abraham Maslow, US-amerikanischer Psychologe)

Auch wenn das Modell „Sphären der individuellen Resilienz" sehr sorgfältig recherchiert wurde, bleibt es ein Modell ohne Anspruch auf absolute Wahrheit. Es soll dabei helfen, das Konzept individueller Resilienz in seiner Vielschichtigkeit zu erfassen. Auch soll es darstellen, dass manche Faktoren einfacher zu beeinflussen sind als andere. Wichtig dabei ist uns auch die Erkenntnis, dass Resilienz auf vielen verschiedenen Ebenen verbessert werden kann, ohne dass es dabei eine Priorität gibt.

In der Arbeit mit Managern beschäftigen wir uns oft mit der individuellen Haltung, d. h. der Einstellung gegenüber Herausforderungen im beruflichen oder privaten Umfeld. Eine andere Form der Arbeit ist es, eine befriedigende Antwort auf die Frage zu finden: „Warum mache ich all das hier?". Dann beschäftigen wir uns mit der Ebene Sinn. Genauso wichtig ist die Arbeit an der Frage: „Was kann mich unterstützen?", d. h., welche Ressourcen kann ich für mich nutzbar machen? Das Modell der Sphären der individuellen Resilienz gibt diesen Fragestellungen eine klare und nachvollziehbare Struktur. Für manche Menschen mögen die einzelnen Kugelschalen in einer leicht veränderten Reihenfolge mehr Sinn machen. Das ist okay, solange es dem besseren Verständnis oder bei der individuellen Anwendung des Modells hilft.

Auch sollte das Modell nicht als Hierarchie im Sinne der „Pyramide der Bedürfnisse" von Abraham Maslow missverstanden werden, auch wenn es einige Ähnlichkeiten gibt, wie man in der Grafik sehen kann.

3 Die Sphären individueller Resilienz

Abb. 20: Hierarchie der Bedürfnisse nach Abraham Maslow

Der zentrale Unterschied liegt darin, dass im Modell von Maslow verschiedene Gruppen von Bedürfnissen dargestellt sind, die größtenteils von der Umwelt sichergestellt sein müssen, damit ein Mensch wachsen und sich voll entfalten kann. Die Pyramide ist dabei einleuchtend und gleichzeitig doch in der Praxis nicht zutreffend. So braucht ein Mensch z. B. Sicherheit, um sich zu entwickeln. Die Überlebenden des Holocaust hatten jedoch keinerlei Sicherheit, den nächsten Tag zu überleben, und haben sich trotzdem zu einem großen Teil sehr gut entwickelt. Das fehlende Puzzlestück bei Maslow ist die individuelle Resilienz, also die Fähigkeit, trotz widriger Umstände zu wachsen.

Das Modell der Kugelsphären zeigt auf, wie ein Mensch sich voll entfalten kann, **obwohl** seine Bedürfnisse nicht in vollem Umfang erfüllt sind. Auch muss in unserem Modell nicht erst eine Ebene vollständig bearbeitet sein, bevor die nächste in Angriff genommen werden kann. Es kann zu jeder Zeit auf allen Ebenen angesetzt werden.

Dem Modell der Kugelsphären liegen verschiedene Konzepte zugrunde, wie anhand der folgenden Grafik verdeutlicht werden soll. Einige Arbeiten, wie die Existenzanalyse von Viktor Frankl zum Thema „Sinn", die Resilienzforschung im Bereich der Entwicklungspsychologie von Emmy Werner und den „Sense of Coherence" von Aaron Antonovsky, habe ich bereits erläutert. Auf die anderen Konzepte werde ich in den folgenden Kapiteln noch näher eingehen.

Resilienz und Unternehmensführung

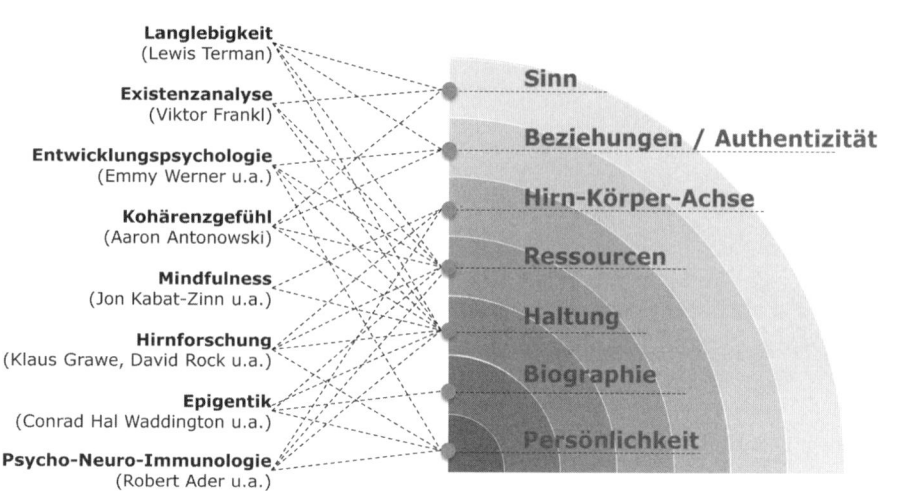

Abb. 21: Konzepte, die das Sphären-Modell der individuellen Resilienz beeinflusst haben

3.3.2 Persönlichkeit

Alle außergewöhnlichen Menschen, die ich je getroffen habe, waren ihrer eigenen Meinung nach gar nicht außergewöhnlich.

(Woodrow Wilson, ehemaliger US-amerikanischer Präsident)

Abb. 22: Die Sphäre „Persönlichkeit"

3 Die Sphären individueller Resilienz

In der Persönlichkeit eines Menschen zeigt sich seine Einzigartigkeit, sein Charakter. Sie macht ihn unverwechselbar. Die Persönlichkeit leitet sich dabei zu einem Teil aus den Erbanlagen eines Menschen ab und wird zu einem anderen Teil von frühkindlichen Erfahrungen geprägt. Generationen von Wissenschaftlern verschiedener Disziplinen haben miteinander gerungen, um schlussendlich zu dem Kompromiss zu kommen, dass Erbanlagen und Prägung den Menschen jeweils zu etwa der Hälfte ausmachen — plus/minus ein paar Macken. Die Persönlichkeit ist damit das Ergebnis eines Anpassungsprozesses des Menschen an seine Umwelt basierend auf vorgegebenen Faktoren, den Genen. Als solches ist die Persönlichkeit nicht statisch, sondern sie wird im Laufe des Heranwachsens gebildet und gilt erst im stolzen Alter von rund 30 Jahren als abgeschlossen, ein Phänomen, das man bei vielen Klassentreffen nachempfinden kann. Allerdings gilt diese stabile Phase der Persönlichkeit auch „nur" für rund 40 Jahre, bis sie sich mit dem Eintritt in das Greisenalter etwa um das 70. Lebensjahr erneut verändert. Die Persönlichkeit ist ein relativ abstraktes Konstrukt, weswegen sich Forscher verschiedener Unterscheidungen, den Persönlichkeitseigenschaften oder Traits, bedienen, um ihre Ausprägung greifbar zu machen und zu beschreiben. Das dem zugrundeliegende Konzept der Big Five-Persönlichkeitsfaktoren werde ich im folgenden Kapitel noch erläutern.

Diese Faktoren gelten zwar prinzipiell als zeitstabil, aktuelle Forschungen legen jedoch nahe, dass sie sich auch im Laufe des Erwachsenenlebens noch als Reaktion auf einschneidende Veränderungen der Lebensumstände variieren, wie z. B. beim ersten Job, durch Heirat oder Geburt eines Kindes sowie durch den Eintritt in die Rente. So hat das Deutsche Institut für Wirtschaftsforschung 2012 die Ergebnisse einer Längsschnittstudie an knapp 15.000 Probanden veröffentlicht, in der diese Veränderungen erstmals umfassend erforscht und beschrieben wurden. In dieser Studie wurden über einem Zeitraum von vier Jahren zweimal die grundlegenden Persönlichkeitseigenschaften aller Teilnehmer erhoben und ausgewertet. Die Studienergebnisse zeigen beispielsweise, dass junge Erwachsene gewissenhafter werden, wenn sie ihre erste Arbeitsstelle antreten. Wenn Menschen in Rente gehen, lässt diese Gewissenhaftigkeit wieder nach. Nach der Heirat sinkt bei den meisten Menschen die Offenheit für Erfahrungen. Kommt es allerdings zu einer Trennung, werden zumindest die Männer wieder offener. Gleichbleibend über die Jahrzehnte scheint hingegen die Ausprägung des Bedürfnisses nach Stabilität zu sein. Hier bleiben die Werte weitestgehend konstant.

Die Persönlichkeit besteht also aus prinzipiell zeitstabilen Faktoren, die sich auch nach ihrer vollständigen Entwicklung an eine Veränderung der Lebensumstände anpassen.

Diese Annahme wird auch von den aktuellen Erkenntnissen der Hirnforschung bestätigt. Das zugrundeliegende Konzept der „Neuroplastizität" bzw. der Veränderbarkeit des Gehirns stelle ich im Kapitel „Neurobiologie, Wohlbefinden und Stress" (4) noch näher vor.

Wenn die Persönlichkeit also zu einem Teil veränderbar ist, lässt sich diese Veränderung dann möglicherweise auch willentlich steuern? Auch hier geben die Erkenntnisse der Hirnforschung Anhaltspunkte. So ist es zwar nicht möglich, die grundlegende Konfiguration zu ändern, d. h. existierende neuronale Verschaltungsmuster im Gehirn zu löschen, es ist aber sehr wohl möglich, den existierenden Mustern neue hinzuzufügen. Die alten Muster sind dabei so beständig und eingefahren wie Spurrillen auf der Autobahn, die sich tief in den Asphalt eingeprägt haben. Es ist sehr schwer sie zu verlassen. Neue Muster sind zunächst sehr fragile Konstrukte, die nur durch fortwährende Anwendung mit der Zeit stärker ausgeprägt werden, bis sie schließlich genauso eingefahren sind wie ein existierendes Verhaltensmuster. Die Grafik soll dies verdeutlichen.

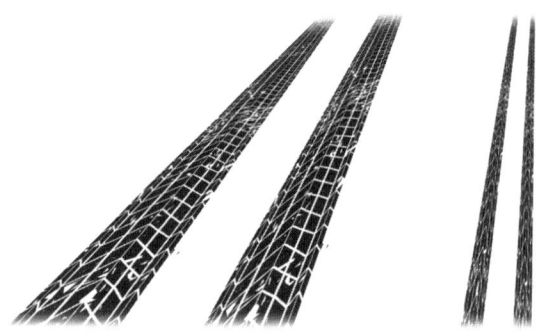

Abb. 23: Existierende und neue Verhaltensmuster (Bild: fotolia, WoGI)

Übertragen auf die Persönlichkeit heißt das, dass die Verhaltensflexibilität einer Person durch bewusste Arbeit an sich selbst zunehmen kann. Die Anzahl der zur Verfügung stehenden Denk- und Handlungsoptionen nimmt dann zu und zeigt sich, wenn ein Mensch nach dieser Arbeit an sich selbst mit einer bestimmten Situation, z. B. mit Kritik vom Vorgesetzten, konfrontiert ist. Gerade diese Erhöhung im Spektrum zur Verfügung stehender Verhaltensmuster macht einen Großteil der Arbeit im Coaching aus.

3.3.2.1 Was hat Persönlichkeit mit Resilienz zu tun?

Welche Zusammenhänge gibt es zwischen der Persönlichkeit eines Menschen und seiner Resilienz? Die Widerstandsfähigkeit gegen Stress scheint zu einem bestimmten Teil in der Persönlichkeit verankert zu sein. Untersuchungen haben ergeben, dass die Art der unwillkürlichen Schreckreaktion auf einen unerwarteten Reiz eine Aussage über die Stresstoleranz einer Person möglich macht. Wenn ein Mensch sich erschreckt, schließt er für eine kurze Zeit unwillkürlich die Augen. Es handelt sich hier um einen willentlich nicht steuerbaren Schreckreflex. Setzt man Versuchspersonen also einem unerwarteten lauten Knall aus, so lässt sich anhand der Länge des Schreckreflexes vorhersagen, wie schnell ein Mensch negativ belegte Ereignisse wie Ärger, Unsicherheit oder Angst verarbeiten kann. So zeigen Menschen, die nach einem als belastend empfundenen Ereignis den Stress schneller verarbeiten können als andere, auch bei der Anwendung von bildgebenden Verfahren eine charakteristische Strukturierung des präfrontalen Cortex, einer Hirnstruktur, die für rationales und planvolles Denken und Handeln zuständig ist. In Experimenten konnte damit nachgewiesen werden, dass Menschen, die auf einen lauten Knall entspannter reagieren, generell eine positivere Einstellung zu Problemen und Schwierigkeiten aufweisen.

Diesen Zusammenhang vollzieht auch die Persönlichkeitspsychologie nach, ein Zweig der Psychologie, der sich mit der Beschreibung und Unterscheidung einzelner psychologischer Merkmale und komplexer Persönlichkeitseigenschaften beschäftigt, die im englischen auch als **Traits** bezeichnet werden. Eine solche Eigenschaft kann bestimmte über die Zeit gleichbleibende Aspekte des Verhaltens einer Person in einer bestimmten Klasse von Situationen beschreiben und vorhersagen. So dient etwa die Persönlichkeitseigenschaft „Extraversion" u. a. der Beschreibung und Vorhersage der Verhaltensaspekte „Geselligkeit", „Gefühlswärme", „Dynamik" und „Vertrauensbereitschaft" in Situationen, die mit der Begegnung und Kommunikation mit anderen Menschen zu tun haben.

Aber nicht nur die Traits bestimmen das Verhalten einer Person. Auch die aktuelle Stimmung bzw. der momentane Gemütszustand kann einen starken Einfluss auf das Verhalten in einer bestimmten Situation haben.

> **BEISPIEL**
> So kann eine sonst eher ausgeglichene Person bei einem Unfall des Lebenspartners vorübergehend alle Merkmale einer eher neurotischen Person aufweisen. Nachdem sie sich dann wieder gefangen hat, wird sie jedoch wieder alle Merkmale einer ausgeglichenen Person zeigen.

Resilienz und Unternehmensführung

Diese vorübergehende Veränderung des Gemütszustandes wird im englischen auch als **State** bezeichnet.

Eine weitere nicht unerhebliche Einflussgröße ist das erlernte Verhalten, insbesondere in Bezug auf die Arbeitsumgebung. So haben manche erfahrene Mitarbeiter gelernt, auf Unangenehmes nicht sofort „aus dem Affekt heraus" zu reagieren, sondern erst einmal „eine Nacht darüber zu schlafen". Diese Anpassung an die (Unternehmens-)Umwelt wird im englischen auch als **Habit** bezeichnet.

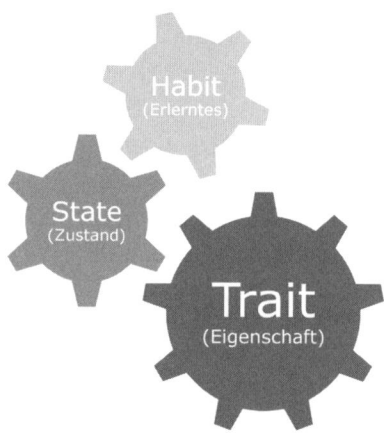

Abb. 24: Traits, States & Habits

Alle drei Faktoren, also Traits, States und Habits, beeinflussen das beobachtbare menschliche Verhalten. In der Persönlichkeitspsychologie geht es daher darum, zeitstabile Eigenschaften (Traits) von vorübergehenden Gefühlszuständen (States) und erlerntem Verhalten (Habit) abzugrenzen. Zu den bekanntesten und wissenschaftlich anerkanntesten Konzepten gehören dabei die so genannten Big Five-Persönlichkeitsfaktoren, aber es gibt auch zahlreiche andere Konzepte, die ich im Folgenden kurz vorstellen möchte.

3.3.2.2 Exkurs: Persönlichkeitspsychologie

Den Charakter eines Menschen zu erfassen und zu beschreiben, treibt Menschen schon seit der Antike um. Dabei gibt es grundsätzlich zwei verschiedene Herangehensweisen.

Persönlichkeitstypologien

Im ersten, älteren Ansatz wurden Aspekte von Persönlichkeitseigenschaften bestimmten Charaktertypen zugeordnet, was eingängig ist und das Verfahren leicht beherrschbar macht. Diese Verfahren bezeichnet man daher auch als so genannte Persönlichkeitstypologien. Je nach Modell gibt es dabei unterschiedlich viele Unterteilungen. Da hier von speziellen Beobachtungen auf allgemeine Gesetzmäßigkeiten geschlossen wird, spricht man auch von induktiven Verfahren. Aus demselben Grund sind die meisten dieser Verfahren heute wissenschaftlich umstritten, da ihre Aussagen teilweise eher wenig exakt und zeitstabil sind. Dies schmälert aber nicht ihre große Beliebtheit. Hier einige Beispiele von Persönlichkeitstypologien:

Typologie	Typen	Ursprung
Doshy	Drei verschiedenen Typen: • Vata • Pitta • Kapha	Ayurveda (indische Antike)
Temperamente	Vier verschiedenen Typen: • Sanguiniker • Phlegmatiker • Melancholiker • Choleriker	Aristoteles (griechische Antike)
Enneagramm	Neun verschiedene Typen in den zwei verschiedenen Erscheinungsformen „erlöst" / „unerlöst": • Typ 1: Reformer, Perfektionist, Kritiker • Typ 2: Helfer, Geber, Fürsorger • Typ 3: Leistungs- und Erfolgsmensch, Schauspieler • Typ 4: Romantiker, Melancholiker, Künstler • Typ 5: Beobachter, Denker, Sammler • Typ 6: Skeptiker, Loyalist, Verteidiger • Typ 7: Optimist, Epikuräer, Genießer • Typ 8: Führer, Boss, Beschützer • Typ 9: Friedensstifter, Mediator, Bewahrer	Sufismus (islamische Mystik)
Konstitutionslehre	Drei verschiedene Typen: • Pykniker • Athletiker • Leptosome	Ernst Kretschmer (Deutschland)
Psychologische Typen	Vier verschiedenen Typen: • Denken • Fühlen • Wahrnehmen • Intuition	C. G. Jung (Schweiz)

Typologie	Typen	Ursprung
DISG	Vier verschiedene Typen: - Dominance (Dominanz) - Inducement (Initiative) - Submission (Stetigkeit) - Compliance (Gewissenhaftigkeit)	William Moulton Marston (USA)
Belbin Team Inventory	Neun verschiedene Teamrollen: - Neuerer/Erfinder - Wegbereiter/Weichensteller - Koordinator/Integrator - Macher - Beobachter - Teamarbeiter/Mitspieler - Umsetzer - Perfektionist - Spezialist	Meredith Belbin
Myers-Briggs-Typindikator	16 Kombinationen aus: - Introversion (I) oder Extraversion (E) - Intuition (N) oder Sensing (S) - Feeling (F) oder Thinking (T) - Judging (J) oder Perceiving (P)	Katharine Briggs, Isabel Myers (USA)
Insights Discovery ®	72 verschiedene Typen aus acht Gruppen: - Reformer - Initiator - Motivator - Inspirator - Berater - Unterstützer - Koordinator - Beobachter	Insights (Großbritannien)

Psychometrische Verfahren

Im Gegensatz zu den Persönlichkeitstypologien, die den Charakter eines Menschen einem bestimmten Typ zuordnen, gibt es eine andere Gruppe von Verfahren, welche die Ausprägung der Persönlichkeit anhand verschiedener Dimensionen beschreiben. Dies kann dabei entweder ein aufsteigender Wert (z. B. 0 bis 10) auf einer eindimensionalen Skala (z. B. „Kontrolle") sein oder ein Wert auf einer Skala (z. B. von -10 bis +10) mit zwei gegensätzlichen Polen (z. B. Introversion — Extraversion). In jeder Dimension kann jeder vom Design her vorgesehene Wert angenommen werden, was die Anzahl der möglichen Persönlichkeitsbeschreibungen je nach Verfahren leicht auf mehrere zehn- bis hunderttausend ansteigen lässt.

Die Sphären individueller Resilienz **3**

Solche Verfahren werden auch als „psychometrische Verfahren" bezeichnet, da mittels ihrer die Persönlichkeit quasi „vermessen" wird. Da hier von beobachtbaren und reproduzierbaren Phänomenen auf allgemeine Gesetzmäßigkeiten geschlossen werden kann, spricht man auch von deduktiven Verfahren, die größtenteils auf der Anwendung von statistischer Faktorenanalyse basieren, einer Methode, die umfangreiche Computerunterstützung erfordert. Dies erklärt auch, warum psychometrische Modelle erst nach dem Einzug der ersten Großrechner in Universitäten entstanden sind. Hier eine Auswahl einiger psychometrischer Verfahren:

Modell	Dimensionen	Ursprung
NEO Fünf Faktoren Inventar (NEO-FFI)	Fünf Dimensionen: • Neurotizismus • Extraversion/Introversion • Offenheit für Erfahrungen • Verträglichkeit • Gewissenhaftigkeit	Paul Costa, Robert McCrae (USA)
Workplace Big Five (WPB5)	Fünf Dimensionen: • Bedürfnis nach Stabilität • Extraversion/Introversion • Kreativität • Anpassung • Festigung	Pierce Howard, Jane Howard (USA)
Sixteen Personality Factor Questionnaire (16PF)	16 Dimensionen: • Soziale Wärme • Logisches Schlussfolgern • Emotionale Stabilität • Dominanz • Lebhaftigkeit • Regelbewusstsein • Soziale Kompetenz • Empfindsamkeit • Wachsamkeit • Abgehobenheit • Privatheit • Besorgtheit • Offenheit für Veränderungen • Selbstgenügsamkeit • Perfektionismus • Anspannung	Raymond Cattell (USA)
Fundamental interpersonal relations orientation (FIRO)	Drei Dimensionen in den Ausprägungen „ausgedrückt" / „gewünscht": • Einbeziehung • Kontrolle • Zuneigung	William Schutz (USA)

Modell	Dimensionen	Ursprung
Hogan Personality Instrument	Sieben Dimensionen: - Ausgeglichenheit - Ehrgeiz - Soziale Umgänglichkeit - Einfühlungsvermögen - Besonnenheit - Wissbegierde - Lernansatz	Robert Hogan (USA)
Reiss Motivation Profile	16 Dimensionen: - Macht - Unabhängigkeit - Neugier - Anerkennung - Ordnung - Sparen/Sammeln - Ehre - Idealismus - Beziehungen - Familie - Status - Rache/Kampf - Eros - Essen - Körperliche Aktivität - Emotionale Ruhe	Steven Reiss (USA)
Decision Style Profile	Vier Dimensionen: - Decisive - Flexible - Hierarchic - Integrative	Kenneth Brousseau, Michael Driver
Learning Agility	Fünf Dimensionen: - People agility - Change agility - Results agility - Self-Awareness - Mental agility	Michael Lombardo, Robert Eichinger (USA)

3.3.2.3 Die Big Five-Persönlichkeitsfaktoren

Wie zuvor bereits dargestellt, handelt es sich bei den „Big Five" bzw. dem Fünf-Faktoren-Modell um eines der ältesten und am besten erforschten psychometrischen Verfahren. So wurde es innerhalb der letzten 20 Jahre in über 3.000 wissenschaftlichen Studien referenziert. Nach diesem Modell lässt sich die Persönlichkeit eines Menschen mittels fünf Dimensionen unterscheiden:

1. Neurotizismus,
2. Extraversion,
3. Offenheit für Erfahrungen,
4. Verträglichkeit und
5. Gewissenhaftigkeit.

Die Entstehungsgeschichte der Big Five ist sehr interessant. Der britische Schriftsteller und Universalgelehrte Sir Francis Galton, seines Zeichens ein Cousin von Charles Darwin, stellte im ausgehenden 19. Jahrhundert bereits die so genannte lexikalische Hypothese auf, die besagt, dass alle bedeutsamen Persönlichkeitseigenschaften eines Menschen umgangssprachlich durch Adjektive der jeweiligen Sprache repräsentiert sein müssen. Auch legte er mit seiner Arbeit den Grundstein zur Entwicklung der Faktorenanalyse, einem statistischen Verfahren, mit dem sich eine große Menge empirischer Daten auf wenige relevante Faktoren reduzieren lässt. Beides konnte er allerdings in Ermangelung von leistungsfähigen Computern nicht überprüfen oder beweisen. Dies übernahmen gut ein halbes Jahrhundert später Wissenschaftler wie Louis Leon Thurstone, ein Ingenieur und Psychologe an der University of Chicago, der die Faktorenanalyse weiterentwickelte, und Gordon W. Allport, ein Professor für Sozialpsychologie in Harvard. Dieser griff die lexikalische Hypothese Galtons auf, nutzte die Erkenntnisse von Thurstone zur Faktorenanalyse und setzte die ersten aufkommenden Computer dafür ein, um aus über 18.000 Adjektiven, die das Wesen einer Person beschreiben, schließlich fünf wesentliche Persönlichkeitsfaktoren zu entwickeln, die später als „Big Five" bekannt wurden.

Die „letzte Meile" machten dann schließlich Paul Costa und Robert McCrae vom National Institute of Health in Bethesda. Sie entwickelten, basierend auf den Erkenntnissen von Allport, das „NEO Fünf Faktoren Inventar (NEO-FFI)". Die Bezeichnungen für die einzelnen Faktoren erinnern einen Nicht-Psychologen allerdings eher an Psychiatrie, weswegen Pierce und Jane Howard mit dem Instrument „Workplace Big Five" eine mehr businesstaugliche Variante entwickelten, in der z. B. die Bezeichnung der ersten Dimension nicht mehr „Neurotizismus" lautet, sondern „Bedürfnis nach Stabilität". Für die Interpretation der Big Five ist es wichtig zu verstehen, dass es sich dabei um Eigenschaften einer Persönlichkeit handelt, nicht aber um Kompetenzen oder aber Stärken bzw. Schwächen. Von daher gibt es prinzipiell keine guten oder schlechten Ausprägungen, auch wenn manche Ausprägungen sicherlich sozial eher erwünscht sind als andere, wie z. B. Extraversion. Der Bereich der Resilienz bildet hier allerdings eine Ausnahme, wie wir noch später sehen werden. Die einzelnen Big-Five-Faktoren mit ihrer originalen und der abgewandelten Businessbezeichnung sind im Folgenden dargestellt:

Neurotizismus (bzw. Bedürfnis nach Stabilität)	Dieser Faktor spiegelt individuelle Unterschiede im Erleben und in der Bewältigung von herausfordernden Situationen wider. • Hohe Werte entsprechen einer hohen Empfänglichkeit für Stress, stehen aber auch für Empathie. Menschen mit einer hohen Ausprägung neigen eher dazu, sich von Ereignissen in der Umwelt leicht aus der Ruhe bringen zu lassen. Sie neigen eher zu Unsicherheit, machen sich mehr Sorgen und brauchen generell länger, um sich von Stress zu erholen. Sie können gut Probleme antizipieren und haben oft eine ausgeprägte Fähigkeit, sich in andere Menschen hineinzuversetzen. • Niedrige Werte stehen für eine hohe Widerstandsfähigkeit gegen Stress, repräsentieren aber auch eine mangelnde Fähigkeit mit anderen mitzufühlen. Personen mit einer niedrigen Ausprägung sind eher ruhig und ausgeglichen und erleben seltener starke Gefühlsschwankungen. Auch erleben sie generell Gefühle weniger intensiv.
Extraversion/ Introversion	Diese Eigenschaft beschreibt Unterschiede im Umgang mit anderen Menschen, insbesondere in Situationen, die als energiezehrend bzw. energiegebend empfunden werden. • Hohe Werte bedeuten, dass jemand Energie daraus gewinnt, aktiv und mit vielen Menschen in Kontakt zu sein. Diese Menschen sind oft gesellig, personenorientiert, herzlich, optimistisch und leicht zu begeistern. • Niedrige Werte bedeuten, dass jemand eher Energie daraus zieht, mit wenigen Menschen in Kontakt zu sein und seine Ruhe zu haben. Diese Personen wirken oft eher zurückhaltend bei sozialen Interaktionen. Sie bevorzugen Einzelgespräche und sind oft gerne unabhängig.

3 Die Sphären individueller Resilienz

Offenheit für Erfahrungen (bzw. Kreativität)	Dieser Faktor beschreibt Unterschiede im Umgang mit Veränderungen aller Art, insbesondere mit denen, die nicht selbst herbeigeführt wurden. • Hohe Werte stehen für eine große Offenheit neuen Entwicklungen gegenüber. Diese Personen haben häufig breit angelegte Interessen, sind neugierig und experimentierfreudig. Sie sind eher bereit, ausgetretene Pfade zu verlassen und bevorzugen Optionen und Abwechslung. Es fällt ihnen daher mitunter eher schwer, zu fokussieren und Dinge zu Ende zu führen. • Niedrige Werte stehen für eine Vorliebe für Verlässlichkeit, Beständigkeit und Vorhersagbarkeit. Diese Personen schätzen Bewährtes, wie z. B. etablierte Verhaltensweisen, und müssen von der Sinnhaftigkeit von Veränderungen erst überzeugt werden. Das Einhalten gemachter Zusagen ist für sie eher wichtig als Originalität und Abwechslung.
Verträglichkeit (bzw. Anpassung)	Diese Eigenschaft beschreibt das Verhalten im Umgang mit anderen Menschen, insbesondere in Situationen, bei denen unterschiedliche Interessen vorliegen. • Hohe Werte stehen für eine starke Orientierung an den Interessen und der Weltsicht anderer Menschen. Diese Personen sind meist sehr umgänglich, vertrauensvoll und suchen eher Harmonie als Konflikt. Es fällt ihnen daher oft eher schwer, ihre eigenen Interessen durchzusetzen und Konflikte auszuhalten. • Niedrige Werte stehen für eine deutliche Orientierung an den eigenen Interessen und an der eigenen Sicht der Dinge. Diese Personen schätzen eher das offene Wort und den Wettstreit und suchen weniger Harmonie. Es fällt ihnen daher oft eher schwer, eine entspannte, positive Atmosphäre herbeizuführen.
Gewissenhaftigkeit (bzw. Festigung)	Dieser Faktor beschreibt, wie Menschen Aufgaben angehen und Ziele erreichen. • Hohe Werte repräsentieren ein hohes Maß an Fokussierung, Selbstkontrolle und Zielstrebigkeit. Diese Menschen sind tendenziell gut strukturiert und schätzen planvolles, effektives Handeln. Es fällt ihnen allerdings eher schwer, spontan zu sein und vom Plan abzuweichen. • Niedrige Werte stehen für ein ausgeprägtes Maß an Spontaneität und Kreativität in der Arbeitsweise. Diese Menschen tun sich eher leicht mit wechselnden Prioritäten. Es fällt ihnen allerdings eher schwer, Routine auszuhalten und Dinge zu Ende zu führen.

3.3.2.4 Big Five und Resilienz

Es gibt zahlreiche psychologische Instrumente, um den Persönlichkeitsanteil der Resilienz zu messen. Allerdings ist die wissenschaftliche Zuverlässigkeit dieser Verfahren sowie die Reproduzierbarkeit der Ergebnisse häufig ziemlich bis sehr fraglich. Das liegt bereits alleine in dem Aufwand begründet, den es mit sich bringt, wenn man die Stichhaltigkeit der Aussagen eines Persönlichkeitsinstruments an Tausenden von Probanden verifizieren will. Konsequenterweise gibt es noch nicht den „Goldstandard" für die Messung der individuellen Resilienz. Aus diesem Grunde sind diese Verfahren hier, mit einer Ausnahme, nicht näher erläutert.

Die britische Psychologin Gill Windle hat in einer vergleichenden Studie die Verlässlichkeit von insgesamt 19 verschiedenen klinischen Messverfahren zur Erfassung der individuellen Resilienz untersucht. Hier eine Übersicht der Verfahren für Erwachsene, die der Überprüfung standgehalten haben. In der vergleichenden Studie erhielten der „Connor-Davidson Resilience Scale", der „Resilience Scale for Adults" sowie der „Brief Resilience Scale" die besten Werte. Diese können von daher als fundiert angesehen werden.

Verschiedene Verfahren zur Messung der individuellen Resilienz

Bezeichnung	Ursprung	Author(en)	Jahr	Fundiert
Dispositional Resilience Scale	USA	Bartone	1989	
Resilience Scale (RS 25)	Australien	Wagnild & Young	1993	
Ego Resilience Scale (ER 89)	USA	Block & Kremen	1996	
Connor-Davidson Resilience Scale (CD-RISC)	USA	Connor & Davidson	2003	x
Resilience Scale for Adults (RSA)	Norwegen	Friborg und andere	2003	x
Ego Resiliency	USA	Bromley, Johnson & Cohen	2006	
Brief Resilience Scale	USA	Smith und andere	2008	x
Psychological Resilience	Großbritannien	Windle, Markland & Woods	2008	

Allen genannten Verfahren ist gemein, dass es sich um klinische Verfahren handelt, deren Sprache für Nicht-Psychologen, und so auch für Manager, meist nicht angemessen oder nachvollziehbar erscheint. Trine Waaktaar, eine norwegische Professorin für Psychologie an der Universität Oslo, untersuchte 2009 in einer Studie mit 1.345 Teilnehmern, inwieweit die Big Five-Persönlichkeitsfaktoren besser dazu geeignet sind, die seelische Widerstandskraft von Personen zu messen als verschiedene Verfahren zur Messung der individuellen Resilienz. Dazu wurden die Ergebnisse von vier Resilienz-Instrumenten, darunter die oben genannte Ego Resilience Scale ER 89 und die Resilience Scale RS 25, mit denen eines Big Five-Instruments verglichen. Das Ergebnis war überraschend. Schlussendlich konnte kein einziges der Resilienz-Instrumente die seelische Widerstandsfähigkeit eines Menschen exakter bestimmen als die Big Five-Persönlichkeitsfaktoren.

Es macht also durchaus Sinn, bei der Ermittlung der Resilienz auf etablierte Verfahren wie die Big Five zurückzugreifen, insbesondere, wenn man die Instrumente in deutscher Sprache durchführen möchte.

Verschiedene Ausprägungen der Big Five gelten in Bezug auf Resilienz als Risiko- bzw. als Schutzfaktoren, wie in der folgenden Grafik zu sehen ist.

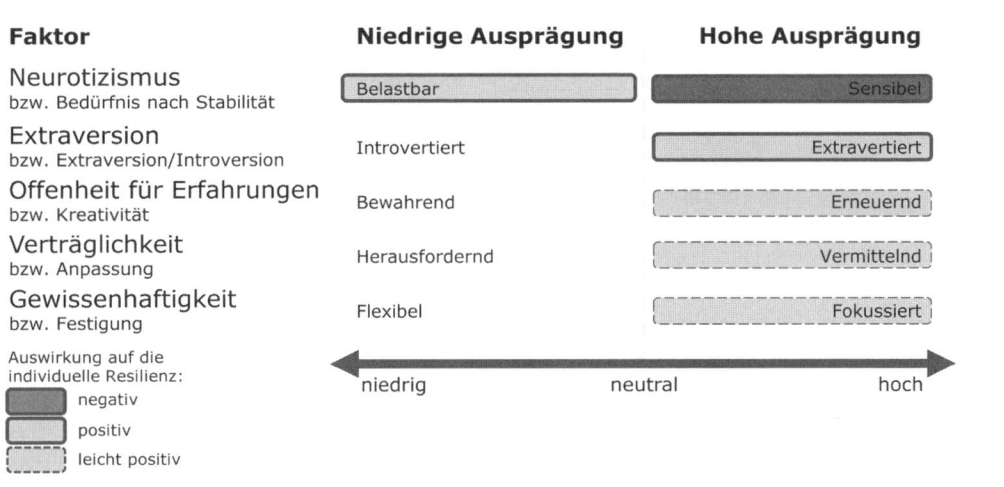

Abb. 25: Risiko- und Schutzfaktoren bei den Big Five-Persönlichkeitsfaktoren

- Ein ausgeprägtes Bedürfnis nach Stabilität ist demnach der größte Risikofaktor für die seelische Widerstandsfähigkeit, da jede bedeutsame Veränderung in der Umwelt auch das Innenleben in Aufruhr versetzen kann.
- Umgekehrt ist ein schwach ausgeprägtes Bedürfnis nach Stabilität ein wirksamer Schutzfaktor für die Resilienz, da die allgemeine Neigung negativen Stress zu empfinden, dadurch wesentlich geringer ist.

- Ebenso schützt ein großes Maß an Extraversion, da es Menschen mit dieser Ausprägung leicht fällt, belastbare, vertrauensvolle Beziehungen aufzubauen und dort ihre Gefühle zum Ausdruck zu bringen.

Die Ergebnisse für die anderen drei Faktoren sind weniger eindeutig, obwohl logischerweise eine ausgeprägte Offenheit für neue Erfahrungen bei der Verarbeitung von Veränderungen aller Art sehr hilfreich sein müsste.

ARBEITSHILFE ONLINE

Workplace Big Five-Instrument

Wenn Sie genauer wissen möchten, welche Ausprägung Ihr Persönlichkeitsprofil hat und wie dies möglicherweise Ihre Resilienz beeinflusst, können Sie auch selbst das Workplace Big Five-Instrument durcharbeiten. Die Diskussion der Ergebnisse sollte jedoch immer gemeinsam mit einer darin speziell geschulten Person erfolgen. Weitere Informationen finden Sie unter http://arbeitshilfen.haufe.de/

3.3.2.5 Reiss Motivation Profile

Ein weiteres, wesentlich jüngeres Verfahren zur Messung grundlegender Persönlichkeitseigenschaften ist das Reiss Motivation Profile. Im Unterschied zu den Big Five-Persönlichkeitsfaktoren misst es keine bestimmten Eigenschaften der Persönlichkeit, sondern vielmehr die Motive, also das, was einen Menschen antreibt. Anders ausgedrückt: Es wird nicht das Was und auch nicht das Wie betrachtet, sondern das Warum.

Stephen Reiss, ein emeritierter Professor für Psychologie und Psychiatrie an der Ohio State University in Columbus, USA, hat sich seit Mitte der 1990er Jahre mit der Frage beschäftigt, was menschliches Handeln antreibt und prägt. Im Zusammenhang mit Resilienz interessierte er sich dafür, welche Motivstruktur Menschen widerstandsfähig gegen Stress macht und welche die Anfälligkeit erhöht. Die gängigen Erklärungsmodelle für die Motivation eines Menschen erschienen ihm unzureichend. Also begann er in der Folge, die individuellen Grundmotive von Menschen zu erforschen. In seiner auf wissenschaftliche Gründlichkeit angelegten Arbeit identifizierte er zunächst über 500 einzelne Faktoren, die potenziell das Handeln von Menschen steuern oder zumindest beeinflussen können. Nach einer Vereinfachung dieses Inventars blieben immer noch 328 Faktoren übrig. Anschließend wurden der Einfluss der einzelnen Faktoren auf das menschliche Verhalten und der Zusammenhang zwischen den einzelnen Elementen an über 2.500 US-amerikanischen Teilnehmern aus verschiedenen Altersgruppen und sozialen Schichten überprüft. Mittels Faktorenanalyse wurden schließlich 128 einzelne Faktoren als relevant ermittelt, die sich in 16 deutlich abgrenzbaren Lebensmotiven zusammenfassen lassen. In einem weiteren Schritte wurden die einzelnen Elemente kulturübergreifend in den USA, Kanada, Deutschland und Japan validiert. Das Ergebnis war, dass Menschen anscheinend unabhängig von ihrer Kultur von denselben Grundmotiven angetrieben werden, obwohl sie dabei möglicherweise andere Prioritäten haben und die Bedürfnisse auf unterschiedliche Weise befriedigen. Das so entstandene Reiss Motivation Profile wurde mittlerweile weltweit viele zehntausend Mal durchgeführt und gilt wissenschaftlich als ziemlich fundiert, wenn auch noch nicht als sehr bekannt. In Bezug auf seine wissenschaftliche Akzeptanz und Relevanz reicht es allerdings nicht an die Big Five heran. Das entsprechende Grundlagenwerk von Stephen Reiss „Who Am I: The 16 Basic Desires That Motivate Our Actions and Determine Our Personalities", erschien 2000 in den USA. Die dort dokumentierten Grundmotive beschreiben den Sinn des menschlichen Handelns, Denkens und Fühlens. Eine Person tut demnach bestimmte Dinge bzw. tut sie auf eine bestimmte Weise, um ein oder mehrere der Grundmotive zu befriedigen. Hier die 16 Grundmotive im Überblick:

Die 16 Grundmotive nach Steven Reiss

Motiv	Streben nach …
Macht	Einfluss, Führung, Kontrolle und Dominanz
Unabhängigkeit	Freiheit und Selbstbestimmtheit
Neugier	Wissen und Lernen
Anerkennung	positiver Bestätigung durch andere
Ordnung	Struktur, Ordnung und Sauberkeit
Sparen/Sammeln	Sparsamkeit und Besitzwahrung
Ehre	einem festen Wertesystem
Idealismus	sozialer Gerechtigkeit
Beziehungen	positiven sozialen Kontakten
Familie	Fürsorge gegenüber Partner und Kindern
Status	Prestige
Rache/Kampf	Wettkampf und Sieg
Eros	Erotik, Schönheit, Ästhetik und Design
Essen	Freude und Genuss beim Essen
Körperliche Aktivität	Fitness und Bewegung
Emotionale Ruhe	emotionaler Sicherheit und Stabilität

Die Ausprägung der 16 Lebensmotive ist bei jedem Menschen höchst individuell. Ähnlich wie bei den Big Five-Persönlichkeitsfaktoren gibt es keine als absolut gut oder schlecht zu bewertenden Motivausprägungen. Diese hängen vielmehr vom Kontext bzw. Resilienzfeld ab, in dem sich ein Mensch befindet. Ob Mitarbeiter ihren Beruf als anstrengend oder kräftezehrend erleben, hängt wesentlich davon ab, wie gut ihre persönlichen Werte und Motive in ihrem Arbeitsumfeld verwirklicht werden können.

> **BEISPIELE**
>
> Ein Mitarbeiter mit einem ausgeprägten Familienmotiv wird es als anstrengender empfinden, in seinem Beruf viel unterwegs zu sein, als ein Mitarbeiter mit einem niedrig ausgeprägten Motiv „Familie".
>
> Ein Manager mit einem geringen Bedürfnis nach emotionaler Ruhe wird es als positive Herausforderung empfinden, oft mit Veränderungen und Neuerungen konfrontiert zu werden. Für einen Kollegen mit einem hohen Bedürfnis nach emotionaler Ruhe bedeuten hingegen Neuerungen und Veränderungen tendenziell das Empfinden von negativem Stress.
>
> Ein sehr guter Experte mit einem niedrig ausgeprägten Motiv „Macht" kann als Führungskraft bei der Durchsetzung seiner Interessen schnell an seine Grenzen kommen und unter Druck geraten.

Die Grundmotive lassen sich neben vielen anderen Anwendungsmöglichkeiten auch dafür einsetzen, die grundlegende Disposition eines Menschen in Bezug auf den Persönlichkeitsanteil seiner Resilienz zu ermitteln. Die Ausprägungen kennzeichnen dabei lediglich die prinzipielle Disposition der Persönlichkeit und machen keine Aussage über erlerntes Coping-Verhalten bzw. eine Bewältigungsstrategie. Die folgende Grafik zeigt, welche Motivausprägungen für eine eher stark bzw. eher schwach ausgeprägte Resilienz sprechen.

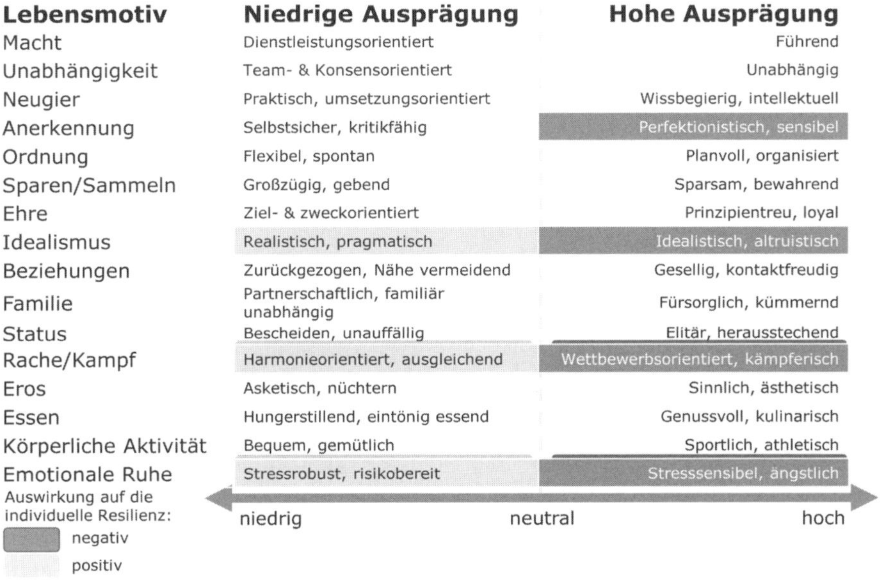

Die Sphären individueller Resilienz 3

Lebensmotiv	Niedrige Ausprägung	Hohe Ausprägung
Macht	Dienstleistungsorientiert	Führend
Unabhängigkeit	Team- & Konsensorientiert	Unabhängig
Neugier	Praktisch, umsetzungsorientiert	Wissbegierig, intellektuell
Anerkennung	Selbstsicher, kritikfähig	Perfektionistisch, sensibel
Ordnung	Flexibel, spontan	Planvoll, organisiert
Sparen/Sammeln	Großzügig, gebend	Sparsam, bewahrend
Ehre	Ziel- & zweckorientiert	Prinzipientreu, loyal
Idealismus	Realistisch, pragmatisch	Idealistisch, altruistisch
Beziehungen	Zurückgezogen, Nähe vermeidend	Gesellig, kontaktfreudig
Familie	Partnerschaftlich, familiär unabhängig	Fürsorglich, kümmernd
Status	Bescheiden, unauffällig	Elitär, herausstechend
Rache/Kampf	Harmonieorientiert, ausgleichend	Wettbewerbsorientiert, kämpferisch
Eros	Asketisch, nüchtern	Sinnlich, ästhetisch
Essen	Hungerstillend, eintönig essend	Genussvoll, kulinarisch
Körperliche Aktivität	Bequem, gemütlich	Sportlich, athletisch
Emotionale Ruhe	Stressrobust, risikobereit	Stresssensibel, ängstlich

Auswirkung auf die individuelle Resilienz:
- negativ
- positiv

niedrig — neutral — hoch

Abb. 26: Die 16 Lebensmotive und ihre Auswirkung auf die Resilienz

Das Motiv „Emotionale Ruhe" hat eine große inhaltliche Übereinstimmung mit dem Faktor „Bedürfnis nach Stabilität" aus den Big Five. Entsprechend verhält es sich mit der Ausprägung: Hohe Werte stehen für eine höhere Empfänglichkeit für negativ empfundenen Stress, während niedrige Werte für eine ausgeprägte Resistenz gegen Stress stehen.

Das Motiv „Rache/Kampf" hat eine deutliche Überlappung mit dem Faktor „Verträglichkeit" aus den Big Five. Entsprechend wirkt eine niedrige Ausprägung ausgleichend und vermittelnd, was für die Person weniger Konflikte und folgerichtig weniger belastenden Stress mit sich bringt.

Die Motive „Anerkennung" und „Idealismus" fließen zwar auch in die Big Five ein, allerdings nicht als eine der fünf Supertraits, sondern eher an untergeordneter Stelle. Ein hoher Wert für „Anerkennung" ist als Risikofaktor zu sehen, da das eigene Verhalten dann sehr stark an den Erwartungen anderer ausgerichtet wird.

Gleiches gilt für hohe Werte bei „Idealismus", da dies häufig dazu führt, die eigenen Grenzen nicht zu sehen oder zu übergehen. Dies ist z. B. beim so genannten Helfersyndrom der Fall. Die grundlegenden Zusammenhänge habe ich bereits im Kapitel „Wege in den Burn-out — von Narzissten und Jeanne d'Arcs" (2.5) beschrieben.

ARBEITSHILFE ONLINE	**Reiss Motivation Profile**

Wenn Sie genauer wissen möchten, welche Motivstruktur mit Ihrer Persönlichkeit einhergeht und wie dies möglicherweise Ihre Resilienz beeinflusst, können Sie auch selbst das Reiss Motivation Profile durchführen. Die Erläuterung der Resultate sollte dabei immer durch einen speziell ausgebildeten Coach erfolgen. Weitere Informationen hierzu finden Sie unter http://arbeitshilfen.haufe.de/

3.3.2.6 Resilience Factor Inventory

Ein populärwissenschaftliches Verfahren zur Messung von individueller Resilienz sei hier ebenfalls noch näher erläutert, da es zumindest in den USA einige Bekanntheit erreicht hat. Es handelt sich hierbei um das Resilience Factor Inventory (RFI), das von den beiden US-amerikanischen Psychologen Karen Reivich und Andrew Shatté ins Leben gerufen wurde. In den frühen 1990er Jahren entwickelte ein Team um den US-amerikanischen Psychologen Martin Seligman, der das Konzept der „Positiven Psychologie" begründete, an der Pennsylvania State University ein Programm zur Verbesserung der Resilienz in Organisationen. Dieses Programm definierte sieben zentrale Aspekte von Resilienz und wurde unter dem Namen „Penn Resilience Programme (PRP)" bekannt. Es verband Aspekte der Positiven Psychologie Seligmans mit verschiedenen Verfahren der Kognitiven Verhaltenstherapie, die von den US-amerikanischen Psychotherapeuten Albert Ellis und Aaron Beck entwickelt worden waren. Das Penn Resilience Programme konnte in der ersten Anwendung in Unternehmen messbare Erfolge nachweisen und wurde daraufhin vom National Institute of Mental Health in Bethesda, Maryland, gefördert. Heute bildet es übrigens die konzeptionelle Grundlage für das weltweit größte Programm zur Förderung der Resilienz in der US Army. Darauf werde ich im Kapitel „CSF: Das größte Resilienz-Programm der Welt" (7.1) noch näher eingehen.

Nach der erfolgreichen Pilotierung entwickelte eine Mitarbeiterin Seligmans, Karen Reivich, gemeinsam mit ihrem Kollegen Andrew Shatté 2002 ein Messinstrument, das die sieben Aspekte der Resilienz erfassen sollte. Das Instrument besteht aus 60 Fragen und ist u. a. als 360°-Feedback-Instrument ausgelegt. Das heißt, dass die Person, deren Resilienz-Niveau erfasst werden soll, dieselben 60 Fragen zu den sieben Resilienz-Aspekten beantwortet wie die Freunde, Familienmitglieder, Kollegen, Mitarbeiter und der Vorgesetzte, die diese Person ausgewählt hat, um ihr Feedback zu geben. Als Ergebnis erhält die Person ein Stärken- und Schwächenprofil entlang der sieben Resilienz-Faktoren, die ihr z. B. dabei helfen können unproduktive Denkmuster zu erkennen. Die Auslegung des Tests als 360°-Feedback-Instru-

3 Die Sphären individueller Resilienz

ment ist interessant und macht ihn besonders objektiv. Allerdings ist fraglich, ob sich eine Führungskraft ausgerechnet zu einem von vielen als heikel empfundenen Thema wie Resilienz von ihrem Vorgesetzten ein Feedback einholen möchte. Eine weitere Schwäche des Instrumentes ist, dass es die moderne Resilienzforschung fast vollständig ignoriert und ausschließlich auf Aspekte der inneren Haltung abhebt. Die sieben Aspekte, die mit dem RFI erfasst werden, sind im Einzelnen:

Die 7 Faktoren der Resilienz nach Reivich und Shatté

Faktor	Beschreibung
Emotionssteuerung	Fähigkeit, destruktive Gefühle mit innerer Distanz wahrzunehmen und zu neutralisieren
Impulskontrolle	Fähigkeit, das eigene Verhalten in Krisensituationen zu steuern und sich nicht von den eigenen langfristigen Zielen abbringen zu lassen
Kausalanalyse	Fähigkeit, einen Misserfolg gründlich und nüchtern zu analysieren, um daraus für das nächste Mail zu lernen und den Fehler nicht zu wiederholen
Selbstwirksamkeit	Überzeugung, das eigene Geschick selbst beeinflussen zu können und den anstehenden Herausforderungen gewachsen zu sein
Realistischer Optimismus	Überzeugung, dass die eigenen Ziele erreicht werden können, obgleich sich Probleme auf dem Weg auftun werden, die gemeistert werden müssen
Empathie	Fähigkeit, die Gefühle einer anderen Person nachzuvollziehen und sich in die Lage dieser Person zu versetzen
Reaching Out	Wille, sich unabhängig von der Meinung anderer zu entwickeln und sich aus eigenem Antrieb Ziele zu setzen, um diese konsequent zu verfolgen und schließlich auch zu erreichen

ARBEITSHILFE ONLINE

Resilience Factor Inventory Instrument

Wenn Sie genauer wissen möchten, welche Ausprägung Ihre Resilienz in den 7 Faktoren nach Reivich und Shatté hat, können Sie auch selbst das Resilience Factor Inventory Instrument durcharbeiten. Eine vereinfachte Version des Fragebogens ist mittlerweile auch in deutscher Sprache verfügbar. Die Diskussion der Ergebnisse sollte allerdings immer gemeinsam mit einer darin speziell geschulten Person erfolgen.Weitere Informationen zum Thema finden Sie unter http://arbeitshilfen.haufe.de/

3.3.2.7 „Rohe" und „erarbeitete" Resilienz

Auf meinen Vorträgen werde ich manchmal von Managern Folgendes gefragt: „Wenn es möglich ist, resiliente Menschen zu identifizieren, sollte ich dann nicht konsequenterweise nur noch Menschen einstellen, die einen hohen Persönlichkeitsanteil an Resilienz haben? Damit ließe sich doch sicherstellen, dass es keine Fälle von Burn-out mehr gibt, oder?" Diese Frage ist entwaffnend in ihrer Ehrlichkeit und aufgrund des großen Pragmatismus, der aus ihr spricht. Sie ist aber auch aus verschiedenen Gründen naiv und in Bezug auf das zugrundeliegende Menschenbild vor allem erschreckend. Unabhängig von der ethischen Dimension greift dieser Ansatz aus verschiedenen anderen Gründen zu kurz.

Die Persönlichkeit bildet zwar nach dem Sphären-Modell den Kern der Resilienz und ist als solche von großer Bedeutsamkeit, aber sie ist nur ein Element von mehreren. Psychometrische Instrumente, wie die Big Five oder das Reiss Profile, erfassen hingegen ausschließlich die Ebene des Persönlichkeitsanteils an Resilienz als so genannten „Trait". Andere Faktoren wie „Habits" werden explizit ausgeklammert. Dort würden sich hingegen einige der anderen Ebenen des Sphären-Modells wiederfinden, z. B. „Haltung" oder „Ressourcen".

Das Konstrukt der Resilienz bei einem Erwachsenen unterteilt sich zum einen in die „rohe" Resilienz der Persönlichkeit, die beispielsweise die Länge des Schreckreflexes bestimmt. Diese wird in der Psychologie auch als „Trait Resilience" bezeichnet. Zum anderen gibt es aber auch die „erarbeitete" Resilienz, welche die Summe aller Bewältigungsstrategien, Einstellungen und Techniken repräsentiert, die sich ein Mensch im Laufe seines Lebens erarbeitet hat, um sich bei Krisen zu stabilisieren.

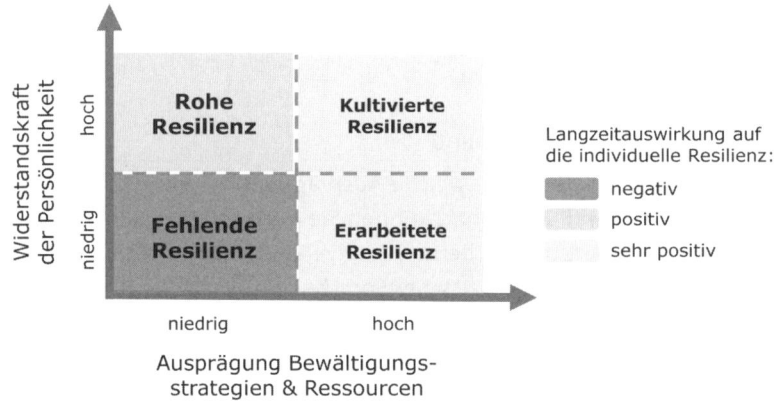

Abb. 27: Rohe und erarbeitete Resilienz

Würden sich Unternehmen ausschließlich von einem Persönlichkeitsinstrument wie den Big Five bei der Einstellung von resilienten zukünftigen Managern und Mitarbeitern leiten lassen, würden sie lediglich auf die Aspekte der „rohen" Resilienz achten. Als Resultat würden sie Menschen mit den folgenden Charaktereigenschaften selektieren:

- ruhig und besonnen; geht schnell zur Problemlösung über;
- denkt und handelt rational und analytisch, ohne zwischenmenschliche Aspekte zu berücksichtigen;
- nimmt aufgrund fehlender Empathie die emotionalen Aspekte von Problemen meist nicht wahr;
- wirkt gefühllos, gleichgültig und unaufmerksam;
- nimmt die Bedeutsamkeit kritischer Situationen oft nicht wahr.

Diese Persönlichkeitsausprägung ist ideal bei Kampfpiloten, Feuerwehrmännern und Astronauten. Sie kommt auch bei Psychopathen regelmäßig vor (siehe Kapitel „Zu viel Resilienz — Psychopathen auf der Chefetage", 2.7). Menschen dieses Typus neigen eher zu unreflektierter Härte als zu bewusster Disziplin. Sie verspüren aufgrund ihrer stark ausgeprägten natürlichen Widerstandsfähigkeit oft keine Notwendigkeit, weitere Bewältigungsstrategien oder Ressourcen zu kultivieren. Krisen bewältigen sie so lange durch ein noch größeres Maß an Stärke und Härte, bis irgendwann mal eine Krise kommt, die noch härter ist als sie.

Würden Sie gerne solche Manager einstellen? Was würden solche Führungskräfte aus Ihrem Unternehmen machen? Diese Manager sind sicherlich robust, aber ihre Mitarbeiter würden sich sicherlich tendenziell unverstanden, alleingelassen und gestresst fühlen, was neue Probleme schaffen würde. Anstatt also die Manager und Mitarbeiter passend zur Arbeitsumgebung zu wählen, erscheint es doch sinnvoller, das Arbeitsumfeld zu optimieren. Schließlich investieren Fertigungsunternehmen ja auch in die Arbeitssicherheit und den Arbeitsschutz in der Produktion und suchen nicht nach Mitarbeitern, die besonders resistent gegen Lärm, Schmutz oder Chemikalien sind.

3.3.2.8 Löwenzahn und Orchideen

Zum Thema Resilienz und Arbeitsumfeld gibt es mittlerweile einige aufschlussreiche Erkenntnisse aus der Entwicklungspsychologie und Biologie. Deren Grundlage ist die Überlegung, dass die Evolution die Eigenschaften, die ausschließlich nachteilig für das Fortbestehen einer Art sind, im Lauf der Zeit ausmerzt. Gleichwohl gibt es heute einen großen Anteil an Menschen, die sensibel und empfindsam sind

Resilienz und Unternehmensführung

und damit über eine eher niedrige angeborene Resilienz verfügen. Aus entwicklungsgeschichtlicher Sicht kann es also nichts ausschließlich Negatives sein, eine gering ausgeprägte „rohe" Resilienz zu haben.

In verschiedenen Untersuchungen wurden Kinder und Heranwachsende auf eben diese „rohe" Resilienz hin untersucht. Die Forscher fanden dabei drei Gruppen von Kindern und Jugendlichen:

- Eine Gruppe hatte eine stark ausgeprägte seelische Widerstandsfähigkeit gegen Stress. Die Kinder dieser Gruppe schafften es, ähnlich wie Löwenzahn, auch in wenig förderlicher Umgebung Wurzeln zu schlagen und zu überleben, was ihnen die Bezeichnung „Löwenzahn-Kinder" einbrachte. Ließ man diesen Kindern Förderung angedeihen, so wurde diese zwar positiv aufgenommen, ohne jedoch eine nennenswerte Auswirkung auf ihre ohnehin schon ausgeprägte seelische Widerstandsfähigkeit oder auf andere Persönlichkeitsfaktoren zu haben. Rohe Resilienz ist also offenbar ein Faktor, der dazu beiträgt, dass die Persönlichkeit einer Person über die Zeit stabil bleibt.
- Eine zweite Gruppe verfügte über eine niedrig ausgeprägte „rohe" Resilienz. Diese Kinder waren empfindsam und sensibel. In einem negativen Umfeld ohne Förderung und mit wenig Stabilität und emotionaler Ansprache entwickelten sie regelmäßig Verhaltensauffälligkeiten und seelische Störungen. Sie wurden mehrheitlich zu „Problem-Kindern".
- In einer dritten Gruppe wuchsen wenig resiliente Kinder hingegen in einem positiven Umfeld auf, in dem sie sinnvolle Förderung und Unterstützung erhielten. Dort entwickelten sie sich sogar mehr und stabiler als die Löwenzahn-Kinder. Aus diesem Grund werden diese Kinder heute in der Literatur auch als „Orchideen-Kinder" bezeichnet, da sie sich in der richtigen Umgebung und mit der richtigen Zuwendung zu ihrer vollen Größe und Schönheit entwickeln können.

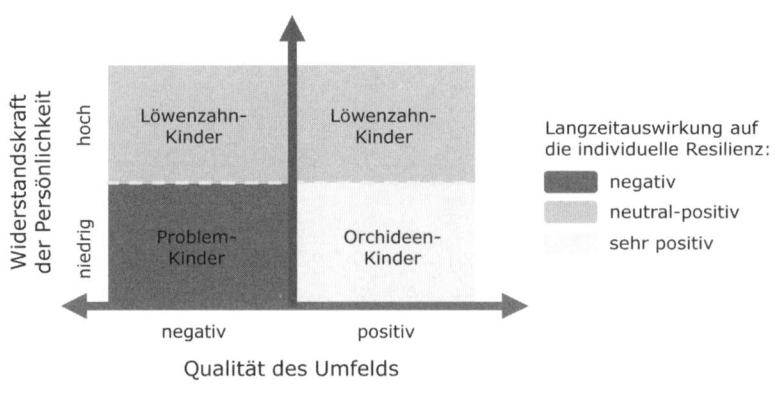

Abb. 28: Löwenzahn- und Orchideen-Kinder

Es ist davon auszugehen, dass dieses Phänomen nicht nur für Kinder und Jugendliche gilt. Weitere Studien legen nämlich nahe, dass erwachsene Menschen mit niedrig ausgeprägter Resilienz nicht nur kreativer und empathischer sind, sondern häufig auch über eine höhere geistige Leistungsfähigkeit verfügen, wenn das Resilienzfeld als konstruktiv erlebt wird, also z. B. wenn das Betriebsklima und der Führungsstil des Vorgesetzten stimmen. Sie können sich zudem häufig besser konzentrieren, ihr Arbeitsgedächtnis arbeitet effizienter und sie entscheiden reflektierter und gewissenhafter als Probanden, die über ein hohes Maß an natürlicher „roher" Resilienz verfügen.

Es lohnt sich also für Manager durchaus, in ein offenes, vertrauensvolles und konstruktives Teamklima zu investieren und den eigenen Führungsstil zu reflektieren. Mehr dazu finden Sie im Kapitel „Resilienzfördernde Führung aus Sicht der Hirnforschung" (4.3).

Zusammenfassung

Die Persönlichkeit eines Menschen hat eine starke Auswirkung auf seine Resilienz. Auch wenn sie nicht statisch ist, erfordert eine bewusste Veränderung der Persönlichkeit viel Energie und Ausdauer. Der aus der Persönlichkeit stammende Anteil der Resilienz lässt sich über verschiedene Verfahren erfassen. Neben dieser „rohen" Resilienz, gibt es aber auch noch die erworbene Resilienz, die durch die anderen Sphären unseres Resilienz-Modells repräsentiert wird. Beide Aspekte von Resilienz sind bedeutsam, wobei die erworbene Resilienz in einem konstruktiven, unterstützenden Umfeld positivere Ergebnisse hervorbringen kann als die „rohe" Resilienz.

3.3.3 Biographie

Man gewinnt Kraft, Mut und Vertrauen durch jede Erfahrung, die einen zwingt anzuhalten und der Gefahr ins Gesicht zu sehen ... Man muss eben auch Dinge tun, von denen man glaubt, ihnen nicht gewachsen zu sein.

(Eleanor Roosevelt, US-amerikanische Menschenrechtsaktivistin, Diplomatin und Ehefrau des US-Präsidenten Franklin D. Roosevelt)

Resilienz und Unternehmensführung

Abb. 29: Die Sphäre „Biographie"

Arthur Boorman war US-amerikanischer Fallschirmjäger im zweiten Golfkrieg. Bei einem seiner zahlreichen Absprünge verletzte er sich 1991 schwer am Rücken. Auch seine Knie waren stark beschädigt. Ärzte sagten ihm nach seinem Rücktransport in die Heimat, dass er nie wieder ohne Krücken, Bein- und Rückenschienen würde laufen können. Er wurde depressiv und nahm stark zu. Wenige Jahre später wog er knapp 140 kg und brauchte fremde Hilfe, um die einfachsten Tätigkeiten auszuführen. Er war auf Krücken und Rollstuhl angewiesen und hatte sich in sein Schicksal gefügt. Er sah sich als Opfer seiner Kriegsverletzungen, eine Einstellung, die bei Kriegsveteranen und Unfallopfern mit chronischen Schmerzen gleichermaßen häufig wie nachvollziehbar ist. Nachdem er 15 Jahre lang so gelebt hatte, konnte er sich schließlich selbst nicht mehr ertragen. Andere Menschen hätten sich vielleicht dem Alkohol hingegeben oder hätten sich gar das Leben genommen. Immerhin hatte sich die Anzahl der Selbstmorde in der US Army zwischen 2001 und 2012 vervierfacht. Boormann aber machte sich auf die Suche nach einem Ausweg. Im Alter von 47 Jahren entdeckte er schließlich eine Mischung aus Yoga und Kraftübungen, die vom ehemaligen Profi-Wrestler Page Joseph Falkinburg, seinen Fans besser bekannt unter dem Kampfnamen Diamond Dallas Page bzw. DDP, entwickelt worden war. DDP hatte zuvor seine eigene Wrestling-Karriere infolge zahlreicher Verletzungen beenden müssen. Binnen eines Jahres nahm Boorman 50 kg ab und lernte, wieder ohne fremde Hilfe zu laufen. Aus dem depressiven, behinderten und übergewichtigen Kriegsopfer war ein lebensbejahender Sportler geworden, der heute viele andere Menschen inspiriert, es ihm gleich zu tun.

ARBEITSHILFE ONLINE

Das Schicksal von Arthur Boormann

Weitere Informationen zu Arthur Boormann finden Sie unter http://arbeitshilfen.haufe.de/

3.3.3.1 Unsere Vergangenheit prägt unsere Zukunft

Die Persönlichkeit eines Menschen ist untrennbar mit seiner Vergangenheit verbunden. Die Erinnerungen an Erreichtes und an Niederlagen, an Gutes und an Schlechtes, an Gewinne und Verluste formen erst die Lebensgeschichte eines Menschen und geben seiner Persönlichkeit ihr Profil. Ähnlich wie die Furchen in der Borke eines alten Baumes, prägen ihn seine Erfahrungen im Hier und Jetzt. Die Sicht auf seine eigene Vergangenheit, also seine Biographie, und seine grundlegende Disposition, also seine Persönlichkeit, beeinflussen die individuelle Resilienz eines Menschen, d. h. mit welcher Haltung er der Gegenwart begegnet und wie er in die Zukunft schaut.

Belastende Lebensereignisse von großer Tragweite in der Vergangenheit einer Person überschatten häufig das Leben in der Gegenwart. Genauer gesagt sind es die Sichtweise auf diese Traumata und die selektive Wahrnehmung, die die Haltung in der Gegenwart beeinflussen und die Resilienz schwächen. Die Geschichte von Arthur Boorman ist ein gutes Beispiel dafür. Vor seinem Einsatz als Fallschirmspringer war er ein zufriedener, lebensbejahender Mann gewesen, dem in seinem Leben bis dato Negatives, aber auch viel Positives widerfahren war. Dann kam der Tag seines letzten Absprungs, der alles verändern sollte. Seine Ärzte und er selbst erzählten daraufhin 15 Jahre lang die Geschichte, dass er das Opfer einer Kriegsverletzung sei und dass es keinen Sinn mache, gegen sein Schicksal als Krüppel anzukämpfen. Dadurch wählte er die Haltung eines Opfers und blieb all die Jahre dieser Haltung verhaftet, obwohl ihm auch nach seinem Unfall sicherlich noch positive Dinge widerfuhren. Aber er hatte keinen Zugriff mehr auf diese Ressourcen. Seine damalige Haltung hätte er vielleicht mit den Worten zusammengefasst: „Weil ich ein Kriegsversehrter bin, bin ich mir nichts mehr wert". In seiner Biographie fanden sich durch das Trauma keine attraktiven Erinnerungen mehr, die ihn zu dem Schluss kommen ließen, dass es Sinn machen könnte, etwas zu verändern. Seine Erinnerung an die zufriedene Zeit vor dem Unfall konnte ebenfalls keine Energie aktivieren, sondern trieb ihn nur noch tiefer in die Verzweiflung. Erst als er seine Kinder heranwachsen sah, gab es wohl einen Moment in seinem Leben, in dem er darüber nachdachte, welche Art von Vorbild er sein wollte, und er beschloss aktiv, sein Leben zu ändern und die Haltung des Kriegsopfers aufzugeben.

Diese Entscheidung konnte er nur treffen, weil er seine Situation neu bewertete und ihm dies allmählich wieder Zugriff auf seine Resilienz gab. In der Folge veränderte er seine innere Haltung und die emotionale Bewertung seiner bisherigen Lebensgeschichte. Seine neue Haltung ließe sich umschreiben mit: „Obwohl ich ein Kriegsversehrter bin, bin ich ein wertvoller Mensch". Nun, da er einen Grund hatte, sich zu verändern, relativierte sich auch seine Biographie, und er fand in seiner Vergangenheit Erinnerungen daran, dass es sich lohnen könnte, Energie aufzuwenden und Schmerzen auszuhalten, um seinen Kindern ein gutes Vorbild zu sein. Sein Trauma wandelte sich von einer alles überschattenden Katastrophe hin zu einem schlimmen Erlebnis, das er überwinden wollte. An den objektiven Fakten hatte sich nichts verändert. Er lief weiterhin an Krücken und hatte einen kaputten Rücken infolge zu vieler Fallschirmsprünge. Verändert hatte sich hingegen sein Blick auf seine Biographie und damit seine Haltung gegenüber dem Leben.

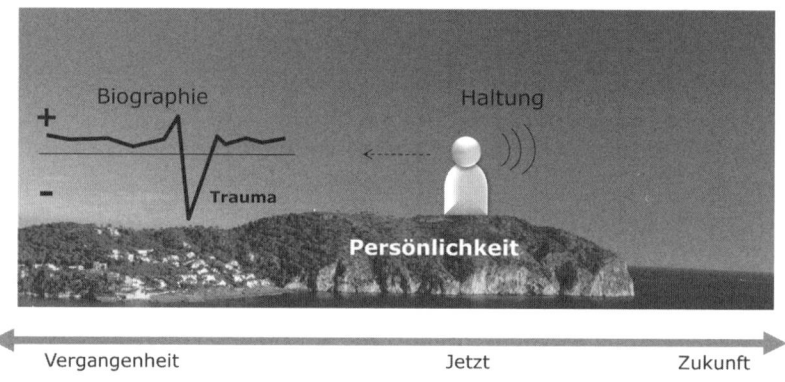

Abb. 30: Der Zusammenhang zwischen Persönlichkeit, Biographie und Haltung (Hintergrundbild: Fotolia, fotolyse)

Der Fall von Arthur Boormann ist sicherlich ein extremes Beispiel. In unserer Arbeit mit Managern, die sich als Führungskräfte weiterentwickeln möchten, stoßen wir jedoch regelmäßig auf traumatische oder zumindest stark belastende Erlebnisse in der Vergangenheit, meist in der Kindheit und Jugend, die ihr Leben bis in die Gegenwart stark beeinträchtigen. Unsere Arbeit besteht dann meist darin, gemeinsam mit dem Klienten die Sichtweise auf dieses Erlebnis zu hinterfragen und eine neue, sinnvollere Haltung zu entwickeln. Als Resultat davon wird vom Klienten häufig zum ersten Mal seit vielen Jahren eine große innere Stärke und Gelassenheit erlebt.

Menschen neigen verständlicherweise dazu, ihre Biographie als etwas Statisches wahrzunehmen, das man nicht verändern kann. Schließlich kann man Geschehenes in der „Wirklichkeit" ja auch tatsächlich nicht verändern. Allerdings kann man die innere Repräsentanz, also die Bewertung, die man seiner Vergangenheit beimisst, ändern. Wir neigen zu der Annahme, dass es exakt nur eine Wirklichkeit gibt, die wir mit unseren Sinnesorganen aufnehmen und in unserem Gedächtnis als exakte Kopie der Wirklichkeit abspeichern. Diese Gedächtnisinhalte halten wir für ein unveränderliches Abbild der real existierenden Wirklichkeit. Die Summe unserer Gedächtnisinhalte, so die Annahme, bildet schließlich dauerhaft unsere unverfälschte und chronologische Lebensgeschichte.

Diese Annahmen sind heute dank der Erkenntnisse der Hirnforschung allesamt überholt. Unsere Wahrnehmung bildet weder exakt die Wirklichkeit ab, insbesondere, wenn es um komplexe Geschehnisse geht, noch sind unsere Gedächtnisinhalte statisch oder chronologisch abgelegt oder unsere Biographie gleichbleibend. Um dies näher zu verstehen, hilft es sich zu vergegenwärtigen, wie das menschliche Gedächtnis nach heutiger Erkenntnislage funktioniert.

3.3.3.2 Wie funktioniert das Gedächtnis?

Das episodische Gedächtnis besteht aus einzelnen Erinnerungen, so genannten Engrammen, die in Bildern und Geschichten organisiert sind. Der Begriff Engramm leitet sich aus dem Griechischen ab: en bedeutet „hinein" und gramma steht für „Inschrift". Er beschreibt die neurologische Spur, die das Durchleben einer Situation als dauerhafte strukturelle Veränderung im Gehirn hinterlässt. Die Gesamtheit aller Engramme bildet das Gedächtnis.

Engramme entstehen also als Reaktion darauf, dass eine als bedeutsam empfundene Situation durchlebt wird. Dabei zeichnet unser Gehirn aber keinen Videomitschnitt auf, sondern es werden verschiedene Arten von Informationen und Metainformationen abgelegt.

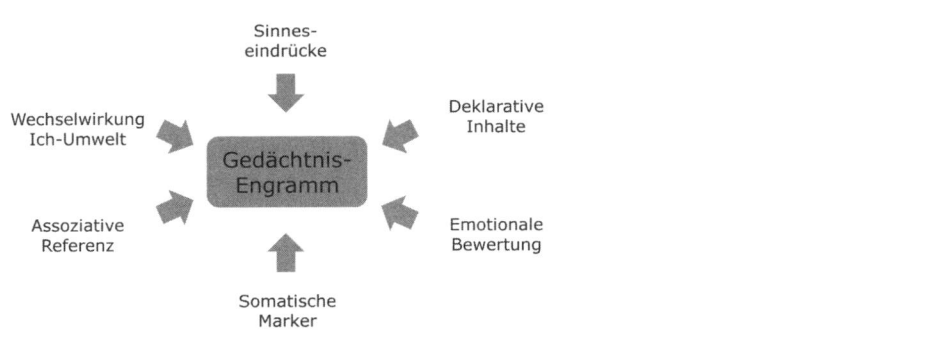

Abb. 31: Elemente von Gedächtnis-Engrammen

Ein Engramm besteht aus einer Reihe von Sinneseindrücken, die gemeinsam mit deklarativen Inhalten, einer emotionalen Situationsbewertung, somatischen Markern, einer Referenz zu anderen Erfahrungen und einer Information über die Wechselwirkung mit der eigenen Person zunächst im Arbeitsspeicher und später dauerhaft im Langzeitgedächtnis abgelegt werden. Damit Neues dauerhaft gelernt werden kann, müssen die Erfahrungen für die erlebende Person bedeutsam sein. Ist dies nicht der Fall, werden die neuronalen Strukturen vom Gehirn entweder gar nicht angelegt, oder bald nach dem Ereignis wieder abgebaut, und die Erfahrung wird vergessen. Dies passiert zumeist mit Belanglosem wie Routine oder auswendig gelernten Inhalten, die nicht regelmäßig abgerufen werden. Wenn sich eine Person hingegen an eine für sie bedeutsame Situation, z. B. einen Unfall, erinnert, so ruft sie eine Reihe von Erinnerungen mit Handlung und Akteuren auf (Geschichte), die sich szenisch vor dem inneren Auge abspielen (Bilder). In dieser Szenerie spielt die sich erinnernde Person eine bestimmte Rolle z. B. als Held oder Opfer (Wechselwirkung mit eigener Person). Das Engramm enthält dabei zahlreiche Sachinhalte wie Personen, Orte und Geschehnisse (deklarative Inhalte) sowie Geräusche, Gerüche oder optische Reize (Sinneseindrücke), die mit Gefühlen wie Angst, Unsicherheit und Nervosität (emotionalen Bewertungen) und Erinnerungen an körperliche Reaktionen, wie feuchte Hände und schnellem Herzschlag, einhergehen (somatische Marker). Die Erinnerungen sind außerdem über Assoziationen mit ähnlich gelagerten Situationen in Relation gesetzt (Referenz zu anderen Erfahrungen). Wann immer ein Mensch sich an etwas erinnert, z. B. wenn er einen Teil seiner Lebensgeschichte erzählt, werden diese Engramme mit all ihren Aspekten aktiviert. Dabei durchlebt das Gehirn dieselben Erregungsmuster wie zu dem Zeitpunkt der eigentlichen Erinnerung.

Im Falle eines traumatischen Unfalls kann dies im Extremfall zu einer Posttraumatischen Belastungsstörung (PTBS) führen, bei der die Erinnerungen, Emotionen und körperlichen Reaktionen des Unfalls immer wieder ungewollt nacherlebt werden.

Die Vorstellung, dass das Gedächtnis einer Festplatte gleicht, die beliebig mit „Daten" gefüllt werden kann und deren Inhalte lediglich abgerufen werden müssen, ist zwar naheliegend, sie trifft aber nicht zu. Vielmehr werden nicht als bedeutsam erlebte Gedächtnisinhalte mit der Zeit vom Gehirn getilgt oder verändert. Dies geschieht, in dem die verwandten neuronalen Strukturen zugunsten von anderen Gedächtnisinhalten abgebaut werden.

Außerdem werden auch Gedächtnisinhalte, wie Erzählungen von Dritten oder die Inhalte von Fotos oder Videos, vom Gehirn „importiert" und nach einiger Zeit als selbst gemachte Erfahrungen ausgewiesen.

Ebenso werden Erinnerungen von starken Emotionen beeinflusst, was sich gut nachvollziehen lässt, wenn man z. B. die abweichenden Aussagen verschiedener Zeugen vergleicht, die alle denselben Unfallhergang beobachtet haben. Schließlich

Die Sphären individueller Resilienz **3**

werden die gemachten Erinnerungen bei jedem erneuten Durchleben vom Gehirn zu einer in sich schlüssigen Geschichte verwoben, die wiederum von der aktuellen Gemütsverfassung und den Erfahrungen abhängt, die der Erlebende seither gemacht hat.

> **BEISPIEL**
>
> So kann ein Unfall, den eine Person vor vielen Jahren erlebt hat, damals als sehr belastend empfunden worden sein. Aus Sicht ihrer heutigen Erfahrung gibt es aber vielleicht wesentlich Schlimmeres, das einem widerfahren kann als dieser Unfall. Wenn die Person also heute vom Unglück berichtet, wird ihr dieses weniger dramatisch erscheinen als noch vor einigen Jahren.

Erinnerungen, d. h. der Blick auf die eigene Lebensgeschichte, sind also nicht zwangsweise statisch, sondern können sich aus vielen unterschiedlichen Gründen verändern.

> **Zusammenfassung**
>
> Die Art, wie ein Mensch seine Lebensgeschichte sieht, insbesondere sein Blick auf belastende Erlebnisse, ist entscheidend für seine Haltung der Gegenwart und Zukunft gegenüber und damit für seine Resilienz. Da das Gedächtnis in Geschichten und Bildern organisiert ist und nicht zwischen Sinneseindrücken, deklarativen Inhalten und emotionaler Bewertung unterscheidet, ist die eigene Lebensgeschichte eher Fiktion als Dokumentation. Die Sichtweise auf die eigene Vergangenheit ist durch Eigenreflexion und Arbeit mit einem Sparringspartner veränderbar.

3.3.4 Haltung

Menschen werden nicht durch die Umstände gestört, sondern durch die Art, wie sie auf sie schauen.

(Epiktet, römischer Philosoph und ehemaliger Sklave)

Im Jahr 1939, kurz nach Beginn des Zweiten Weltkriegs, bereitete sich die britische Regierung unter Neville Chamberlain auf eine mögliche Invasion durch die deutschen Truppen vor. Um die Moral und innere Haltung der Bevölkerung für einen solchen Fall zu stärken, ließ die Regierung im Verborgenen ein Poster drucken, das mittlerweile Berühmtheit erlangt hat. Auf ihm war der Aufruf zu lesen „Keep Calm and Carry On" (zu Deutsch: Bleib ruhig und mach weiter).

Abb. 32: Britisches Propagandaposter im Zweiten Weltkrieg (Fotolia, natalieburrows)

Obwohl über 2,5 Millionen Exemplare des Posters gedruckt wurden, wurde es nie eingesetzt. Erst im Jahr 2000 wurde es schließlich auf einem Flohmarkt wiederentdeckt.

Warum war es der britischen Regierung aber zunächst wichtig, die Haltung ihrer Bevölkerung zu beeinflussen? Die innere Haltung eines Menschen, oft auch als Moral oder Einstellung bezeichnet, ist entscheidend dafür, wie er auf seine Umwelt schaut und diese emotional bewertet. Sie beeinflusst, ob eine Person eine belastende Situation als Herausforderung oder als Überforderung erlebt. Des Weiteren gibt die innere Haltung den Gedanken und Gefühlen eine Richtung. Sie hat damit indirekte Auswirkung auf das Handeln. Und die innere Haltung drückt sich unwillkürlich auch über die äußere, d. h. die körperliche Haltung aus. So lässt sich oft schon am Gang eines Menschen erkennen, ob er selbstsicher oder ängstlich ist. Die Haltung eines Menschen ist etwas Unwillkürliches, d. h., er nimmt sie nicht bewusst ein, kann sie aber wahrnehmen und bewusst beeinflussen. Letzteres erfordert jedoch einiges an Übung.

3 Die Sphären individueller Resilienz

Abb. 33: Die Sphäre „Haltung"

Die innere Haltung zu verändern, ist vergleichbar mit regelmäßigem innerem Krafttraining. Die Schwierigkeit, eine andere innere Haltung einzunehmen, nimmt mit der Zeit nicht ab, genauso wenig wie die Gewichte beim Krafttraining. Allerdings nimmt analog zur Muskelmasse nach dem Training die innere Fähigkeit zu, die Haltung bewusst zu steuern. Diese Veränderung erfordert Energie und Ausdauer. Auch sollte man wissen, welche Haltung in Bezug auf die individuelle Resilienz sinnvoll ist. Ein Großteil unserer Arbeit mit Executives beschäftigt sich mit der Entwicklung und dem Einüben einer sinnvollen und konstruktiven inneren Haltung. Die folgenden Kapitel sollen die einzelnen Aspekte einer resilienten inneren Haltung verdeutlichen.

3.3.4.1 Selbstverantwortung

In einer akuten Krise mit einem hohen Maß an Unsicherheit passiert es schnell, dass Führungskräfte und Mitarbeiter sich ohnmächtig und hilflos fühlen und in die Rolle des Opfers schlüpfen. Dies ist normal und Teil der psychischen Verarbeitung von Krisen. Um eine Opferrolle einnehmen zu können, muss eine Person die Verantwortung für ihre missliche Lage etwas oder jemandem zuschreiben, der nicht sie selbst ist. Dies können z. B. der Chef, die Wirtschaftslage oder das Schicksal sein.

Persönlichkeiten mit einer ausgeprägten Resilienz schaffen es, diese Opferhaltung schneller wieder zugunsten einer kraftvolleren Haltung zu verlassen, während andere Jahre in dieser Haltung zubringen können. Um diese Haltung zu verlassen und wieder selbst gestalten zu können, muss eine Person zunächst auf ihren „Secondary Gain" verzichten, also den versteckten Vorteil, den sie dadurch hat, dass sie sich in einer misslichen Lage befindet. Im Falle der Opferhaltung besteht dieser

Resilienz und Unternehmensführung

Gewinn zumeist darin, dass andere mit einem Opfer typischerweise mitfühlen und sich solidarisch mit ihm verhalten. Zudem ist ein Opfer in unserem Kulturkreis traditionell eher im Recht.

Damit eine Person die Opferhaltung verlassen kann, muss sie ihre Selbstwirksamkeit aktivieren, also die Überzeugung, den anstehenden Herausforderungen gewachsen zu sein.

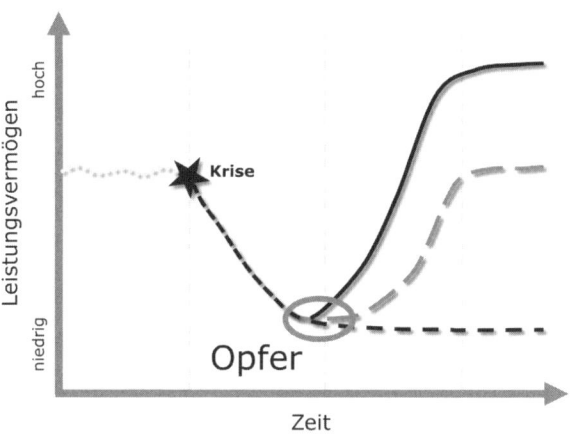

Abb. 34: Die Opferrolle in der Bewältigung von Krisen (Quelle: Resilient Leadership; Patterson, Goens & Reed)

Führungskräfte mit einem hohen Maß an Selbstwirksamkeit unterscheiden in ihrer Umwelt

- Bereiche, die sie kontrollieren können, z. B. sich selbst und ihre Mitarbeiter,
- Bereiche, die sie lediglich beeinflussen können, z. B. ihre Kollegen und ihren Chef, und
- Bereiche, um die sich lediglich sorgen können, die sie aber nicht zu ändern vermögen, wie z. B. die Unternehmensstrategie.

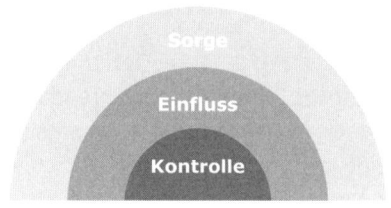

Abb. 35: Die Bereiche Kontrolle, Einfluss und Sorge

Resiliente Manager neigen dazu, ihre Energie auf die Bereiche zu fokussieren, die sie kontrollieren und beeinflussen können. Weniger resiliente Führungskräfte fokussieren ihre Aufmerksamkeit hingegen mehrheitlich auf die Bereiche, die sie weder kontrollieren noch beeinflussen können, und erklären sich und ihrer Umwelt fortwährend, warum ihnen die Hände gebunden sind. Recht häufig besteht unsere Arbeit mit Managern darin, ihnen ihre Opferrolle bewusst zu machen und sie dabei zu begleiten, diese zugunsten einer erstrebenswerteren Haltung aufzugeben.

3.3.4.2 Disziplin und Impulskontrolle

Walter Mischel ist ein österreichischer Persönlichkeitspsychologe, der 1938 in die USA emigrierte und dort u. a. in Harvard und Stanford lehrte. Dort führte er mit Vorschulkindern Experimente durch, die später als „Marshmallow-Experiment" bekannt werden sollten. Mitarbeiter seines Teams präsentierten dabei den Kindern in einer Einzelsitzung eine Süßigkeit, z. B. ein Marshmallow oder Keks. Die Mitarbeiter erklärten dem Kind, dass sie nun den Raum verlassen würden und dass das Kind die Süßigkeit entweder gleich essen könne, oder aber eine zweite Süßigkeit bekäme, wenn es so lange warte, bis der Mitarbeiter wieder zurück in den Raum käme. Den Kindern war dabei nicht bekannt, wie lange sie auf die Rückkehr des Mitarbeiters warten mussten. Typischerweise mussten sie diese schwierige Entscheidungssituation rund 10 Minuten aushalten, bis der Versuchsleiter wieder in den Raum kam. Die ersten Nachuntersuchungen der damaligen Versuchsteilnehmer erfolgten rund 10 Jahre nach dem Experiment. Mischel fand dabei überraschenderweise einen deutlichen Zusammenhang zwischen der Dauer, die die Kinder der süßen Versuchung widerstehen konnten, und ihrer schulischen Kompetenz und Lebenstüchtigkeit. So erzielten die Kinder mit einer ausgeprägten Impulskontrolle im Schnitt beispielsweise deutlich bessere Noten und höhere Schulabschlüsse. Spätere Untersuchungen zeigten, dass auch der berufliche Erfolg und sogar die körperliche Fitness damit in Zusammenhang standen.

Im Jahr 2011, rund 40 Jahre nach den ursprünglichen Versuchen, führte Mischel eine weitere Nachuntersuchung mit Hilfe der mittlerweile verfügbaren bildgebenden Verfahren der Hirnforschung durch. Dabei konnte er nachweisen, dass zwei Hirnstrukturen wesentliche Unterschiede aufwiesen, und zwar abhängig davon, ob die Person als Kind lange der Versuchung widerstehen konnte, das Marshmallow gleich zu essen oder nicht. Diese Strukturen waren zum einen der präfrontale Cortex, der für planvolles Denken und Handeln zuständig ist, und zum anderen das so genannte Suchtzentrum. Die Fähigkeit, innere Impulse zu steuern und Disziplin aufzubringen, ist offensichtlich von zentraler Bedeutung für die allgemeine Lebenstüchtigkeit eines Menschen. Es erscheint naheliegend, dass es auch eine

Verbindung zum Maß an individueller Resilienz gibt. Dies werde ich noch anhand einer weiteren bemerkenswerten Untersuchung zu diesem Thema im Kapitel „Das Projekt „Langes Leben"(5.1) untermauern.

Zusammenfassend lässt sich sagen, dass Menschen mit einer ausgeprägten Resilienz es meist verstehen, ihre inneren Impulse, insbesondere in Situationen mit großem Stress, effektiv und diszipliniert zu steuern und mit ihren langfristigen Zielen in Einklang zu bringen. Sie sind in der Lage, sich dauerhaft auf die Erreichung dieser Ziele zu konzentrieren und sich dabei nicht von anderen Prioritäten, Ereignissen oder Menschen ablenken zu lassen. Weiterhin neigen diese Menschen dazu, sich von Rückschlägen nicht so leicht entmutigen zu lassen, sondern ihre Ziele weiter anzustreben. Dadurch haben sie die Tendenz, diese Ziele auch zu erreichen, wodurch sich ein häufig wiederkehrendes Gefühl von Zufriedenheit oder Stolz bei ihnen einstellt. Dies wird auch als Selbstwirksamkeit bezeichnet.

3.3.4.3 Innere Führung

Derek Roger, ein US-amerikanischer Psychologe und Resilienzforscher, vertritt die These, dass die Art, wie wir über das Leben denken, unseren Stresslevel beeinflusst. In seiner Arbeit mit Führungskräften fand er heraus, dass die Manager, die sich am ehesten gestresst fühlen, etwas praktizieren, das er als „gedankliches Wiederkäuen" bezeichnete. Das ist eine sehr treffende Beobachtung, die wir nur bestätigen können. Diese Form des Grübelns beschreibt er als ein fortwährendes Durchdenken und Hinterfragen von Geschehenem und von bevorstehenden Ereignissen mit einer negativen Grundeinstellung. Solche Manager neigen z. B. zu Gedanken wie „Was, wenn das passiert?", wenn sie über die Zukunft nachdenken. Oder sie tendieren zu einem „Hätte ich doch nur …", wenn sie sich mit der Vergangenheit beschäftigen. Das Ganze wird häufig begleitet von Schuldgefühlen und Selbstvorwürfen.

Die Gedanken schlagen sich auch körperlich nieder: Bei diesen Entscheidern werden regelmäßig chronisch erhöhte Level der Hormone Kortisol und Noradrenalin festgestellt, was bedeutet, dass ihr Körper dauerhaft dazu bereit ist zu kämpfen oder zu flüchten. Dies führt auch zu einer erhöhten Neigung zu Erkrankungen des Herz-Kreislauf-Systems und einer geringeren Wirksamkeit des Immunsystems.

Außerdem stellte Roger fest, dass Führungskräfte, die zu gedanklichem Wiederkäuen neigen, weniger produktiv sind und schlechtere Entscheidungen treffen, da sie mental weniger präsent sind und sich zudem in Denkszenarien verlieren.

Die Sphären individueller Resilienz **3**

Der deutsche Kommunikationswissenschaftler und Psychologe Friedemann Schulz von Thun prägte 1998 den Begriff „Inneres Team" für das von Roger beschriebene Phänomen. Manager mit einer ausgeprägten Resilienz haben die Fähigkeit entwickelt, den „inneren Teammitgliedern" einerseits wertschätzend zuzuhören, andererseits aber dennoch klar in der Führung des Teams zu sein. Dadurch gelingt es ihnen, Selbstbeschuldigungen und andere destruktive Gedankengänge zügig zu überwinden. Sie übernehmen zwar die Verantwortung für ihren Anteil an negativen Geschehnissen, aber in einem gesunden Maß. Sie lenken dabei ihre Aufmerksamkeit gezielt auf die Gegenwart, anstatt sich fortwährend mit Unveränderbarem zu befassen.

Die Steuerung von Gedanken und Emotionen hat im Kontext von Resilienz eine sehr zentrale Bedeutung. Als Menschen sind wir prinzipiell fähig dazu, unsere Gedanken und Emotionen zu steuern, sonst könnten wir z. B. nicht verzeihen, obwohl wir eigentlich noch ärgerlich sind. Dennoch kennen viele auch die Situation, dass sie eher von ihren Gefühlen und Gedanken gesteuert werden als andersherum.

Kognitive und emotionale Steuerung sind dabei nicht mit der Unterdrückung von Gefühlen und Gedanken zu verwechseln. Wenn Sie einmal versuchen, ganz fest **nicht** an einen weißen Elefanten zu denken, wissen Sie warum. Bei dieser bewussten Steuerung von Gedanken und Emotionen geht es vielmehr darum, destruktive Aspekte wahrzunehmen, sich innerlich von diesen zu distanzieren, um zunächst eine neutrale innere Haltung einnehmen zu können.

Emotionssteuerung beschreibt also die Fähigkeit, unter Druck eine innere Distanz zu den Problemen aufrechtzuerhalten. Resiliente Menschen nehmen ihre Gefühle eher bewusst wahr als andere. Sie haben gelernt, negative bzw. wenig hilfreiche Anteile zu erkennen und diese durch unterschiedliche Verhaltensweisen und Techniken zu steuern. Im Falle eines Konflikts mit einer anderen Person können sie dadurch beispielsweise wählen, sich empathisch in die Position der Gegenseite zu versetzen und so den Konflikt zu entschärfen. Dieser Vorgang geht meist unwillkürlich vonstatten, kann aber auch mit einiger Übung bewusst vollzogen werden.

3.3.4.4 Realistischer Optimismus

Dem dänischen Physiker Nils Bohr wird das Bonmot „Prognosen sind schwierig, besonders wenn sie die Zukunft betreffen", zugeschrieben. Gemeint hat er damit, dass sich auch mit der größten Mühe und Akribie zukünftige Ereignisse nicht vollständig vorhersagen lassen. Dies hat zur Folge, dass es immer unerwartete Probleme geben kann, welche die eigenen Pläne durchkreuzen.

Führungskräfte mit einer ausgeprägten Resilienz haben gelernt, mit dieser Tatsache ihren Frieden zu machen und das Auftreten von Krisen zu erwarten. Sie haben nicht nur verstanden, dass Schwierigkeiten wahrscheinlich sind, sondern sie sehen sie vielmehr als sinnvolle Herausforderungen an, die ihnen helfen besser zu werden. Sie erachten Krisen als zeitlich begrenzte Phänomene, die mit Ausdauer und Energie gut bewältigt werden können. Diese Executives bereiten sich bestmöglich auf Probleme vor, z. B. dadurch, dass sie nicht nur den „Plan A" haben, sondern auch noch die Varianten „B" und „C". Das gibt ihnen im Krisenfall mehr Handlungsoptionen und verbessert damit ihre Möglichkeiten, gestaltend einzugreifen und erfolgreich zu sein.

Auch neigen diese Manager dazu, Fehler nicht als Niederlagen zu sehen, sondern eher als eine Art Feedback, aus dem sich etwas lernen lässt. Sie haben die Fähigkeit entwickelt, die Ursachen von Rückschlagen nüchtern zu analysieren, und können so vermeiden, dass ihnen der gleiche Fehler wiederholt unterläuft.

Unrealistische Optimisten neigen hingegen dazu, davon auszugehen, dass sich ihnen keine Probleme in den Weg stellen werden, was sich mitunter bewahrheiten kann, meist aber unzutreffend ist. Dadurch, dass diese Führungskräfte dazu neigen, Risiken eher zu unterschätzen, sind sie weniger gut auf Probleme vorbereitet und erleben sich häufiger in einer Position der Ohnmacht. Die Verantwortung für diese Rückschläge sehen sie wiederum nicht bei sich, was es ihnen eher schwer macht, daraus etwas Konstruktives zu lernen.

3.3.4.5 Gesunde Distanz

Sie kennen sicherlich das Gefühl, wenn man so tief in einer Aufgabe steckt, dass man den Wald vor lauter Bäumen nicht mehr sieht. Führungskräfte, die ein hohes Maß an Resilienz für sich kultiviert haben, identifizieren sich einerseits mit ihrer Rolle und gehen ihre Ziele engagiert an. Andererseits unterscheiden sie innerlich zwischen ihrer eigenen Person mit den dazugehörigen Bedürfnissen und Interessen und der Rolle, die sie innehaben und die mit bestimmten Erwartungen verknüpft ist. Die Erwartungen sind dabei sowohl die Interessen der Stakeholder, aber auch ihre eigenen Annahmen die Rolle betreffend.

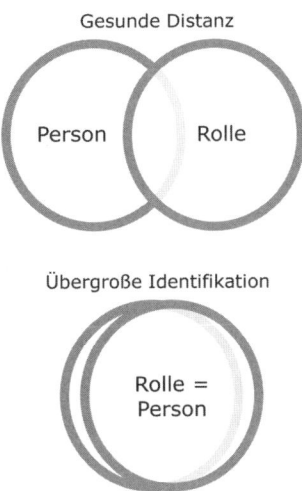

Abb. 36: Unterscheidung Person vs. Rollenerwartungen

So nimmt ein Manager, der in die nächste Ebene aufsteigt und deutlich mehr Verantwortung bekommt, meist sehr deutlich wahr, was seine Annahme davon ist, was von ihm erwartet wird (z. B. „Besonders hart arbeiten"). Diese Annahme kann zutreffen, tut es aber nach unserer Erfahrung nur in den wenigsten Fällen.

Weniger deutlich nimmt er wahr, was wirklich von ihm aus verschiedenen Richtungen erwartet wird (z. B. „Die richtigen Entscheidungen treffen"). Und noch weniger registriert er schließlich, was seine eigenen Bedürfnisse sind („Zeit mit den Kindern verbringen"). Executives mit einer ausgeprägten Resilienz sind in der Lage, die verschiedenen Bereiche getrennt und mit einer gesunden Distanz wahrzunehmen und bewusst zu entscheiden, welchen Bedürfnissen bzw. Erwartungen sie wann und in welchem Maße nachgehen möchten. Das erlaubt ihnen, einen eigenen Kurs zu fahren, der sich an ihrem „inneren Kompass" orientiert, und hindert sie daran, zu schnell für alles die Verantwortung zu übernehmen und sich dann unweigerlich irgendwann überfordert und ausgelaugt zu fühlen.

Im Kapitel „Wege in den Burnout – von Narzissten und Jeanne d'Arcs" (2.5) habe ich beschrieben, dass Manager mit ausgeprägtem Führungsanspruch in der Tendenz entweder zu narzisstischen oder zu idealistischen Wesenszügen neigen. Eine geistige Praxis, die bei eher narzisstisch geprägten Persönlichkeiten zu mehr innerer Distanz führt, ist das bewusste Empfinden von Demut. Dies kann im Rahmen eines Coaching-Prozesses eingeübt werden. Die Führungskraft erkennt dabei an, dass es etwas Höheres als sie selbst gibt, was nach anfänglicher Überwindung befreiend wirken kann. Bei eher idealistisch veranlagten Menschen hingegen ist die Energie, die zu mehr innerem Freiraum führt, paradoxerweise der gesunde Egoismus. Diese Energie stellt bewusst die eigene Person mit ihren Bedürfnissen in den Mittelpunkt des Interesses, etwas, das ein Idealist sonst nie tun würde.

Zusammenfassung

Die innere Haltung eines Managers ist entscheidend dafür, wie er seine Umwelt bewertet. Sie beeinflusst, ob er eine belastende Situation als Herausforderung oder als Überforderung empfindet. Die Haltung gibt den Gedanken und Gefühlen eine Richtung und hat damit Auswirkungen auf die Qualität des Handelns. Sie zu verändern ist möglich, erfordert aber kritische Eigenreflexion, eine bewusste Entscheidung und kontinuierliche Arbeit an sich selbst, die aber für die Führungskraft sehr lohnenswert und karrierefördernd sein kann und einen Großteil der Arbeit im Coaching ausmacht. Bestimmte Aspekte der eigenen Haltung sind dabei für die individuelle Resilienz von besonderer Bedeutung. Diese sind in der folgenden Grafik nochmals zusammengefasst.

Abb. 37: Die wesentlichen Aspekte einer resilienten inneren Haltung

3.3.5 Ressourcen

Und ob ich schon wanderte im finsteren Tal, fürchte ich kein Unglück, denn Du bist bei mir.

(Die Bibel, Altes Testament, Psalm 23)

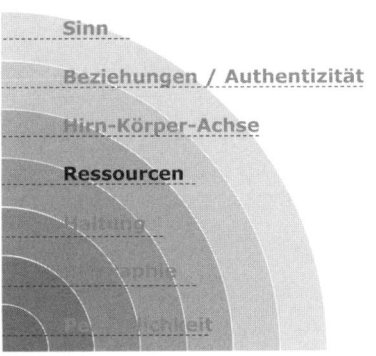

Abb. 38: Die Sphäre „Ressourcen"

Menschen haben die einmalige Fähigkeit, aus einem Gedanken, einer Tätigkeit und sogar aus einem leblosen Objekt Kraft für sich zu schöpfen. Das ist einer der Aspekte, der den Menschen von den meisten anderen Säugetieren unterscheidet. Arthur Boorman berichtete, dass ihn die Motivationsvideos seines Wrestling-Yoga-Lehrers unter dem Motto „This is not your mum's yoga" (zu Deutsch: „Das ist nicht das Yoga, dass Sie von Ihrer Mutter kennen."), dabei unterstützt haben, wieder laufen zu lernen. Gläubigen Christen gibt das Lesen von religiösen Texten und das gemeinsame Gebet Kraft, Ruhe und Zuversicht. Bei Muslimen und Juden verhält es sich nicht anders. Sportmannschaften und Bands haben Rituale, mit denen sie sich auf ein Spiel bzw. einen Auftritt einstimmen, um sich so zu Höchstleistungen zu bringen. In der Kriminalserie Navy CIS baut die Hauptfigur Special Agent Jethro Gibbs nach besonders stressigen Fällen mit archaisch anmutenden Werkzeugen an einem Holzboot in seinem Keller, obwohl dem Zuschauer völlig klar ist, dass er es dort nicht mehr rausbekommt, wenn er einmal damit fertig ist. Viele Manager treiben regelmäßig Sport, nicht nur, um sich fit zu halten, sondern auch um ihre emotionale Selbststeuerung zu verbessern und Konflikte leichter zu bewältigen. Einige Medienstars, Politiker und Manager nutzen Talismane, um sich vor einem öffentlichen Auftritt in einen optimalen inneren „State" zu bringen. Das können besondere Steine, Anhänger, Schmuckstücke oder andere Gegenstände sein, mit denen sie eine bestimmte Erinnerung und Emotion verbindet. Viele Frauen berichten, dass ihnen das Shoppen dabei hilft, nach einem Konflikt oder anderem großen Stress wieder ruhiger zu werden. Ich stelle die These auf, dass dies auch für viele Männer gilt, nur eben in anderen, meist eher techniklastigen Geschäften. Für die meisten Menschen stellen Beziehungen zu anderen Menschen ebenfalls sehr starke Ressourcen dar, die aufgrund ihrer großen Bedeutung für Resilienz in der Ebene „Beziehungen / Authentizität" gesondert repräsentiert sind. Eine meiner stärksten Ressourcen ist ein Gedicht des Schweizers Conrad Ferdinand Meyer aus dem Jahre 1882, in dem er einen bestimmten Brunnen, genauer die „Fontana dei cavalli marini" in der Villa Borghese in Rom, beschreibt.

> *Der römische Brunnen*
> *Aufsteigt der Strahl und fallend gießt*
> *Er voll der Marmorschale Rund,*
> *Die, sich verschleiernd, überfließt*
> *In einer zweiten Schale Grund;*
> *Die zweite gibt, sie wird zu reich,*
> *Der dritten wallend ihre Flut,*
> *Und jede nimmt und gibt zugleich*
> *Und strömt und ruht.*

Für die meisten anderen Menschen ist dieser Text völlig belanglos oder bestenfalls schön. Für mich weckt er die Erinnerung an eine sehr intensive Zeit in meinem Leben, in der es darum ging, beherzt für das einzustehen, was mir wichtig war, ohne mich von den möglichen Konsequenzen einschüchtern zu lassen.

Es gibt noch unzählige, höchst subjektive Beispiele für Ressourcen, die Menschen für sich gefunden haben. Eine der Herausforderungen liegt vor allem darin, sich überhaupt die Mühe zu machen, nach den individuell passenden Ressourcen zu suchen bzw. diese zu kreieren. Eine weitere besteht darin, die einmal gefundenen Ressourcen konsequent anzuwenden bzw. einzusetzen.

In Bezug auf Resilienz umfasst die Sphäre der Ressourcen alle Kompetenzen, die eine Person entwickelt hat, um sich selbst emotional zu steuern. Dazu gehört die Fähigkeit, Stress abzubauen und den Kopf frei zu bekommen, sich auf- und abzuregen, Gedankenströme in eine Richtung zu lenken, den eigenen emotionalen Status willentlich zu verändern, Probleme zu strukturieren und die eigenen Batterien wieder aufzuladen.

3 Die Sphären individueller Resilienz

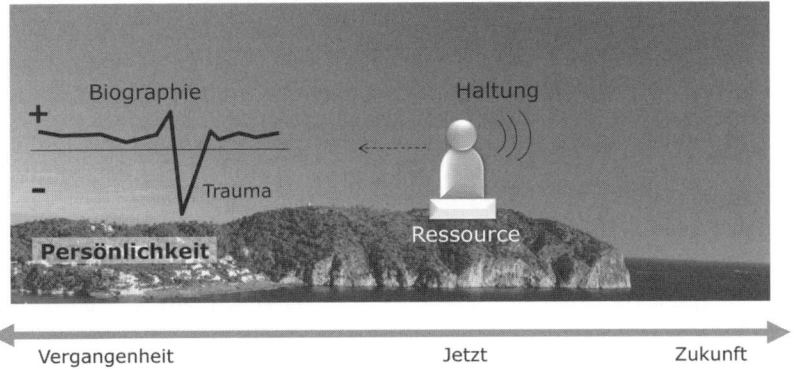

Abb. 39: Ressourcen ermöglichen innere Haltung (Bildhintergrund: Fotolia, fotolyse)

Zusammenfassend lässt sich der Begriff „Ressourcen" beschreiben als die Summe aller Gedanken, Tätigkeiten und Objekte, die es einem Menschen ermöglichen, sich einem gewünschten emotionalen Zustand anzunähern bzw. eine innere Haltung einzunehmen, um besser mit herausfordernden Situationen umgehen zu können und damit seine individuelle Resilienz zu verbessern.

Stark vereinfacht ausgedrückt, kann man zwei Arten von Ressourcen anhand ihrer Wirkungsweise unterscheiden.

3.3.5.1 Wurzeln

Abb. 40: Wurzel-Ressourcen (Bild: Fotolia; Olivier Le Moal)

Die eine Gruppe hilft Menschen dabei, ruhiger zu werden und ihren Level an innerer Aktivität zu reduzieren. Diese Ressourcen geben Erdung, Kontakt zum eigenen Körper und bauen aufgestaute Energie ab. Außerdem helfen sie dabei, eine grö ßere innere Distanz zu den Problemen des Alltags zu schaffen. Diese bezeichnen wir in unserer Arbeit mit Managern auch als „Wurzel-Ressourcen", da sie dabei helfen, in Verbindung mit sich selbst zu kommen und sich zu stabilisieren. Solche Ressourcen wirken stabilisierend in Krisensituationen und helfen dabei, innerlich Abstand zu gewinnen und ruhig zu werden.

Eine wesentliche Rolle spielt in diesem Zusammenhang auch Humor, d. h. zu lachen, wenn es eigentlich nichts zu lachen gibt. Lachen, insbesondere über sich selbst, sorgt dafür, dass Menschen sich weniger wichtig nehmen und den für Krisen typischen Tunnelblick für einen Moment zurücklassen können. Authentisches, herzhaftes Lachen in Zeiten der Krise sorgt für Entspannung und stärkt sogar das Immunsystem. Dieser Galgenhumor ist eine sehr starke Ressource. Weitere Beispiele für Wurzel-Ressourcen sind:

Beispiele für Wurzel-Ressourcen

Gedanken	Tätigkeiten	Objekte
▪ Erinnerungen an positive Momente, z. B. einen Urlaub	▪ Bewegung, z. B. Laufen, Wandern oder Yoga	▪ Bilder, die positive Erinnerungen auslösen
▪ Denkrituale, z. B. Fokussierung auf Positives	▪ Wellness, z. B. Sauna oder Massage	▪ Bestimmte Musik, z. B. Klassik
▪ Gedankliche Entspannungsübungen, z. B. Traumreisen	▪ Handwerkliche bzw. körperliche Arbeit	▪ Feuer, z. B. Kerzen oder offener Kamin
▪ Meditation	▪ Humor, z. B. Lachen oder Lächeln	▪ Bestimmte gemütliche Kleidung

3.3.5.2 Flügel

Abb. 41: Flügel-Ressourcen (Bild: Fotolia; alain wacquier)

Die andere Gruppe von Ressourcen hilft Menschen dabei, eine bestimmte Energie oder Haltung aufzubauen und damit ihr Level an innerer Aktivität zu steigern. Diese Ressourcen geben Kraft und Zuversicht, sie bündeln Energie und helfen dabei, sich über momentane Schwierigkeiten zu erheben, weshalb wir sie in unserer Arbeit mit Führungskräften auch als „Flügel-Ressourcen" bezeichnen. Werden sie in der richtigen Situation angewandt, so geben sie dem Inneren eine gewisse „Vorspannung". Dies macht es leichter, die eigene Energie hochzufahren und sich mit seinen eigentlichen Zielen bewusst zu identifizieren, um sich so auf eine herausfordernde Situation besser einstellen und vorbereiten zu können. Das setzt natürlich voraus, dass man weiß, was die eigenen höheren Ziele oder positiven Glaubenssätze sind. Flügel-Ressourcen sind für die meisten Menschen weniger leicht zugänglich als Wurzel-Ressourcen. Es erfordert aktive Arbeit, um sie sich zu erschließen, und regelmäßige Übung, damit sie ihre Wirkung entfalten können. Beispiele für Flügel-Ressourcen sind:

Beispiele für Flügel-Ressourcen

Gedanken	Tätigkeiten	Objekte
- Visualisierung besonders erfolgreicher Momente	- Körperliche Aktivierung, z. B. durch schnelles Gehen oder Rennen	- Abbildungen, die Ziele, Haltungen oder Glaubenssätzen symbolisieren
- Bewusstes Erinnern an positive Glaubenssätze	- Rituale, z. B. Texte oder Affirmationen laut vorlesen	- Bestimmte energiegeladene Musik
- Bewusstmachen des höheren Ziels, das man erreichen möchte	- Energie tanken, z. B. durch ausreichend Schlaf und gute Ernährung	- Talismane, d. h. Objekte, die eine subjektive positive Bedeutung haben
- Reflektieren, was ein reales oder fiktives Vorbild tun würde	- Bewusst unterstützendes, positives Umfeld schaffen	- Ausgesuchte Kleidung, um sich optimal gewappnet zu fühlen

Zusammenfassung

In Bezug auf Resilienz umfasst die Sphäre der Ressourcen alle Kompetenzen, die eine Person entwickelt hat, um sich selbst emotional zu steuern. Dazu gehören alle Gedanken, Tätigkeiten und Objekte, die es einem Menschen ermöglichen, sich einem gewünschten emotionalen Zustand anzunähern und eine erwünschte innere Haltung einzunehmen, um besser mit herausfordernden Situationen umgehen zu können. Es gibt Wurzel- und Flügel-Ressourcen, die sich in ihrer Auswirkung auf den inneren Energielevel unterscheiden. Ressourcen müssen meist erst erarbeitet werden und müssen darüber hinaus regelmäßig Anwendung finden, um positiv wirken zu können.

3.3.6 Hirn-Körper-Achse

Du kannst die Wellen nicht stoppen, aber du kannst lernen, sie zu reiten.

(Jon Kabat-Zinn,
emeritierter US-amerikanischer Professor der University of Massachusetts)

Abb. 42: Die Sphäre „Hirn-Körper-Achse"

René Descartes war ein französischer Philosoph und Naturwissenschaftler, der die Epoche der Renaissance im Frankreich des 17. Jahrhunderts entscheidend mitprägte. Weltbekannt wurde sein Ausspruch „Ich denke, also bin ich" (lat.: „Cogito ergo sum"). Was sich dahinter verbirgt, ist die von ihm postulierte Trennung zwischen Geist und Materie als zwei vollständig voneinander unabhängige „Substanzen", die ein Gegenkonzept zur bisherigen naturwissenschaftlichen Deutungshoheit der kirchlichen Metaphysik darstellte. Dieses Postulat, das auch als die „Cartesianische Trennung" bezeichnet wird, hat das westliche Menschenbild und unser Verhältnis zu unserem Körper, der auch Materie ist, entscheidend geprägt. So ist der Körper für viele in der westlichen Welt im Wesentlichen ein Transportvehikel und Anschauungsobjekt, das in keinerlei Verbindung zu unserem geistigen und emotionalen Innenleben steht.

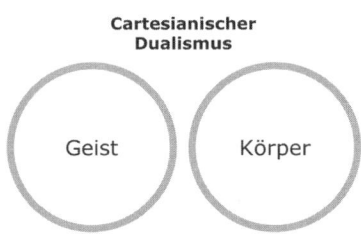

Abb. 43: Cartesianischer Dualismus

Die Erkenntnisse der modernen Hirnforschung sowie verwandter Forschungsrichtungen, wie der Psycho-Neuro-Immunologie und der Epigenetik, auf die ich im Kapitel „Neurobiologie, Wohlbefinden und Stress" (4) noch näher eingehen werde, weisen jedoch unwiderlegbar nach, dass die von Descartes postulierte Trennung nicht zutrifft. Nicht nur beeinflusst die Psyche über das Gehirn zahlreiche Vorgänge im menschlichen Körper, wie z. B. das Immunsystem und sogar Teile der Erbanlagen, sondern auch der Körper beeinflusst den Gehirnstoffwechsel und damit die seelische Balance, z. B. über Sport oder Meditation.

Abb. 44: Ganzheitliche Achtsamkeit

Diese Wechselwirkung hat entscheidende Auswirkungen auf die individuelle Widerstandsfähigkeit eines Menschen, die allerdings in der Literatur zum Thema Resilienz noch viel zu wenig berücksichtigt wird. Diese Erkenntnisse sind dabei keinesfalls neu, höchstens für die Schulmedizin und die westliche Naturwissenschaft. Vielmehr sind sie im Prinzip bereits seit mehreren tausend Jahren Teil mehrerer asiatischer Philosophien und Heilslehren wie den Hinduismus, den Buddhismus und die chinesische Medizin. Das Gegenkonzept zum Cartesianischen Dualismus ist die „Ganzheitliche Achtsamkeit", ein Modell, das sich sicherlich noch keiner allzu großen Akzeptanz in Managerkreisen erfreut. Der Begriff der „Ganzheitlichkeit", der die Ebenen von Körper, Kognition und Emotion als eng miteinander verbunden zusammenfasst, klingt für viele Führungskräfte nach Esoterik und „Bäume umarmen".

Das Achtsamkeit-Konzept stößt vor allem deswegen auf viel Widerstand, weil es gedanklich mit fernöstlicher Spiritualität verquickt ist. Doch die Faktenlage dazu ist eindeutig. Meine Kollegin Andrea Claussen, ihres Zeichens Ärztin und Executive Coach, hat am INSEAD Global Leadership Center eine sehr interessante Forschungsarbeit zum Thema „Zusammenhänge von ganzheitlicher Achtsamkeit und Resilienz bei Führungskräften" verfasst, in der sie die Zusammenhänge zwischen Achtsamkeit und psychischer Belastbarkeit insbesondere bei Managern empirisch beleuchtet. Die Ergebnisse legen nahe, dass ein höheres Maß an Körperwahrnehmung förderlich ist, um die Kapazität zu erhöhen, die zur Bewältigung von belastenden Ereignissen zur Verfügung steht. Dabei geht es nicht nur darum, um das Konzept der Achtsamkeit zu wissen, sondern es auch anzuwenden.

Claussen unterscheidet dabei vier verschiedene Stufen der Achtsamkeit, die in unterschiedlichem Maße die persönliche Resilienz beeinflussen. Diese sind in der folgenden Graphik abgebildet.

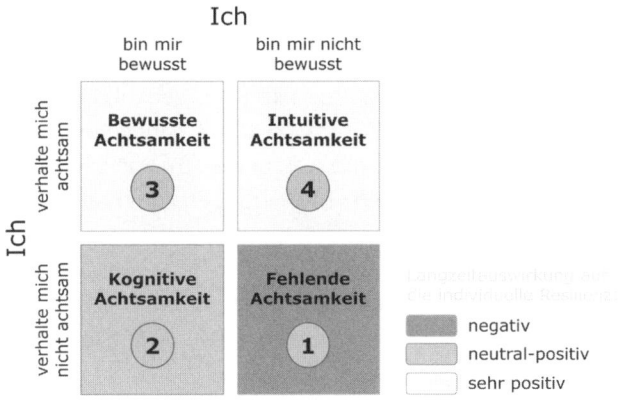

Abb. 45: Die vier Stufen der Achtsamkeit

- In der ersten, der untersten Stufe fehlt jegliches Verständnis und jegliche Anwendung von Elementen der Achtsamkeit.
- In der zweiten Stufe existiert ein theoretisches Bewusstsein, das sich aber im Tun fast nicht oder gar nicht auswirkt.
- Auf der dritten Ebene wird Achtsamkeit bereits in Teilen unbewusst angewandt und
- in der vierten erfolgt schließlich die bewusste und konsequente Anwendung.

3.3.6.1 Achtsamkeit

Der Begriff der Achtsamkeit oder Mindfulness, wie es im englischen heißt, lässt sich dabei umschreiben mit einer nicht-wertenden Form von absichtsvoller Aufmerksamkeit, die sich auf den gegenwärtigen Moment, d. h. auf das Jetzt, und weder auf die Zukunft noch auf die Vergangenheit bezieht. Dabei versucht man, sich selbst und alle Aspekte der Umgebung möglichst intensiv und ohne Wertungen wahrzunehmen, um innerlich klar zu werden und im Hier und Jetzt anzukommen.

Im Moment zu sein erscheint zwar auf den ersten Blick wie eine triviale Angelegenheit, ist jedoch schwerer, als man zunächst denkt. Im Wachzustand pendelt der menschliche Geist gedanklich permanent zwischen Vergangenheit und Zukunft. Wir bewerten diese Gedanken wiederum auf Grundlage von vergangenen Erfahrungen und handeln mit Blick auf zukünftige Konsequenzen. Entwicklungsgeschichtlich ist dieses Verhalten zwar durchaus sinnvoll, da es bei der Identifikation möglicher Gefahrenquellen hilft, im heutigen Arbeitsleben ist es jedoch oft hinderlich und erhöht den Level an negativ empfundenem Stress.

Menschen erkennen, indem sie Wahrnehmungen permanent mit bereits bekannten wiederkehrenden Mustern vergleichen, was die Offenheit der Wahrnehmung einschränkt und so weniger offen für Neues macht. Durch diesen Mechanismus sind Menschen selten nur auf eine Sache konzentriert, sondern gedanklich meist schon zwei Schritte voraus oder aber zurück. Achtsamkeit hilft dabei, Ruhe und Ordnung in die innere Unruhe zu bringen, ohne diese zu bewerten. Das bewusste Innehalten hilft dabei, eine innere Distanz zu den Anforderungen zu schaffen, die an einen gestellt werden.

Durch die Entkoppelung von Reiz und Reaktion ist es zudem möglich, sich hochschaukelnde Gedankenmuster und die dahinterliegenden eigenen Motive zu erkennen und, falls nötig, auch zu durchbrechen. Letztlich soll Achtsamkeit Manager dazu führen, die eigenen Denkmuster zu durchschauen und damit stereotype Reaktionen, wie z. B. Reflexe und Vorurteile, zu vermeiden und bessere, d. h. eigenständigere Entscheidungen zu treffen. Diese Kompetenz ist nicht nur bei Entscheidungen hilfreich, sondern auch, wenn eine Person mit Veränderungen von außen konfrontiert wird. Manager berichten, dass sie sich durch regelmäßige Achtsamkeitsübungen ruhiger, klarer und den Anforderungen deutlich besser gewachsen fühlen. Psychologen betrachten Achtsamkeit als eine Fähigkeit, die jeder Mensch in sich trägt. Um sie hervorzuholen und im Alltag anwenden zu können, muss sie jedoch systematisch trainiert werden.

3.3.6.2 Buddhismus „light"

Einer der Pioniere des Achtsamkeit-Konzepts in der westlichen Welt ist der US-amerikanische emeritierte Professor für Medizin Jon Kabat-Zinn. Ende der 1970er Jahre nahm er an einem Retreat des vietnamesischen Buddhisten-Mönches, Autors und spirituellen Lehrers Thich Nhat Hanh in den USA teil. Dort entdeckte er die Wirkungsweise dieser Methode und ihren Nutzen für Menschen, die mit großen Belastungen umgehen müssen, wie z. B. Führungskräfte. Kabat-Zinn übernahm die wesentlichen Konzepte Hanhs, löste sie jedoch von jeglichen religiösen Elementen und strukturierte die Übungen in einem reproduzierbaren achtwöchigen Programm, das seither als Mindfulness Based Stress Reduction (MBSR) zunehmend bekannter wird. MBSR bietet dabei einen pragmatischen Fahrplan für das Erlernen der Meditationspraktiken an, die aus jeweils einer zweieinhalbstündigen Gruppensitzung pro Woche und einem Tag der Achtsamkeit bestehen. Ziel der Methode ist es dabei, einen inneren Freiraum und Abstand zu den Problemen in der äußeren Welt zu schaffen. 1979 gründete Kabat-Zinn die „Stress Reduction Clinic", die schließlich 1995 in das „Center for Mindfulness in Medicine, Health Care and Society" am MIT überführt wurde und international als Hochburg der MBSR-Methode gilt. Das Konzept wurde mittlerweile vielfach wissenschaftlich in Studien überprüft und gilt als anerkannt. Es ist zwischenzeitlich über globale Konzerne zumindest auf der Ebene der Mitarbeiter auch in Deutschland angekommen. Unternehmen wie ABB, BMW, Bosch, SAP und Siemens bieten ihren Mitarbeitern in den letzten Jahren MBSR-Kurse an und stellen teilweise sogar eigene Meditationsräume zur Verfügung. Vorreiter waren allerdings, wie so oft, US-amerikanische Unternehmen wie General Mills, Target oder Google, die bereits seit Mitte des letzten Jahrzehntes Meditationsangebote für ihre Mitarbeiter bereitstellen, und das mit großer Nachhaltigkeit. So durchliefen Googles MBSR-Programm, das den für Google sehr stimmigen Namen „Search inside yourself" trägt, bereits mehr als 1.000 Mitarbeiter und Führungskräfte. Dabei ist es natürlich von großem Nutzen, dass Topmanager wie der Medienmogul Rupert Murdoch und der Ford-CEO Bill Ford öffentlich davon berichten, wie ihnen Achtsamkeit bei der Bewältigung ihrer Aufgaben hilft. Es ist also an der Zeit, dass sich auch in Deutschland Führungskräfte intensiver mit diesem Konzept auseinandersetzen.

3.3.6.3 Somatische Marker

Eine weitere Folge der „Cartesianischen Trennung" ist der Glaube westlicher Manager und ihrer Mitarbeiter, dass Entscheidungen immer aufgrund rationaler Analysen und nach nüchterner Bewertung aller vorliegenden Fakten auf der Grundlage von Logik und der Abwägung von Kosten und Nutzen getroffen werden. Dass sich dies oft anders verhält, habe ich bereits im Kapitel „Entgleiste Executives" (2.6) gezeigt. Diese Fehleinschätzung liegt auch darin begründet, dass wir dazu neigen, Entscheidungen zu treffen, ohne bewusst auf unseren Körper zu „hören", den wir aufgrund unserer Sozialisation in keinster Weise für kompetent halten, uns in komplexen Fragestellungen zu beraten. Hier liefern die Erkenntnisse des aus Portugal stammenden Hirnforschers António Damásio einen interessanten neuen Blickwinkel für Entscheider. Damásio, heute seines Zeichens Professor für Neurowissenschaften an der University of Southern California, hat mit seiner Arbeit nachgewiesen, dass Entscheidungen immer auch emotional getroffen werden, da vergangene Entscheidungssituationen und die mit den Ergebnissen einhergehenden emotionalen Assoziationen stets auf aktuelle Problemstellungen angewandt werden.

Wenn also eine Führungskraft entscheiden muss, ob sie sich vor die Belegschaft stellen soll, um eine schwerwiegende Konzernentscheidung zu erläutern, werden im Gehirn blitzschnell die neuronalen Strukturen aktiviert, die Assoziationen zu ähnlichen Situationen beinhalten. Gab es in vormaligen Fällen unangenehme Fragen aus dem Publikum, die den Manager in Verlegenheit gebracht haben, so wird die Erinnerung daran ein schwächeres Abbild der damaligen Emotionen aktivieren, welche die anstehende Entscheidung emotional „einfärben". In der Hirnforschung spricht man in einem solchen Fall auch von einer „Bahnung", da eine Entscheidung in ihrer Tendenz durch Aktivierung entsprechender neuronaler Muster beeinflusst wird. In diesem Fall würde die Führungskraft sich möglicherweise gegen eine Ansprache entscheiden und dieses nun, da die eigentliche Entscheidung getroffen ist, mit rationalen Argumenten unterfüttern.

Im Kapitel „Neurobiologie, Wohlbefinden und Stress" (4) werde ich noch weiter auf die Erkenntnisse der Hirnforschung zu menschlichem Entscheidungsverhalten eingehen.

Damásio geht in seiner Arbeit noch weiter und behauptet, dass wir nicht nur Gefühle mit unseren Erinnerungen speichern, sondern auch Körperwahrnehmungen, wie Bauchziehen, Gänsehaut oder den „Kloß im Hals". Wenn Menschen mit einer Entscheidung konfrontiert sind, erwägt ihr Gehirn also nicht nur die verschiedenen Reaktionsmöglichkeiten und die daraus resultierenden Ergebnisse, sondern es liefert auch die passenden Körperzustände dazu. So kann eine Erinnerung an eine bestimmte frühere Entscheidung, die das Gedächtnis mit der aktuellen Situation assoziiert z. B. ein Ziehen im Bauch mit sich bringen. Damásio bezeichnet dieses Phänomen als „Somatische Marker" und die Summe aller Marker als das Körpergedächtnis eines Menschen, das Teil seiner Intuition ist. Der Begriff der Somatik leitet sich aus dem Griechischen ab und bedeutet „Körper".

Somatische Marker weisen Menschen darauf hin, dass eine geplante Handlung unangenehme Folgen für sie haben könnte. Genauso markieren sie aber auch positive Vorstellungen, etwa, wenn eine Situation in der Erinnerung wohlige Schauer über den Rücken laufen lässt. Somatische Marker dienen also dazu, Entscheidungen und ihre möglichen Resultate aus Sicht des Individuums in „positiv" und „negativ" zu unterteilen.

3 Die Sphären individueller Resilienz

Bedeutsam für das Verständnis der somatischen Marker ist das tragische Unglück des Bahnarbeiters Phineas Gage, der in die Geschichte der Hirnforschung einging. Im Jahr 1848 erlitt dieser bei einer von ihm durchgeführten Sprengung einen Unfall. Eine etwa 1,10 m lange und 3 cm dicke Eisenstange durchstieß dabei mit großer Wucht seinen Kopf vom Wangenknochen zur Schädeldecke. Überaschenderweise überlebte Gage und blieb sogar die gesamte Zeit bei Bewusstsein. Seine Wunden verheilten gut, und anfangs schien nur ein Auge einen bleibenden Schaden davongetragen zu haben. Während seine intellektuellen Fähigkeiten, einschließlich Wahrnehmung, Gedächtnis, Intelligenz, Sprachfähigkeit sowie seine Motorik nach seiner Genesung völlig intakt waren, kam es jedoch in den folgenden Wochen zu auffälligen Persönlichkeitsveränderungen. Aus dem ehemals stets besonnenen Gage wurde in der Folge ein impulsiver, verantwortungsloser Mensch, der dazu neigte, Entscheidungen zu treffen, die für ihn und andere unvorteilhaft waren. Durch eine aufwendige Rekonstruktion der Verletzung mit Methoden der modernen Hirnforschung konnte nachgewiesen werden, dass die Eisenstange u. a. ein bestimmtes Areal im präfrontalen Cortex zerstört hatte. Damásio ging deshalb davon aus, dass diese Gehirnstruktur dafür zuständig ist, die Verbindung von Erinnerungen, Emotionen und Körperempfindungen herzustellen und für Entscheidungsfindungen zur Verfügung zu stellen. Gage hatte durch seinen Unfall also den Zugriff auf sein Körpergedächtnis und sein Gewissen verloren. Diese Erkenntnis wurde mittlerweile in zahlreichen vergleichbaren Fällen von Verletzungen des Stirnhirns bestätigt.

Somatische Marker sind also ein unwillkürliches körpereigenes System zur Bewertung von anstehenden Entscheidungen, dessen Steuerungszentrale im präfrontalen Cortex angesiedelt ist.

Aber warum gibt es überhaupt so etwas wie somatische Marker? Eine mögliche Antwort darauf könnte die folgende sein: In den allermeisten Fällen sind viel mehr Informationen für eine Entscheidung zu berücksichtigen, als von den höheren Gehirnfunktionen gleichzeitig verarbeitet werden können. Um dennoch schnelle Entscheidungen treffen zu können, dienen die somatischen Marker entwicklungsgeschichtlich wohl dazu, die Anzahl der möglichen Handlungsoptionen durch Bahnung entsprechender Hirnareale zu reduzieren, indem sie die aus Sicht des Individuums unvorteilhaften Optionen unbewusst eliminieren. Aus Sicht der individuellen Resilienz sind die somatischen Marker quasi die Sprache der Hirn-Körper-Achse, die Auskunft über die eigenen Bedürfnisse und Präferenzen geben. Diese Kommunikationsform zu beherrschen ist Teil der bewussten, achtsamen Wahrnehmung, die Resilienz ausmacht.

Resilienz und Unternehmensführung

Zusammenfassung

Die von René Descartes postulierte Trennung von Körper und Geist ist überholt. Der menschliche Körper steht in reger Wechselwirkung mit seinem Gehirn und den dort ablaufenden Prozessen. Umgekehrt beeinflussen diese über die Hirn-Körper-Achse zahlreiche körperliche Funktionen und Zustände.

Achtsamkeit ist eine Disziplin, die u. a. dazu dient, die Wahrnehmung körperlicher Impulse, die auch als somatische Marker bezeichnet werden, zu fördern und weiterzuentwickeln. Eine in der Wirtschaftswelt bereits teilweise akzeptierte Achtsamkeitsmethode ist MBSR, die über Kombination verschiedener Praktiken aus Buddhismus und Yoga Manager dabei unterstützt, mehr inneren Freiraum und Gelassenheit und damit ein höheres Maß an Resilienz für sich zu entwickeln, um letztlich bessere Entscheidungen zu treffen.

3.3.7 Beziehungen / Authentizität

Auf die Frage, was ihnen geholfen habe, den Widrigkeiten ihres Lebens zu trotzen, nannten resiliente Kinder, Jugendliche und Erwachsene mit überwältigender Mehrheit und ausschließlich die Hilfe von Familienmitgliedern, Nachbarn, Lehrern, Mentoren, Freiwilligenorganisationen und kirchlichen Gruppen.

(Emmy Werner, US-amerikanische Entwicklungspsychologin)

Abb. 46: Die Sphäre „Beziehungen / Authentizität"

Der Fall Arthur Boorman, der oben schon erwähnt wurde, ist auch ein gutes Beispiel, wenn es um die Sphäre „Beziehungen/Authentizität" geht. Boorman lebte 15 Jahre in der Überzeugung, dass er nie wieder ohne Krücken und Beinschienen laufen können werde. Als er sich schließlich dazu aufraffte, etwas an seiner miss-

Die Sphären individueller Resilienz **3**

lichen Lage zu verändern, wollte er zunächst nur sein inzwischen gesundheitsgefährdendes Gewicht reduzieren. Yoga erschien ihm als eine Möglichkeit, wieder in Bewegung zu kommen, doch aufgrund seiner starken körperlichen Einschränkungen wurde er von vielen Yoga-Schulen abgewiesen. Nicht so vom ehemaligen Wrestling-Profi DDP, der ihn als Schüler akzeptierte und daran glaubte, dass eine positive Veränderung möglich sei. Boorman berichtete später, dass die Tatsache, dass jemand an ihn und an seine Fähigkeit glaubte, seine Situation aus eigener Kraft zu verbessern, eine starke Auswirkung auf sein Selbstwertgefühl und seine Motivation hatte. Anders formuliert ermöglichten ihm das entgegengebrachte Vertrauen und der Glaube an ihn erst sich zu verändern.

Menschen sind soziale Wesen und als solche eingebettet in zahlreiche Beziehungssysteme wie die Familie, den Freundeskreis oder die Abteilung in der Firma. Diese Beziehungen können entweder positiv als energiegebend oder aber negativ als energienehmend empfunden werden, z. B. wenn Konflikte oder andere Probleme vorherrschen. Als authentisch empfundene dauerhafte und verlässliche Beziehungen stellen eine besondere Art von Ressource dar, die eine hohe Auswirkung auf die individuelle Resilienz haben. Alle in diesem Buch vorgestellten Untersuchungen legen übereinstimmend nahe, dass authentische, vertrauensvolle Beziehungen elementar für die Ausbildung und Festigung von psychischer Widerstandsfähigkeit sind. Entscheidend ist dabei, dass dies Beziehungen sind, in denen sich die Person so zeigen kann, wie sie wirklich ist, ohne sich anzustrengen oder sich zu verstellen. Dies gilt sowohl für Kinder als auch für Erwachsene und auch in besonderem Maße für die Gruppe der Führungskräfte. Je mehr ein Manager in der Lage ist, sich in einer handverlesenen Gruppe von Bezugspersonen positiv eingebettet zu fühlen, desto besser ist dies für seine psychische Widerstandsfähigkeit, wenn die Wellen mal wieder hochschlagen.

Diese besonderen Beziehungen werden in der internationalen Managementforschung auch als „Critical Leader Relationships" bezeichnet. Doch was macht diese Beziehungen so besonders und was ist überhaupt Authentizität in einem Arbeitskontext?

3.3.7.1 Was ist Authentizität?

Authentizität beschreibt die Übereinstimmung von inneren Werten und Gefühlen mit äußerem Handeln und Kommunizieren, wobei rollenspezifische Verhaltensmuster sinnvoll berücksichtigt werden. Andere Begriffe dafür sind Echtheit und Stimmigkeit. Vereint eine Führungskraft dies in sich, so empfinden wir sie als echt, geradlinig und kraftvoll, aber auch als eckig und unbequem. Wahrhaft authentische Manager sind nicht unbedingt pflegeleicht, denn sie haben einen Zugang zu ihrem inneren Kompass bewahrt oder entwickelt, der ihr Handeln leitet und sie verhältnismäßig unabhängig macht von dem Bedürfnis, anderen gefallen zu wollen.

Der Begriff „authentisch" wird häufig unreflektiert und unkritisch übersetzt mit „Jemand sagt, was er denkt".

> **BEISPIEL**
> Stellen Sie sich einmal vor, Sie fahren Straßenbahn und beobachten Ihre Mitreisenden. Stellen Sie sich weiterhin vor, dass Sie Ihre Gedanken, die Ihnen zu jeder der Personen in den Sinn kommen, laut und für alle vernehmbar aussprechen. Das wäre ein ziemlich auffälliges Verhalten, das Sie früher oder später in Kontakt mit einem Psychiater bringen würde.

Authentisch zu sein ist also komplexer. Es hat u. a. etwas mit Impulskontrolle, Eigenreflexion und rollenspezifischer Passung zu tun. In unserer Arbeit unterscheiden wir vier verschiedene Entwicklungsniveaus, auf denen sich eine Führungskraft in Bezug auf ihre Authentizität bewegen kann:

1. opportunistisch,
2. impulsiv,
3. reflektiert und
4. verbunden.

Opportunistisches Verhalten markiert dabei den Ausgangspunkt und ist sozusagen das Gegenteil von authentischem Verhalten, da es sich im Wesentlichen an den Bedürfnissen und Vorstellungen anderer orientiert. Das Straßenbahn-Experiment dient als gutes Beispiel für die nächste Entwicklungsstufe, das impulsive Verhalten. Hier werden Gedanken und Gefühle ohne Eigenreflexion oder soziale Filterung geäußert, was zwar ehrlich, aber in sehr vielen Fällen in keinster Weise sinnvoll in Bezug auf die höheren Ziele der Führungskraft ist. Ziel unserer Arbeit mit Führungskräften ist hingegen die vierte Stufe, also die Entwicklung einer intuitiven Kompetenz von Verbundenheit und Empathie in Beziehungen. Dies erfordert neben einer inneren Haltung von Achtsamkeit im Wesentlichen eine genaue Wahrnehmung der Vorgänge im Gegenüber und im eigenen Innern. Diese Grundhaltung ist beispielsweise bei methodisch sauber arbeitenden Coaches anzutreffen. Die Entwicklung der Fähigkeit zur kritischen Selbstreflexion ist ein guter Schritt auf dem Weg dorthin. Diese bezeichnen wir als dritte Stufe bzw. den reflektierten Umgang mit Authentizität. Die Grafik soll die einzelnen Niveaus verdeutlichen.

3 Die Sphären individueller Resilienz

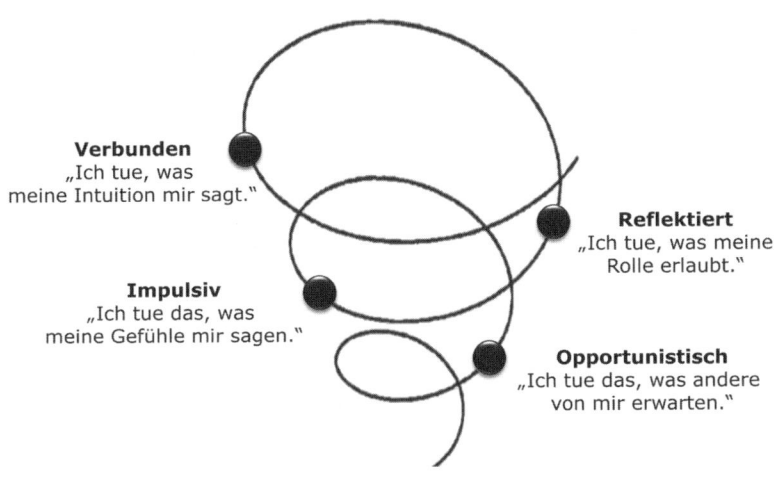

Abb. 47: Die vier Niveaus der Authentizität

Verbundene Authentizität hat viele Vorteile. Unter anderem ist sie eine wesentliche Voraussetzung für den Aufbau und die Pflege von erfolgreichen Critical Leader Relationships.

3.3.7.2 Critical Leader Relationships

Topmanager, die über viele Jahre erfolgreich Unternehmen führen, haben in aller Regel ein hohes Maß an Resilienz entwickelt. Diesen Zusammenhang habe ich bereits im Kapitel „Sind erfolgreiche Chefs resiliente Chefs?" (3.1.2.2) aufgezeigt. Ein wenig untersuchtes Phänomen sind dabei die Intensität und Qualität der „Critical Leader Relationships" (CLRs), die von diesen Führungskräften gepflegt werden. Eine „Critical Leader Relationship" kann beschrieben werden als eine stabile, dauerhafte, vertrauensvolle Beziehung zu einer anderen Person (meist ebenfalls Führungskraft) mit dem Ziel der Unterstützung und der Beratung in führungsrelevanten Fragestellungen. Es handelt sich also hier nicht um Freundschaften oder um normales kollegiales Networking.

Nigel Nicholson, ein Professor für Organisationsentwicklung an der London Business School, untersuchte gemeinsam mit seiner Kollegin Åsa Björnberg von der London School of Economics die CLRs von über 2.700 internationalen Executives, darunter rund 400 Frauen, die an verschiedenen Programmen der London Business School teilnahmen. Sie wollten herausfinden, ob und wie Manager CLRs pflegen und was sie für Nutzen aus diesen Beziehungen ziehen. Die erste bemerkenswerte

Resilienz und Unternehmensführung

Entdeckung war, dass 92 % aller befragten Executives tatsächlich vertrauensvolle Beziehungen im Sinne der Critical Leader Relationship zu anderen Führungskräften unterhalten, und zwar umso mehr, je problematischer sie ihr eigenes Umfeld empfanden. Damit wird die Bedeutung dieser Beziehungen für die individuelle Resilienz verdeutlicht. Dies trifft für alle Unternehmensgrößen, Geographien und Geschlechter der Manager gleichermaßen zu.

- Die mit Abstand größte Gruppe von 47 % pflegt CLRs mit einer hierarchisch höher gestellten Führungskraft des eigenen Unternehmens, d. h., der enge Kontakt zur Konzernspitze ist für knapp die Hälfte der Executives ein stabilisierender Faktor. Dabei kommt sowohl der direkte Vorgesetzte in Frage als auch ein anderer höhergestellter Topmanager.
- Eine deutlich kleinere Gruppe von 22 % hat Vertraute im Kreise der Mitarbeiter, d. h. in einer niedrigeren Ebene der Firmenhierarchie, gefunden.
- Eine weitere Gruppe von 14 % unterhält eine CLR mit Vertrauten auf der gleichen Hierarchieebene.
- Nur 9 % der befragten Manager pflegen CLRs mit externen Personen. Dies kann sowohl ein Coach oder Mentor als Vertrauensperson sein als auch ein befreundeter Manager eines anderen Unternehmens. In dieser Gruppe befinden sich typischerweise eher Top-Executives. Diese Gruppe erzielte die höchsten Werte in Bezug auf den subjektiven Nutzen, den die Manager aus der vertraulichen Beratung mit einer anderen Führungskraft zogen.
- Lediglich 8 % der befragten Manager pflegen keine CLRs. Dies sind überdurchschnittlich oft Topmanager, also je nach Größe des Unternehmens Vorstandsvorsitzende oder Geschäftsführer. Hier lässt sich das Phänomen der „Einsamkeit an der Spitze" nachvollziehen.

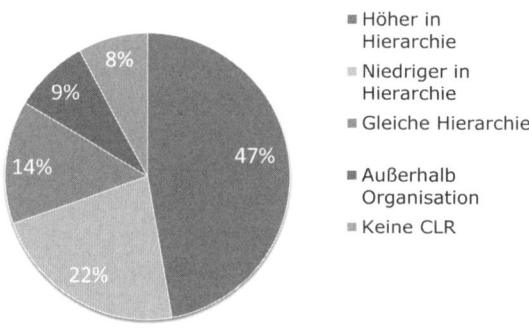

Abb. 48: Hierarchische Verortung von Critical Leader Relationships

Welchen Nutzen ziehen die anderen Manager konkret aus diesen Beziehungen? Zunächst ist die Erkenntnis entscheidend, dass diejenigen CLRs am meisten als nutzbringend empfunden wurden, die auf Gegenseitigkeit beruhen, d. h. bei denen beide Seiten etwas von der Beziehung haben, wenn sie also gleichermaßen Ratsuchender und Ratgeber sind. Bei einseitigen Beziehungen kam es hingegen häufiger zu einer großen Unregelmäßigkeit in den direkten Begegnungen und somit zu einem „Einschlafen" der CLR. Hier ist vor allem entscheidend, welche Persönlichkeitstypen mit welcher Seniorität in einer CLR zueinanderfinden. Eine gewisse Vergleichbarkeit ist sinnvoll, wobei zu große Übereinstimmungen in der Persönlichkeit auch ähnliche blinde Flecke bei beiden Partnern bedeuten können. In Befragungen der 2.700 Executives wurden die folgenden nutzbringenden Faktoren von CLRs identifiziert:

Nutzen von CLRs für Executives

Feedback	Offene und ehrliche Rückmeldung in Bezug auf die Auswirkungen des eigenen Verhaltens
Emotionale Unterstützung	Herzlichkeit, Sympathie, Zutrauen, Bestätigung und Lob, die das Selbstvertrauen im Gegenüber stärken
Konkrete Hilfe	Praktische Unterstützung bei der Lösung konkreter Problemstellungen
Beratung	Preisgabe von eigenen Erkenntnissen, die für das Gegenüber in Bezug auf Strategien hilfreich sein können
Hinterfragen	Einnehmen eines anderen Standpunktes als Advocatus Diaboli, um die Meinung des anderen in Frage zu stellen und dadurch die Blickwinkel zu erweitern
Einsicht	Mitteilen der eigenen Weltsicht mit ihren Abhängigkeiten zur Erweiterung des Verständnisses im Gegenüber

Abschließend halten Nicholson und Björnberg fest, dass CLRs dann am effektivsten empfunden werden, wenn die folgenden Rahmenbedingungen in der Beziehung gegeben sind:

- Regelmäßigkeit der Treffen und Erreichbarkeit im Krisenfall
- Gegenseitigkeit der Unterstützung
- Ausgeglichenheit zwischen dem Reden und aktivem Zuhören
- Offenheit, gegenseitiges Vertrauen und Verschwiegenheit nach außen
- Akzeptanz von Grenzen, d. h. dass es z. B. Themen gibt, die nicht besprochen werden
- Klarheit über die Art von Beziehung, d. h. professionell, nicht privat

Eine der größten Schwierigkeiten, insbesondere bei organisationsinternen CLRs, ist die Einseitigkeit der Unterstützung und die mangelnde soziale Passung. So funktionieren vor allem interne Mentor-Beziehungen oft nicht, weil nur eine Partei, nämlich der Mentee, etwas von der Beziehung hat, oder weil schlicht die Chemie nicht stimmt. Dieses Problem könnte z. B. mit professionellem „Kuppeln" von Führungskräften, etwa durch Firmenprogramme oder einen externen Dienstleister, leicht gelöst werden.

> **Zusammenfassung**
> Authentische Beziehungen erhöhen die individuelle Kapazität, Krisen erfolgreich bewältigen zu können und sogar daran zu wachsen. Dabei ist, wie so oft, nicht die Quantität der Beziehungen ausschlaggebend, sondern vielmehr deren Qualität. Entscheidend ist dabei, dass sich in diesen Beziehungen die Person so zeigen kann, wie sie wirklich ist, ohne sich anzustrengen oder sich zu verstellen. Diese Erkenntnisse wurden in zahlreichen Untersuchungen bestätigt und gelten sowohl für Heranwachsende als auch für Erwachsene und in besonderem Maße gerade auch für die Gruppe der Manager. Critical Leader Relationships sind solche authentischen Beziehungen und haben damit eine entscheidende Bedeutung für die individuelle Resilienz von Managern.

3.3.8 Sinn

Wer ein Warum zu leben hat, erträgt fast jedes Wie.

(Viktor Frankl, österreichischer Neurologe und Psychiater)

Das Leben ist endlich. Wir alle werden irgendwann einmal sterben, egal, ob wir das wollen oder nicht. Viele Menschen fürchten neben dem eigentlichen Akt des Sterbens vor allem die rückblickende Frage am Ende ihres Lebens: Hat mein Leben einen Sinn gehabt? Die Sinnfrage stellt sich vor allem dann, wenn wir mit unserer Sterblichkeit konfrontiert werden, denn das Bedürfnis nach Sinn ist eine Konsequenz aus der Sterblichkeit des Menschen. Wenn Menschen mit tödlichen Krankheiten konfrontiert sind, haben sie oft einen wesentlich schärferen Blick auf die Dinge, die jetzt, in ihren letzten Wochen und Monaten noch Sinn machen, und die, die eigentlich bedeutungslos sind.

3 Die Sphären individueller Resilienz

> **BEISPIEL**
>
> Der Kinofilm „Das Beste kommt zum Schluss" beschreibt diese Schlussphase im Leben zweier Menschen auf undramatische Weise: Der Milliardär Edward Cole, gespielt von Jack Nicholson, und der Mechaniker Carter Chambers, gespielt von Morgan Freeman, teilen sich ein Krankenhauszimmer und haben beide dasselbe Schicksal vor Augen, den nahen Tod durch Krebs. Nach einigen Dialogen voll schwarzem Humor kommen sie zu dem Entschluss, dass sie nicht einfach dahinsiechen wollen, sondern entscheiden sich dafür, die Zeit, die ihnen noch bleibt, ganz und gar auszuleben. Daher beschließen sie, aus dem Krankenhaus zu fliehen, um ihre „Bucket List" abzuarbeiten, die all die Dinge enthält, die sie Zeit ihres Lebens schon immer tun wollten. Während ihres Weges durch verschiedenste Erlebnisse, durch emotionale Täler von Traurigkeit und Verzweiflung und Phasen von Galgenhumor und wahrer Erfüllung werden die beiden schließlich enge Freunde und zeigen eindrucksvoll, dass Sinn nicht einfach da ist oder fehlt, sondern dass das Gefühl von Sinn die Konsequenz der eigenen Taten ist.

3.3.8.1 Sinn kommt von suchen

Das Wort Sinn leitet sich vom altdeutschen Begriff „sin" ab, der so viel bedeutet wie „eine Fährte suchen". Viele Manager, mit denen wir arbeiten, haben keine genaue Vorstellung von dem Sinn, den ihr Leben hat oder haben könnte. Nicht wenigen ist das Gespräch darüber bereits ziemlich unangenehm. Und dennoch ist empfundener Sinn die ultimative Quelle von Resilienz. Und auch der Umkehrschluss trifft zu: fehlender Sinn, also Sinnlosigkeit, ist eine große Gefahr für die eigene Resilienz, die Gesundheit und letztlich auch für das eigene Leben, wie ich im Kapitel „Woran Executives scheitern" (2) dargelegt habe.

Die zentrale Frage ist hier: „Hat das, was ich tue, haben meine Entscheidungen, hat meine Karriere, mein Leben als Ganzes einen Sinn?" Das Erleben von Sinn hat neben äußeren Faktoren, wie dem individuellen Beruf und den eigenen Taten und Unterlassungen, vor allem auch eine innere Komponente, die in der Einstellung des Menschen zum Leben begründet ist. Der Glaube an das Gute, an den Ausgleich oder an eine höhere Instanz hat damit zu tun, aber auch die Werte eines Menschen und seine Motive zählen hier.

Das Erleben von Sinn gibt dem eigenen Handeln Bedeutsamkeit und Ausrichtung sowie das Gefühl von Zugehörigkeit und Stimmigkeit. Sinn stellt nicht das Individuum und sein alleiniges Wohlergehen in den Mittelpunkt des Handelns, sondern vielmehr etwas, das sich richtig und bedeutsam anfühlt und größer ist als jeder Einzelne. Daher ist Sinn auch mit Spiritualität im weiteren Sinne verwandt.

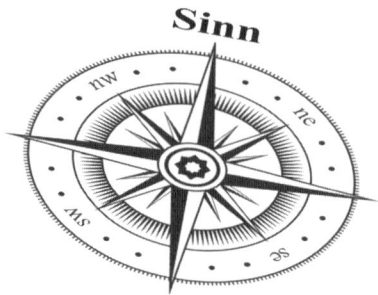

Abb. 49: Sinn dient als innerer Kompass (Bild: Fotolia, longquattro)

Sinn kann sich jeder Mensch nur selbst stiften, auch wenn der Sinn durch unser Umfeld, sei es durch andere Menschen, die uns nahestehen, oder durch die Arbeit, bei der man uns braucht, gefestigt wird. Da es sich bei Sinn im weitesten Sinne um eine Überzeugung handelt, ist diese Komponente der Resilienz in dem Maße veränderbar, wie eine Überzeugung veränderbar ist.

3.3.8.2 Die Bausteine von Sinn

Tatjana Schnell, ihres Zeichens Professorin für Persönlichkeitspsychologie an der Universität Innsbruck, hat mit ihrer Arbeit zur wissenschaftlichen, d. h. messbaren, Ergründung des Phänomens „Sinn" Pionierarbeit geleistet. Mit ihrer Arbeit widerlegte sie eine wichtige These von Viktor Frankl, der als der Vater der sinnorientierten Psychotherapie gilt. Der Österreicher Frankl, der quasi seine gesamte Familie im Holocaust verloren hatte und selbst mehrere Jahre in verschiedenen Konzentrationslagern zubrachte, identifizierte Sinn als eine zentrale Ressource für die individuelle Fähigkeit, auch mit menschenunwürdigen Lebensumständen zurechtzukommen. Das Fehlen von Sinn beschrieb Frankl, der viel mit Suizid-Patienten arbeitete, als eine Erkrankung der Vernunft bzw. als „Noogene Neurose". Das darin enthaltene griechische Wort „noētós" bedeutet so viel wie „geistig wahrnehmbar". Laut Frankl hat man entweder seinen Lebenssinn gefunden, oder man leidet an der empfundenen Sinnlosigkeit des eigenen Lebens.

Die Psychologin Schnell überprüfte diese These in einer Studie mit mehr als 600 Teilnehmern und kam zu dem bemerkenswerten Ergebnis, dass es neben den zwei von Frankl postulierten Gruppen eine weitere, mit über einem Drittel durchaus signifikante Gruppe gibt, die sie als „existentiell indifferent" bezeichnet. Während annähernd zwei Drittel der Befragten ihr Leben als sinnerfüllt ansahen, gaben nur 4 % an, dass sie keinen Sinn in ihrem Leben sahen und eine Sinnkrise erlebten. Die Gruppe der existentiell Indifferenten sieht dagegen keinen größeren Sinn im Leben; sie verspüren deswegen aber keinen größeren Leidensdruck.

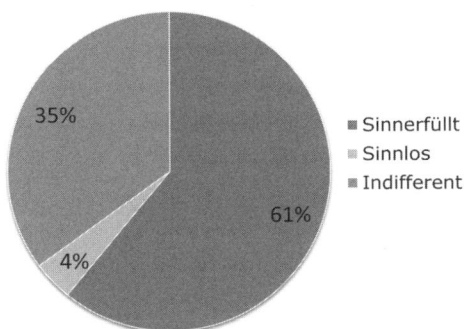

Abb. 50: Erlebter Sinn und Leidensdruck

Schnell entwickelte außerdem ein Inventar von fünf wesentlichen Sinndimensionen und 26 dazugehörigen Lebensbedeutungen, um die individuelle Ausprägung von Sinn messbar zu machen.

Sinndimensionen und Lebensbedeutungen

Orientierung an einem jenseitigen größeren Ganzen
- Konkrete Religiosität
- Abstrakte Spiritualität

Orientierung an einem diesseitigen größeren Ganzen
- Soziales Engagement
- Naturverbundenheit
- Selbsterkenntnis
- Gesundheit, Fitness
- Erschaffen bleibender Werte

Wir-Gefühl
- Gemeinschaft
- Freude
- Liebe
- Wellness
- Fürsorge
- Achtsamkeit
- Harmonie

Selbstverwirklichung
- Bewältigung von Herausforderungen
- Eigenes Potenzial ausleben
- Macht, Gestalten
- Entwicklung, Zielstrebigkeit
- Leistung, Ziele erreichen
- Freiheit, Unabhängigkeit
- Wissen, Lernen
- Kreativität

Ordnung
- Tradition
- Bodenständigkeit
- Moral, Werte
- Vernunft

Nach Schnells Erkenntnissen erfahren Menschen im Wesentlichen dann Sinn in ihrem Leben, wenn sie ihr Handeln in den Kontext eines größeren Ganzen stellen und Verantwortung übernehmen, z. B. durch ein Ehrenamt. Die größte Quelle von Sinn ist dabei das Erschaffen bleibender Werte, z. B. der Aufbau eines eigenen

Unternehmens oder das Weitergeben der eigenen Erkenntnisse und Erfahrungen an kommende Generationen. Weitere in Deutschland als wichtig empfundene Lebensbedeutungen sind Moral, Harmonie, Fürsorge, persönliche Entwicklung und Gemeinschaft. Je mehr Sinndimensionen bei einer Person ausgeprägt sind, desto positiver ist die Auswirkung auf die individuelle Resilienz.

ARBEITSHILFE ONLINE	**Testverfahren zur Ermittlung der individuellen Lebensbedeutungen**
	Tatjana Schnell und ihr Team an der Universität Innsbruck haben ein Testverfahren zur Ermittlung der individuellen Lebensbedeutungen entwickelt, mit dem sich die Ausprägung des eigenen Lebenssinns ermitteln lässt. Weitere Informationen hierzu finden Sie unter http://arbeitshilfen.haufe.de/

3.3.8.3 Werte als kleinere Einheit von Sinn

Während Sinn dem eigenen Handeln und Leben subjektive Bedeutung gibt, sind Werte eher abstrakte Überzeugungen bestimmter idealer Zustände oder Verhaltensweisen. Die Gesamtheit dieser Idealvorstellungen einer Person oder Gesellschaft wird auch als Wertesystem oder Wertekanon bezeichnet.

Das Wertesystem eines Managers umfasst also gewissermaßen sein inneres Koordinatensystem erstrebenswerter Qualitäten. Da es vielen Führungskräften eher schwer fällt, den Sinn ihres Lebens zu reflektieren, weichen wir in unserer Arbeit mit Managern häufig auf die Erarbeitung des individuellen Wertesystems aus. Werte sind dabei sozusagen die kleinere Einheit von Sinn.

Es gibt einige Versuche in der Psychologie, die für Menschen bedeutsamsten Werte zu katalogisieren und zu standardisieren. Die folgende Grafik zeigt ein solches Wertesystem aus der Shell-Jugendstudie, die seit 1953 vom gleichnamigen Mineralölkonzern bei verschiedenen Forschungsinstituten in Auftrag gegeben wird.

3 Die Sphären individueller Resilienz

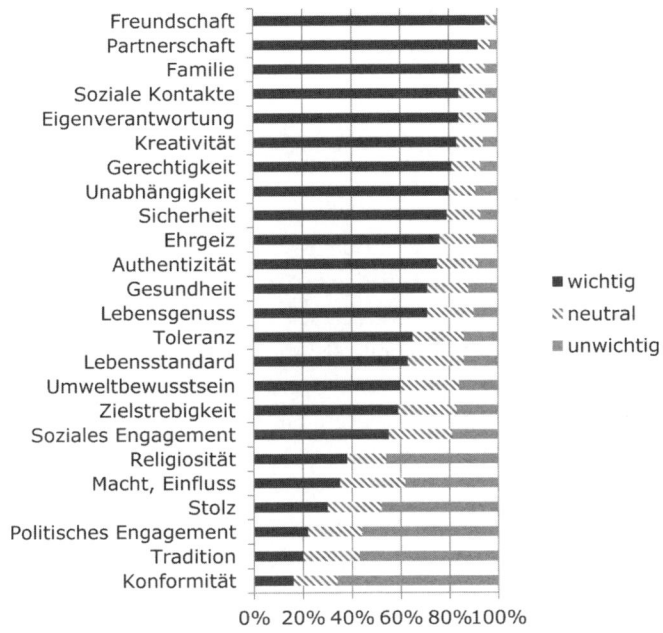

Abb. 51: Werte in der Shell-Jugendstudie 2002

Im Abstand von mehreren Jahren werden hier 2.500 Jugendliche aus Deutschland zu verschiedenen gesellschaftlich relevanten Themen befragt.

Nach unserer Erfahrung sind Werte jedoch höchst individuell, und die exakte Wortwahl ist bei deren Erarbeitung von großer Bedeutung für die empfundene individuelle Stimmigkeit.

Zusammenfassung

Das Erleben von Sinn steigert die individuelle Kapazität, den Herausforderungen des Lebens zu trotzen. Dabei stehen nicht das Individuum und sein alleiniges Wohlergehen im Mittelpunkt des Handelns, sondern vielmehr etwas, das größer ist als das Individuum selbst. Das Erleben von Sinn äußert sich darin, dass sich für einen Menschen sein Handeln richtig und bedeutsam anfühlt. Sinn stiftet Bedeutsamkeit und Ausrichtung und verleiht das Gefühl von Zugehörigkeit und Stimmigkeit. Fehlendes Sinnempfinden reduziert die individuelle Resilienz und erhöht die Anfälligkeit für Lebenskrisen. Sinn wird individuell verschieden wahrgenommen und lässt sich in unterschiedliche Dimensionen unterteilen. Ebenfalls in den Kontext von Sinn gehören die Werte eines Menschen, die eine innere Orientierungshilfe für erstrebenswerte Qualitäten sind.

3.3.9 Eine Inventur: Was macht Ihre Resilienz aus?

Gut die Hälfte der Kunst zu Leben besteht aus Resilienz.

(Alain de Botton, Schweizer Philosoph und Unternehmer)

In den vorangegangenen Kapiteln habe ich das Sphären-Modell der individuellen Resilienz ausführlich vorgestellt. Jetzt geht es darum festzustellen, wie es sich mit Ihrer eigenen inneren Widerstandsfähigkeit in den einzelnen Bereichen verhält. Nehmen Sie sich ein wenig Zeit und schätzen Sie sich selbst auf den folgenden Seiten ein. Nutzen Sie die Fragen in jedem Abschnitt als Anregung zum Nachdenken und Hineinspüren. Es geht dabei nicht um wissenschaftliche Genauigkeit, sondern vielmehr um eine Reflexion darüber, welche Sphären der Resilienz bei Ihnen stark ausgeprägt sind und welche noch mehr „Management Attention" bedürfen. Nehmen Sie sich ausreichend Zeit dafür.

Markieren Sie Ihre Antwort auf der jeweiligen Skala, auf der der Wert −5 für „sehr negativ" und der Wert +5 für „sehr positiv" steht. Jede Antwort stellt dabei einen gedachten Mittelwert aus den zuvor gestellten einzelnen Fragen im jeweiligen Bereich dar. Je ehrlicher Sie dabei mit sich selbst sind, desto aussagekräftiger wird das Ergebnis.

3.3.9.1 Persönlichkeit

- Wie leicht sind Sie aus der Ruhe zu bringen?
- In welchem Maße nehmen Sie Gedanken an die Arbeit oder Konflikte mit nach Hause?
- Wie leicht fällt es Ihnen, sich gegenüber anderen Menschen zu öffnen?
- Wie sehr bringen Sie Veränderungen aus dem Gleichgewicht?
- Alles in allem, in welchem Maße beeinflusst die Sphäre der Persönlichkeit Ihre Resilienz? (−5 = sehr negativ; +5 = sehr positiv)?

3.3.9.2 Biographie

- Wie blicken Sie auf Ihre Lebensgeschichte?
- Hatten Sie bisher ein erfolgreiches Leben?
- Sind Sie stolz auf Ihre Vergangenheit und auf das, was Sie erreicht haben?
- Wie bewerten Sie Ihre Erfolge?
- Wie bewerten Sie Ihre Rückschläge?
- Ist Ihr Leben eine Ansammlung von Niederlagen?
- Alles in allem, in welchem Maße beeinflusst die Sphäre der Biographie Ihre Resilienz? (−5 = sehr negativ; +5 = sehr positiv)?

3.3.9.3 Haltung

- Inwieweit übernehmen Sie die Verantwortung für Ihr Leben?
- Wie diszipliniert sind Sie darin, Ihre langfristigen Ziele zu verfolgen?
- Inwieweit können Sie Ihre Gedanken und Emotionen positiv beeinflussen?
- Inwieweit erwarten Sie, dass sich Ihnen Probleme in den Weg stellen werden?
- Haben Sie eine gesunde innere Distanz zu Ihrer Arbeit?
- Alles in allem, in welchem Maße beeinflusst die Sphäre der Haltung Ihre Resilienz? (−5 = sehr negativ; +5 = sehr positiv)?

3.3.9.4 Ressourcen

- Wie gut gelingt es Ihnen, Ihren emotionalen Zustand durch Einsatz von Ressourcen gezielt zu steuern?
- Wie regelmäßig und bewusst greifen Sie auf Ihre Ressourcen zurück?
- Inwieweit sind Sie in der Lage, Ihren inneren Energielevel zu reduzieren?
- Inwieweit sind Sie imstande, Ihren inneren Aktivitätslevel zu steigern?
- Alles in allem, in welchem Maße beeinflusst die Sphäre der Ressourcen Ihre Resilienz? (–5 = sehr negativ; +5 = sehr positiv)?

3.3.9.5 Hirn-Körper-Achse

- Inwieweit bekommen Sie mit, wie es Ihnen gerade jetzt geht?
- Wie intensiv nehmen Sie die Signale Ihres Körpers wahr?
- Wie achtsam gehen Sie mit sich selbst um?
- Inwieweit nutzen Sie Ihren Körper, um Ihren Geist zu beeinflussen?
- Alles in allem, in welchem Maße beeinflusst die Sphäre der Hirn-Körper-Achse Ihre Resilienz? (–5 = sehr negativ; +5 = sehr positiv)?

3.3.9.6 Beziehung / Authentizität

- Inwieweit gibt es Freundschaften in Ihrem Leben?
- Nehmen Sie sich ausreichend Zeit für sie?
- Wie authentisch sind Sie im Umgang mit anderen Menschen?
- Wie sehr zeigen Sie sich gegenüber Menschen, die Ihnen vertrauen?
- Pflegen Sie vertrauensvolle, dauerhafte Beziehungen zu anderen Führungskräften?
- Alles in allem, in welchem Maße beeinflusst die Sphäre Beziehung / Authentizität Ihre Resilienz? (–5 = sehr negativ; +5 = sehr positiv)?

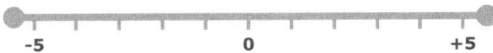

3.3.9.7 Sinn

- Macht Ihr tägliches Handeln in Ihren Augen Sinn?
- Können Sie einen Sinn in Ihrer Karriere sehen?
- Inwieweit hat Ihr Lebens als Ganzes einen Sinn?
- Inwieweit sind Sie sich der Werte bewusst, an denen Sie Ihr Verhalten ausrichten möchten?
- Alles in allem, in welchem Maße beeinflusst die Sphäre Sinn Ihre Resilienz? (–5 = sehr negativ; +5 = sehr positiv)?

> **Zusammenfassung**
>
> Das Konzept der individuellen Resilienz ist komplex und beinhaltet zahlreiche Erkenntnisse vieler verschiedener Forschungsrichtungen. Für unsere Arbeit mit Managern haben wir ein einfaches und zugleich umfassendes Modell zur Resilienz entwickelt, das eingängig ist, ohne dabei jedoch trivial zu werden.
>
> Individuelle Resilienz ist ein vielschichtiges Konstrukt aus kognitiven, emotionalen und körperlichen Einflussfaktoren. Es gibt nicht den einen Weg zu mehr Resilienz für alle, sondern dieser ist für jeden Menschen unterschiedlich. Daher war es uns wichtig, mit dem Sphären-Modell zur individuellen Resilienz die verschiedenen Ansatzpunkte aufzuzeigen, mit denen sich Resilienz verbessern lässt, und gleichzeitig anzudeuten, dass nicht alle Ebenen gleichermaßen zugänglich oder veränderbar sind. Während für den einen die Arbeit an der eigenen Biographie wesentlich sein kann, mag für den anderen eine verbesserte Achtsamkeit dem eigenen Körper gegenüber der nächste sinnvolle Schritt sein, und eine weitere Person wird über die Erarbeitung ihres Lebenssinns entscheidende Veränderungen erfahren. Dabei ist es vor allem wichtig, sich auf diejenigen Sphären zu fokussieren, die bisher noch gar nicht oder nur unzureichend im Fokus waren.
>
> Das Sphären-Modell dient auch dazu, die Ausprägung der eigenen Resilienz kritisch zu hinterfragen. Je mehr Sphären dabei stark ausgeprägt sind, desto besser ist dies für die innere Widerstandskraft. Während es bei unserer Arbeit mit Managern sonst oft darum geht, existierende Stärken weiter auszubauen, geht es bei der Arbeit an der individuellen Resilienz auch darum, die eigenen Schwachpunkte zu identifizieren und die Aufstellung dort durch gezielte Interventionen zu verbessern.

3.4 Von individueller Resilienz zum Resilienzfeld

Es kann der Frömmste nicht in Frieden leben, wenn es dem Nachbarn nicht gefällt!

(Friedrich Schiller, deutscher Dichter und Philosoph)

In den Kapiteln zuvor habe ich die grundlegenden Aspekte der individuellen Resilienz erläutert. In der aktuellen Literatur zu diesem Thema wird Resilienz meist als eine rein individuelle Persönlichkeitseigenschaft bzw. Kompetenz angesehen, was allerdings vor allem im Kontext von Unternehmen die Realität nur unzureichend widerspiegelt. Menschen sind keine Inseln, sondern sie sind stets eingebettet in ein Netzwerk von Beziehungen, z. B. in Familien, Organisationen, Nachbarschaften oder im Freundeskreis. Sie stehen mit ihrer Umgebung in ständiger Wechselwirkung und beeinflussen sich damit gegenseitig. Im Unternehmen sind Führungskräfte und Mitarbeiter eingebettet in Abteilungen, Projektgruppen oder Führungsteams, mit denen sie sich auseinandersetzen müssen.

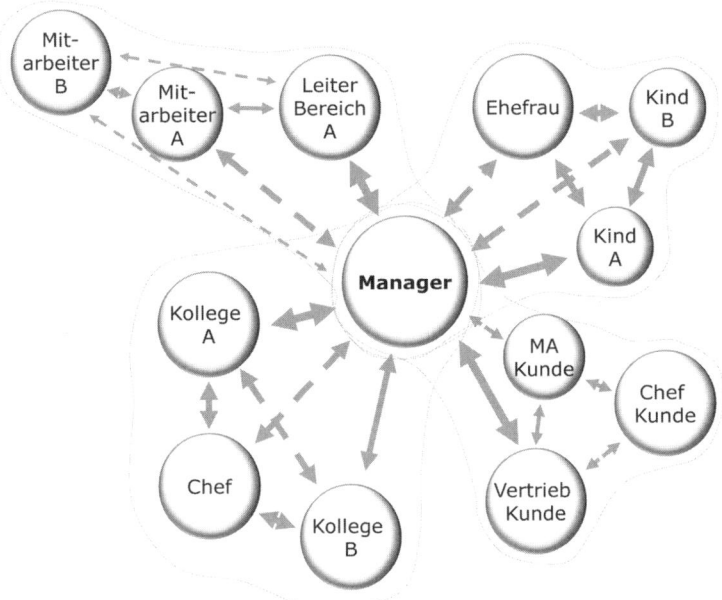

Abb. 52: Ein Manager und einige seiner Systeme

Das „Mikroklima" in einem solchen Team hat entscheidenden Einfluss auf die Resilienz jedes Teammitglieds. Im Kapitel „Starr oder flexibel?" (3.2.1) habe ich beschrieben, dass Architekten in erdbebengefährdeten Gebieten Hochhäuser mitunter mit einem inneren Gegengewicht ausstatten, das im Falle eines Bebens die inneren Schwingungen dämpft. Während ich bisher vor allem die Eigenschaften des inneren Gegengewichts beschrieben habe, das auch für Resilienz wichtig ist, geht es bei der Stimmung im Team oder Bereich um die eigentlichen Erdbeben.

Die Qualität des Klimas in einem Team oder Bereich entspricht dabei der Anzahl, Dauer und Intensität der Erdbeben in der Wolkenkratzer-Metapher. Je negativer das Klima empfunden wird, z. B. bedingt durch fehlendes Vertrauen, Konflikte, Unsicherheit etc., desto mehr Erdbeben treten auf, die die innere Struktur jedes Teammitglieds in Schwingung versetzen.

Resilienz und Unternehmensführung

Auch auf der Ebene des Bereichs bzw. des gesamten Unternehmens existiert ein Klima, quasi als „Großwetterlage", das die Stimmung im Unternehmen wiedergibt. So macht es einen großen Unterschied für dieses „Makroklima", ob ein einst branchenprägendes Unternehmen plötzlich um das eigene Überleben kämpfen muss, wie bei den Smartphone-Herstellern Nokia und Research in Motion (Blackberry) der Fall, oder ob ein Unternehmen eine Erfolgsmeldung nach der anderen herausgibt, wie beispielsweise beim weltgrößten Hersteller von Unternehmenssoftware SAP.

Dieses Unternehmensklima ist dabei übrigens nicht mit der „Unternehmenskultur" identisch. Die Kultur einer Organisation lässt sich nach dem Wegbereiter der Organisationspsychologie, dem gebürtigen Schweizer und späteren MIT-Professor Edgar Schein, beschreiben als die Summe der erlernten Verhaltensweisen, die sich zur Bewältigung der bisherigen Herausforderungen eines Unternehmens als nützlich herausgestellt haben. Oder einfacher gesagt: Kultur regelt, wie die Dinge in einem Unternehmen gemacht werden. Während Kultur also eher langfristig entsteht und sich entsprechend auch nur allmählich weiterentwickelt, verändert sich das Unternehmensklima in kürzeren Zeitintervallen. So haben Veränderungen im Management oder in der wirtschaftlichen Lage einer Firma direkte Auswirkungen auf das Makroklima, während die Unternehmenskultur davon weitgehend unberührt bleibt. Auch wenn die Kultur einer Organisation also nicht mit ihrem Klima zu verwechseln ist, so wirkt doch die Kultur prägend auf das Klima.

Aufgrund der großen Bedeutung des Klimas für die nachhaltige geistige und emotionale Widerstandsfähigkeit der Führungskräfte und Mitarbeiter in einer Organisation, bezeichnen wir diese Energie auch als das „Resilienzfeld" eines Teams, Bereichs oder Unternehmens. Die folgende Grafik soll den Zusammenhang von Resilienzfeld und Leistungsfähigkeit verdeutlichen.

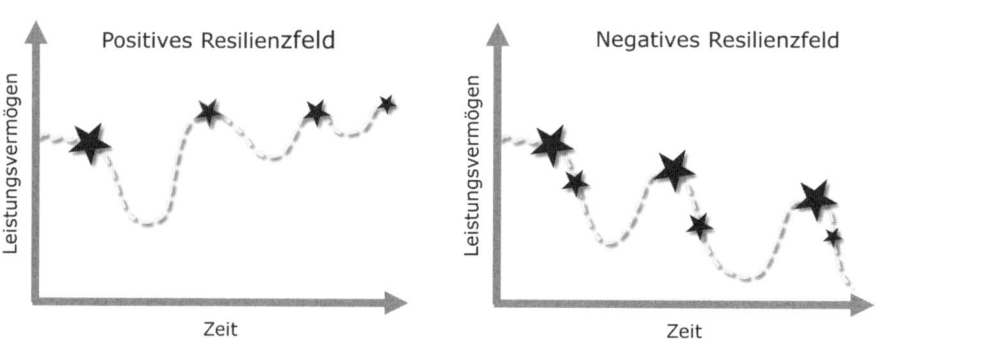

Abb. 53: Resilienzfeld und Leistungsfähigkeit

Ist das Resilienzfeld bzw. das Teamklima positiv, so werden Belastungen eher als Herausforderungen wahrgenommen, die gemeinsam mit den Kollegen bewältigt werden können. Dadurch steigt das Leistungsvermögen solcher Bereiche mit der Zeit. Viele Start-up-Unternehmen haben solch ein inspirierendes und ansteckendes Mikroklima und sind dabei für ihre langen Arbeitszeiten bekannt. Dort macht es den Mitarbeitern häufig Freude, gemeinsam viel Arbeit und Energie in ein gemeinsames Vorhaben zu stecken. In einer solchen Umgebung fällt es leichter, an seinen Herausforderungen zu wachsen, da ein stark ausgeprägtes gemeinsames Gefühl von Sinn das Team zusammenschweißt. Im Kapitel „Resilienzfördernde Führung macht erfolgreich" (3.1.1) habe ich einige Beispiele dafür zusammengetragen.

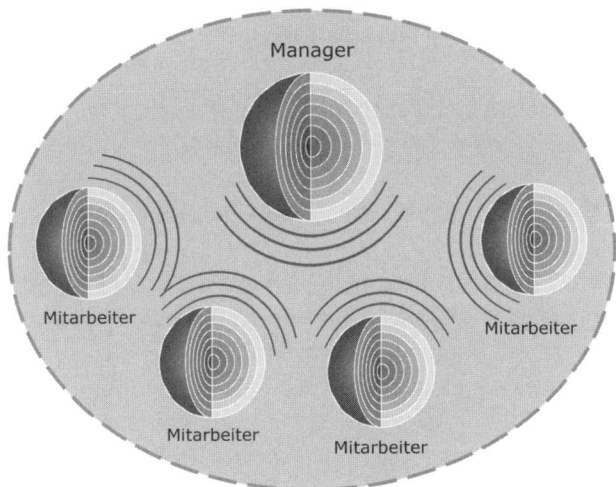

Abb. 54: Führungskraft und Mitarbeiter prägen das Resilienzfeld

In einem Team mit einem negativen Resilienzfeld dagegen entstehen mehr Konflikte und es gibt weniger kollegiale Unterstützung, was dazu führt, dass anstehende Veränderungen eher als nicht zu bewältigende Überforderung eingeschätzt werden und das Leistungsvermögen insgesamt abnimmt. Ein besonders extremes Beispiel für ein negatives Resilienzfeld habe ich im Kapitel „Psychopathie und Erfolg" (2.7.4) beschrieben: Bei der France Télécom gab es in den Jahren 2008 und 2009 innerhalb kurzer Zeit rund drei Dutzend Selbstmorde von Führungskräften und Mitarbeitern, die eng mit einem Modernisierungs- und Restrukturierungsprogramm namens „Time to Move" in Verbindung standen. Doch auch in einem weniger extremen, dennoch negativen Klima ist die Gefahr relativ hoch, auf Dauer die Leistungsfähigkeit, Kreativität und Agilität vieler Teammitglieder einzubüßen.

Individuelle Resilienz und Resilienzfeld sind also zwei getrennte Phänomene, die miteinander in Wechselwirkung stehen. Prinzipiell trägt jedes Teammitglied zu dem Mikroklima in seinem Einflussbereich bei, allerdings haben jeder Manager und natürlich die Unternehmensleitung einen überproportional starken Einfluss auf das Resilienzfeld im jeweiligen Bereich. Ein Chef, der mit einem ärgerlichen Gesicht über die Flure läuft, beeinflusst unmittelbar die Zuversicht und Stimmung seiner Mitarbeiter und damit ihre Fähigkeit, z. B. mit Unsicherheiten umzugehen. Ein Mitarbeiter, der Gerüchte verbreitet und damit Missgunst schürt, tut dies ebenso, indem er das Vertrauen und damit den emotionalen Rückhalt im Team untergräbt. Dies werde ich in den nächsten Kapiteln noch näher erläutern.

3.4.1 Die Bedeutung von Arbeit für unser Leben

Ich glaube, dass in der Welt viel zu viel gearbeitet wird, dass die Überzeugung, Arbeiten an sich sei schon vortrefflich und eine Tugend, ungeheuren Schaden anrichtet.

(Bertrand Russell, britischer Philosoph und Mathematiker)

Arbeit nimmt zeitlich und von ihrer Bedeutung her einen großen Raum im Leben der Menschen in modernen Informationsgesellschaften ein. Das hängt vor allem damit zusammen, dass sie viel mehr Aufgaben für das Individuum erfüllt, als nur den reinen Lebenserwerb abzusichern. Heute stiftet Arbeit außerdem Zugehörigkeit, Anerkennung, Selbstverwirklichung, Identität, Status und nicht zuletzt Sinn. Dies gilt in besonderem Maße für Leistungsträger und Führungskräfte.

Arbeitnehmer in unseren Volkswirtschaften möchten sich über ihre Arbeit definieren und sich mit ihrem Arbeitgeber identifizieren können. Arbeitslosigkeit zählt in Informationsgesellschaften wie unserer, trotz vergleichsweise guter sozialer Absicherung, zu den größten sozialen Unglücksfaktoren. Vergleicht man das Maß an sozialem Gewinn, den Menschen aus ihrer Arbeit ziehen, mit Agrarstaaten oder reinen Industrienationen, so ist diese Gewichtung dort weit weniger stark ausgeprägt. Aufgrund dieser hohen Bedeutung von Arbeit für unser Wohlergehen, kommt dem bereits beschriebenen Resilienzfeld in Informationsgesellschaften eine besondere Bedeutung zu. Verglichen mit allen anderen Belastungsfaktoren am Arbeitsplatz hat das Resilienzfeld die stärkste Auswirkung auf die seelische und sogar die körperliche Gesundheit von Mitarbeitern und Führungskräften. Wenn das Umfeld, in dem Hochleistung erbracht wird, nicht als förderlich wahrgenommen wird, z. B., wenn Konflikte, Verunsicherung oder Angst um den Arbeitsplatz vorherrschen, entsteht eine Schieflage, die sich in statistischen Untersuchungen nachvollziehen lässt.

Von individueller Resilienz zum Resilienzfeld **3**

Im Stressreport der Bundesanstalt für Arbeitsschutz und Arbeitsmedizin wird der Zusammenhang von Stress und Resilienz von Managern und ihren Mitarbeitern regelmäßig untersucht. Unter anderem 2012 wurden über 20.000 Arbeitnehmer zu den Auswirkungen von Stress in ihrer Arbeitsumgebung befragt. Das Ergebnis gibt die bereits beschriebene Schieflage wieder: Einerseits empfinden 84 % aller Befragten ihre Arbeit als Quelle von Sinn und persönlicher Identität. Mehr als 70 % aller Beschäftigten würden ihre Arbeit sogar dann weiter ausüben, wenn sie finanziell gar nicht darauf angewiesen wären. Andererseits geben in derselben Untersuchung 86 % der Befragten an, eine nur gering ausgeprägte oder gar keine emotionale Bindung zu ihrem Unternehmen zu empfinden. Über 50 % der befragten Arbeitnehmer fühlen sich zudem von ihren Vorgesetzten nicht gut geführt, während rund 30 % mangelnde Unterstützung durch ihre Kollegen beklagen. 42 % der Befragten gaben zudem an, dass in ihrem Unternehmen innerhalb der letzten zwei Jahre Umstrukturierungen und Personalabbau stattgefunden haben, was für sie eine Steigerung des Leistungs- und Zeitdrucks mit sich gebracht hat.

Zusammenfassend lässt sich die Situation also folgendermaßen beschreiben: Ein sehr großer Anteil von Arbeitnehmern möchte sich mit der Arbeit und dem Unternehmen langfristig identifizieren, schafft es aber aufgrund unzureichender Führung, einem negativen Resilienzfeld, beständiger Veränderungen und Personalabbau nicht. Diese Schieflage zu korrigieren ist die große Herausforderung für heutige und zukünftige Manager.

3.4.2 Was beeinflusst das Resilienzfeld in Unternehmen?

Sei Herr über Dein Schicksal oder jemand anderes wird es sein.

(Jack Welsh, ehemaliger CEO General Electric)

Salvatore R. Maddi ist heute ein emeritierter US-amerikanischer Professor für Organisationspsychologie. Im Jahre 1975, während seiner Zeit an der University of Chicago, begann Maddi mit einer Langzeitstudie an 450 Managern der Firma Illinois Bell Telephone (IBT), einem regionalen Telekommunikationsunternehmen mit damals 26.000 Mitarbeitern, das zu AT&T gehörte. Sein Ziel war es, Erkenntnisse darüber zu gewinnen, wie Manager mit Herausforderungen wie Leistungsdruck und Veränderungen umgehen. Das Schicksal, in Gestalt der Antitrust Division des US-Justizministeriums, wollte es so, dass es während der 12-jährigen Studie in der Tat zu schwerwiegenden Veränderungen kam. Aufgrund der Monopolstellung beschied die Kartellbehörde 1981, also sechs Jahre nach Beginn von Maddis Studie, die vollständige Zerschlagung des Telefongiganten AT&T in acht unabhängige Tochterge sellschaften, so genannte „Baby Bells". Dies sollte tiefgreifende Auswirkungen auf IBT haben. Insgesamt 12.000 Stellen fielen der Restrukturierung zum Opfer, was das Resilienzfeld im Unternehmen drastisch verschlechterte. Für die übriggebliebenen Mitarbeiter bei IBT veränderten sich Anforderungsprofile, Zuständigkeitsbereiche und Vorgesetzte. Manche Manager berichteten davon, binnen eines Jahres zehn verschiedene Vorgesetzte gehabt zu haben. Da die Altersversorgung in den USA vom Arbeitgeber sichergestellt wird, gerieten zudem Tausende von Aktionären und ehemaligen Mitarbeitern mit Pensionsansprüchen in Panik und attackierten das geschockte Unternehmen mit Anfragen. Das Unternehmen musste sich quasi über mehrere Jahre hinweg vollständig neu erfinden. Maddi und sein Team befragten die Studienteilnehmer bis 1987 jährlich nach ihrem Wohlergehen und ihrer Karriereentwicklung. Die Ergebnisse zeigten, dass die größere Gruppe der Führungskräfte, rund zwei Drittel der Studienteilnehmer, auf die Deregulierung und Restrukturierung des Unternehmens mit Symptomen einer starken Anpassungsstörung reagiert hatte. Sie entwickelten Depressionen und Angststörungen, die Fälle von Substanzmissbrauch nahmen zu und es kam sogar vermehrt zu Herzinfarkten und Schlaganfällen. Diese Manager berichteten, dass sie sich ängstlich, verwirrt und kraftlos fühlten. Zudem äußerten sie häufiger Misstrauen gegenüber dem Topmanagement, was sie darin hinderte, die neuen Gegebenheiten zu akzeptieren. Bei vielen dieser Führungskräfte verschlechterte sich die Leistungsbeurteilung, und ihre Karriere kam entweder zum Stillstand oder entwickelte sich sogar negativ. Eine zweite Gruppe, rund ein Drittel der untersuchten Führungskräfte, schien jedoch nicht unter den Umwälzungen zu leiden. Im Gegenteil, diese Manager behielten ihre positive Grundhaltung bei und standen den Veränderungen positiv gegenüber. Ihre Gesundheit wie auch ihre Leistungsbeurteilungen blieben dabei auf hohem Niveau. All den Führungskräften in dieser Gruppe war gemein, dass sie dazu entschlossen waren, die widrigen Umstände als Herausforderung zu betrachten und das Beste daraus zu machen.

Die Erkenntnisse von Maddi und seinem Team ähneln stark den Ergebnissen von Emmy Werners Langzeitstudie, die ich bereits im Kapitel „Die Kinder von Kauai" (3.2.3) beschrieben habe. Die Studie von Maddi zeigt allerdings auch, dass eine negative Entwicklung des Resilienzfeldes sich messbar auf das Wohlergehen und die Leistungsfähigkeit von Führungskräften auswirkt. Das Gleiche gilt natürlich auch für die Mitarbeiter dieser Manager. Das Resilienzfeld in einzelnen Bereichen eines Unternehmens wird also sowohl durch das Führungsverhalten des Topmanagements als auch durch die Unternehmenskultur und vor allem durch äußere Veränderungen entscheidend beeinflusst.

3.4.3 Executive Teams und das Resilienzfeld

Kein CEO schafft es allein. Du brauchst die Expertise, die Urteilskraft und das Buy-In deines Teams.

(Josef Ackermann, ehemaliger CEO Deutsche Bank)

Doch nicht nur einzelne Topmanager und äußere Faktoren beeinflussen das Resilienzfeld. Insbesondere hochrangige Führungskräfte selbst sind in Vorständen und anderen Leitungsteams organisiert. Diese sind zwar dem Namen nach Teams, gleichen aber oftmals eher Haifischbecken und verfügen über ein entsprechendes Resilienzfeld. In der „Global CEO Study 2012" der Unternehmensberatung IBM Business Consulting nannten 58 % von 1.700 befragten Executives „Führung im Team" als eine der drei wichtigsten Kompetenzen im Topmanagement, was einleuchtet, bedenkt man die komplexen Herausforderungen, mit denen Unternehmensleitungen heute konfrontiert sind. Doch Mitglieder eines Executive Teams werden weder nach ihrer persönlichen Passung ausgewählt, noch wird in die Entwicklung dieser Teams investiert. Stattdessen werden Topmanager meist ausschließlich aufgrund ihrer Kompetenz und Reputation berufen und wegen der Stakeholder, die sie hinter sich versammeln können. Im Vergleich zu „normalen" Teams, deren Probleme häufig in unklaren Rahmenbedingungen wie Zuständigkeiten oder Ressourcen liegen, formiert sich die größte Hürde in der Zusammenarbeit von Executive Teams aus der Tatsache, dass es sich hier eben um Executives, also zumeist um dominante Alphatiere handelt, die sich durch ihre Entschlossenheit und ihren Gestaltungswillen auszeichnen. Unserer Erfahrung nach besteht ein Executive Team zu etwa 60 bis 70 % aus solchen Alphatieren. Zu einem noch größeren Anteil bestehen diese Teams aus rational und analytisch denkenden männlichen Natur- und Wirtschaftswissenschaftlern oder Ingenieuren, die allesamt fest von der universellen Anwendbarkeit ihrer analytischen Rationalität überzeugt sind. Beiden Gruppen ist gemein, dass sie alle ausschließlich an die jeweils eigene Lösung glauben. Die Eigenschaften, die Manager in Top-Teams bringen, allen voran der Wille zu gewinnen und der Glaube an sich selbst, sind es, die Executive Teams dysfunktionale Verhaltensmuster entwickeln lassen, die das Resilienzfeld negativ beeinflussen und Unternehmen aufgrund fehlender Kooperation mitunter teuer zu stehen kommen. Gutgemeinte kollegiale Hinweise werden so leicht als Einmischung oder gar als Angriff verstanden, den es zu parieren gilt. Das Ergebnis sind politisches Verhalten und Nichtangriffspakte, die zwar den einzelnen Egos dienen, nicht aber dem Gesamtinteresse des Unternehmens. Allerdings gelten für Topmanager, trotz höherer Bezahlung, dieselben psychologischen Gesetzmäßigkeiten wie für ihre Mitarbeiter. Die Arbeit in einem dysfunktionalen Executive Team ist der individuellen Resilienz auf Dauer abträglich. Wozu dies führen kann, habe ich bereits im Kapitel „Es geht um alles" (2.2) beschrieben.

Resilienz und Unternehmensführung

3.4.4 Eng verwandt: Organisationale Energie

Organisationale Energie ist die Kraft, mit der ein Unternehmen zielgerichtet Dinge bewegt.

(Heike Bruch, Professorin für Führung und Personalmanagement an der Universität St. Gallen)

Das Resilienzfeld ist ein zugegebenermaßen ziemlich abstraktes Konzept. Jeder Mitarbeiter und jede Führungskraft weiß zwar, wie es sich anfühlt, in einem Team mit positivem bzw. negativem Resilienzfeld zu arbeiten, aber es fällt den meisten ziemlich schwer, dieses Feld genauer zu beschreiben. In diesem Zusammenhang kommt eine sehr interessante Arbeit aus der Schweiz zum Tragen. Heike Bruch, eine deutsche Professorin für Personalmanagement und Führung an der Universität St. Gallen, begann 2001 damit herauszufinden, warum manche Firmen erfolgreicher sind als andere. Dabei ging es ihr weniger darum, Gründe dafür zu finden, warum bestimmte Unternehmen im Wettbewerb zurückfallen oder gänzlich scheitern, sondern vielmehr darum zu ermitteln, welche Energie Unternehmen dazu bringt, besser zu sein als andere. Durch die Arbeit mit vielen verschiedenen Großunternehmen und Mittelständlern entwickelte sie zusammen mit ihrem Team das Konzept der „Organisationalen Energie", einer Messgröße für die Schlagkraft eines Unternehmens, die sich aus den beiden Dimensionen „Intensität" und „Qualität" zusammensetzt.

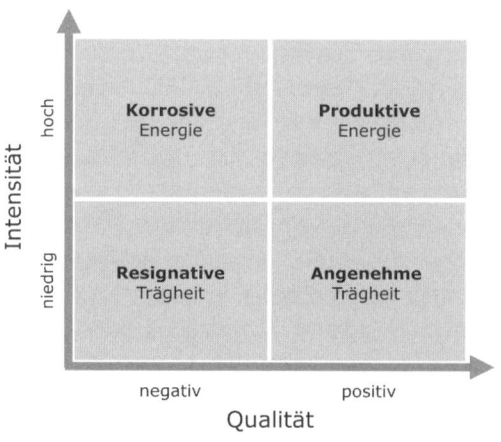

Abb. 55: Das Konzept der Organisationalen Energie; Quelle: Heike Bruch, Bernd Vogel, Universität St. Gallen, Organisationale Energie

Von individueller Resilienz zum Resilienzfeld 3

Diese Energie beschreibt die Agilität, Kraft und Zielgerichtetheit, mit der ein Unternehmen seine Ziele anstrebt. Die Intensität gibt dabei an, mit welcher internen Dynamik ein Unternehmen agiert und inwieweit es die ihm zur Verfügung stehenden Ressourcen aktivieren kann. Die Dimension „Qualität" macht hingegen eine Aussage darüber, inwieweit die im Unternehmen vorherrschende Energie positiv bzw. konstruktiv wirksam ist, wie bei der vielbeschriebenen Aufbruchstimmung, oder ob sie sich negativ bzw. destruktiv auf die Zusammenarbeit im Unternehmen auswirkt. Letzteres ist z. B. der Fall, wenn es unternehmensinterne Konflikte gibt oder es aufgrund der wirtschaftlichen Lage zu Verunsicherung der Belegschaft kommt. Berücksichtigt man beide Dimensionen, ergeben sich die Energiezustände „Produktive Energie", „Angenehme Trägheit", „Resignative Trägheit" und „Korrosive Energie", die sich wie folgt beschreiben lassen.

Energiezustand	Beschreibung
Produktive Energie	Wünschenswerter Energiezustand, Aufbruchstimmung, hohe emotionale Identifikation und starkes gemeinsames Engagement für Unternehmensziele
Angenehme Trägheit	Hohe Zufriedenheit und Identifikation mit dem Status Quo, geringe Handlungsintensität, reduzierte Aufmerksamkeit und Veränderungsfähigkeit
Resignative Trägheit	Geringes Aktivitätsniveau aufgrund hoher Frustration und Gleichgültigkeit, geringes Maß an bereichsübergreifender Kommunikation und Zusammenarbeit
Korrosive Energie	Hohe Anspannung gekoppelt mit inneren Konflikten, Machtkämpfen und Politik, Mitarbeiter arbeiten gegen Unternehmensziele, geringe bis keine Innovationskraft

Die produktive Energie stellt den wünschenswerten Energiezustand in einem Unternehmen dar. Sie ist gekennzeichnet von einem hohen Maß an Engagement und Einsatz für das Unternehmen sowie starken gemeinsamen Emotionen wie Begeisterung, Freude oder Leidenschaft. Unternehmen mit hoher produktiver Energie erzielen nach den Erkenntnissen von Bruch eine erhöhte Profitabilität und verfügen über höhere Innovations- und Wachstumsraten. Aber wie bei allem, geht es auch bei der Organisationalen Energie stets um das rechte Maß, insbesondere, wenn man die Auswirkungen auf die Resilienz von Mitarbeitern und Führungskräften vor Augen hat. Die Zusammenhänge sind in der folgenden Grafik dargestellt.

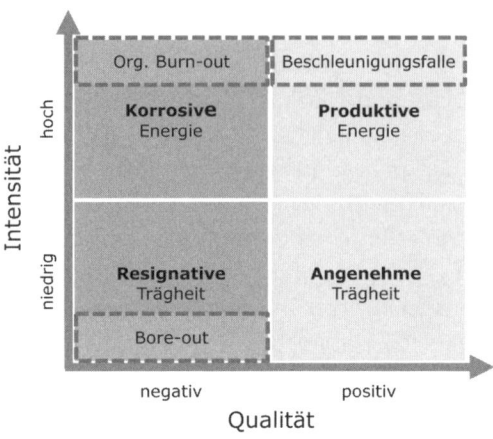

Abb. 56: Organisationale Energie und Resilienz

So kann zu viel produktive Energie zu einem Phänomen führen, das Bruch als „Beschleunigungsfalle" beschreibt. Hier werden Mitarbeiter und Führungskräfte dauerhaft über die Maßen beansprucht, ohne die Möglichkeit der Regeneration. Die Folge sind vermehrt auftretende Stresssymptome, wie Burn-out und Herz-Kreislauf-Erkrankungen. Umgekehrt kann ein Zuviel an resignativer Trägheit zur inneren Kündigung der Mitarbeiter führen und die Häufung von so genanntem „Bore-out" verursachen.

Zu viel korrosive Energie kann schließlich durch innere Spannungen ein gesamtes Unternehmen aufreiben und paralysieren. Bruch spricht hier auch von „organisationalem Burn-out". Aufgrund dieser Beschreibung wird deutlich, dass das Konzept der Organisationalen Energie und des Resilienzfeldes in weiten Teilen identisch sind. Bruch und ihr Team haben ein auf standardisierten Fragebögen basierendes Verfahren entwickelt, mit dem sich die Organisationale Energie eines Bereiches, Teams oder aber einer ganzen Firma durch Mitarbeiterbefragung erfassen, messen und visualisieren lässt.

3 Von individueller Resilienz zum Resilienzfeld

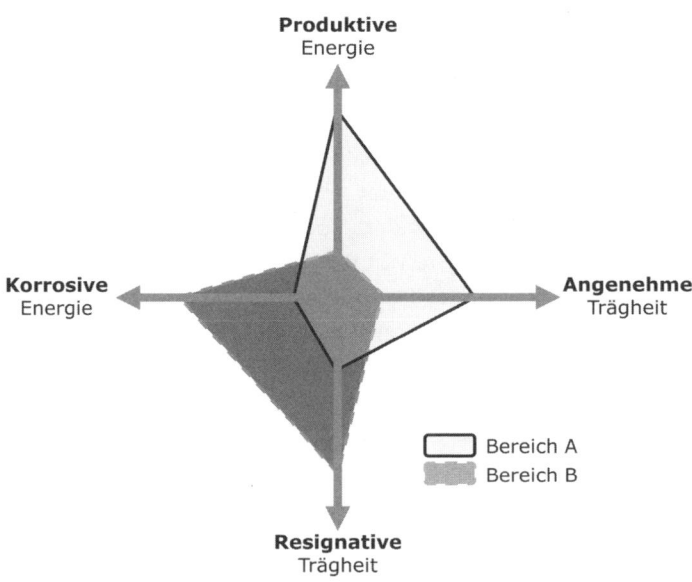

Abb. 57: Visualisierung von organisationaler Energie in verschiedenen Unternehmensbereichen

Hier einige Aussagen, deren Relevanz durch die Mitarbeiter beurteilt werden sollte.

Beispielaussagen zur Erhebung der Organisationalen Energie

- Die Personen in meiner Arbeitsgruppe handeln entschieden, um Probleme zu lösen.
- Die Personen aus meiner Arbeitsgruppe gehen an ihre Grenzen, um den Unternehmenserfolg zu sichern.
- Den Personen in meiner Arbeitsgruppe gefällt, was sie tun.
- Die Personen aus meiner Arbeitsgruppe folgen ausschließlich den Regeln und Normen.

- Die Personen in meiner Arbeitsgruppe glauben, dass es keine Zukunft für unsere Arbeit gibt.
- Die Personen in meiner Arbeitsgruppe machen, was von ihnen gefordert wird, aber nicht mehr.
- Die Personen in meiner Arbeitsgruppe verhindern aktiv Veränderungen und Innovationen.
- Meine Arbeitsgruppe engagiert sich oft für Aktivitäten, die andere im Unternehmen schwächen sollen.

ARBEITSHILFE ONLINE

Verfahren zur Ermittlung der Organisationalen Energie

Heike Bruch und ihr Team an der Universität St. Gallen haben ein Verfahren zur Ermittlung der Organisationalen Energie entwickelt, mit dem sich deren Ausprägung in einem Unternehmensbereich ermitteln lässt. Weitere Informationen dazu finden Sie unter http://arbeitshilfen.haufe.de/

Resilienz und Unternehmensführung

> **Zusammenfassung**
>
> Resilienz ist eine individuelle Kompetenz, die durch Wechselwirkung mit dem Umfeld einer Person, dem Resilienzfeld, positiv oder negativ beeinflusst wird. Führungskräfte und Leistungsträger neigen dazu, sich intensiv und dauerhaft mit ihrer Aufgabe zu identifizieren. Dadurch hat ihre Arbeit für sie eine große Bedeutung im Hinblick auf die eigene Identität und Sinnhaftigkeit. Wird diese Identifikation vom Unternehmen nicht erwidert, sondern herrscht vielmehr ein negatives Resilienzfeld vor, z. B. aufgrund von Umstrukturierungen (Unsicherheit), Degradierung (Statusverlust) oder Personalabbau (Kränkung), so kann eine Krise von existenziellen Dimensionen die Folge sein. Führungskräfte sind von dieser Problematik doppelt betroffen. Einerseits führen sie Teams und Bereiche und müssen dort selbst Bestandteil der sinn- und identitätsstiftenden Qualität des Unternehmens sein, andererseits sind sie selbst Bestandteil eines häufig dysfunktionalen Executive Teams, von dem sie meist nur wenig Rückhalt und Unterstützung erfahren.
>
> Das Resilienzfeld ist in seiner Ausprägung dem Konzept der Organisationalen Energie sehr verwandt. Basierend auf dieser Forschung lässt sich das Resilienzfeld messen und visualisieren, was häufig der erste Schritt hin zu einer Bewusstwerdung und Verbesserung der Energielage im Team ist.

3.5 Die Ebenen des Resilienzfeldes

Je größer die Loyalität einer Gruppe in Bezug auf sich selbst ist, desto größer ist die Motivation der einzelnen Teammitglieder, die Ziele der Gruppe zu erreichen, und desto höher ist die Wahrscheinlichkeit, dass die Gruppe ihre Ziele erreichen wird.

(Rensis Likert, US-amerikanischer Organisationspsychologe)

Das Resilienzfeld eines Teams, Bereichs oder eines ganzen Unternehmens ist Resultat der Wechselwirkung verschiedener Faktoren. So wirken von außen beispielsweise gesellschaftliche, wirtschaftliche und technologische Faktoren ein, während von innerhalb der Organisation vor allem Aspekte der Unternehmenskultur und Führung das Resilienzfeld prägen. Beide Arten von Einflüssen können ein Team belasten oder aber förderlich für seinen Zustand sein.

3 Die Ebenen des Resilienzfeldes

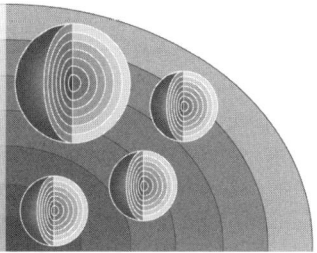

Abb. 58: Ebenen des Resilienzfelds

Das Resilienzfeld ist natürlich auch das Resultat von inneren Faktoren, die aus dem Team, der Gruppe oder dem Bereich selbst kommen. Da eine Gruppe aus Menschen besteht, gründen diese Faktoren im Wesentlichen auf der Zusammensetzung des Teams, den Interaktionsmustern innerhalb des Teams und der Identifikation des Teams mit einem höheren Ziel. Jedes Mitglied bringt dabei die eigene Kapazität an Resilienz in das Team mit ein. Die Interaktion erfolgt daher basierend auf den Sphären der individuellen Resilienz jedes Einzelnen im Team. In Anlehnung an das Sphären-Modell zur individuellen Resilienz haben wir daher ein Modell der Ebenen des Resilienzfeldes entwickelt, das die nach unserer Erfahrung wesentlichen Eigenschaften und Kompetenzen einer Gruppe zusammenfasst, die die Grundlage für ein förderliches Umfeld bilden.

Wie jedes Modell vereinfacht auch dieses stark die Komplexität der Wirklichkeit, aber es gibt einen guten Ansatzpunkt dafür zu verstehen, aus welchen Aspekten das Resilienzfeld einer Gruppe von Menschen eigentlich besteht und wie dieses folglich beeinflusst werden kann. Es trifft hingegen keine Aussage über die relative Bedeutsamkeit einzelner Ebenen oder mit welcher Priorität diese angegangen werden sollten. Ein stark positiv ausgeprägtes Resilienzfeld kann die einzelnen Mitglieder stärken, auch wenn das Gesamtklima negativ sein sollte. Ein negativ ausgeprägtes Resilienzfeld hingegen wirkt sich, unabhängig vom Makroklima, unmittelbar abträglich auf die Widerstandsfähigkeit der Teammitglieder aus und hat zudem keinerlei Schutz- und Pufferfunktion gegen Anfeindungen von außen.

Resilienz und Unternehmensführung

Die Ebenen des Resilienzfeldes im Überblick

Ebene des Resilienzfeldes	Entsprechende Sphäre der Resilienz	Beschreibung
Zusammensetzung	Persönlichkeit	Beschreibt, aus welchen Charakteren eine Gruppe besteht, wie unterschiedlich diese sind und inwieweit sie diese Andersartigkeit als Bereicherung empfinden
Lernfähigkeit	Biographie	Gibt an, wie gut eine Gruppe in der Lage ist, gemachte Erfahrungen von Erfolgen und Niederlagen in Erkenntnisse und Verbesserungen umzusetzen
Vertrauen & Unterstützung	Ressourcen	Beschreibt, inwieweit die Mitglieder einer Gruppe offen und vertrauensvoll miteinander umgehen und sich konkret und emotional gegenseitig unterstützen
Konfliktfähigkeit	Beziehungen / Authentizität	Stellt dar, wie offen und proaktiv die Mitglieder einer Gruppe mit Konflikten umgehen und wie konstruktiv diese gelöst werden
Commitment	Haltung	Beschreibt das Maß an Hingabe und Selbstverpflichtung, mit dem jedes Mitglied der Gruppe sich engagiert und für die gemeinsamen Ziele einsteht
Accountability	Haltung	Trifft eine Aussage über die Bereitschaft, Verantwortung nicht nur für den individuellen Beitrag, sondern für das Gesamtergebnis der Gruppe zu übernehmen
Sinn & Identität	Sinn	Beschreibt das Gefühl, eine Daseinsberechtigung und ein Wirgefühl auf inhaltlicher und emotionaler Ebene zu haben

3.5.1 Herleitung der Ebenen

Teamarbeit beginnt mit dem Aufbau von Vertrauen. Und der einzige Weg dies zu tun ist, unser Bedürfnis nach Unverwundbarkeit abzulegen.

(Patrick Lencioni, US-amerikanischer Managementautor)

Das Modell der Ebenen des Resilienzfeldes macht Anleihen bei anderen Konzepten und kombiniert diese zu einer neuen Aussage in Bezug auf die innere Widerstands- und Regenerationsfähigkeit einer Gruppe. So fließen z. B. Erkenntnisse des britischen Managementtheoretikers Meredith Belbin ein, die dieser gewonnen hat zu den Rollen, die Menschen in einer Gruppe einnehmen, und zu den Auswirkungen, die das auf die Zusammensetzung einer Gruppe hat.

Aber auch andere Erkenntnisse der Persönlichkeitspsychologie, wie bereits im Kapitel „Was hat Persönlichkeit mit Resilienz zu tun?" (3.3.2.1) beschrieben, sind hier integriert: „Lernfähigkeit" ist z. B. ein Konzept, das auf Daten des Centers for Creative Leadership beruht und von den Managementautoren und Unternehmern Michael Lombardo und Robert Eichinger zum Modell „Learning Agility" weiterentwickelt wurde. Es beschreibt verschiedene Faktoren, die die innere Beweglichkeit und Reflexionsfähigkeit von Einzelpersonen und Gruppen ausmachen. Die Ebenen „Vertrauen", „Konfliktfähigkeit", „Commitment" und „Accountability" entstammen der Managementfabel „Five Dysfunctions of a Team", die von dem US-amerikanischen Managementtrainer und Autor Patrick Lencioni dort sehr treffend beschrieben worden sind. Während dieser allerdings z. B. die Nichtexistenz von Vertrauen als eine wesentliche Schwäche eines Teams beschreibt, werden die Ebenen hier mit umgekehrtem Vorzeichen als Stärken verwendet. Die Ebene „Sinn & Identität" schließlich geht auf den Managementberater und -autor Jon Katzenbach zurück, der ein erfolgreiches Team im Wesentlichen über die Existenz einer identitätsstiftenden gemeinsamen Mission beschreibt.

3.5.2 Zusammensetzung

Stärke liegt in den Unterschieden, nicht in den Übereinstimmungen.

(Stephen R. Covey, US-amerikanischer Managementautor)

Eine Gruppe besteht aus Menschen, die alle über eine einzigartige Persönlichkeit und Geschichte verfügen. Wenn man mit Teams aus vielen verschiedenen Unternehmen arbeitet, fällt allerdings auf, dass sich charakteristische Persönlichkeitsaspekte in manchen Umgebungen zu häufen scheinen, so als würde eine Firma oder Branche eine bestimmte Sorte Mensch anziehen. Dem ist auch so, denn Menschen werden nach dem Motto „Gleich und gleich gesellt sich gern", instinktiv von Ähnlichkeiten wie Ausbildung, Art der Tätigkeit, Prestige etc. angezogen. So lassen sich stereotypisch Ärzte von Piloten, Investmentbankern und Unternehmensberatern in bestimmten Persönlichkeitsaspekten unterscheiden. Dies ist natürlich und in weiten Teilen auch sinnvoll. Wenn aber die Ähnlichkeiten in einem Team zu groß werden, entwickelt sich leicht ein kollektiver blinder Fleck, da bestimmte Umweltaspekte von den Gruppenmitgliedern dann nicht wahrgenommen werden können.

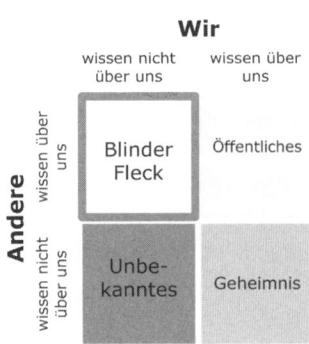

Abb. 59: Der Blinde Fleck einer Gruppe

Im Kapitel „Die „Big Five-Persönlichkeitsfaktoren" (3.3.2.3) habe ich bestimmte Persönlichkeitsaspekte beschrieben. Eine der dort dargestellten Dimensionen der Big Five ist die Achse „Offenheit für Erfahrungen" mit den beiden Polen „Bewahrend" und „Erneuernd". Stellt man sich ein Team vor, das eine große Konzentration bei „Bewahrend" hat, so könnte es ein kollektiver blinder Fleck dieser Gruppe sein, dass solch ein Team eine aufkommende externe Bedrohung, wie z. B. eine technische Innovation oder eine anders geartete Marktveränderung, zu spät oder gar nicht wahrnimmt. Nimmt man noch die Achse „Extraversion" hinzu, so ergibt sich ein leicht nachzuvollziehendes Schema, mit dem sich einige zentrale Verhaltensaspekte von Gruppenmitgliedern im Überblick erfassen lassen. So könnte eine Häufung bei „Introversion" und „Bewahrend" einen recht konservativen und verschlossenen Teil des Teams beschreiben. Das folgende Modell ist mit leicht abgewandelten Achsbeschriftungen übrigens auch als Riemann-Thomann-Modell bekannt, benannt nach den beiden Namensgebern, den deutschen Psychologen und Therapeuten Fritz Riemann und Christoph Thomann.

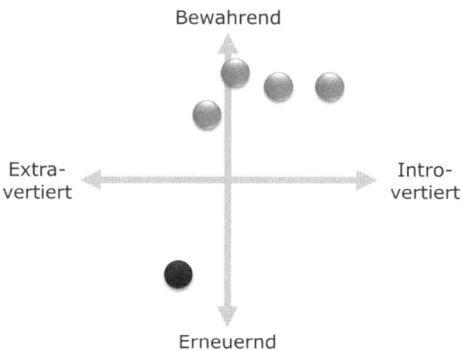

Abb. 60: Teamzusammensetzung nach den zwei Traits „Offenheit für Erfahrungen" und „Extraversion" der Big Five

Gruppen von Menschen mit ähnlichen Persönlichkeitseigenschaften neigen also zu einseitiger Wahrnehmung und stereotypem Verhalten. Aus diesem Grund ist der Begriff „Diversity" seit vielen Jahren in aller Munde, auch wenn er vielerorts vollständig falsch verstanden ausschließlich mit „Frauenquote" übersetzt wird. Diversity, also Unterschiedlichkeit, bedeutet viel mehr, vor allem auch in Bezug auf das Resilienzfeld einer Gruppe.

Wenn nun im Beispiel oben eine homogene Gruppe durch eine weitere Person ergänzt wird, die eher „Erneuernd" und zudem „Extravertiert" aufgestellt ist, so könnte dies zwar theoretisch helfen, den bisherigen blinden Fleck aufzudecken. Allerdings ist aufgrund der Andersartigkeit der Person nicht unbedingt davon auszugehen, dass ihr Vertrauen geschenkt werden wird. Die „Bewahrer" werden mit dem extravertierten „Erneuerer", der wortgewaltig alles Bestehende hinterfragen wird, viele Reibungspunkte bis hin zu unterschiedlichen Weltanschauungen haben.

Das Ganze wird noch komplexer, wenn man noch weitere Dimensionen der Big Five miteinbezieht, wie z. B. die Achsen „Verträglichkeit" und „Bedürfnis nach Stabilität". Die sensiblen Vermittler können sich dann angesichts des belastbaren Herausforderers wie Schafe fühlen, die von einem Wolf bedroht werden. Es reicht also nicht, allein auf die Unterschiedlichkeit in der Zusammensetzung einer Gruppe zu achten. Die Gruppenmitglieder müssen darüber hinaus auch lernen, ihre Andersartigkeit als komplementäre Fähigkeiten wertzuschätzen und diese nicht als Schwäche misszuverstehen. Dies sagt sich relativ leicht, ist aber in der Praxis häufig das Ergebnis jahrelanger Arbeit in und mit einer Gruppe.

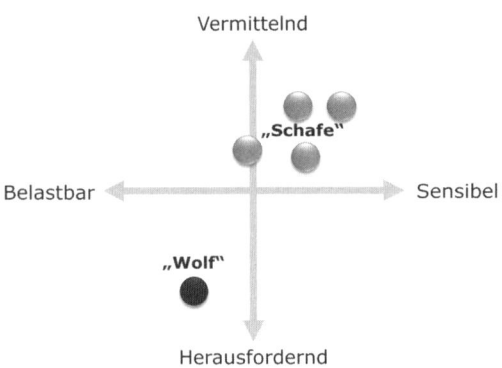

Abb. 61: Teamzusammensetzung nach den zwei Traits „Verträglichkeit" und „Bedürfnis nach Stabilität" der Big Five

3.5.3 Lernfähigkeit

Um sich zu erkennen, wie man ist, braucht es eine außerordentliche geistige Beweglichkeit, denn das, was ist, verändert sich ständig, und wenn der Geist fähig sein soll, ebenso geschwind zu folgen, darf er nicht an irgendein Dogma, einen Glauben oder ein Handlungsschema gebunden sein.

(Jiddu Krishnamurti, indischer Philosoph und spiritueller Lehrer)

Bei unserer Arbeit mit Executive Teams stellen wir diese gerne vor schwer zu lösende Aufgaben, um die Gruppe unter Last zu setzen und so realistische Interaktionsmuster quasi im Labor nachzustellen. Es ist immer wieder sehr interessant zu beobachten, wie unterschiedliche Gruppen mit diesen Herausforderungen umgehen, diese lösen oder eben auch nicht. Unabhängig davon, wie erfolgreich ein Team bei der Aufgabenlösung ist: In jedem Fall gibt es etwas zu lernen.

Aber nicht jedes Team ist gleich effektiv darin, aus gemeinsam gemachten Erfahrungen zu lernen.

3 Die Ebenen des Resilienzfeldes

> **BEISPIEL**
>
> Ein Team, das mir in diesem Zusammenhang besonders in Erinnerung geblieben ist, war ein Führungsteam, das mit dem Bau einer 4 Meter langen Brücke mit genauen Spezifikationen beauftragt war. Nachdem bereits 75 % des Zeitbudgets verbraucht war, war die Gruppe noch auf einem absoluten Holzweg. Es war aussichtslos, dass die Mitglieder aus eigener Kraft auf die Lösung kamen, aber sie waren auch nicht willens, um Rat zu fragen. Anstelle einer Brücke bauten sie etwas, das aussah wie eine Rankhilfe für Blumen. Auf die Frage, wer von den Gruppenmitgliedern davon überzeugt sei, dass sie auf dem richtigen Weg seien, meldete sich niemand. Dennoch hielten sie an ihrer Lösung fest und investierten weitere Zeit in etwas, an das sie eigentlich nicht glaubten, und zwar so lange, bis die gesamte Zeit abgelaufen war. Anschließend ergingen sich die einzelnen Gruppenmitglieder in unterschwelligen Schuldzuweisungen.

Die Auswirkungen solcher Abläufe auf das Resilienzfeld einer Gruppe sind leicht vorstellbar. Irving Janis, ein US-amerikanischer Psychologe, der an der Yale University lehrte, beschrieb dieses Phänomen unter der Bezeichnung „Groupthink" als einen Prozess, bei dem eine Gruppe von an sich kompetenten Personen schlechtere oder realitätsfernere Entscheidungen als möglich trifft, weil jede beteiligte Person ihre eigene Meinung an die erwartete Gruppenmeinung anpasst. Die Kompetenz, die dieses weitverbreitete psychologische Phänomen zu neutralisieren vermag, ist die Lernfähigkeit von Gruppen. Diese Form von reflektierender Agilität beschreibt, inwieweit eine Gruppe dazu in der Lage ist, das eigene Handeln kritisch zu hinterfragen, mit dem Ziel, etwas dadurch zu lernen und künftig als Team noch besser zu sein. Lernfähigkeit erfordert, dass der Gruppenzusammenhalt nicht durch Konformität des Verhaltens künstlich erzeugt werden muss, sondern dass eine stabile Basis von Vertrauen und gegenseitiger Akzeptanz die Gruppe verbindet, unabhängig vom jeweiligen Verhalten eines Einzelnen.

3.5.4 Vertrauen und Unterstützung

Vertrauen ist die Überzeugung, dass ein Teammitglied, das dich kritisiert, dies zum Wohle des Teams tut.

(Patrick Lencioni, US-amerikanischer Managementautor)

Gruppen mit einem ausgeprägten Resilienzfeld neigen dazu, sich gegenseitig im Zweifelsfall beste Absichten zu unterstellen. Das heißt nicht, dass jede Handlung oder Unterlassung eines Gruppenmitglieds zwangsläufig gut geheißen wird, aber sie wird auch nicht als feindlicher Akt verstanden, der das Ziel hat, die eigene Reputation oder das Team als Ganzes zu beschädigen. Das unterscheidet diese Gruppen von den meisten Executive Teams, wie ich bereits im Kapitel „Executive Teams und das Resilienzfeld" (3.4.3) beschrieben habe.

Diese Art von Vertrauen führt dazu, dass politische Spiele und Spiegelfechterei weitestgehend unterbleiben und stattdessen eigene Erfolgserlebnisse und Rückschläge offen und wertschätzend angesprochen werden können. Dabei geht es zudem nicht um Schuld, sondern um konkrete Lösungen, und darum, was sich aus dieser Erfahrung für die Gruppe und jeden Einzelnen lernen lässt. Vertrauen geht in diesen Gruppen einher mit gegenseitiger Unterstützung im Sinne von kollegialer Beratung. Dabei werden konkrete Problemstellungen gemeinsam betrachtet, hinterfragt und diskutiert. Alternative Lösungsansätze und Ideen werden ausgetauscht, es wird Anteilnahme und Anerkennung gezeigt und eigene ähnliche Fälle werden dargelegt. Diese ausgeprägte Offenheit ist dabei nicht mit einer behüteten, risikolosen Umgebung zu verwechseln, denn die Verantwortung für die letztendliche Umsetzung und Lösung eines Themas bleibt immer bei der Person, die die Problematik eingebracht hat.

3.5.5 Konfliktfähigkeit

Starke Teams schonen sich nicht gegenseitig. Sie scheuen sich nicht, ihre schmutzige Wäsche auszubreiten. Sie stehen zu ihren Fehlern, Schwächen und Nöten ohne Angst vor Vergeltung.

(Patrick Lencioni, US-amerikanischer Managementautor)

Gruppen mit einem ausgeprägten Resilienzfeld haben es geschafft, für sich ein Paradoxon zu lösen. Einerseits haben die Gruppenmitglieder ein starke Basis von Vertrauen und Loyalität untereinander aufgebaut, andererseits führt dies aber nicht dazu, dass sich unbewusste Muster nach dem Motto „Eine Krähe hackt der anderen kein Auge aus", manifestieren und entstehende Konflikte ignoriert oder bagatellisiert werden. Die Lösung zu diesem augenscheinlichen Widerspruch besteht in dem Verhältnis zur Professionalität und zu Nähe bzw. Distanz in der Gruppe. Eine Gruppe mit ausgeprägter Konfliktfähigkeit besteht aus selbstbewussten, reflektierten Kollegen, die gemeinsam und individuell besser werden möchten, und nicht aus Freunden, die sich gegenseitig ihre Zuneigung bekunden müssen. Allerdings besteht sie auch nicht aus Feinden oder Gegnern, die partout nicht zusammenarbeiten wollen.

All dies ermöglicht zur gleichen Zeit sowohl die Wertschätzung der Person als auch das Hinterfragen des Verhaltens. Das englische Verb „to challenge", das wörtlich übersetzt eigentlich „herausfordern" bedeutet, beschreibt diese Gleichzeitigkeit für mich sehr gut. Es ist vergleichbar mit einer starken Fußballmannschaft, die auf dem Platz zusammenhält, um gemeinsam zu gewinnen, während es in der Kabine deutliche Worte vom Trainer und von Mitspielern gibt, nicht nur was Spitzenleistungen, sondern auch was Fehlverhalten angeht.

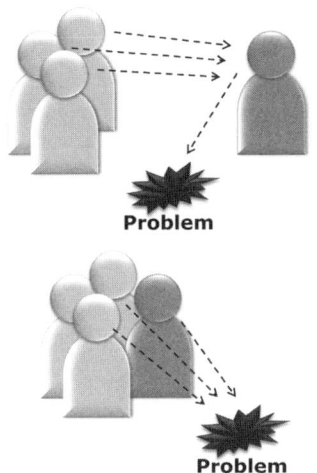

Abb. 62: Verschiedene Konflikthaltungen

Teams mit einem ausgeprägten Resilienzfeld haben oft eine spezifische Haltung und Sprache entwickelt. Diese Haltung sagt eben nicht aus „Das ist Dein Problem. Du bist schuld. Löse es!", sondern „Das ist unser Problem. Wie gehen wir jetzt damit um und was lernen wir daraus für die Zukunft?".

Die wichtigste Eigenschaft in Bezug auf Konfliktfähigkeit, die Gruppen mit einem ausgeprägten Resilienzfeld entwickelt haben, ist jedoch diejenige, Konflikte erst gar nicht aufkommen zu lassen, sondern beizeiten Missstände anzusprechen und zeitnah respektvolles, auf die Weiterentwicklung des Gegenübers ausgerichtetes Feedback zu geben. Aus unserer Arbeit mit Executive Teams und anderen Gruppen wissen wir allerdings auch, dass dies nur in wenigen Teams wirklich konsequent umgesetzt wird. Solange eine Gruppe also keine Feedbackkultur entwickelt hat, schlummert noch viel Potenzial für eine bessere Zusammenarbeit und damit für ein stärker ausgeprägtes Resilienzfeld in ihr.

3.5.6 Commitment

Individuelles Commitment zu einer gemeinsamen Aufgabe – das ist es, was ein Team, ein Unternehmen, eine Gesellschaft, eine Zivilisation funktionieren lässt.

(Vince Lombardi, US-amerikanischer Football Trainer)

Ein deutsches Wort für „Commitment" zu finden, ist schwierig. Begriffe wie Selbstverpflichtung oder Leistungsversprechen kommen der englischen Bedeutung nahe, treffen aber nicht den Punkt. Commitment beschreibt das Maß an Hingabe, das eine Person für eine Sache, aber typischerweise eher für eine Gruppe empfindet, und folglich auch die Bedeutsamkeit, die sie diesem größeren Ganzen einräumt. Die Konsequenz von Commitment lässt sich in Identifikation und emotionaler Energie ausdrücken, die eine Person bereit ist, in eine Gruppe zu investieren, frei nach dem Motto, das der französische Schriftsteller Alexandre Dumas seinen drei Musketieren in den Mund legte: „Einer für alle, alle für einen".

Dies mündet, wie zahlreiche aktuelle Studien belegen, schließlich in besserer Leistung, größerem Arbeitseinsatz und höherer Qualität. Commitment findet auf verschiedenen Ebenen statt. Man kann sich seinem eigenen Erfolg oder seinen Zielen gegenüber verpflichtet fühlen oder aber gegenüber den Kollegen, die man nicht hängen lassen möchte. Man kann Commitment zum Vorgesetzten empfinden oder aber abstrakter zur Firma oder Marke als solche. Viele spüren auch eine Verpflichtung einer gewissen inhaltlichen Thematik oder Tätigkeit gegenüber.

Gruppen mit einem stark ausgeprägten Maß an Commitment haben eine Antwort auf die Frage, für wen sie sich engagieren, was aus Sicht der inneren Widerstandsfähigkeit die Verstehbarkeit der Umwelt erhöht. Dies hilft ihnen dabei, ein starkes Resilienzfeld zu entwickeln. Das Gegenteil von Commitment ist die „innere Kündigung" oder das Phänomen des „Free Riders", der sich von einer Gruppe mittragen lässt, ohne einen aus Sicht der Gruppe angemessenen eigenen Leistungsanteil beizusteuern. Bleibt solches Verhalten dauerhaft ohne Konsequenzen, obwohl es von der Gruppe nicht toleriert wird, so schwächt es auf Dauer die Position des Leiters, das Commitment aller übrigen Mitglieder und damit das Resilienzfeld der gesamten Gruppe.

3.5.7 Accountability

Ich mag Menschen um mich, die mich daran erinnern, mich an mein Wort zu halten.

(Hunter Parrish, US-amerikanischer Schauspieler)

Der Begriff „Accountability" ließe sich wörtlich etwa mit Verantwortlichkeit oder Rechenschaftspflicht übersetzen. Tatsächlich geht es bei Accountability im Sinne dieses Konzepts um das Maß an Gesamtverantwortung, das jedes Mitglied für den Erfolg der Gruppe empfindet und proaktiv, d. h. aus sich heraus, wahrnimmt.

Accountability geht dabei weiter als Commitment und Konfliktfähigkeit. Commitment bezieht sich auf die emotionale Identifikation der Gruppe gegenüber; bei Konfliktfähigkeit geht es um die Art, wie mit Problemen umgegangen wird. Eine stark ausgeprägte Konfliktfähigkeit wäre es, wenn ein beliebiges Gruppenmitglied im Interesse der gesamten Gruppe einen Kollegen auf einen Missstand in dessen Zuständigkeitsbereich aufmerksam machen könnte, ohne dafür Repressalien, wie z. B. eine Retourkutsche, fürchten zu müssen. Auf der gesellschaftlichen Ebene würde so etwas heute als „Whistleblowing" bezeichnet werden. Whistleblower sind zwar ein wichtiges Korrektiv für eine Gruppe, aber unumstritten oder gar beliebt sind sie nicht.

Accountability bedeutet, dass der auf sein Problem angesprochene Kollege diese Information als hilfreich wahrnimmt und sich dafür sogar noch bedankt. Ein ebenso typisches Verhalten wäre es hierfür, wenn der besagte Kollege die anderen Gruppenmitglieder aktiv um Feedback bittet und auch um Vorschläge, wie er die Situation in seinem Bereich verbessern kann.

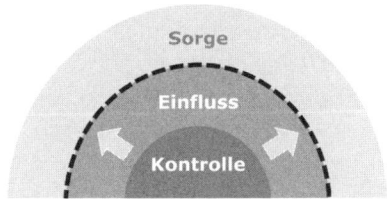

Abb. 63: Ausdehnung der Kontrollzone bei Accountability

Das Gegenteil von Accountability ist das alleinige Fokussieren auf den eigenen Zuständigkeitsbereich und das Tolerieren oder Ignorieren von Missständen in der Gruppe im Sinne einer Laissez-faire-Politik.

Accountability braucht viel Energie, Souveränität und professionelle Distanz bei allen Gruppenmitgliedern, denn nur, wer sich seiner eigenen Qualitäten und seines Standings wirklich bewusst ist und zudem Beziehungs- und Sachebene für sich sauber trennen kann, kann eine solche Art von „Einmischung in innere Angelegenheiten" auch tatsächlich gut heißen. Es braucht eine tiefe Überzeugung bei allen Beteiligten, dass diese Form der Kritik einer höheren Sache dient und als solche uneigennützig ist. Wenn die Mitglieder einer Gruppe sich gegenseitig in die Verantwortung nehmen, dehnen sich ihre Einflusssphäre und damit ihr Kontrollbereich aus. Sie übernehmen Verantwortung, treten aus dem Schutz der Gruppe hervor und werden damit zu Co-Leitern, die die Gruppeninteressen gegenüber einzelnen Mitgliedern vertreten und dies nicht an den offiziellen Gruppenleiter delegieren.

Da Resilienz viel mit der Beeinflussbarkeit der Umwelt zu tun hat, ist ein hohes Maß an Accountability in einer Gruppe sehr wichtig für die Identifikation mit den Gruppenzielen und für ein ausgeprägtes Resilienzfeld.

3.5.8 Sinn und Identität

Arbeit gibt einem Sinn und Identität, und das Leben ist leer ohne sie.

(Stephen Hawking, britischer Astrophysiker)

Sinn und Identität sind die Energien, die eine Gruppe von innen heraus und nach außen hin zusammenhalten. Beide sind zwingend sowohl für die bloße Existenz einer Gruppe als auch für die Ausbildung eines Resilienzfeldes. Der Sinn ist die Daseinsberechtigung einer Gruppe und liefert eine Antwort auf die Frage, warum man sich in der Gruppe engagiert und wofür sich die Gruppe als Ganzes einsetzt. Der Sinn einer Gruppe kann dabei sowohl die Erreichung eines konkreten Ziels sein oder aber das Verfolgen einer eher abstrakten Mission. Je deutlicher der Sinn formuliert ist und je mehr sich die Gruppenmitglieder mit ihm identifizieren können, desto mehr Energie kann dies bei den Gruppenmitgliedern freisetzen und desto stärker wird das Resilienzfeld in der Gruppe.

3 Die Ebenen des Resilienzfeldes

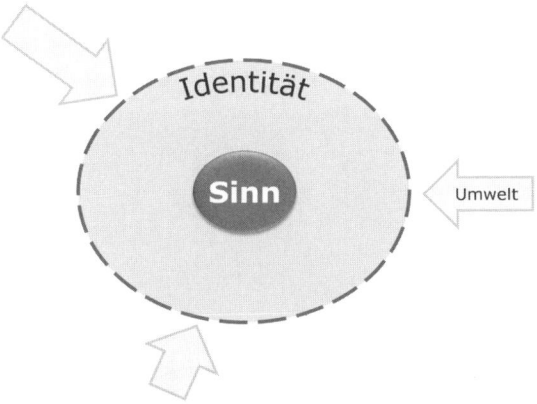

Abb. 64: Sinn und Identität einer Gruppe

Die Identität regelt einerseits, wer zur Gruppe gehört und wer nicht, und andererseits, was die Qualitäten oder Eigenschaften sind, für die diese Gruppe einsteht. Die Identität einer Gruppe stellt eine eigene Einheit dar, welche die individuellen Identitäten ihrer Mitglieder übersteigt. Damit eine Gruppe funktionieren kann, müssen die Mitglieder ihre Identität der Gruppenidentität zumindest teilweise unterordnen. Dies wird auch als Loyalität bezeichnet. Im Ausgleich dafür erhalten sie von der Gruppe das Gefühl der Zugehörigkeit, was nicht notwendigerweise etwas mit tiefer Sympathie zu tun haben muss. Dieses Phänomen wird auch als Korpsgeist oder als Wirgefühl bezeichnet. Auf der Ebene der Familie wird die Identität durch Sprichwörter wie „Blut ist dicker als Wasser", ausgedrückt. Stark ausgeprägte Identität und Zugehörigkeit sorgen in einer Gruppe für ein Gefühl von Sicherheit und Stabilität. Dies ist umso bedeutsamer, je turbulenter und belastender das Umfeld ist, in dem die Gruppe agiert. Eine stabile emotionale Heimat in einer Gruppe zu haben, ist eine wichtige Ressource, um mit Belastungen der Umwelt besser umgehen zu können, und damit sehr wichtig für ein starkes Resilienzfeld.

Zusammenfassung

Bei unserer Arbeit mit Leitungsteams laden wir die Mitglieder gerne zu einer Reflexion ihres Resilienzfeldes ein. Hierzu hat es sich bewährt, zunächst einmal eine Bestandsaufnahme des Status Quo vorzunehmen und diese zu visualisieren. Die folgende Grafik zeigt beispielhaft eine solche quantitative Erfassung des Resilienzfeldes einer Gruppe.

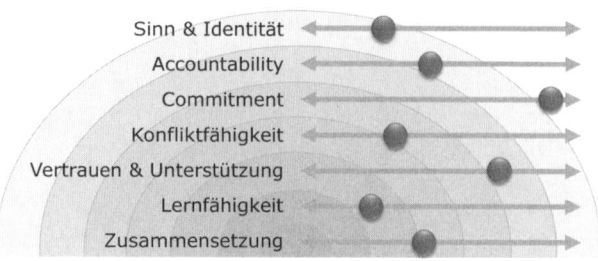

Abb. 65: Quantitative Erfassung der Ausprägung des Resilienzfeldes

Basierend auf den Ausprägungen der einzelnen Ebenen lassen sich dann differenzierte Maßnahmen ableiten, um das Resilienzfeld gezielt zu verbessern. Auf diese werde ich noch ausführlich im Kapitel „Wie lässt sich Resilienz fördern?" (7) eingehen.

Das Resilienzfeld einer Gruppe ist gleichermaßen das Produkt eines inneren Entwicklungsprozesses wie auch das Resultat eines Anpassungsprozesses an das Umfeld der Gruppe. Es wirkt sich dabei abhängig von seiner „Ladung" entweder eher positiv oder aber negativ auf die psychische Belastbarkeit und Widerstandsfähigkeit seiner Mitglieder aus. Ein starkes Resilienzfeld ermöglicht dabei den Gruppenmitgliedern, besser mit Belastungen im Umfeld des Teams umzugehen. Die Qualität dieses Feldes lässt sich über das Konzept der Organisationalen Energie einer Gruppe messen und darstellen, das ich im Kapitel „Von individueller Resilienz zum Resilienzfeld" (3.4) vorgestellt habe. Auch wenn die Führungskraft eine zentrale Rolle bei der Ausprägung des Resilienzfeldes spielt, trägt doch jedes Gruppenmitglied ebenso entscheidend dazu bei. Um das abstrakte Konzept des Resilienzfeldes greifbarer zu machen und um eine zielgerichtete Veränderung zu ermöglichen, haben wir das Modell der Ebenen des Resilienzfeldes entwickelt. Diese Ebenen umfassen verschiedene Eigenschaften und Kompetenzen einer Gruppe, die nach unserer Erfahrung das Resilienzfeld ausmachen.

4 Neurobiologie, Wohlbefinden und Stress

4.1 Hirnforschung – Hype oder Heilsbringer?

Einige Hirnforscher reklamieren umfassende Welterklärungsansprüche, dabei sind ihre empirischen Daten zu komplexen Bewusstseinsvorgängen kaum belastbar.

(Felix Hasler, Gastwissenschaftler an der Berlin School of Mind and Brain)

Keine Frage, Hirnforschung und Neurobiologie sind in aller Munde und hip. Die Neurowissenschaften wurden in den letzten Jahren zum Teil der Popkultur. Hirnforscher schreiben Bücher für Jedermann und plaudern mehr oder minder eloquent in Talkshows. Sie sprechen vor großem Publikum über ihre Erkenntnisse zum menschlichen Gehirn und die diversen Paradigmenwechsel, die diese in den verschiedensten Lebensbereichen zur Folge haben werden. Das Ganze wird flankiert von tollen bunten Bildern, die hochwissenschaftlichen Apparaten entstammen und, zugegebenermaßen, irgendwie cool aussehen.

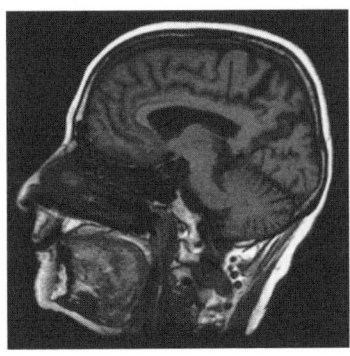

Abb. 66: Längsschnitt des Schädels mittels fMRT-Technologie

Von den Medien werden die neuen Erkenntnisse wegen ihres hohen Unterhaltungswertes dankbar aufgenommen und publikumswirksam gepusht („Ist der freie Wille eine Illusion?"; „Depressionszentrum entdeckt!"), mitunter über die Grenzen der Wissenschaftlichkeit und selbst des gesunden Menschenverstands hinaus. Bei näherem Hinsehen sind viele dieser Erkenntnisse oder besser Deutungen entweder an den Haaren herbeigezogen, oder nicht neu und mitnichten bahnbrechend, was immer mehr Kritiker auf den Plan ruft.

> **BEISPIEL**
>
> Dies alles zeigt sehr anschaulich das Beispiel des „Salmon of Doubt", Lachs des Zweifels. So legte der britische Hirnforscher Craig Bennett einen Lachs in einen fMRT-Scanner und zeigte ihm Bilder von Menschen in sozialer Interaktion, so wie das in Studien der „sozialen Neurowissenschaften" üblich ist. Die Forscher um Bennett fanden in ihrer Untersuchung einige Regionen mit erhöhter Aktivität im Lachsgehirn und veröffentlichten die Ergebnisse. Der Witz dabei: Der Lachs im Scanner war tot. Die Forscher konnten in ihrer Persiflage zeigen, dass man bei der Arbeit mit einem fMRT immer etwas findet, wenn man es unterlässt, sauber zu arbeiten, und es daher versäumt, in den statistischen Daten echte Hirnaktivität vom Grundrauschen zu trennen. Viele Hirnforscher fühlten sich daraufhin ertappt, und es gab hitzige Diskussionen in der Szene.

Aus dem Beispiel lässt sich zum einen folgern, dass britische Hirnforscher zu einem etwas skurrilen Humor neigen. Zum anderen zeigt es aber auch, dass bunte Bilder gekoppelt mit unwissenschaftlicher Arbeitsweise und ausgeprägter Deutungshoheit zu inkorrekten oder nicht belegbaren Rückschlüssen führen können.

Ein weiterer Kritikpunkt zur populärwissenschaftlichen Neurowissenschaft ist ihr Hang zu übermäßigen Vereinfachungen. Unsere Kenntnis des Gehirns ist heute wahrscheinlich so weit entwickelt wie die Kenntnis des menschlichen Körpers zur Zeit Leonardo da Vincis am Anfang der Renaissance. Die Tendenz, in Analogie zu Organen spezifische Hirnfunktionen einzelnen, klar umrissenen Hirnarealen zuzuweisen, ist verlockend aber meist falsch. Je mehr geforscht werden wird, je besser die verwendeten Verfahren und je diffiziler die Versuchsaufbauten werden, desto mehr wird klar werden, dass hochkomplexe Netzwerke die Hirnvorgänge steuern, die wir noch nicht mal annähernd begreifen.

Doch unabhängig davon ist das Selbstbewusstsein vieler Neurowissenschaftler heute zugegebenermaßen sehr ausgeprägt. So bemerkt z. B. Christian Elger, Professor für Epileptologie an der Universität Bonn, in seinem lesenswerten Buch Neuroleadership:

4 Hirnforschung – Hype oder Heilsbringer?

„Die Psychologie wird heute in fast allen gesellschaftlichen Bereichen als Hilfswissenschaft genutzt, trotzdem ist sie nach wie vor wenig greifbar. Offensichtlich ist sie nicht in der Lage, den von ihr versprochenen Nutzen in dem Maße zu stiften, wie man es allgemein erwartet und erhofft. Deshalb geraten die Neurowissenschaften gewollt, oft aber auch ungewollt, immer stärker in den Blickpunkt des öffentlichen Interesses."

Ich denke nicht, dass eine weitere Polarisierung zwischen Wissenschaftszweigen hier hilfreich oder sinnvoll ist. Es sind vielleicht weniger die vielen vermeintlich bahnbrechend neuen Erkenntnisse der Hirnforschung, die bedeutsam sind. Vielmehr vollzieht die Neurobiologie im Organ Gehirn zahlreiche Erkenntnisse aus anderen Wissenschaftszweigen, wie z. B. der Psychologie, Soziologie oder verschiedenen Aspekten der Managementtheorie, auf neurologischer Ebene nach, verfeinert sie womöglich und bestätigt sie damit.

Doch was ist nun wirklich dran an der Hirnforschung und welche relevanten Erkenntnisse liefert sie für die Bereiche Führung und Resilienz? Die folgenden Abschnitte beschäftigen sich mit einigen wesentlichen Erkenntnissen.

4.1.1 Das Gehirn ist einzigartig und veränderbar

Je mehr wir in uns aufnehmen, umso größer wird unser geistiges Fassungsvermögen.

(Lucius Annaeus Seneca, alt-römischer Philosoph und Politiker)

Die Strukturen jedes Gehirns bestehen stark vereinfacht aus Neuronen (Gehirnzellen) und Synapsen (Verbindungen zwischen den Zellen). Die Anzahl der Neuronen im Gehirn wird auf etwa 100 Milliarden geschätzt. Jedes Neuron ist mit bis zu 10.000 Synapsen mit anderen Neuronen verbunden. In einer Hirnmasse von der Größe eines Streichholzkopfes befindet sich geschätzt die ehrfurchtgebietende Menge von einer Milliarde Synapsen. Das menschliche Gehirn ist höchst individuell und unabhängig vom Alter veränderbar, d. h., jedes Gehirn ist einzigartig in seiner Vernetzung und hört nicht auf, sich individuell zu entwickeln. Diese Einzigartigkeit gilt sogar für die Gehirne von eineiigen Zwillingen.

Als Neugeborene haben wir wesentlich mehr Neuronen und Synapsen, als jemals gebraucht werden. Von diesen haben nur diejenigen fortwährend Bestand, die vom Gehirn in neuronale Netzwerke eingebunden werden. Der kanadische Psychologe Donald Hebb stellte bereits im Jahre 1949 dazu ein grundlegendes Gesetz auf, das noch heute Gültigkeit besitzt: „What fires together, wires together". Das bedeutet, dass Neuronen verschiedener Hirnareale, die regelmäßig gemeinsam erregt werden, mit der Zeit immer stärkere Vernetzungen ausbilden, bis sie schließlich zu einem eigenständigen Erregungsmuster geworden sind. Umgekehrt gilt die trivial klingende Regel: „Use it or loose it". Sie bedeutet, dass jegliche Erregungsmuster und damit auch Synapsen und Neuronen wieder vom Hirn abgebaut werden, wenn sie nicht regelmäßig in Gebrauch sind bzw. erregt werden. Stimulierende Impulse durch neues Handeln, Denken oder Fühlen verändern also die Verschaltungsmuster im Gehirn. Je öfter die neuartigen Impulse auftreten und die Aufmerksamkeit darauf gelenkt wird, desto eher wird etwas Neues gelernt. Dadurch werden neue Verschaltungsmuster aufgebaut und gefestigt. Dies wird auch als Neuroplastizität bezeichnet. Entwicklungsgeschichtlich hat uns diese Formbarkeit des Gehirns die Fähigkeit beschert, ausgefallene Bereiche des Gehirns durch intakte Strukturen zu kompensieren, z. B. nach einem Schädel-Hirn-Trauma oder einem Schlaganfall.

Dr. Moritz Helmstaedter vom Max-Planck-Institut für Neurobiologie in Martinsried forscht u. a. auf diesem Gebiet. Die folgende Grafik zeigt den Erfolg beim Erlernen neuer Worte nach fünf Versuchen bei einer Versuchsgruppe im Alter von 7 bis 70 Jahren. Wie man im Versuchsergebnis sehen kann, ist das Gehirn im Alter von 60 Jahren noch so leistungsfähig in Bezug auf das Lernen wie das Gehirn im Alter von 10 Jahren.

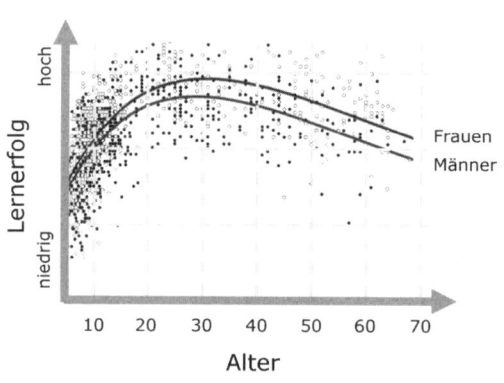

Abb. 67: Lernerfolg in Abhängigkeit vom Lebensalter; Quelle: Moritz Helmstaedter, Max-Planck-Institut für Neurobiologie

Dies bedeutet nicht weniger, als dass individuelle Muster unseres Denkens, Fühlens und Handelns jederzeit und bis ins hohe Alter bewusst durch wiederholte Verarbeitung abgeänderter Muster variierbar sind. Oder einfacher: Unser Hirn bestimmt unser Denken, aber unser Denken formt auch unser Gehirn.

4 Hirnforschung – Hype oder Heilsbringer?

Das menschliche Gehirn ist ein Organ, das für die Lösung von emotional bedeutsamen Problemen optimiert ist. Immer dann, wenn das emotionale Gleichgewicht gestört wird, werden im Gehirn Neurotransmitter ausgeschüttet, die dazu beitragen, all jene Netzwerke zu verstärken, die zur Lösung des Problems und damit zur Herstellung des emotionalen Gleichgewichts benötigt werden.

Trotz der Einmaligkeit und Veränderbarkeit jedes Gehirns, gibt es Areale bzw. räumliche Erregungsmuster, in denen bei den meisten Menschen vergleichbare Verarbeitungsprozesse stattfinden. Dies macht die vergleichende Anwendung bildgebender Verfahren überhaupt erst sinnvoll. Zu diesen Verfahren gehören die Funktionale Magnetische Resonanz Tomographie (fMRT), die Computertomographie (CT) und die Positronen Emissions Tomographie (PET). Diese Verfahren sind heute allesamt noch ziemlich ungenau. Sie messen Hirnaktivität nur indirekt entweder über die Bewegung von Sauerstoffatomen im Blut oder die Zerfallsrate radioaktiver Isotope. Ähnlich wie sich das Fernglas von Nikolaus Kopernikus in 500 Jahren zum Hubble-Weltraumteleskop weiterentwickelte, wird sich auch hier in den nächsten Jahrzehnten noch einiges tun. Die Weichen dazu sind bereits gestellt: Aufgrund einer von der US-Regierung initiierten „Brain Initiative" werden allein im Jahr 2014 knapp 80 Millionen Euro in entsprechende Vorhaben investiert. Ziel dieses auf Jahrzehnte angelegten internationalen Projekts ist die Erstellung einer „Brain Activity Map", die die Abläufe des Gehirns kartieren und die Funktionsweise der Nervenzellen aufschlüsseln soll.

4.1.2 Das Gehirn strebt nach Wohlbefinden und Schmerzvermeidung

Unser Gehirn ist nicht dafür gebaut, glücklich zu sein, aber es ist süchtig danach, nach Glück zu streben.

(Manfred Spitzer, deutscher Psychiater und Hirnforscher)

Das menschliche Gehirn orientiert sein Handeln und Entscheiden danach, körperlichen aber auch seelischen oder sozialen Schmerz bzw. Stress zu vermeiden.

Verschiedene Formen von Stress (körperliche Verletzungen, emotionale Konflikte, mentale Dilemmata, plötzliche unvorhersebare Ereignisse, soziale Isolation oder gesellschaftlicher Statusverlust) werden vom Gehirn nicht unterschieden, sondern in derselben neuronalen Struktur, dem Schmerz- oder Stressareal in der so genannten Insula, einer Vertiefung der Großhirnrinde, verarbeitet. Wird dieses aktiviert, werden automatisch die höheren Hirnfunktionen, die für reflektiertes, planvolles und rationales Denken und Handeln zuständig sind, heruntergefahren oder, neurobiologisch gesprochen, gehemmt.

Dies können Sie gut nachvollziehen, wenn Sie sich die letzte Restrukturierung in Ihrem Unternehmen, die Reaktionen Ihrer Mitarbeiter darauf und die damit verbundenen Produktivitätseinbußen vor Augen führen. Die Einführung neuer Prozesse oder Strukturen oder gar die Veränderung der Unternehmenskultur erfordert aus neurobiologischer Sicht bei Mitarbeitern und Führungskräften die Ausprägung und Festigung neuer Erregungsmuster, die dem gewünschten Verhalten entsprechen. Die Ausprägung neuer neuronaler Strukturen kostet aber deutlich mehr Aufwand und damit Energie als die Nutzung bereits etablierter Netzwerke, was jeglicher Veränderung zunächst hemmend gegenübersteht.

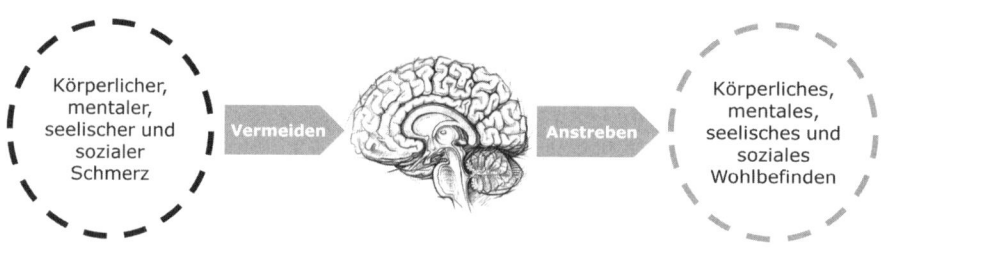

Abb. 68: Das grundlegende Funktionsprinzip des menschlichen Gehirns (Bild: Fotolia, NataV)

Die einzige Möglichkeit, dieses Dilemma aus Sicht der Unternehmensführung zu überwinden, ist es, den bisherigen Status Quo mit der Erregung des Schmerzareals der Mitarbeiter in Verbindung zu bringen, z. B. indem nachvollziehbar verdeutlicht wird, dass die Existenz der Firma gefährdet wird, wenn alles so bleibt, wie es ist. Gleichermaßen sollte das gewünschte Zielverhalten mit der Erregung des Belohnungszentrums in Verbindung gebracht werden, z. B., indem möglichst plastisch und emotional ansprechend die zukünftige positive Entwicklung beschrieben wird. Ein neudeutscher Begriff für eben dieses Konzept ist „Storytelling", also die Kunstfertigkeit, Emotionen in Geschichten einzubetten. Das menschliche Handeln und Entscheiden ist neurobiologisch darauf ausgerichtet, positive Stimuli zu erzeugen. Diese entstehen, wenn die neuronale Struktur des Belohnungszentrums im Gehirn durch verschiedenartige Impulse aktiviert wird, z. B. durch die Bewältigung von Herausforderungen, die Sicherheit gebende Zugehörigkeit zu einer Gruppe, die Berechenbarkeit von Entwicklungen, durch soziale Anerkennung, entgegengebrachtes Vertrauen oder die Verbesserung des eigenen sozialen Status.

4 Hirnforschung – Hype oder Heilsbringer?

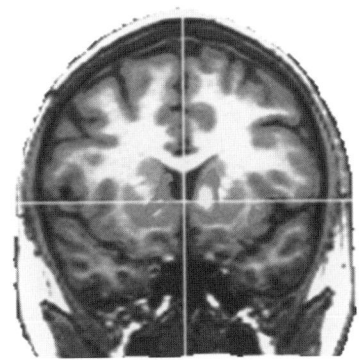

Abb. 69: Das aktivierte Belohnungszentrum; Quelle: Christian Elger, Universitätsklinik für Epileptologie, Bonn

Die Aktivierung des Belohnungszentrums, u. a. des so genannten Nucleus accumbens im Zwischenhirn, und die damit verbundene Ausschüttung der Neurotransmitter Dopamin, Oxytocin und Endorphine ist für das Hirn ganz offensichtlich sehr erstrebenswert. In Tierversuchen, in denen Mäusen die Möglichkeit gegeben wurde, ihr Belohnungszentrum, das mittels Elektroden stimuliert wurde, selbst zu aktivieren, konnten oder wollten diese bald nichts anderes mehr tun und zeigten starkes Suchtverhalten. Anders als bei anderen Hirnarealen tritt beim Belohnungszentrum auch bei häufiger Stimulation dabei kein Gewöhnungseffekt ein, d. h., wir streben zwar stets nach Wohlbefinden, brauchen aber anders als bei Suchtmitteln nicht ständig mehr externe Reize, um dasselbe wohlige Gefühl zu erreichen.

Die Erkenntnis, dass das menschliche Handeln durch Schmerzvermeidung und Wohlbefinden gesteuert wird, ist dabei übrigens nicht neu. Bereits Sigmund Freud definierte vor knapp 100 Jahren diese beiden Kräfte als die wesentlichen Triebfedern menschlichen Handelns, auch wenn er Wohlbefinden sehr stark im sexuellen Sinne interpretierte. Auch wenn jedes gesunde Gehirn über ein Schmerzareal und ein Belohnungszentrum verfügt, heißt das übrigens nicht, dass Schmerz oder Belohnung von jedem Gehirn als Reaktion auf dieselben Anlässe empfunden werden. Für das eine Gehirn mag empfundene öffentliche Anerkennung eine sehr starke Aktivierung des Belohnungszentrums auslösen, während es bei einem anderen durchaus auch das Schmerzareal aktivieren kann. Auch hier verhalten sich die Erkenntnisse der Hirnforschung analog zu den Ergebnissen der Persönlichkeitspsychologie (siehe dazu auch das Kapitel „Die Sphären individueller Resilienz", 3.3).

Neurobiologie, Wohlbefinden und Stress

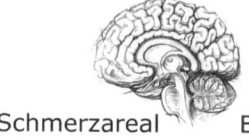

Schmerzareal
- Stress
- Hemmt höhere Hirnfunktionen
- Aktiviert Instinkt für Flucht-, Kampf- oder Starre

Belohnungszentrum
- Wohlbefinden
- Stimuliert höhere Hirnfunktionen
- Fördert Kreativität und Leistungsvermögen

Abb. 70: Schmerzareal und Belohnungszentrum (Bild: Fotolia, NataV)

Während das Belohnungszentrum den stärksten steuernden Einfluss auf unsere Aktivitäten hat, wirkt sich ein stimuliertes Schmerzzentrum in Form von Stress und Aktivierung niederer Hirnfunktionen stärker und längerfristiger aus auf die Balance der hirninternen Botenstoffe und damit das körperliche, geistige und emotionale Gleichgewicht. Die Aktivierung des Belohnungszentrums im Gehirn versetzt Menschen besser in die Lage, komplexe Probleme mit Kreativität zu bewältigen und ihre volle geistige Leistung abzurufen, als sie dies im Normalzustand können. Außerdem fördert es die seelische und körperliche Widerstandsfähigkeit. Die Aktivierung des Schmerzzentrums hingegen führt dazu, dass die Produktivität sinkt und komplexe Problemstellungen weniger souverän bewältigt werden können. Des Weiteren nehmen die Leistung des Immunsystems und die emotionale Stabilität ab, dafür wird aber der Körper optimal auf Flucht oder Kampf vorbereitet, was aber heutzutage meist nicht umsetzbar und daher auch nicht sinnvoll ist.

4.1.3 Im Gehirn dirigiert das Unbewusste das Bewusste

Der Mensch kann wohl tun, was er will, aber er kann nicht wollen, was er will.

(Arthur Schopenhauer, deutscher Philosoph)

Von den menschlichen Sinneszellen ziehen etwa zwei bis drei Millionen Nervenfasern zu unserem Gehirn, von denen jede bis zu 100 Impulse pro Sekunde „abfeuert". Um diese Unmenge an Impulsen überhaupt sinnvoll zu verarbeiten, hat das Gehirn im Laufe seiner Evolution ein ausgeklügeltes Verfahren zur Erregung und Hemmung spezifischer Hirnareale entwickelt.

So verwendet das Gehirn beispielsweise unterschiedliche neuronale Strukturen, um bewusste und unbewusste Vorgänge zu verarbeiten. Neurowissenschaftler sprechen hier von impliziten bzw. expliziten Gedächtnisinhalten. Die Areale, die mit bewussten Denkvorgängen befasst sind, wie z. B. der präfrontale Cortex im Stirnlappen der Großhirnrinde, benötigen sehr viel mehr Energie als die Strukturen, die im limbischen System, dem Emotionszentrum des Gehirns, für unbewusste Prozesse zuständig sind. Um nicht vorzeitig zu erschöpfen, versucht das Gehirn stets, seinen Energieverbrauch gering zu halten. Bewusste Verarbeitungsvorgänge laufen zudem in Hirnarealen ab, die aufgrund geringerer Dichte wesentlich mehr Platz in Anspruch nehmen. Aus Gründen der Energieeffizienz und auch aus Platzmangel — in der Schädelhöhle steht nur ein Volumen von 1.200 Kubikzentimetern für ein Gehirn von 1,5 Kilogramm Gewicht zur Verfügung — läuft daher der Großteil aller Prozesse im Gehirn unbewusst bzw. implizit und damit außerhalb der Wahrnehmung ab.

Wichtig ist hierbei, dass sowohl bewusste als auch unbewusste Prozesse unser Denken, Fühlen und Handeln beeinflussen können. Wenn unser Verhalten durch unwillkürliche implizite Verarbeitungsprozesse bestimmt wird, z. B. durch Worte, Bilder, Farben, Töne oder Gerüche, spricht man von Bahnung oder Priming. Hierbei werden bestimmte Erregungsmuster unbewusst gebahnt, also quasi vorgewärmt, was dazu führt, dass darauffolgende Entscheidungen assoziativ nach dem Ähnlichkeitsprinzip getroffen bzw. dass Handlungen von dem gebahnten Erregungsmuster beeinflusst werden.

> **BEISPIEL**
>
> Personen, die in einem Experiment negativ belegte Begriffe zu Kündigung, Konflikten und Krankheit sortieren müssen, gehen nachweislich anschließend langsamer als ihre Kollegen, die dieselbe Übung mit neutral oder positiv besetzten Begriffen durchgeführt haben.

Ein weiteres Beispiel für unbewusste Verarbeitungsprozesse ist das Phänomen der Empathie. Empathie ist die Fähigkeit, die durch Körpersprache, Gesichtsausdruck und Stimme ausgedrückten Emotionen eines Gegenübers wahrzunehmen und sich in diese einzufühlen bzw. diese im eigenen Körper wahrzunehmen.

Im Jahr 1995 entdeckte der italienische Neurophysiologe Giacomo Rizzolatti die so genannten Spiegelneuronen in der Großhirnrinde von Rhesusaffen. Diese Nervenzellen haben die erstaunliche Eigenschaft, immer dann aktiv zu werden, wenn der Affe eine Handlung entweder selbst ausführt, oder wenn er diese Handlung bei einem Artgenossen beobachtet. Heute sind diese auch beim Menschen nachgewiesen. Man weiß nun außerdem, dass noch weitere Hirnstrukturen am Phänomen der Empathie beteiligt sind, das als hirnbiologische Grundlage für altruistisches Verhalten anderen gegenüber gesehen wird.

Weitere Faktoren für das Empfinden von Empathie sind Gruppenzugehörigkeit und die Fairness des Verhaltens meines Gegenübers. Mit anderen Worten: Mitgefühl wird vermehrt für Menschen empfunden, die Teil der gleichen sozialen Gruppe sind und die sich zudem angemessen und fair verhalten.

Das Gehirn analysiert beständig seine Umwelt und trifft Prognosen über zukünftige Entwicklungen. Diesen Mechanismus bezeichnet man in der Hirnforschung auch als „Default Mode Network". Das ist ein Sicherungsmechanismus, um jederzeit in der Lage zu sein, Prozesse aus dem Unbewussten ins Bewusstsein zu heben und das eigene Überleben zu sichern. Wenn die Ereignisse sich im Rahmen bestimmter Parameter bewegen, bleiben sie im Unbewussten, z. B. beim Fahren auf der Autobahn mit normaler Geschwindigkeit (normaler Reiz). Erst wenn die Parameter überschritten werden, z. B. wenn ein Auto kurz vor uns abrupt auf unsere Spur wechselt, wird dieses Ereignis dem Fahrer bewusst und sein Stresszentrum wird aktiviert (außergewöhnlicher Reiz). Gleiches gilt für das Verhalten eines Managers. Ist er in seinem Führungsstil beständig und für seine Umgebung berechenbar, so löst er beispielsweise bei seinen Mitarbeitern weit weniger Stress und Unruhe aus, als wenn sein Verhalten deutlich von seinem normalen Führungsstil abweicht.

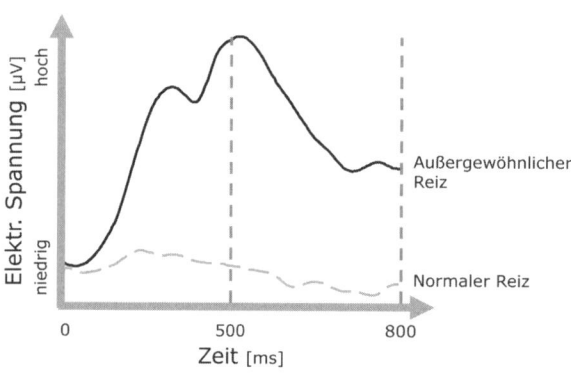

Abb. 71: Signalaktivierung bei verschiedenartigen Reizen; Quelle: Christian Elger, Universitätsklinik für Epileptologie, Bonn

Es gibt also bewusste und unbewusste Verarbeitungsprozesse im Gehirn und eine Instanz, die darüber entscheidet, welcher Impuls oder Sinnesreiz ins Bewusstsein gehoben werden soll. Diese Hirnstruktur, die dafür zuständig ist, auch Thalamus genannt, agiert weitestgehend autonom, d. h. ohne die Steuerung des Bewusstseins.

4.1.4 Das Gehirn strebt nach Stimmigkeit

Das zentrale Prinzip des psychischen Funktionierens ist das Streben nach Konsistenz und die Vermeidung von Inkonsistenz.

(Klaus Grawe, deutscher Psychotherapieforscher)

Wie wir gesehen haben, strebt das Gehirn nach Schmerzvermeidung und nach Wohlbefinden. Damit dies gelingen kann, versucht es Stimmigkeit bzw. Kongruenz zwischen den verschiedenen bewusst oder unbewusst ablaufenden internen Verarbeitungsprozessen zu erzielen. Gelingt dies nicht, wird das vom Gehirn als Stress erlebt.

> **BEISPIEL**
>
> Diese Kongruenz wird beispielsweise verletzt, wenn Handlungen oder Gegebenheiten von uns selbst oder von anderen nicht mit dem übereinstimmen, was wir basierend auf unserer kulturellen Prägung und individuellen Disposition als „richtig" empfinden. Dies passiert z. B., wenn wir eine andere Person unbeabsichtigt verletzt haben und uns deswegen schlecht fühlen.

Ein menschliches Grundbedürfnis zur Vermeidung von emotionalem Schmerz ist auch die Vorhersagbarkeit und Berechenbarkeit von Ereignissen. Inmitten einer Restrukturierung wird dieses Bedürfnis nicht mehr befriedigt, was zu einer Inkongruenz und zur Aktivierung des Schmerzzentrums führt. Dieser „soziale Schmerz" wird vom Gehirn nicht von körperlichem Schmerz unterschieden. Er birgt mitunter ein erhebliches Potenzial an Irritation und Verunsicherung, das mittels fMRT im Schmerzareal (siehe die Grafik) messbar ist. Alle Entwicklungen im Rahmen der Umstrukturierung, die dazu geeignet sind, Sicherheit, Transparenz und Klarheit zu geben, werden dagegen vom Gehirn als kongruenzfördernd und damit stresssenkend erlebt.

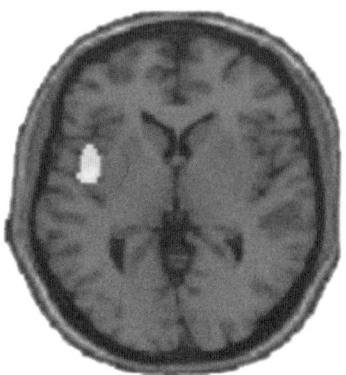

Abb. 72: Das aktivierte Schmerzzentrum; Quelle: Christian Elger, Universitätsklinik für Epileptologie, Bonn

Andere Fälle von erlebter Inkongruenz im Unternehmenskontext können beispielsweise der Bonus sein, der geringer ausgefallen ist als erwartet, oder die ausgebliebene Beförderung. Wichtig dabei ist nicht das Ereignis an sich, sondern die Erwartungshaltung des Mitarbeiters in Bezug auf das Ereignis. Beide Situationen werden das Schmerzareal stark aktivieren, wenn der Mitarbeiter fest mit einem Bonus oder einer Beförderung gerechnet hat.

Erfolgreiche Führung, deren Ziel unter anderem die Stärkung der Resilienz der Mitarbeiter ist, muss daher daran ansetzen, die Erwartungen der Mitarbeiter in Bezug auf unternehmerische Entwicklungen realistisch zu managen, und Entscheidungen transparent, frühzeitig, nachvollziehbar und vorhersagbar zu kommunizieren.

4.1.5 Das Gehirn trennt nicht zwischen Fakten und Emotionen

Emotionen sind kein Luxus, sondern ein komplexes Hilfsmittel im Daseinskampf.

(António Damásio, portugiesischer Neurowissenschaftler)

Menschliche Handlungen und Entscheidungen, die allein auf rationalen, objektiven Fakten beruhen, gibt es nicht. Die Belohnungs- und Schmerzzentren bewerten anstehende Entscheidungen nach bereits gemachten Erfahrungen, sind an allen Verarbeitungsprozessen bewusst oder unbewusst beteiligt und beeinflussen diese. Rationale Argumente, welche die emotional gefärbte Entscheidung oder Handlungen für die eigene Person und Außenwelt nachvollziehbar machen, werden nachweisbar erst später von den höheren Hirnfunktionen generiert.

4 Hirnforschung – Hype oder Heilsbringer?

> **BEISPIEL**
>
> In jedem größeren Unternehmen ist dies alljährlich im Budgetprozess nachzuvollziehen. Prognosen hinsichtlich Umsatz und Kosten oder Entscheidungen für oder gegen Investitionsprojekte fallen je nach Tagesform, politischer Absicht und ausgeübtem Druck von oben anders aus. Das hat mit Objektivität nur wenig zu tun.

Aber es kommt noch schlimmer: Auch Gedächtnisinhalte werden im Gehirn nicht statisch und objektiv wie auf einer Festplatte gespeichert, sondern sie sind zudem noch emotional eingefärbt, und darüber hinaus verändern sie sich mit jedem „Aufrufen" bzw. „Durchleben". Dabei werden jeweils die Gehirnstrukturen aktiviert, die auch aktiv waren, als der Gedächtnisinhalt gebildet wurde, also z. B. das Schmerzareal oder das Belohnungszentrum.

Wenn innere Bilder durch die Aktivierung von Gedächtnisinhalten, so genannten Engrammen, stimuliert werden, wird zudem das Sehzentrum, der visuelle Cortex, aktiviert. Dies mag auch erklären, warum nur rund 17 % der Neuronen des visuellen Cortex überhaupt eine Verbindung zur Außenwelt haben, was dazu führt, dass von geschätzten zehn Milliarden Bits pro Sekunde an externen Reizen gerade einmal 100 im Gehirn ankommen. Daraus ließe sich sicher keine visuelle Wahrnehmung erzeugen, wären da nicht die nach innen gerichteten Netzwerke, die uns helfen, die Bilder zu konstruieren. Dies hat zur Konsequenz, dass ein neuer Blickwinkel auf ein bereits erlebtes Ereignis z. B. durch Coaching oder mithilfe eines guten Mentors im Nachhinein die emotionale Einfärbung und die Detailgestaltung des Gedächtnisinhaltes selbst verändern kann. Es bedeutet aber auch, dass andauernder zynischer Flurfunk jede auch noch so gut gemeinte Veränderung ins Leere laufen lassen kann, da durch die negative Stimmung die Veränderung zu sehr die Schmerzareale der Betroffenen stimuliert.

4.1.6 Aufbau und Entstehung der wesentlichen Bestandteile des Gehirns

Wenn das Gehirn des Menschen so einfach wäre, dass wir es verstehen könnten, dann wären wir so dumm, dass wir es trotzdem nicht verstehen könnten.

(Jostein Gaarder, norwegischer Philosoph)

Die Entwicklung des menschlichen Gehirns begann vor 2 bis 3 Millionen Jahren und hatte verschiedene Phasen. Im Laufe dieser Entwicklung hat sich das Gewicht des Gehirns annähernd verdreifacht.

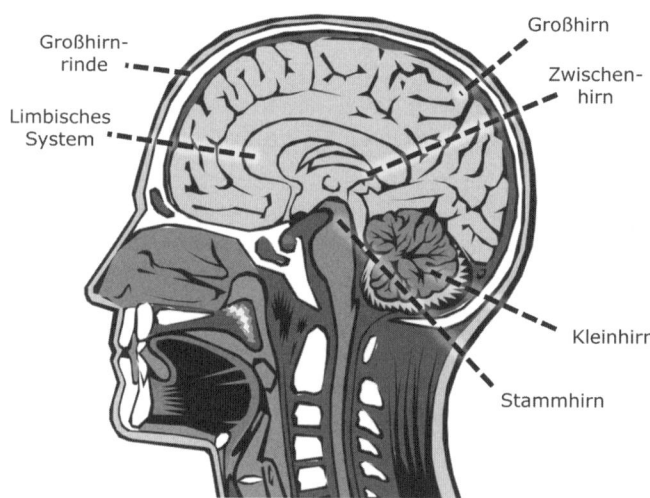

Abb. 73: Längsschnitt des menschlichen Gehirns (Bild: Fotolia, NataV)

Noch heute lassen sich drei entwicklungsgeschichtlich bedeutsame Anteile im Aufbau des Gehirns unterscheiden:

- Das Reptilien-Gehirn:
  Der älteste Teil des Gehirns besteht aus dem Stammhirn, das Verdauung, Atmung und Herzschlag kontrolliert. Es ist außerdem zuständig für grundlegende Emotionen wie Hunger, Angst, Erregung, Freude und Wut. Reptilien empfinden keine ausgeprägten Gefühle wie Liebe, Mitgefühl und Fürsorge z. B. für ihren Nachwuchs. Daher sind solche Emotionen auch nicht in dieser Evolutionsstufe des Gehirns verortet.

- Das Säugetier-Gehirn:
  Der zweitälteste Teil des Gehirns, das so genannte limbische System, entstand zur selben Zeit, als die ersten Säugetiere auf der Bildfläche erschienen. In dieser Hirnstruktur sind u. a. der Hippocampus und die Amygdala verortet, zwei Areale, die für die Steuerung von Emotionen wie Schmerz, Freude, Angst, Begehren und für die emotionale Bewertung von Gedächtnisinhalten zuständig sind. Emotionen waren für Säugetiere evolutionär notwendig geworden, um die teilweise über Monate dauernde Aufzucht des Nachwuchses und das Zusammenleben mit anderen Artgenossen in einem Rudel oder einer Herde zu ermöglichen.
- Das Menschen-Gehirn:
  Der jüngste Teil des Gehirns wird auch als Hirnrinde oder Neocortex bezeichnet. Er entstand vor rund 100.000 Jahren. Im Gegensatz zu den uns am nächsten verwandten Primaten hat sich vor allem das Stirnhirn beim Menschen dramatisch vergrößert. Dies erlaubte der menschlichen Rasse zu planen, Entscheidungen zu treffen, zu lernen und sich anzupassen. Außerdem war es die Voraussetzung für die Entwicklung von Sprache und auch für empathisches und altruistisches Verhalten, eine weitere Kernvoraussetzung für das Zusammenleben in größeren Gruppen. Von allen drei Hirnteilen hat der Neocortex den höchsten Energieverbrauch und ermüdet von daher schneller als die anderen Teile, z. B., wenn er zu viele Informationen oder einen zu hohen Level an Stress verarbeiten muss. Das ist eine der Erklärungen dafür, dass das Gehirn weit mehr Verarbeitungsprozesse unbewusst ablaufen lässt, da diese dann nicht den Neocortex belasten.

Die folgende Übersicht enthält die wesentlichen räumlichen Hirnstrukturen, auf die in diesem Kapitel Bezug genommen wird.

Wesentliche räumliche Strukturen des Gehirns

Räumliche Strukturen (Auswahl, stark vereinfacht)	
Großhirn (2 Hemisphären)	**Steuerung des zentralen Nervensystems**
Großhirnrinde (Neo cortex)	**Zentrum der höheren Hirnfunktionen**
Stirnlappen (Frontaler Cortex)	Steuerung von kognitiven und motorischen Prozessen
• Präfrontaler Cortex	Steuerung der Ich-Wahrnehmung und der Abwägung von Entscheidungen und Handlungen
Schläfenlappen (Temporallappen)	Steuerung der wichtigsten Gedächtnisstrukturen
• Amygdala	Angstzentrum, emotionale Wiedererkennung und Bewertung von Situationen, Erkennung möglicher Gefahren
• Hippocampus	Gedächtniszentrum, Überführung von Gedächtnisinhalten aus dem Kurzzeit- in das Langzeitgedächtnis
Scheitellappen (Parietallappen)	Verschiedene Areale zur Wahrnehmung und visuellen Steuerung von räumlicher Bewegung und räumlichem Denken
Sensorischer Cortex	Verschiedene Areale zur Wahrnehmung von visuellen Reizen, Druck, Vibration, Schall und Schmerz
Gürtelrinde (Gyrus cinguli)	Steuerung von Emotionen
Inselrinde (Insula)	Steuerung der emotionalen Bewertung von Schmerzen
• Spiegelneuronen	Steuerung von Empathie, d.h. der Fähigkeit, Gedanken und Emotionen eines anderen Menschen nachzuempfinden
Zwischenhirn	**Steuerung u.a. des Riech-, Seh-, Hör- und taktilen Zentrums sowie der seelischen Empfindung**
Thalamus	Steuerung, welche Impulse ins Bewusstsein vordringen
Hypothalamus	Steuerung des vegetativen Nervensystems
Basalganglien	Steuerung von unbewussten Verarbeitungsprozessen
Nucleus accumbens	Steuerung des Belohnungssystems
Kleinhirn	**Steuerung von u.a. unbewussten Bewegungsabläufen**

Wie bereits eingangs erwähnt, lassen sich die meisten Hirnfunktionen nicht eindeutig einzelnen Hirnarealen räumlich zuordnen. Stattdessen werden komplexe Hirnfunktionen von den Neurowissenschaften immer mehr zu virtuellen, d. h. lo-

4 Hirnforschung – Hype oder Heilsbringer?

gisch, aber nicht räumlich zusammenhängenden, Konstrukten subsumiert. Die für das Thema dieses Buches wesentlichen Systeme sind in der folgenden Übersicht dargestellt.

Wesentliche funktionale Systeme des Gehirns

Funktionale Systeme (Auswahl, stark vereinfacht)	
Lymbisches System	Emotionszentrum, das Areale verschiedener Hirnteile subsumiert
▪ Amygdala	Angstzentrum, emotionale Wiedererkennung und Bewertung von Situationen, Erkennung möglicher Gefahren
▪ Hippocampus	Gedächtniszentrum, Überführung von Gedächtnisinhalten aus dem Kurzzeit- in das Langzeitgedächtnis
▪ Gürtelrinde (Gyrus cinguli)	Steuerung von Emotionen
Belohnungssystem	Komplexe Hirnstruktur, die verschiedene Areale unterschiedlicher Hirnteile zusammenfasst, die für das Wohlbefinden zuständig sind
▪ Nucleus accumbens	Steuerung des Belohnungssystems
Schmerzareal	Hirnstruktur zur Steuerung des Schmerzempfindens
▪ Gürtelrinde (Gyrus cinguli)	Steuerung von Emotionen
▪ Inselrinde (Insula)	Steuerung der emotionalen Bewertung von Schmerzen
Empathiesystem	Hirnstruktur zur Steuerung von Empathie
▪ Spiegelneuronen	Steuerung von Empathie, d.h. der Fähigkeit, Gedanken und Emotionen eines anderen Menschen nachzuempfinden
Neurotransmitter	Biochemische Botenstoffe, die an Synapsen die Erregung von einer Nervenzelle auf eine andere übertragen
▪ Noradrenalin	Anregung des Herz-Kreislauf-Systems und Hemmung des Stoffwechsels
▪ Dopamin	Anregung u.a. von Glücksempfinden, Antriebssteigerung und Motivation
▪ Serotonin	Modulation u.a. von Wahrnehmung, Schmerzempfindung und -verarbeitung
▪ Endorphine	Körpereigene Opioide zur Modulation von Schmerzempfinden und Anregung von Euphorie
▪ Oxytocin	Anregung u.a. des Bindungsempfindens

4.2 Funktion und Wirkungsweise von Stress

Der höhere Mensch hat Seelenruhe und Gelassenheit, der gewöhnliche ist stets voller Unruhe und Aufregung.

(Konfuzius, chinesischer Philosoph)

„Stress" ist wahrscheinlich einer der am meisten falsch verstandenen und falsch verwendeten Begriffe unserer Zeit. Dies merke ich immer dann, wenn mir meine pubertierenden Töchter davon berichten, wie „endgestresst" sie von Schule und Freizeitaktivitäten sind. Stress, abgeleitet vom lateinischen Wort „stringere" (für: anspannen), beschreibt die Reaktion von Geist und Körper auf äußere Reize, so genannte Stressoren. Stress gehört zum Leben und ist zunächst einmal wertneutral zu verstehen, nicht mit einem negativen Beigeschmack im Sinne von „Überforderung". Der Freiburger Professor Joachim Bauer, seines Zeichens u. a. Neurobiologe, Arzt und Psychotherapeut, hat sich in seinem äußerst lesenswerten Buch „Arbeit" dieses Themas sehr fundiert und gut lesbar angenommen. Das menschliche Gehirn, so Bauer, braucht Herausforderungen zur Aktivierung des Belohnungszentrums, um so sein volles Potenzial zu entwickeln. Herausforderungen führen immer dann zu persönlichem Wachstum, wenn sie vom Gehirn als bewältigbar empfunden werden. In diesem Fall spricht man auch von Eustress, oder in einer idealen Konstellation, bei der man völlig in der Arbeit aufgeht und Raum und Zeit vergisst, von Flow. Eustress wird erst dann schädlich, wenn die Menge an positiver Herausforderung zu viel oder aber auch deutlich zu wenig wird. Erst wenn die Menge an Problemstellungen vom Gehirn als nicht mehr bewältigbar eingeschätzt wird, oder aber wenn viel zu wenig Anforderungen an das Gehirn gestellt werden, hat dies verschiedene negative Auswirkungen auf den menschlichen Organismus. In beiden Fällen spricht man auch von Disstress. Heute wird der Begriff Stress häufig mit Disstress im Sinne der Überforderung gleichgesetzt, was zum einen falsch ist, zum anderen aber auch dazu beiträgt, dass sich immer mehr Menschen überhaupt erst gestresst fühlen.

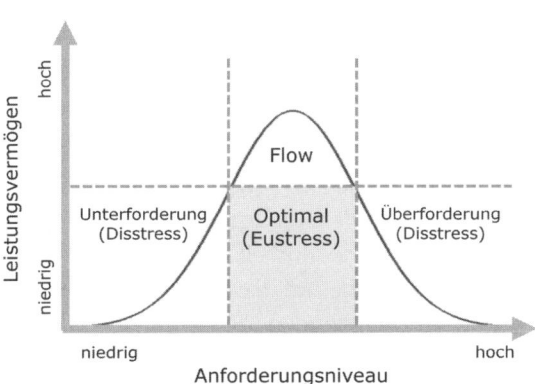

Abb. 74: Disstress, Eustress und Flow

4.2.1 Wie funktioniert Stress?

Im Gehirn eines Wesens, das um sein Leben kämpft, hat die Vernunft keinen Platz.

(Terry Brooks, US-amerikanischer Autor)

Die Neurobiologie weiß heute, dass es zwei deutlich verschiedene Stress-Systeme gibt, die gesamthaft zu sehen sind, wenn man die wachsenden Probleme von Managern und ihren Mitarbeitern im Umgang mit Stress begreifen will.

- Das erste, seit Anfang des 20. Jahrhunderts bekannte „klassische" Stress-System kommt zum Einsatz, wenn es um die Aktivierung von Hirn und Körper für die Bewältigung konkreter Aufgaben oder Problemstellungen geht, z. B. das Behaupten der eigenen Position vor Kritikern.
- Das zweite, erst vor wenigen Jahren entdeckte System, das auch als „Default Mode Network" bezeichnet wird, kommt dagegen immer dann zum Einsatz, wenn das Gehirn gerade an keiner konkreten Problemstellung arbeitet, sondern die Umwelt mit diffuser Aufmerksamkeit überwacht, z. B., wenn man allein am Schreibtisch sitzt und den Gedanken freien Lauf lässt.

4.2.1.1 Das „klassische" Stress-System

Die Stressforschung nahm ihren Anfang mit einer Entdeckung des österreichischen Mediziners Hans Selye. Er stellte in den 1930er Jahren fest, dass so unterschiedliche Reize wie Kälte, Hitze, Kummer, Freude zunächst eine vollkommen identische Reaktion im Gehirn hervorrufen. Wenn es eine konkrete Problemstellung zu bewältigen gilt, stimuliert das Gehirn den Körper, aus dem Ruhezustand, der durch ein normales Niveau von Atmung, Puls, Blutdruck und Muskeltonus gekennzeichnet ist, in einen aktivierten Zustand zu wechseln. Früher war diese Aktivierung lebenswichtig, um auf eine Bedrohung, wie einen angreifenden Säbelzahntiger, oder bei der Jagd nach Mammuts blitzschnell und mit optimaler Leistungsbereitschaft zu reagieren, d. h. mit Kampf, Flucht oder Erstarrung. Binnen weniger Sekunden wird in einer solchen Situation der Level der Vitalfunktionen und die des Hirntreibstoffs Glucose massiv erhöht, was durch die Ausschüttung der Neurotransmitter Noradrenalin und Adrenalin erreicht wird. Innerhalb weniger Minuten steigt daraufhin die Konzentration von Cortisol im Blut an, einem Hormon, das eingelagerte Energie freisetzt und den Muskeln zur Verfügung stellt und in Gefahrensituationen unnötige Körperfunktionen wie die Verdauung und das Immunsystem dämpft. Die Sauerstoffsättigung des Blutes und die Blutgerinnung steigen ebenfalls kurzfristig an. Von besonderer Bedeutung für die Verarbeitung dieser heftigen Alarmreaktion ist die subjektive Wahrnehmung der Situation. Wenn die Situation als positive Herausforderung verstanden wird, hilft die Energie der Stressreaktion Leistungsreserven zu mobilisieren. Wird die Situation allerdings als Überforderung wahrgenommen, treten Gefühle wie Hilflosigkeit und Ausgeliefertsein ein.

Auch heute, nach Millionen Jahren der Evolution, werden Konflikte, hoher Zeitdruck, große Arbeitsmengen, parallele Projekte und unrealistische Erwartungen von unserem Gehirn — in abgemilderter Form — immer als noch lebensbedrohliche Situationen wahrgenommen, ganz wie bei unseren in Felle gehüllten Vorfahren. Anstatt aber nach erfolgreicher Bewältigung des Problems bzw. nach Erledigung der Aufgabe zur Ruhe zu finden, wie beim Eustress, bleibt die Stressreaktion beim Disstress aktiv. Der Mensch der heutigen Zeit kann, im Gegensatz zum Tier und zum Urmenschen, meist weder fliehen noch kämpfen. Die frei werdenden Energien richten sich aber, wenn sie nicht genutzt werden, oft gegen den eigenen Körper. Geht die als negativ empfundene Stresssituation schnell vorüber, fängt der Körper die Auswirkungen der Mobilmachung auf. Hält sie aber dauerhaft an, kann sie sich hochschaukeln und langfristig Schädigungen wie z. B. Herz-Kreislauferkrankungen, chronische Schmerzen, Schlafstörungen oder Burn-out zur Folge haben. Im Kapitel „Lebenswandel, Psyche und Gesundheit" (5) werde ich noch näher hierauf eingehen.

4.2.1.2 Das „diffuse" Stress-System

Eine Forschergruppe um den indischen Professor Bharat Biswal am Lehrstuhl für Functional Imaging des Medical College of Wisconsin entdeckte 1995, dass unser Gehirn nicht nur über das klassische Stress-System verfügt, sondern dass es ein zweites System besitzt, das dann aktiviert wird, wenn eine diffuse, breite und zugleich oberflächliche Wachsamkeit gefordert ist. Es handelt sich dabei um ein neuronales System, welches in der Fachliteratur als „Default Mode Network", also als Ruhezustand-Netzwerk, bezeichnet wird. Die Forscher kamen ihm auf die Spur, als sie untersuchten, was das Gehirn eigentlich in Zeiten der Ruhe tut. In der Vergangenheit hatte man alle Erregungsmuster, die das Gehirn im Ruhezustand zeigt, als Grundrauschen bzw. Datenfehler interpretiert und herausgefiltert. Allerdings war den Hirnforschern seit jeher ein Rätsel, warum das Gehirn im Ruhezustand gerade einmal 5 % weniger Energie verbraucht als unter Volllast. Die Ergebnisse von Biswal waren erstaunlich: Sie zeigten ein System, bestehend aus Teilen des präfrontalen Cortex, des Scheitellappens und Schläfenlappens, die mit einer sehr geringen Frequenz von einem Impuls alle 10 Sekunden miteinander kommunizierten, während andere Hirnareale normalerweise mit bis zu 100 Impulsen pro Sekunde feuern. Wenn unser Gehirn keine konkreten Aufgaben hat, schaltet es in diesen Zustand der unspezifischen Wachsamkeit. In diesem Zustand achtet das Gehirn wie ein Radar nach allen Richtungen auf eine Vielzahl von externen und internen Reizen, die es z. B. in Form von Gedanken oder Sinneswahrnehmungen aus der Außenwelt erreichen.

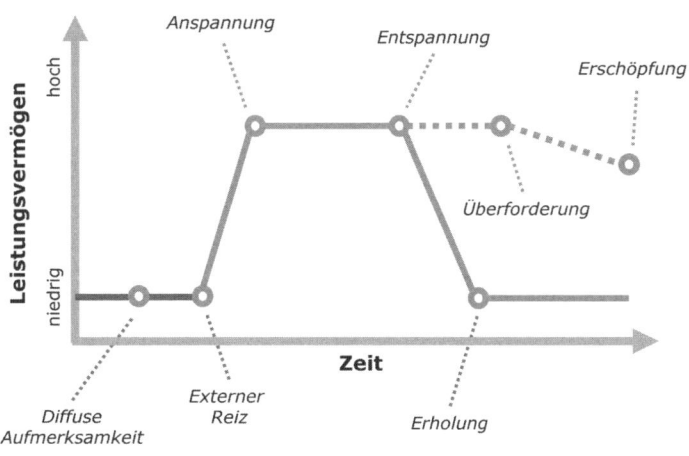

Abb. 75: Schematischer Ablauf der Stressreaktion

Hirnforscher gehen davon aus, dass dieses Netzwerk eine starke koordinierende und ausgleichende Funktion für das gesamte Gehirn hat, und es von daher bedeutsam ist, dass das Gehirn immer wieder in diesen Ruhezustand kommt, der übrigens nicht mit dem Schlafzustand übereinstimmt. Man nimmt heutzutage an, dass das Gehirn 60 bis 80 % seiner Energie für interne Netzwerke aufwendet, die nicht direkt mit der Außenwelt verbunden sind. Das Ruhezustand-Netzwerk ist Teil davon. Dabei geht es, wie gesagt, nicht um die Bewältigung konkreter, bereits identifizierter Herausforderungen, sondern um eine diffuse Wachsamkeit gegenüber Reizen, die vermeintlich eine Gefahr darstellen können. Diese Struktur hat ihren entwicklungsgeschichtlichen Sinn wahrscheinlich in der Erkennung von bedrohlichen Situationen. Das leuchtet auch ein, wenn man bedenkt, dass Menschen sich seit Millionen von Jahren ihren Lebensraum mit lebensgefährlichen Raubtieren teilen mussten.

Eine andere Situation zeigt sich heute an vielen Arbeitsplätzen, an denen es nicht mehr darauf ankommt, sich auf eine einzige Aufgabe zu konzentrieren und diese möglichst gut zu machen, sondern an denen permanent eine Vielzahl von Reizen im Gehirn verarbeitet werden muss, die zwar größtenteils ohne Bedeutung sind, aber dafür sorgen, dass das Gehirn nicht in einen Ruhezustand kommt, sondern immer „auf dem Sprung" ist.

▶ **BEISPIEL**
Konkrete Beispiele in Unternehmen sind Großraumbüros, das vielerorts geforderte Multitasking und die Always-On-Mentalität vieler Manager, die sich permanent mit moderner Kommunikationselektronik umgeben und immer erreichbar sind.

Auch wenn die genaue Funktionsweise des Default Mode Networks noch nicht vollständig erforscht ist, ist davon auszugehen, dass eine permanente Konfrontation mit externen Reizen diese Struktur hemmt, was auf Dauer die Konzentration, das Kurzzeitgedächtnis und die Fähigkeit zu planvollen, strategischem Denken und Handeln negativ beeinflussen kann. Dieser Zusammenhang ist mittlerweile zumindest für intensive „Multitasker" mittels bildgebender Verfahren nachgewiesen.

4.2.2 Stress und dessen Auswirkung auf Resilienz

Im Stress, also in der Vorbereitung auf Flucht oder Kampf, reduziert der Körper unter anderem das Schmerzempfinden. Die Rechnung präsentiert er, wenn der Bär erlegt ist.

(Heinz Prokop, deutscher Psychologe)

Im Stressreport der Bundesanstalt für Arbeitsschutz und Arbeitsmedizin wird seit 1979 u. a. der Zusammenhang zwischen Stress und der Resilienz von Managern und ihren Mitarbeitern sehr gründlich untersucht.

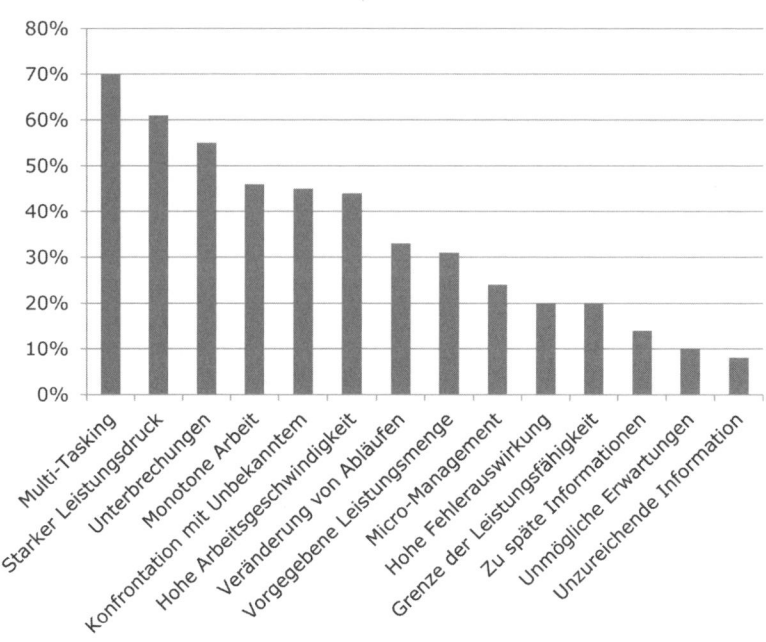

Abb. 76: Häufigkeit stressauslösender Faktoren bei Managern; Quelle: Stressreport 2012

Auch in der sechsten Welle dieser Erhebung im Jahr 2012 wurde die Häufigkeit von stressauslösenden Faktoren am Arbeitsplatz untersucht. Gegenüber 2010 zeigte sich dabei eine weitgehende Stabilisierung der Werte mit Ausnahme der Dimension „Starker Leistungsdruck". Hier hat die Häufigkeit um 5 % zugenommen, was von rund einem Drittel der Führungskräfte als belastend empfunden wird. Von rund 75 % der Führungskräfte wird zudem das „Arbeiten an der Grenze der Leistungsfähigkeit" als belastend erlebt. Je größer die Führungsspanne, also die Anzahl der zu führenden Mitarbeiter, desto größer ist zudem der von Führungskräften durchschnittlich wahrgenommene Stress. Die drei häufigsten von Chefs mit mehr als 10 Mitarbeitern angegebenen Stress-Auslöser sind:

Multitasking	79 %
Starker Leistungsdruck	68 %
Unterbrechungen	64 %

Kommt es im Unternehmen zusätzlich zu Restrukturierungen, so steigt der wahrgenommene Level an Stress weiter an. Neben Erschöpfung ist eine der wesentlichen Folgen bei Managern die Abnahme der Fähigkeit, nach der Arbeit abzuschalten. So gaben in einer Untersuchung der Universität Duisburg Essen beispielsweise in der IT-Branche 2001 noch 49 % der Mitarbeiter an, dies nicht zu können. 2009 waren es bereits 71 %.

Dauerhaft empfundener Stress wirkt sich dabei deutlich auf die Resilienz von Managern aus. So berichten 21 % Führungskräfte, für die alle der drei oben genannten Faktoren zutreffen, deutliche seelische oder körperliche Beschwerden. Trifft hingegen bei Chefs keiner der Faktoren zu, ist dies nur zu 10 % der Fall.

So valide diese Daten über die Auswirkung von Stress auf Führungskräfte auch sind, sie bilden lediglich Durchschnittswerte ab — nicht alle Entscheider sind aus dem gleichen Holz gemacht. Aus meiner Arbeit als Coach kenne ich zahlreiche Chefs, denen Probleme oder Konflikte buchstäblich den Schlaf rauben, während andere in ähnlicher oder noch schlimmerer Situation die Ruhe selbst zu sein scheinen. Das Empfinden von Stress ist in hohem Maße subjektiv, d. h., verschiedene Menschen reagieren auf eine vergleichbare Anforderung mit unterschiedlichen neurobiologischen Stressreaktionen. Das Maß an objektiven Belastungsfaktoren ist daher keinesfalls gleichzusetzen mit dem subjektiv empfundenen Stress, den ein Mensch biologisch und emotional deswegen erlebt. Wie sensibel oder robust das Stress-System eines Managers auf eine Herausforderung von außen reagiert, hängt im Wesentlichen von der Ausprägung seiner individuellen Resilienz ab. Neben der genetischen Disposition eines Menschen haben vor allem dessen biografische Erfahrungen in der Kindheit einen starken Einfluss darauf, ob er sich von Herausforderungen eher angespornt oder überwältigt fühlt. Aber auch eigene Glaubenssätze und die Haltung gegenüber Problemen spielen dabei eine herausragende Rolle. Ebenso ist das Umfeld für die Resilienz von Mitarbeitern und Führungskräften von zentraler Bedeutung. Kann man darauf vertrauen, bei Bedarf Unterstützung von Kollegen und Chefs zu erhalten, so reduziert dies deutlich die Wahrnehmung von Stress. Will man also Manager und ihre Mitarbeiter im Umgang mit Stress stärken, so ist der vielversprechendste Hebel die Verbesserung ihrer Resilienz (siehe hierzu das Kapitel „Wie lässt sich Resilienz fördern?", 7).

4.2.3 Erklärungsmodelle für die Wirkung von Stress

Mangelnde Anerkennung erhöht das Herzinfarktrisiko. Nicht nur niedrige Aufstiegschancen, geringe Bezahlung und Angst um den Arbeitsplatz fördern Herzinfarkte, sondern auch das erdrückende Gefühl, vom Chef für die geleistete Arbeit nicht ausreichend geschätzt zu werden.

(Johannes Siegrist, Schweizer Soziologe)

Anthropologie, Soziologie und Psychologie kennen zahlreiche Modelle, die zu erklären versuchen, wann Problemstellungen im Arbeitsumfeld als erfüllende Beschäftigung und wann sie als bedrohliche Überforderung wahrgenommen werden. Zwei besonders weit akzeptierte und gut erforschte Modelle, die zudem gut geeignet sind, um das Konzept von Resilienzfeld bzw. Betriebsklima und individueller Resilienz zu verdeutlichen, möchte ich an dieser Stelle vorstellen.

4.2.3.1 Effort-Reward-Modell (nach Siegrist)

Ein wissenschaftlich sehr gut fundiertes Modell stammt vom Schweizer Professor für Soziologie Johannes Siegrist, seinerzeit Inhaber des Lehrstuhls für Medizinische Soziologie an der Universität Düsseldorf. Er postulierte 1996, dass ein Ungleichgewicht zwischen Verausgabung für die Arbeit und Anerkennung am Arbeitsplatz die Ursache für eine Reduzierung der individuellen Resilienz sei. Als Verausgabung („Effort") erfasst Siegrist dabei Faktoren wie Leistungsdruck, Multitasking, Arbeitsmenge, Entscheidungsfreiraum, widersprüchliche Anforderungen, Arbeitsunterbrechungen sowie Betriebsklima. Als Merkmale von Anerkennung („Reward") wertet er empfundene Fairness, Status, Karriereperspektive, Sicherheit sowie die Bezahlung und die erfahrene persönliche Anerkennung durch Vorgesetzte und Kollegen. Sind Effort und Reward im Gleichgewicht, bedeutet dies eine stabile Ausprägung des Resilienzfeldes.

Ein Ungleichgewicht mit mehr Effort als Reward hingegen hat ein schwächendes Resilienzfeld zur Folge, was Siegrist als „Gratifikationskrise" bezeichnet. In umfangreichen Studien konnte er nachweisen, dass die Auswirkungen dieses Ungleichgewichts auf die geistige und körperliche Gesundheit der Betroffenen signifikant sind. Personen, die in einem schwächenden Resilienzfeld arbeiten, zeigen

Neurobiologie, Wohlbefinden und Stress

nicht nur messbare Veränderungen ihres Stresshormonlevels, Immunsystems und Blutdrucks. Auch das Risiko, depressive Symptome oder einen Burn-out zu entwickeln, ist dann um den Faktor 5 erhöht. Das Risiko, an einer schweren Depression zu erkranken oder einen Herzinfarkt zu erleiden, ist mindestens doppelt so hoch.

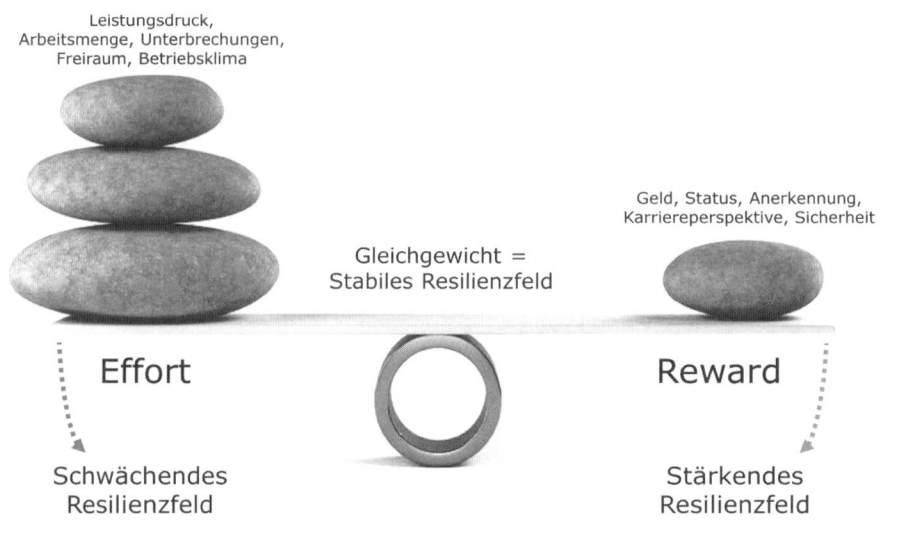

Abb. 77: Das Effort-Reward-Modell (Bild: Fotolia, Sashkin)

Entscheidender Kritikpunkt am Effort-Reward-Modell ist die Tatsache, dass Anforderungen der beruflichen Umgebung hier weitestgehend als eine objektiv messbare Größe angesehen werden, während die subjektive Wahrnehmung dieser Anforderungen und damit auch die individuelle Resilienz im Modell nicht berücksichtigt werden.

4.2.3.2 Transaktionales Stress-Modell (nach Lazarus)

Das transaktionale oder auch kognitive Stressmodell wurde bereits 1974 von dem amerikanischen Psychologie-Professor Richard Lazarus, einem Vorreiter der kognitiven Verhaltenstherapie, an der Berkeley University begründet. Es geht davon aus, dass externe Belastungsfaktoren keine objektiven Größen darstellen, sondern dass vielmehr die Reaktion auf solche Faktoren maßgeblich von den Gedanken, Beurteilungen und Ressourcen einer Person in der jeweiligen Situation bestimmt wird. Disstress entsteht, wenn ein Ungleichgewicht besteht zwischen den Anforderungen, die an eine Person gestellt werden, und den persönlichen Bewertungen und Ressourcen, die zur Verfügung stehen, um die Anforderungen zu bewältigen.

Dieses Modell sieht Stressreaktionen als Wechselwirkungsprozesse zwischen den Anforderungen der Situation und der Resilienz der handelnden Person. Einfacher ausgedrückt: Was für die eine Person Stress bedeutet, wird von einer anderen eventuell nicht als Stress empfunden. Das Modell wird in der Tradition der Verhaltenstherapie als „transaktional" bezeichnet, da mehrere Stufen der Bewertung zwischen Stressfaktor und Stressreaktion geschaltet sind.

1. In der primären Bewertung wird ein externer Reiz in Bezug auf seine Relevanz und Bedrohlichkeit entweder positiv, neutral/irrelevant oder aber negativ, d. h. als bedrohlich und damit stressrelevant, bewertet.
2. Bei der sekundären Bewertung werden die Bewältigungsmöglichkeiten für die Situation auf Basis der zur Verfügung stehenden Ressourcen, also z. B. Fähigkeiten, Erfahrungen, Überzeugungen, materielle Werte etc., eingeschätzt.

Je ungünstiger diese beiden subjektiven Bewertungen ausfallen, desto stärker ist die individuelle Stressreaktion. Um diese zu bewältigen, greift der Mensch auf individuelle „Coping-Strategien" (engl. to cope: etwas bewältigen) zurück.

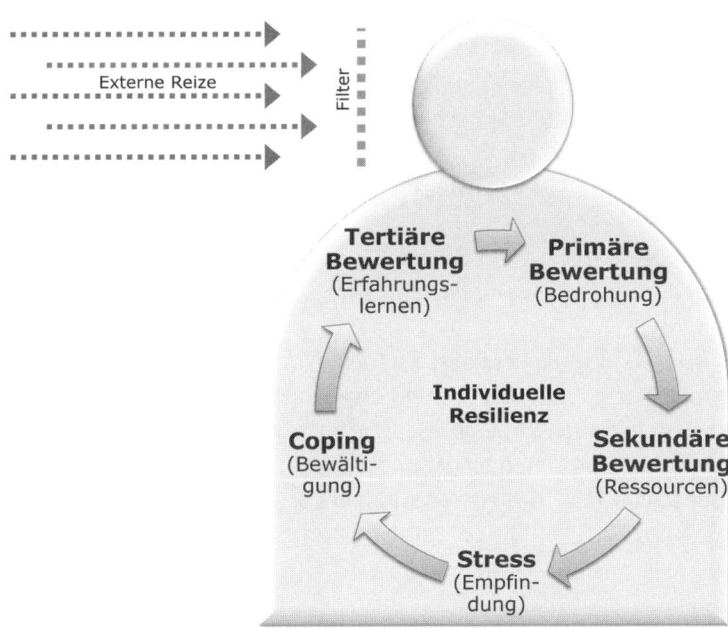

Abb. 78: Transaktionales Stressmodell

Dieser Wirkungskreislauf kann dabei vereinfachend mit dem Konzept der Resilienz gleichgesetzt werden. Die jeweils gewählten Strategien können dabei „funktional", d. h. hilfreich, sein, um den Stressfaktor zu bewältigen. Sie können aber auch „dysfunktional" sein, d. h. erfolglos oder sogar verschlimmernd in Bezug auf die Problemlösung oder vom eigentlichen Problem lediglich ablenkend.

3. Je nach Rückmeldung über den Erfolg einer verwendeten Coping-Strategie oder durch das Hinzukommen von weiteren Ressourcen kann in der tertiären Bewertung eine erneute Einschätzung der Situation stattfinden, z. B. ein Wechsel von der Wahrnehmung einer Situation als „Bedrohung" hin zu einer „Herausforderung".

Lazarus konnte in zahlreichen Versuchen nachweisen, dass die emotionale Bewertung und individuelle Ressourceneinschätzung tatsächlich die Intensität der körperlichen Stressreaktion, gemessen über den Hautwiderstand, messbar beeinflussten.

4.2.4 Stress ist messbar

Das meiste von dem, was wir sagen und tun, ist unnötig und wenn man es wegließe, würde man mit mehr Muße und weniger Unruhe leben.

(Marcus Aurelius, alt-römischer Kaiser und Philosoph)

Das Empfinden von Stress ist höchst subjektiv und von zahlreichen Faktoren abhängig. Diese lassen sich in zwei wesentlichen Konzepten abbilden:

- zum einen in der individuellen Resilienz, also dem Produkt aus persönlicher Disposition, internen Ressourcen und Bewältigungsstrategien, und
- zum anderen dem externen Resilienzfeld, der Summe der vor allem sozialen, physischen und psychologischen Umgebungsfaktoren, die sich entweder stärkend oder aber schwächend auf einen Mitarbeiter auswirken.

4.2.4.1 Stressfaktoren des Resilienzfeldes

Faktoren, die das Resilienzfeld eines Menschen ausmachen, addieren sich auf, d. h., verschiedene kleinere schwächende Faktoren, die jeder für sich genommen kein Problem darstellen, können sich in Summe aufschaukeln, wenn nicht genügend stärkende Faktoren dem entgegenstehen. Dies trifft umso mehr zu, je mehr diese stressauslösenden Faktoren in verschiedenen Lebensbereichen auftauchen, d. h. wenn neben Problemen im Job noch Schwierigkeiten in der Beziehung oder mit der Gesundheit auftauchen.

Die verschiedenen Lebensbereiche und ihre individuelle Bedeutung sind dabei natürlich für jeden Einzelnen unterschiedlich. In der folgenden Grafik sind die Lebensbereiche dargestellt, die von den meisten Menschen als relevant und bedeutsam für ihre Zufriedenheit und Resilienz empfunden werden.

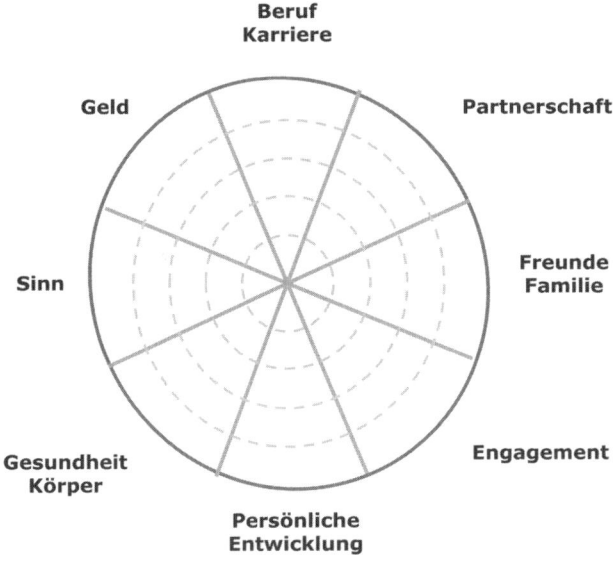

Abb. 79: Wesentliche Lebensbereiche

Vielen Managern, mit denen ich arbeite, fehlt ein Bewusstsein oder eine gute Übersicht, welche Faktoren in ihrem Leben — neben dem schwierigen Vorstand und den unmöglichen Kunden — überhaupt Stress auslösen.

Hier ist die Arbeit der beiden Psychiater Thomas Holmes und Richard Rahe interessant, die bereits 1967 insgesamt 43 stressauslösende Faktoren ermittelt haben.

Neurobiologie, Wohlbefinden und Stress

Dazu analysierten sie über 5.000 Krankenakten und baten die Patienten, verschiedene Stressfaktoren nach ihrer Bedeutung für ihr Wohlbefinden relativ zu gewichten. Daraus ermittelten Holmes und Rahe Einheiten, die so genannten Life Change Units (LCUs), die für jeden Stressfaktor seine durchschnittliche Bedeutsamkeit wiedergeben. Die Summe der Life Change Units dient dabei als Indikator für die Menge an Stress, dem eine Person ausgesetzt ist. Bei Summen, die bei mehr als 300 LCUs lagen, gingen Holmes und Rahe von einer starken Gesundheitsgefährdung aus; bei Werten unter 150 LCUs dagegen von keiner Gefährdung. Dieses Inventar an Stressfaktoren hat aufgrund seiner Einfachheit noch heute eine Bedeutung für die Erkenntnis und das Bewusstsein über Umgebungsfaktoren, die das individuelle Wohlbefinden negativ beeinflussen. Man sollte es aber nicht allzu ernst nehmen, denn weder wird in diesem System das Konzept individueller Resilienz berücksichtigt, noch entsprach der ursprüngliche Forschungsansatz heutigen wissenschaftliche Standards. So fand z. B. eine Validierung der Werte mit einer Kontrollgruppe aus gesunden Probanden nicht statt.

ARBEITSHILFE ONLINE

Trierer Inventar zum chronischen Stress

Aus wissenschaftlicher Sicht wesentlich aussagekräftiger — aber auch aufwändiger und teurer — ist beispielsweise das Trierer Inventar zum chronischen Stress (TICS). Weitere Informationen hierzu finden Sie unter http://arbeitshilfen.haufe.de/. Dort finden Sie auch das Holmes & Rahe Stress Inventar zum Download.

Welche Stressfaktoren treffen auf Sie zu? Machen Sie den Test mit dem hier abgebildeten vollständigen Inventar von Holmes und Rahe.

Nr.	Life Event	LCUs	Ihre Werte
1.	Tod des Ehepartners	100	
2.	Scheidung	73	
3.	Trennung	65	
4.	Gefängnisstrafe	63	
5.	Tod eines nahen Angehörigen	63	
6.	Verletzung / Krankheit	53	
7.	Hochzeit	50	
8.	Kündigung	47	
9.	Eheschlichtung	45	
10.	Ruhestand	45	
11.	Krankheit eines nahen Angehörigen	44	
12.	Schwangerschaft	40	

Funktion und Wirkungsweise von Stress

Nr.	Life Event	LCUs	Ihre Werte
13.	Sexuelle Funktionsstörungen	39	
14.	Neues Familienmitglied	39	
15.	Berufliche Veränderungen	39	
16.	Finanzielle Veränderungen	38	
17.	Tod eines nahen Freundes	37	
18.	Versetzung	36	
19.	Mehr/weniger Konflikte mit Partner	35	
20.	Hohe Kredit- bzw. Hypotheken-Belastung	31	
21.	Zwangsvollstreckung	30	
22.	Berufliche Zuständigkeitsänderung	29	
23.	Auszug eines Kindes	29	
24.	Konflikte mit Schwiegereltern	29	
25.	Herausragende Leistung	28	
26.	Partner beginnt/hört auf zu arbeiten	24	
27.	Beginn/Ende der Ausbildung	26	
28.	Veränderung der Lebensbedingungen	25	
29.	Veränderung persönlicher Gewohnheiten	24	
30.	Konflikte mit dem Vorgesetzten	23	
31.	Veränderung der Arbeitszeiten	20	
32.	Wohnortwechsel	20	
33.	Schulwechsel	20	
34.	Neues Hobby	19	
35.	Verändertes kirchliches Engagement	19	
36.	Veränderung des sozialen Verhaltens	18	
37.	Moderate Kredit- bzw. Hypotheken-Belastung	17	
38.	Veränderung der Schlafgewohnheiten	16	
39.	Veränderung der Anzahl von Familientreffen	15	
40.	Veränderte Essgewohnheiten	15	
41.	Urlaub	13	
42.	Weihnachten	12	
43.	Kleinere Verstöße gegen das Gesetz	11	
	SUMME		

4.2.4.2 Messung des individuellen Stresslevels

Wenn das Herz so regelmäßig wie das Klopfen eines Spechtes oder das Tröpfeln des Regens auf dem Dach wird, wird der Patient innerhalb von vier Tagen sterben.

(Wang Shu-he, chinesischer Arzt im 3. Jahrhundert)

Stress ist die individuelle Reaktion von Geist und Körper auf jegliche Faktoren, die eine Belastung darstellen. Während die psychische Wahrnehmung von Stress und deren Verarbeitung subjektiv ist und somit von Person zu Person abweicht, hat die körperliche Stressreaktion den Vorteil, dass sie sich konkret messen lässt und damit ein ziemlich objektives Bild des dauerhaften Stress-Levels abgibt. Aus medizinischer Sicht sind hier vor allem Speichel- und Urinproben sowie das Blutbild maßgeblich. Da diese drei Varianten im Business-Alltag aber nur schwer umzusetzen sind, wird vor allem die Messung der so genannten Herzratenvariabilität (HRV) immer bedeutsamer.

4.2.4.3 Stress und Speichel bzw. Urin

Das Stresshormon Cortisol wird von der Nebennierenrinde in einem bestimmten Tageszyklus produziert und ist maßgeblich an der Stressreaktion des Körpers beteiligt. Mittels Speichel- oder Urintest lässt sich die Konzentration von Cortisol bestimmen, die eine Aussage über den chronischen, d. h. dauerhaft vorherrschenden Stress im Körper zulässt. Damit die Messung aussagekräftig ist, muss über mehrere Tage jeweils ein Tagesprofil erstellt werden, d. h., morgens, mittags und abends muss je eine Probe genommen werden, was die Anwendung aufwendig macht.

Bei chronischem Stress kommt es nach einer längeren Phase von erhöhten Werten zu dauerhaft niedrigen Werten, da die Nebennierenrinde genauso wie der ganze restliche Körper erschöpft ist und nicht mehr genug Cortisol produzieren kann. Aufgrund der hohen tageszeitlichen Schwanken und des relativ großen Wertbereichs, der im Durchschnitt als normal gilt, gilt diese Methode als fehleranfällig und eher ungenau.

4.2.4.4 Stress und Blut

Auch im Blut lässt sich Cortisol messen. Es unterliegt dort denselben tageszeitlichen Schwankungen, wie oben beschrieben. Auch zur Genauigkeit der Diagnose lassen sich ähnliche Beschränkungen feststellen wie beim Speichel- bzw. Urintest. So liegt der Normbereich für Cortisol-Werte im Blutserum für einen erwachsenen Mann morgens beispielsweise zwischen 37 bis 194 µg/l.

Potenziell genauer als dieses Verfahren ist stattdessen die Bestimmung von Stoffwechselprodukten und -effekten, die als Reaktion auf die Produktion von Stresshormonen wie Cortisol entstehen. Eines dieser Verfahren ist das so genannte „Clinical Stress Assessment" (CSA), das vom österreichischen Biologen Dr. Sepp Porta entwickelt wurde. Porta ist Biologe und war bis 2006 Professor an der Universität Graz. Er leitet das Institut für angewandte Stressforschung in Bad Radkersburg südöstlich von Graz. Zusammen mit seinem Team hat er ein Gerät entwickelt, das mit relativ geringem Aufwand in der Lage sein soll, die Auswirkungen von Stresshormonen wie Cortisol, Adrenalin und Noradrenalin exakt zu bestimmen. Die Messung erfasst dabei 40 Einzelwerte, darunter Veränderungen der so genannten Blutgase oder des Kohlenhydrat- und Elektrolytstoffwechsels, die in Kombination Rückschlüsse zu Stressdauer, Stressart und Stressintensität zulassen sollen. Damit soll auch festgestellt werden können, ob die Ursache einer Belastung psychisch oder physisch ist. Auch die Unterscheidung zwischen akutem, d. h. kurzfristigem, oder chronischem, d. h. lang anhaltendem, Stress soll mit diesem Verfahren möglich sein. Ebenso werden dabei Faktoren wie z. B. der pH-Wert erfasst, die eine Aussage über die Pufferkapazität des Körpers gegenüber Stressfaktoren zulassen sollen. Das CSA-Verfahren ist zurzeit noch aufgrund fehlender Validität, d. h. belastbarer und nachvollziehbarer Messreihen, umstritten. Die Messung kann zudem nur in einer Praxis vorgenommen werden, die mit den entsprechenden Gerätschaften ausgestattet ist, was die Anwendung erschwert. Die Kosten für eine Analyse belaufen sich auf rund 200 EUR netto.

4.2.4.5 Stress und Puls

Aus der Tradition der Chinesischen Medizin kommt die Puls-Diagnostik, die bereits im 3. Jahrhundert nach Christi durch den chinesischen Arzt Wang Shu-he dokumentiert wurde und mittlerweile auch — zumindest teilweise — von der westlichen Medizin akzeptiert ist. Hintergrund dieser Diagnostik ist ein Phänomen, das von heutigen Schulmedizinern auch als „respiratorische Sinusarrhythmie" bezeichnet wird. Dahinter verbirgt sich die Tatsache, dass sich bei gesunden Menschen die Herzfrequenz gemeinsam mit der Atmung und damit auch mit der körperlichen Aktivität verändert.

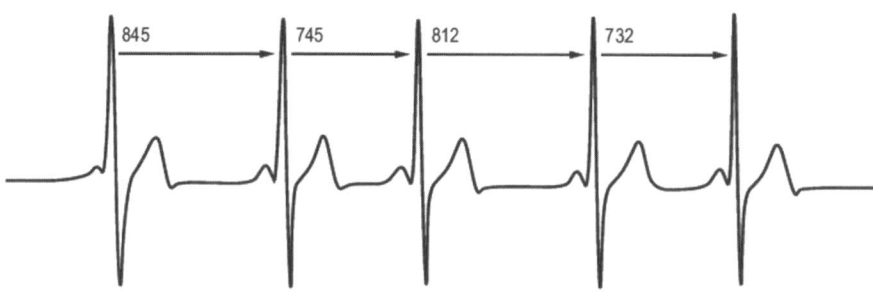

Abb. 80: Herzratenvariabilität

Wenn der Mensch einatmet, schlägt sein Herz ein wenig schneller; atmet er aus, schlägt es ein wenig langsamer. Hinzukommt, dass sich die Abstände zwischen den einzelnen Herzschlägen stets minimal verändern, da sie sich der körperlichen Aktivität anpassen. Die Herzfrequenz verändert sich also bei gesunden Menschen in Abhängigkeit der Atemfrequenz und ist generell variabel. Man spricht hier auch von einer hohen Herzratenvariabilität (HRV). Bei kranken Menschen dagegen nimmt zum einen die Arrhythmie selbst, d. h. der Unterschied der Herzfrequenz bei Ein- und Ausatmung, ab. Zum anderen werden aber auch die Abstände zwischen den Sinusspitzen immer ähnlicher, unabhängig von dem Maß der körperlichen Aktivität. Bei einem kranken Menschen nimmt also die Herzraten-Variabilität ab und der Herzschlag wird generell „starr". Im Zuge des normalen Alterungsprozesses nimmt die Veränderlichkeit der Herzraten-Variabilität um etwa 3 % pro Jahr ab, ein Zeichen dafür, dass sich der Körper weniger gut an Veränderungen anpassen kann und weniger leistungsfähig ist. Durch chronische Belastung, wie z. B. durch langanhaltenden Stress oder gar Burn-out, wird dieser Prozess beschleunigt. Die Methoden zur Messung der HRV gehören zu den Biofeedback-Techniken, bei denen ein sonst nicht objektiv wahrnehmbarer körperlicher Parameter, wie z. B. der Puls oder die Atemfrequenz, sichtbar oder hörbar und so dem Bewusstsein zugänglich gemacht wird.

ARBEITSHILFE ONLINE

Messung der HRV

Mittlerweile gibt es verschiedene Geräte, die über einen Finger- oder Ohrclip verfügen und an Smartphones angeschlossen werden, um die HRV indirekt zu messen, z. B. von den Firmen HeartMath oder vitaliberty. Andere Geräte arbeiten mit eigener Hardware, wie z. B. der kugelförmige Qiu der Firma BioSign, der entweder mittels eigener optischer Sensoren oder mit einem Ohrclip funktioniert. Die genannten Geräte können die HRV aber nur ungenau und indirekt erfassen. Eine 2013 vom Fraunhofer Institut fertiggestellte Technologie ermöglicht es heute, ein echtes Langzeit-EKG in ein Kleidungsstück (T-Shirt oder BH) zu integrieren, um so medizinisch belastbare Daten wie die HRV auf einem Smartphone zu visualisieren. Dieses Gerät wird von der Firma VitalShirt vertrieben. Weitere Informationen finden Sie unter http://arbeitshilfen.haufe.de/

4.3 Resilienzfördernde Führung aus Sicht der Hirnforschung

Denn nur für das, was einem Menschen wichtig ist, kann er sich auch begeistern, und nur wenn ein Mensch sich für etwas begeistert, kommt in seinem Gehirn die Gießkanne mit dem Dünger in Gang, werden all jene Netzwerke ausgebaut und verbessert, die der betreffende Mensch in diesem Zustand der Begeisterung nutzt.

(Gerald Hüther, deutscher Neurobiologe)

Führungsverhalten, das die Resilienz von Mitarbeitern im Blick hat, sollte durch hirngerechte Führung das Resilienzfeld verbessern und dadurch das subjektive Stressempfinden beim Mitarbeiter vermindern.

Was aber ist „hirngerechte Führung"? Es gibt kein komplexeres Organ als das menschliche Gehirn. Wenn man sich mit seiner Funktionsweise und seinen Grundbedürfnissen beschäftigt, ist es leicht, vor lauter Komplexität den Wald vor Bäumen nicht mehr zu sehen bzw. die konkrete Relevanz für den Manager-Alltag zu vergessen.

Wie lassen sich also die Erkenntnisse der Hirnforschung für die resilienzfördernde Führung von Mitarbeitern und Unternehmen nutzbar machen? Aus neurobiologischer Sicht ist die Bereitschaft von Menschen, sich in einem Unternehmen zu engagieren, in dem Wunsch nach Lustgewinn bzw. der Stimulierung des Belohnungszentrums zu suchen. Laut Stressreport 2012 fühlen sich knapp 60 % der Führungskräfte von ihren Chefs nicht gut geführt, d. h., ihr Belohnungszentrum wird nicht aktiviert und das bleibt nicht ohne Folgen. In Studien wurde nachgewiesen, dass Mitarbeiter von „schlechten" Chefs signifikant mehr körperliche und psychosomatische Beschwerden entwickeln als Mitarbeiter, die von ihrem Vorgesetzten regelmäßige Unterstützung erhalten (79 % gegenüber 65 %).

Allerdings erfolgt Lustgewinn im Unternehmenskontext üblicherweise eher indirekt, wenn man von vereinzelten Skandalen wie der Bordell-Affäre des VW-Betriebsrats 2005 einmal absieht.

Wie erreicht man als Vorgesetzter nun aber eine Stimulation des Belohnungszentrums beim Mitarbeiter? Verschiedene Fachleute mit internationalem Ruf kommen hier zu abweichenden Ergebnissen, außer dem einen: Alle sind sich darin einig, dass die Vermeidung von Schmerz, d. h. die Hemmung des Schmerzareals, und das Streben nach Wohlbefinden, d. h. die Erregung des Belohnungszentrums, die fundamentalen Grundbedürfnisse des menschlichen Gehirns darstellen. Uneinig ist man sich dagegen darin, welche Ereignisse, Entscheidungen, Gedanken und Emotionen dazu geeignet sind, dies zu erreichen. Gerald Hüther, ein bekannter deutscher Neurobiologe und Autor mit großem gesellschaftskritischen Anspruch, geht davon aus, dass vor allem die Erfahrung von enger Verbundenheit und Zugehörigkeit gekoppelt mit der Erfahrung eigenen Wachstums und zunehmender Kompetenz das menschliche Handeln bestimmen. Können beide Kräfte sinnvoll integriert werden, so wird nach Hüther das Belohnungszentrum aktiviert.

> ▶ **BEISPIEL**
>
> **Dies ist zum Beispiel der Fall, wenn ein Mitarbeiter eine große Verantwortung übertragen bekommt und es ihm dabei gelingt, von seinen Kollegen weiterhin geschätzt und als einer von ihnen angesehen zu werden.**

David Rock, ein vielzitierter US-amerikanischer Wissenschaftsautor, Unternehmensberater und Mitbegründer des Begriffs „Neuroleadership", geht dagegen davon aus, dass fünf klar umrissene Faktoren das menschliche Handeln bestimmen. Diese bezeichnet er als das Streben nach Status, Gewissheit, Autonomie, Verbundenheit und Fairness. Nach Rock wird das Belohnungszentrum aktiviert, wenn eine dieser fünf sozialen Bedingungen eintritt. Wird dagegen eine der Bedingungen verletzt, so wird das Schmerz- oder Stressareal aktiviert.

Der 2005 verstorbene deutsche Psychotherapieforscher Klaus Grawe, der in einer umfassenden, aber leider schwer zu lesenden Arbeit den aktuellen Kenntnisstand der Neurobiologie für die psychologische Beratung aufbereitet hat, betonte wiederum, dass vor allem die Stimmigkeit bzw. Kongruenz im Ausleben der verschiedenen menschlichen Grundbedürfnisse aus Sicht des Gehirns von ausschlaggebender Bedeutung sei und zur Aktivierung des Belohnungssystems führe. Als Grundbedürfnisse postulierte Grawe das Bedürfnis nach Orientierung und Kontrolle, das Bedürfnis nach Selbstwerterhöhung und Selbstwertschutz sowie das Bedürfnis nach Lustgewinn und Unlustvermeidung. Er geht in seiner Theorie davon aus, dass das menschliche Gehirn danach strebt, möglichst oft eine Übereinstimmung oder Vereinbarkeit zwischen den verschiedenen Grundbedürfnissen zu erreichen und umgekehrt das Erleben fehlender Stimmigkeit bzw. Vereinbarkeit zwischen den verschiedenen Bedürfnissen möglichst zu vermeiden.

Meiner Ansicht nach sind alle diese Konzepte sehr gut fundiert und haben große Relevanz für den Führungsalltag insbesondere bezogen auf resilienzorientierte Führung.

Zudem sind sich alle Experten darin einig, dass resilienzfördernde Führung zum Ziel hat, neurobiologisches Wohlbefinden beim Mitarbeiter zu erzeugen und die Entstehung von im Gehirn wahrgenommenem Stress zu vermeiden. Darüber hinaus ergänzen sich die Konzepte gegenseitig um wesentliche Punkte, ohne sich dabei zu widersprechen. Im hier abgebildeten Modell habe ich daher die zuvor beschriebenen Theorien integriert.

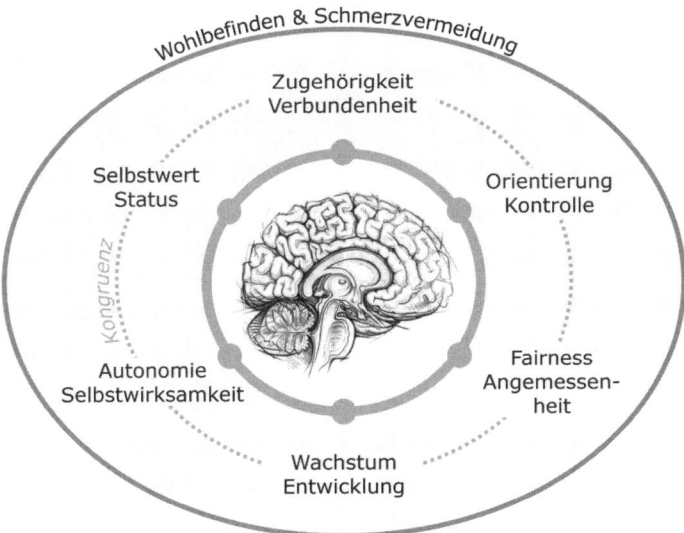

Abb. 81: Grundlegende neurobiologische Bedürfnisse

In zahlreichen Studien wurde mittlerweile nachgewiesen, dass Mitarbeiter ohne weiteres in der Lage sind, darüber Auskunft zu geben, ob sie sich am Arbeitsplatz wohl oder unwohl fühlen. Sie haben aber häufig Schwierigkeiten zu benennen, aufgrund welcher Faktoren sie sich dort wohl oder unwohl fühlen. Eine häufiger Grund dafür sind gestresste Manager. Sie haben nachweislich einen negativen Einfluss auf die Produktivität ihrer Mitarbeiter. Das vorliegende Modell bietet daher eine sehr gute Grundlage, das eigene Führungsverhalten an den grundlegenden neurobiologischen Bedürfnissen von Mitarbeitern zu orientieren, um damit positiv auf die Resilienz und nicht zuletzt auch auf die Produktivität einzuwirken.

Neurobiologie, Wohlbefinden und Stress

4.3.1 Zugehörigkeit & Verbundenheit

Wer Menschen nicht lieben kann, ist unfähig, sie zu führen.

(Karlheinz Binder, ehemaliges Mitglied der Geschäftsführung Burda-Verlag)

Keine andere Spezies kommt mit einem derart offenen, lernfähigen und durch eigene Erfahrungen in seiner strukturellen Ausreifung formbaren Gehirn zur Welt wie der Mensch.

Nirgendwo im Tierreich sind die Nachkommen beim Erlernen dessen, was für ihr Überleben wichtig ist, so sehr und für so lange auf die Fürsorge und den Schutz der Familie angewiesen. Entwicklungsbiologisch war es für den Menschen daher stets von grundlegender Bedeutung, Teil einer sozialen Gruppe, d. h. einer Familie oder eines Stammes zu sein. Die Ausstoßung aus einer solchen Gruppe bedeutete für unsere Vorfahren viele Millionen Jahre lang den sicheren Untergang und Tod. Die hirnbiologische Entsprechung dieses Urtriebs ist der Neurotransmitter Oxytocin, der von Hirnforschern mit psychischen Zuständen wie Liebe, Vertrauen und Geborgenheit in Zusammenhang gebracht wird. Oxytocin scheint aber auch das Aggressionsverhalten gegenüber Personen zu beeinflussen, die der eigenen Gruppe nicht angehören.

Auch im Unternehmen suchen wir nach dem Gefühl der Verbundenheit, natürlich jeder in unterschiedlichem Maße in Abhängigkeit zur individuellen Persönlichkeits- bzw. Hirnstruktur. In der folgenden Tabelle wird Führungsverhalten gegenübergestellt, das Zugehörigkeit und Verbundenheit fördert bzw. kontraproduktiv dazu ist.

Führungsverhalten, welches das Stressareal aktiviert	Führungsverhalten, welches das Belohnungszentrum aktiviert
• Desinteressierter, arroganter Umgang mit Mitarbeitern	• Mitarbeiter mit Interesse begegnen und sie als Menschen wertschätzen. Deren Stärken und Schwächen kennenlernen und akzeptieren.
• Mitarbeiter nicht in Entscheidungsfindungsprozesse einbinden, z. B., indem man ihr Expertenwissen nicht abfragt	• Mitarbeiter bei wesentlichen Entscheidungen aktiv um ihren Input und ihre Meinung bitten unter der Prämisse, dass die letztendliche Entscheidung von Ihnen kommt.
• Mitarbeiter kühl und distanziert wie austauschbare Ressourcen behandeln	• Ehrliche Wertschätzung und Interesse am Mitarbeiter zeigen und adäquat mit Emotionen umgehen. Einen Mitarbeiter fragen, wie es ihm geht und seiner Antwort interessiert und mit Anteilnahme zuhören.

4.3.2 Wachstum & Entwicklung

Begeisterung ist Doping für Geist und Hirn.

(Gerald Hüther, deutscher Neurobiologe)

Aus neurobiologischer Sicht hat die Evolution das menschliche Gehirn nicht auf das Abarbeiten von Routinen, sondern für das kreative Lösen von Problem optimiert, meint der Hirnforscher Gerald Hüther. Neuartige Ansätze und Strategien zur Problemlösung waren in der Entwicklungsgeschichte des Menschen die Kernkompetenzen, die ihn dazu in die Lage versetzten, sich in einer widrigen Umwelt gegen wilde Tiere zur Wehr zu setzen, die sehr viel stärker waren und mit besseren Sinnesorganen ausgestattet waren als er selbst. Da sich aufgrund des Hebb'schen Gesetzes die Verschaltungsmuster von Neuronen entweder erweitern und festigen oder aber verkümmern und auflösen, je nachdem, wie sie genutzt werden, braucht das Gehirn auch in unserer heutigen Arbeitswelt stets neue, andersartige Herausforderungen, damit es sein volles Potenzial entfalten kann. Es braucht neue, bedeutsame Probleme, die für die Steuerungszentrale auch emotional relevant sind, bei denen es also um etwas geht. Ist das Gehirn mit solch einer Herausforderung konfrontiert, entsteht in seinen komplexen Verschaltungen eine Erregung, die sich ausbreitet, auf die tieferliegenden Bereiche des Limbischen Systems überspringt und dort eine emotionale Aktivierung auslöst. Um diese emotionale Erregung wieder zu beruhigen, fängt das Hirn an, ernsthaft nach einer Lösung zu suchen. Solche Lösungen entstehen, wenn mittels kreativer Prozesse, auch Ideen genannt, verschiedene bestehende Gedächtnisinhalte mit neuen Impulsen verknüpft werden. Die Konsequenzen dessen für das Führungsverhalten sind in der nachfolgenden Tabelle dargestellt.

Führungsverhalten, welches das Stressareal aktiviert	Führungsverhalten, welches das Belohnungszentrum aktiviert
- Mitarbeiter klein halten und sie als Bedrohung für die eigene Position sehen	- Mitarbeiter aktiv in ihrer eigenen langfristigen persönlichen und professionellen Entwicklung fördern
- Mitarbeiter der Harmonie oder Bequemlichkeit willen zu ihrer Leistung im Unklaren lassen	- Mitarbeitern regelmäßig entwicklungsorientiertes, ehrliches Feedback (Lob und Kritik) geben
- Keine Risiken eingehen und Mitarbeiter ausschließlich gemäß ihrer aktuellen Fähigkeiten und Erfahrungen einsetzen	- Kalkulierte Risiken eingehen und Mitarbeiter in ihrer Kompetenzentwicklung unterstützen durch anspruchsvolle Aufgaben verbunden mit unterstützendem Coaching

Neurobiologie, Wohlbefinden und Stress

4.3.3 Selbstwert & Status

Das Vertrauen auf den eigenen Verstand und das Wissen, dass man es wert ist, glücklich zu sein, sind die Essenz des Selbstwertgefühls.

(Nathaniel Branden, US-amerikanischer Psychotherapeut und Autor)

Verschiedene Studien haben ergeben, dass sozialer Status und empfundener Selbstwert sehr gute Indikatoren sind, um die Gesundheit, das erreichte Lebensalter, die Qualität der Ausbildung und sogar die Höhe des Gehalts vorherzusagen. Zur Befriedigung dieses Grundbedürfnisses strebt der Mensch an, die relative Bedeutung der eigenen Person im Vergleich zu einer sozialen Gruppe zu verbessern. Wenn Menschen in einer Gruppe zusammen sind, aktiviert ihr Gehirn Verschaltungsmuster, die den Status der eigenen Person im Vergleich zu anderen widerspiegeln, so der Wissenschaftsautor David Rock. Hierfür wird dieselbe Hirnstruktur aktiviert, die auch mit der Verarbeitung von Zahlen in Verbindung gebracht wird. Man könnte also sagen, dass das Gehirn im Kontakt mit anderen stets damit beschäftigt ist, den eigenen Status zu berechnen und daraus auch den Selbstwert der eigenen Person abzuleiten. Führt ein Ereignis zu einer wahrgenommenen Erhöhung des eigenen Status, z. B. durch ein positives Feedback, so wird das Belohnungszentrum, insbesondere der Nucleus accumbens, aktiviert, was zu Wohlbefinden und der Steigerung der Leistungsfähigkeit führt.

Umgekehrt führt bereits eine wahrgenommene potenzielle Verminderung des eigenen Status, z. B. durch Kritik in der Öffentlichkeit, zu einer starken Aktivierung des Schmerzareals, vergleichbar mit dem Erleben körperlicher Schmerzen. Dies kann wegen der Stimulation primitiverer Hirnstrukturen zu deutlich irrationalem Verhalten, wie defensivem Lamentieren, Starre oder Selbstmitleid führen, das allerdings jeweils zum Ziel hat, die Gefahr des Statusverlusts zu vermindern.

Führungsverhalten, welches das Stressareal aktiviert	Führungsverhalten, welches das Belohnungszentrum aktiviert
- Arrogantes Verhalten. Mitarbeiter demütigen oder Kritik auf die Person anstatt das Verhalten beziehen.	- Freundliche Umgangsformen. Nachvollziehbare, faktenorientierte und auf Entwicklung bedachte Kritik.
- Ungerechtigkeit in Bezug auf Gehaltsentwicklung, Boni oder andere Statuselemente, z. B., um Konflikten aus dem Weg zu gehen.	- Ungerechtigkeiten so gering wie möglich halten und bei Bedarf die Verantwortung dafür übernehmen.
- Leistung und Engagement der Mitarbeiter als selbstverständlich ansehen.	- Wertschätzende Rückmeldung und ehrlich gemeinter Dank für das Engagement und den Beitrag von Mitarbeitern.

4.3.4 Orientierung & Kontrolle

Wenn Du ein gutes Schiff bauen willst, dann trommle nicht Menschen zusammen und lasse sie Holz schlagen, sondern wecke in ihnen die Sehnsucht nach der endlosen Weite des Meeres.

(Antoine de Saint-Exupéry, französischer Schriftsteller)

Wie bereits zuvor beschrieben, versucht das Gehirn zu jeder Zeit, Vorhersagen bezüglich der näheren Zukunft zu machen, um das eigene Verhalten daran anzupassen.

Ein gutes Beispiel ist das Herabsteigen einer Treppe. Der Fuß tastet beim Treppensteigen nicht jedes Mal nach der nächsten Treppenstufe, sondern bedient sich über den visuellen Cortex und das explizite Gedächtnis seiner Erfahrung, um den nächsten Schritt zu setzen. In dem Moment, in dem die gemachte Sinneserfahrung deutlich von der Vorhersage des Gehirns abweicht, so z. B. wenn man davon ausgeht, dass noch eine Stufe folgt, obwohl man bereits unten angekommen ist, wird eine Fehlermeldung generiert und der Vorgang sofort ins Bewusstsein gehoben. Dadurch wird der Neurotransmitter Noradrenalin ausgeschüttet, was der Mensch als Schreck wahrnimmt und was den Organismus belastet.

Es ist für das Gehirn daher unerlässlich, Muster abzuleiten und daraus Vorhersagen zu bilden, um Unsicherheit zu vermeiden. Ohne diese Vorhersagen müsste das Gehirn all diese Verarbeitungsvorgänge im präfrontalen Cortex ablaufen lassen, der wesentlich mehr Energie verbraucht und daher schneller ermüdet.

Auch in der Arbeitswelt sorgen bereits geringe Unsicherheiten für eine interne Fehlermeldung des präfrontalen Cortex, die dazu führt, dass planvolles, reflektiertes Handeln durch eine Stressreaktion ersetzt wird. Ein Beispiel dafür sind unklare oder unartikulierte Erwartungen des eigenen Managers, die sicherlich jeder schon einmal erlebt hat.

Die Erfahrung, dass getroffene Vorhersagen tatsächlich in der Realität eintreten, ist für das Gehirn positiv und stimuliert je nach Bedeutsamkeit das Belohnungszentrum, was sich in einem Anstieg der Konzentration des Neurotransmitters Dopamin messen lässt. Im Unternehmenskontext entwickeln sich viele Dinge sehr dynamisch und sind oft unvorhersehbar. Hier hilft es, den Mitarbeitern möglichst gut die wirtschaftlichen Rahmenbedingungen, mögliche Zukunftsszenarien, Spielregeln und Ihre Erwartungen transparent zu machen, um dadurch Unsicherheit zu minimieren.

Führungsverhalten, welches das Stressareal aktiviert	Führungsverhalten, welches das Belohnungszentrum aktiviert
• Mitarbeitern wesentliche Informationen vorenthalten oder in ungeeigneter bzw. unklarer Weise darbieten, insbesondere in Phasen der Verunsicherung	• Mitarbeitern relevante Informationen in geeigneter Weise aktiv zugänglich machen
• Unklares Erwartungsmanagement	• Organisatorische Rahmenbedingungen transparent machen. Die Erwartungen der Mitarbeiter frühzeitig und klar managen.
• Unberechenbares oder mangelndes Treffen von zeitnahen, nachvollziehbaren und in sich konsistenten Entscheidungen • Entscheidungen, die keinen Bestand haben oder die sich nicht an einer wahrnehmbaren Ausrichtung orientieren	• Berechenbares, zeitnahes und nachvollziehbares Treffen von Entscheidungen, die sich wahrnehmbar an einer groben Richtung orientieren
• Informationen und Aufmerksamkeit als Waffe einsetzen • Mitarbeiter durch gezielte Steuerung von Informationen gegeneinander ausspielen	• Demokratischer, transparenter und gerechter Umgang mit Informationen • Den offenen Diskurs mit Mitarbeitern suchen

4.3.5 Autonomie & Selbstwirksamkeit

Wer die Menschen behandelt, wie sie sind, macht sie schlechter. Wer die Menschen aber behandelt, wie sie sein könnten, macht sie besser.

(Johann Wolfgang von Goethe, deutscher Dichter)

Autonomie und Selbstwirksamkeit beschreiben das wahrgenommene Maß an Kontrolle, die ein Mensch über seine Umwelt und sein eigenes Schicksal hat. Diese Faktoren entscheiden darüber, ob anstehende Aufgaben als bewältigbar und damit als anspornende Herausforderung empfunden werden, oder aber als unmöglich zu schaffen und damit als starke Belastung und Stress. Wenn das Grundbedürfnis nach Autonomie und Selbstwirksamkeit wahrnehmbar befriedigt wird, aktiviert dies das Belohnungszentrum und löst Glücksgefühle aus. Das wird z. B. erreicht, wenn ein Mitarbeiter eigenständig eine kreative Lösung zu einem schwierigen Problem erarbeitet hat. Dagegen löst das Gefühl, durch den Vorgesetzten trotz großer eigener Erfahrung und hoher Motivation mittels Micro-Management geführt zu werden, eine deutliche Reaktion des Schmerzareals und ein Gefühl der Machtlosigkeit beim Mitarbeiter aus.

Führungsverhalten, welches das Stressareal aktiviert	Führungsverhalten, welches das Belohnungszentrum aktiviert
- Kein strukturiertes Delegieren größerer Verantwortung an Mitarbeiter - Mangelnde Unterstützung bei Fragen und fehlende Rückmeldung zur Qualität der Leistung	- Größere Bereiche an Mitarbeiter delegieren (nicht nur einzelne Aufgaben), gekoppelt mit klaren Erwartungen und dem Angebot zur Unterstützung und Rückmeldung - Delegation als Mitarbeiterentwicklung und nicht nur als Problemlösung begreifen
- Mitarbeiter durch Micro-Management bzw. übermäßige Steuerung und Kontrolle entmündigen und ihrer Kreativität berauben	- Abhängig von Persönlichkeit, Erfahrung und Motivation die „Länge der Leine" variieren und Mitarbeitern situativ die Möglichkeit geben, sich Ihr Vertrauen zu verdienen
- Eigenen Informations-, Erfahrungs- oder Kompetenzvorsprung nutzen, um Probleme selbst zu lösen	- Eigenständige Problemstrukturierung und -lösung von Mitarbeitern einfordern und fördern

4.3.6 Fairness & Angemessenheit

Menschen, die andere als ungerecht empfinden, fühlen keine Empathie für ihre Schmerzen.

(David Rock, australischer Wissenschaftsautor und Unternehmensberater)

Das Zusammenleben von Menschen in sozialen Gruppen setzt die Fähigkeit zu bestimmten Verhaltensweisen wie Kooperation, altruistischem Verhalten und Fairness voraus. Im menschlichen Gehirn wird eine Region im rechten präfrontalen Cortex aktiviert, wenn sich Menschen entgegen ihren egoistischen Interessen für faires Verhalten entscheiden. Des Weiteren wird das Belohnungszentrum aktiviert und ein Mix aus Neurotransmittern ausgeschüttet, die ein Wohlgefühl erzeugen. Dies ist die neurobiologische Erklärung für die befriedigende und sinnstiftende Wirkung von sozialem Engagement. Wird die Aktivität in dieser Hirnregion durch den Einsatz von starken magnetischen Feldern, auch transkraniale Magnetstimulation genannt, gehemmt, zeigen Menschen eher ein Verhalten, das ihnen selbst einen Vorteil verschafft. Zudem entscheiden sie sich im Durchschnitt schneller, da

Neurobiologie, Wohlbefinden und Stress

offensichtlich keine Inkongruenz zwischen den Grundbedürfnissen „Selbstwert & Status" sowie „Fairness & Angemessenheit" ausgeglichen werden muss.

Wenn wir dagegen unfaires oder unangemessenes Verhalten anderer wahrnehmen, wie z. B. das verbale Attackieren eines rangniedrigeren Kollegen oder die willkürliche Bevorzugung einzelner Mitarbeiter, führt dies bei uns je nach Intensität zur Aktivierung einer spezifischen Struktur des Schmerzareals in der Inselrinde, einer Region, die auch mit der Wahrnehmung von Ekel in Verbindung gebracht wird. Aus Sicht der Unternehmensführung ist daher vor allem Wert auf Transparenz, Fairness und Angemessenheit der eigenen Handlungen und Entscheidungen zu legen.

Führungsverhalten, welches das Stressareal aktiviert	Führungsverhalten, welches das Belohnungszentrum aktiviert
- Intransparente, trotz gleicher Leistung und Erfahrung ungleiche oder aus sonstigen Gründen unfaire Vergütung oder Förderung von Mitarbeitern	- Leistungsgerechte, nachvollziehbare und faire Entlohnung und Förderung von Mitarbeitern
- Exorbitante, nicht nachvollziehbare oder nicht am Risiko beteiligte Managergehälter	- Managergehälter, die sich am Branchendurchschnitt orientieren und den Manager sowohl an Chancen als auch an Risiken angemessen beteiligen
- Schwerwiegende Personalentscheidungen wie Entlassungen betont emotionslos und ohne ausreichende Begründung vollziehen und innerhalb der Organisation totschweigen	- Personalentscheidungen so transparent, nachvollziehbar und offen wie möglich kommunizieren und diesbezüglich den offenen Austausch mit den Mitarbeitern suchen. Adäquat und kompetent mit aufkommenden Emotionen umgehen.
- Unfaire oder unangemessene Verbalattacken gegen einzelne Mitarbeiter	- Faires und angemessenes Verhalten gegenüber jedem Mitarbeiter

4.3.7 Kongruenz der Grundbedürfnisse

Du bist Deine Synapsen. Sie sind, was Du bist.

(Joseph LeDoux, US-amerikanischer Neurowissenschaftler)

Die gleichzeitige Erregung von Hirnstrukturen, die verschiedenen, miteinander unvereinbaren neurobiologischen Grundbedürfnissen entsprechen, ist laut dem Psychotherapieforscher Klaus Grawe im Wesentlichen für das Erleben von Schmerz bzw. Stress verantwortlich. Demnach entsteht ein Widerspruch in Erregungsmustern, wenn z. B. der Mitarbeiter einerseits gegenüber seinem Chef seine Überlastung mitteilen möchte (Grundbedürfnis „Orientierung & Kontrolle"), z. B., weil er die Arbeitsverteilung als nicht gerecht empfindet (Grundbedürfnis „Fairness & Angemessenheit"), er aber andererseits fürchtet, dadurch als nicht belastbar und daher auch nicht als High Performer zu gelten (Grundbedürfnis „Selbstwert & Status").

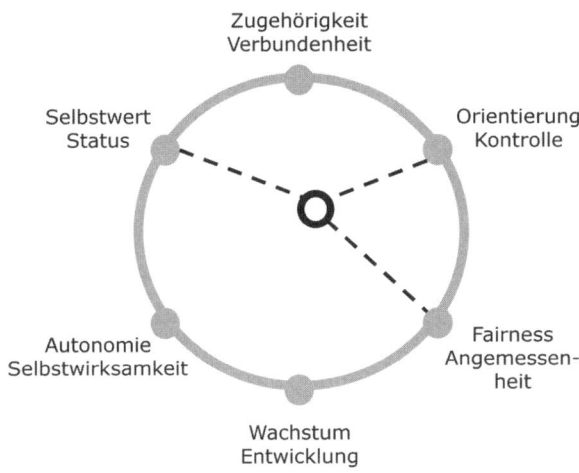

Abb. 82: Einfacher Konflikt zwischen Grundbedürfnissen

Natürlich kann auch Führungsverhalten solche Inkongruenzen erzeugen: Wenn ein Mitarbeiter beispielsweise die Leitung eines sehr wichtigen und im Fokus stehenden Projekts von Ihnen übertragen bekommt, dann stärkt das einerseits sein Selbstbewusstsein (Grundbedürfnis „Selbstwert & Status), und die Tatsache, dass Sie an ihn glauben, führt dazu, dass er sich kompetent fühlt (Grundbedürfnis „Autonomie & Selbstwirksamkeit") und sich auf die Herausforderung freut (Grundbedürfnis „Wachstum & Entwicklung"). Er mag sich aber auch Sorgen darüber machen, ob er diese Aufgabe wohl bewältigen kann, und was wohl passieren wird, wenn er scheitern sollte (Grundbedürfnis „Orientierung & Kontrolle"). Je nach Persönlichkeit bzw. Hirnstruktur mag diese Sorge im Hirn des Mitarbeiters mehr Stress auslösen, als die Belohnung für die Befriedigung der anderen Grundbedürfnisse kompensieren kann. Der Aufwand, den das Gehirn betreibt, um diese fehlende Kongruenz auszugleichen, ist groß und erzeugt Stress. Er verbraucht viel Energie, die dann für die Arbeitsleistung nicht mehr zur Verfügung steht. Außerdem hemmt er die Aktivität des präfrontalen Cortex und reduziert damit die kognitive Leistungsfähigkeit, d. h. die Möglichkeit, intelligent zu denken und zu handeln. Die Funktionsfähigkeit des Hippocampus, der explizite Gedächtnisinhalte und damit bewusste Denkvorgänge organisiert, wird geschwächt, was dazu führt, dass Kompetenz und hilfreiche Erfahrungen nur noch bedingt abgerufen werden können.

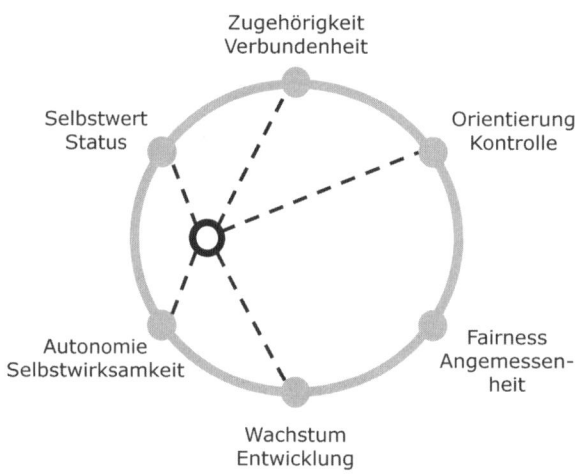

Abb. 83: Komplexer Konflikt zwischen Grundbedürfnissen

Wenn im präfrontalen Cortex keine sinnvollen Handlungsmuster mehr entstehen können, greift das Gehirn auf primitivere, aber stabilere Strukturen zurück. Ein erstes Anzeichen hierfür ist der Verlust an Flexibilität im Verhalten. Menschen können unter Stress nur das abrufen, was sie schon immer so gemacht haben, d. h., sie greifen zurück auf Routinen, fest definierte Regeln und Prozesse, und bekannte Verhaltensmuster, die ihnen Sicherheit vermitteln. Schafft auch dies nicht genügend Stabilität im Gehirn, so werden noch ältere Bewältigungsmuster des limbischen Systems aktiviert, die meist früh in der Kindheit erworben wurden. Sie reichen von aggressivem Dominanzverhalten, übervorsichtiger Unterwürfigkeit und ablenkender Verleugnung bis hin zu pseudointelligentem Rationalisieren, warum etwa die neue Aufgabenverteilung nicht praktikabel ist. Führt auch dies nicht zur gewünschten Herstellung von Kongruenz, schaltet das Gehirn in den Überlebensmodus: Die archaischen Verhaltensmuster Angriff, Flucht oder Erstarrung sind dann die Extremformen des Verlustes der höheren Steuerungsfunktionen des Gehirns infolge von Stress.

5 Lebenswandel, Psyche und Gesundheit

Orandum est, ut sit mens sana in corpore sano. (zu Deutsch „Beten sollte man darum, dass in einem gesunden Körper ein gesunder Geist sei."

(Juvenal, römischer Dichter)

Hat die Art, wie ein Mensch denkt, etwas mit seiner Gesundheit und Resilienz zu tun? Können die persönliche Grundeinstellung und die Lebensweise das Immunsystem beeinflussen? Ist die eigene Resilienz vielleicht sogar in der Lage, die Erbinformationen eines Menschen zu verändern? Und wenn ja, wie soll das gehen? Das alles klingt reichlich weither geholt und nach Parawissenschaft, aber es ist sicher interessant genug, um einen gründlichen Blick auf die dazugehörigen Fakten zu werfen.

5.1 Das Projekt „Langes Leben"

Only the good die young.

(Billy Joel, US-amerikanischer Sänger und Songwriter)

Lewis M. Terman war ein Professor für Psychologie an der Stanford University in Kalifornien. Kurz nach Ende des Ersten Weltkriegs startete er 1921 eine großangelegte Studie mit über 1.500 Schülern, die als die umfangreichste und langfristigste Längsschnitt-Studie in die Geschichte der Psychologie eingehen sollte. Bei einem solchen Studien-Design werden dieselben Daten mehrfach über einen längeren Zeitraum erfasst, während dies bei einer Querschnitt-Studie nur einmal der Fall ist. Er wollte mit dieser Studie nachweisen, dass begabte Kinder sich körperlich und seelisch ebenso gut entwickeln wie durchschnittlich intelligente. Zur Zeit von Terman galt in den Vereinigten Staaten ein hoher Intelligenzquotient bei Kindern noch als Entwicklungshindernis (und auch heute noch ist ja die Bezeichnung „hochbegabt" nicht unbedingt ein Garant für übermäßige Lebenstüchtigkeit). Dazu identifizierten sein Team und er aus verschiedenen kalifornischen Schulen insgesamt 1.528 hochbegabte und normalbegabte Schüler zwischen 3 und 19 Jahren. Daraufhin wurden die Lebensumstände dieser Kinder, ihre schulischen Leis-

Lebenswandel, Psyche und Gesundheit

tungen, ihr sozialer Status und ihre Gesundheit von Termans Team detailliert erfasst. Diese Datenerhebung wurde in Abständen von mehreren Jahren von dem Forscherteam erhoben. 1956, also 35 Jahre nach Beginn der Erhebung, starb Terman im Alter von 79 Jahren. Zu diesem Zeitpunkt waren noch 98 % der ursprünglichen Studienteilnehmer am Leben. Einer der Probanden, Robert Sears, der mittlerweile ebenfalls in Stanford forschte, führte die Studie bis zu seinem eigenen Tode 1989 weiter. Zu diesem Zeitpunkt, also 68 Jahre nach Studienbeginn, waren noch 70 % der nach dem Studieninitiator Terman auch „Termites" genannten Teilnehmer am Leben. Danach gerieten die Studie und ihr unglaublicher Datenbestand von ca. 4.000 Datensätzen pro Person in Vergessenheit. Im Jahr 2000 wurden schließlich die beiden Stanford-Psychologen Howard Friedman und Leslie Martin auf die Arbeit von Terman und dessen Kollegen aufmerksam. Sie machten die noch verbliebenen „Termiten" ausfindig, um die Datenerhebung fortzuführen. Zu diesem Zeitpunkt lebten noch 13 % der Teilnehmer. Da sie allerdings nach Sichtung der Daten erkannten, dass sich die Studie nicht nutzen ließ, um einen Zusammenhang zwischen Intelligenz, Sozialstatus und Gesundheit herzustellen, wichen sie vom ursprünglichen Studienziel ab und nutzten die vorhandene Erhebung schließlich, um der Frage nachzugehen, welche Faktoren für ein langes und im weitesten Sinne erfolgreiches Leben verantwortlich sind.

2011, also 90 Jahre nach Beginn der Studie, waren schließlich fast alle Studienteilnehmer gestorben, und Friedman und Martin veröffentlichten die Ergebnisse der Arbeit, die drei Generationen von Wissenschaftlern über neun Jahrzehnte, wenn auch ehemals mit einer anderen Zielsetzung, vorangetrieben hatten.

Welche Faktoren führen also zu einem langen und glücklichen Leben? Sind dies dieselben Faktoren, die auch schon in der Resilienzforschung und in den Neurowissenschaften identifiziert worden sind? Wäre es nicht naheliegend und logisch, dass diese Faktoren den menschlichen Grundbedürfnissen entsprechen, die wir bereits im Kapitel „Neurobiologie, Wohlbefinden und Stress" (5) herausgearbeitet haben?

Im Folgenden sind die wesentlichen Erkenntnisse von Howard und Friedmann den neurobiologischen Grundbedürfnissen des Menschen in den Dimensionen „lebensverlängernd", „neutral" und „lebensverkürzend" gegenübergestellt. Die Übereinstimmungen mit den Erkenntnissen der Hirnforschung sind verblüffend.

5.1.1 Wohlbefinden & Schmerzvermeidung

Die Studie konnte keinen Zusammenhang zwischen der Häufigkeit und Regelmäßigkeit von Sport und Diäten und dem erreichten Lebensalter nachweisen. Vielmehr scheint ein Zusammenhang zwischen der Einstellung zum ausgeübten Sport oder Hobby und dem Lebensalter zu bestehen. Macht man es gerne und entspricht es den eigenen Grundbedürfnissen, dann und nur dann entfaltet es auch seine positive Wirkung.

Ähnliches scheint auch für das gesamte Leben zu gelten. Sorglosigkeit, eine entspannte Lebenseinstellung und ein allgemein geringer Antrieb dagegen sind — überraschenderweise — Faktoren, die die Lebensdauer verkürzen, denn sie führen offenbar dazu, dass man unnötige Risiken eingeht, zu wenig auf sich achtgibt und zu wenig Disziplin aufbringt, um die sinnvollen Dinge zu tun, die aber meist aufwendig sind.

Lebensverlängernd	Neutral	Lebensverkürzend
Sport oder Hobby, wenn man Begeisterung dafür empfindet	Diäten und Sport, insbesondere, wenn er keinen Spaß macht	Sorglosigkeit, entspannte Lebenseinstellung, geringer Antrieb

5.1.2 Zugehörigkeit & Verbundenheit

Es scheint keinen Zusammenhang zwischen der Menge der sozialen Kontakte und Faktoren wie Gesundheit und Lebensspanne zu geben. Vielmehr bestimmt die Intensität, Vertrautheit und Langlebigkeit der Beziehungen über ihren positiven Einfluss auf das Leben. Menschen, die sich öffnen und in anderen das Beste sehen wollen, leben länger.

Außerdem fand die Studie heraus, dass Menschen, die sich sozial für andere engagieren, dazu neigen, zufriedener zu sein und länger zu leben. Das eigene Glück war hierbei aber stets ein Nebenprodukt und nicht das eigentliche Ziel des Engagements.

Ein Zusammenhang zwischen religiösem Glaube und der Lebensdauer besteht dagegen nicht.

Eindeutig negativ wirkten sich dauerhafte Konflikte in der Familie oder eine frühe Scheidung der Eltern auf die Lebenserwartung aus, während der frühe Tod eines

Elternteils keine signifikanten Auswirkungen hatte. Aber auch Scheidungskinder wurden sehr alt, wenn sie durch Arbeit an sich selbst zurück zu einer positiven und lebensbejahenden Grundeinstellung fanden.

Lebensverlängernd	Neutral	Lebensverkürzend
• Ausgesuchte, stabile, vertrauensvolle Beziehungen und eine erfüllte Ehe	• Viele Freunde	• Einseitiger Fokus auf eigene Zufriedenheit
• Soziales, altruistisches Engagement für andere	• Religiosität	• Konflikte im Elternhaus, Scheidung der Eltern
	• Früher Tod eines Elternteils	

5.1.3 Wachstum & Entwicklung

Es zeigte sich, dass Teilnehmer der Studie, die z. B. im Zweiten Weltkrieg traumatische Erfahrungen machten oder durch schwere persönliche Krisen gingen, durch beständige, harte Arbeit an sich selbst, d. h. durch die Entwicklung von Bewältigungsstrategien, wieder einen Sinn in ihrem Leben finden und zu einer guten Lebensweise und damit zu einer langen Lebenserwartung zurückkehren konnten.

Lebensverlängernd	Neutral	Lebensverkürzend
Sich selbst beständig fordern und weiterentwickeln		Mental stehenbleiben

5.1.4 Selbstwert & Status

Eine andere interessante Erkenntnis aus der Studie ist, dass die Vermeidung von Stress bzw. ein möglichst entspanntes Leben an sich nicht zu einer höheren Lebenserwartung führt. Vielmehr waren die Teilnehmer, deren Beruf oder Aufgabe sie mit tiefer Befriedigung, Sinn und Bedeutung erfüllte und der ihre intellektuellen Fähigkeiten voll ausschöpfte, im Durchschnitt glücklicher und lebten länger. Auch starben diejenigen, die den größten Berufserfolg und sozialen Status erreicht hatten, am seltensten früh. Das mag mit besserer Gesundheitsversorgung zu tun haben. Da aber die meisten Studienteilnehmer mindestens der Mittelschicht angehörten, ist es wahrscheinlicher, dass die Erfüllung, die sie in ihrer Arbeit fanden, sie gesund erhielt.

Lebensverlängernd	Neutral	Lebensverkürzend
• Bedeutsame Arbeit, auch wenn sie anstrengend und verantwortungsvoll ist	• Vermeidung von Stress	• Negativer Stress, z. B. durch Konflikte im Beruf, häufige Jobwechsel oder Beziehungsprobleme
• Hoher sozialer Status und beruflicher Erfolg		• Niedriger sozialer Status und fehlender beruflicher Erfolg

5.1.5 Orientierung & Kontrolle

Die Studie zeigt eindeutig, dass ein hohes Maß an Disziplin als Grundeinstellung und persönlicher Wert ein wichtiger Faktor für ein langes Leben ist. Disziplinierte Menschen tun mehr, um ihre Gesundheit zu schützen, und vermeiden unnötige Risiken. Das macht sie weniger anfällig für Krankheiten und lebensbedrohende Unfälle. Sorglose, impulsive und spontane Charaktere starben dagegen vergleichsweise früh. Auch das Gefühl bzw. die Überzeugung, die Kontrolle über das eigene Leben und sein Schicksal zu haben und das Geplante umsetzen zu können, erwies sich als günstig für eine hohe Lebenserwartung.

Lebensverlängernd	Neutral	Lebensverkürzend
• Hohes Maß an Disziplin, Stabilität, Struktur und Verlässlichkeit		• Übermäßige Sorglosigkeit, Impulsivität und Spontaneität
• Gefühl, die Kontrolle über das eigene Leben zu haben		• Überzeugung, ohnmächtig gegenüber dem Schicksal zu sein

5.1.6 Autonomie & Selbstwirksamkeit

Die Studie weist nach, dass eine optimistische Lebenseinstellung und möglichst viele Glücksmomente keineswegs Garanten für ein langes Leben sind, und auch ein übertriebener Pessimismus wirkte sich eher negativ auf die Lebensdauer aus. Pessimistische Teilnehmer der Studie beendeten ihr Leben überdurchschnittlich häufig durch Selbstmord.

Vielmehr scheinen ein Sinn im Leben und ein gesunder Realismus, der einkalkuliert, dass Schwierigkeiten bei der Erreichung von Zielen entstehen, starke Ressourcen

Lebenswandel, Psyche und Gesundheit

zu sein, die sich positiv auf die Länge des Lebens auswirken. Die Realisten zeichneten sich zudem durch eine bessere Lebensplanung mit erreichbaren Zielen aus, die zu weniger negativen Gefühlen wie Ärger, Enttäuschung und Reue führte. Das Gefühl, mit dem eigenen Leben und den eigenen Leistungen prinzipiell zufrieden zu sein, war für die Widerstandskraft der Studienteilnehmer offensichtlich sehr bedeutsam.

Eine weitere Variable, die die Länge des Lebens der Studienteilnehmer bestimmte, war die Übernahme von Verantwortung für das eigene Schicksal, d. h. für glückliche und unglückliche Lebensereignisse.

Ebenso scheint eine Ausrichtung des Lebens an den eigenen Überzeugungen und Bedürfnissen positiver für ein langes Leben als eine einseitige Orientierung an gesellschaftlichen Konventionen und Erwartungen.

Auch zeigte sich, dass die kontinuierlich produktiven Studienteilnehmer sehr viel länger lebten als diejenigen, die sich im Alter schonten und aufhörten zu arbeiten.

Lebensverlängernd	Neutral	Lebensverkürzend
• Höheres Ziel und höheren Sinn im eigenen Leben und in der Arbeit sehen	Erholung, möglichst viele schöne Momente erleben	• Zu großer Optimismus, hohe Risikobereitschaft und Leichtsinn
• Realismus, d. h. Schwierigkeiten erwarten und damit umgehen		• Geringes Maß an Eigenverantwortung
• Existenz von Zielen und der Ehrgeiz, diese zu erreichen		• Zu hoher Pessimismus, geringe Lebensfreude
• Hohes Maß an Eigenverantwortung		
• Das Leben an eigener Überzeugung anstatt an Konventionen ausrichten		
• Auch im Alter noch gebraucht werden und nicht aufhören zu arbeiten		

5.1.7 Fairness & Angemessenheit

Es zeigte sich, dass Personen die beruflich und privat dazu neigen, keinem Konflikt aus dem Weg zu gehen und auf persönliche Kränkungen stets mit Feindseligkeiten zu reagieren, im Durchschnitt früher starben. Die Teilnehmer, die auch mal bei ihren eigenen Bedürfnissen zurücksteckten und eher den Kompromiss suchten, lebten dagegen deutlich länger.

Lebensverlängernd	Neutral	Lebensverkürzend
Konflikte minimieren und auch mal eigene Bedürfnisse zurückstellen		Dauerhafte Konflikte am Arbeitsplatz oder in der Beziehung

Zusammenfassung

Die Terman-Langzeitstudie hat teilweise ungewöhnliche und unerwartete Faktoren identifiziert, die über die Lebensdauer und Zufriedenheit von Menschen bestimmen: Disziplin, Realismus, Arbeit, Hingabe, Erfolg, Sinn, Beziehungen, Harmonie, um nur einige zu nennen. Auch wenn die Studie ursprünglich einem anderen Zweck diente, sind doch die gewonnenen Erkenntnisse von ausgesprochener Relevanz für die Lebensgestaltung heute.

Interessanterweise korrespondieren diese Erkenntnisse deutlich mit den neurobiologischen Grundbedürfnissen, die die Hirnforschung mittlerweile identifiziert hat. Insbesondere das Grundbedürfnis nach Zugehörigkeit und Verbundenheit (Beziehungen, Harmonie) sowie das Bedürfnis nach Wachstum und Entwicklung (Arbeit, Erfolg, Sinn) wären hier zu nennen.

Es ist sicherlich müßig darüber zu diskutieren, welche Faktoren bedeutsamer für das menschliche Wohlergehen sind. Wahrscheinlich trifft aber folgende Aussage zu: Wenn das Leben im Einklang mit den lebensverlängernden Faktoren der Terman-Studie steht, dann sind auch die neurobiologischen Grundbedürfnisse weitestgehend erfüllt.

5.2 Psyche, Hirn und Immunsystem

Es ist der Geist, der sich den Körper baut.

(Friedrich Schiller, deutscher Dichter und Philosoph)

Wie die beeindruckende und einmalige Arbeit von Terman, Sears, Martin und Freedman zeigt, bestimmen Faktoren wie Grundeinstellungen, innere Haltung, Werte, Ressourcen und Bewältigungsstrategien zu einem erheblichen Maß über Zufriedenheit und Lebensspanne eines Menschen. All dies sind Faktoren, die im Konzept der Resilienz von großer Bedeutung sind. Man könnte daher auch sagen: „Resiliente Menschen werden tendenziell glücklicher und älter!"

Lassen sich diese Erkenntnisse, die auf einer Makro-Ebene gewonnen wurden, d. h. mittels Beobachtung einer großen Stichprobe über einen sehr langen Zeitraum, auch auf einer Mikro-Ebene reproduzieren, d. h. durch Beobachtung von Wechselwirkungen im Körper?

Die so genannte Psycho-Neuro-Immunologie ist ein relativ junger Forschungszweig der Medizin, der sich interdisziplinär mit eben diesen Wechselwirkungen der Lebensweise eines Menschen, seiner psychischen Grundausstattung und inneren Haltung mit Gehirn, Nervensystem und Immunsystem beschäftigt. Diese relativ junge, integrative Wissenschaft versucht im Körper von Menschen u. a. nachzuvollziehen und zu verstehen, was in der Terman-Studie mit über 1.500 Teilnehmern an Zusammenhängen gefunden wurde. Dies basiert auf der Annahme von Wechselwirkungen zwischen dem Gehirn als „Heimat" der Psyche und dem Körper. Dabei geht man davon aus, dass nicht nur das Immunsystem das Organ Gehirn beeinflusst, sondern auch, dass das menschliche Gehirn das Immunsystem über verschiedene Wirkmechanismen steuert, die bislang noch nicht erforscht waren. Robert Ader, ein US-amerikanischer Professor für Psychologie an der University of Rochester, konnte 1974 zusammen mit seinem Kollegen, dem Immunologen Nicholas Cohen, nachweisen, dass das Immunsystem mit dem zentralen Nervensystem über die Wechselwirkung bestimmter Botenstoffe direkt in Verbindung steht. Dies wird im Rückblick als die Geburtsstunde der Psycho-Neuro-Immunologie bezeichnet, die heute die Integration von Psychologie, Soziologie, Neurologie, Endokrinologie und Immunologie vorantreibt und so bei dem Verständnis der Zusammenhänge hilft, die dazu führen, dass Grundeinstellungen, innere Haltung, Werte, Ressourcen und Bewältigungsstrategien sich nachweisbar auf körperliche Funktionen auswirken. Im Mittelpunkt steht dabei die Wirkung der Psyche, insbesondere von positiv oder negativ empfundenem Stress, auf das Immunsystem.

5.2.1 Funktionsweise des menschlichen Immunsystems

Das Immunsystem erschafft beständig neue Antikörper, die auf alles passen, was im Körper auftaucht. Es ist bemerkenswert.

(Erez Lieberman Aiden, US-amerikanischer Wissenschaftsautor)

Stark vereinfacht sorgt das Immunsystem dafür, dass der Mensch nicht krank wird. Dies tut es, indem es Krankheitserreger, Mikroorganismen, körperfremde Substanzen und abgestorbene oder degenerierte körpereigene Zellen aufspürt, diese identifiziert, um dann eine geeignete Immunabwehr zu stimulieren, die die schädlichen Eindringlinge abtötet und entsorgt. Die Immunabwehr erfolgt dabei zum einen unspezifisch, d. h., breit gestreut, und zum anderen spezifisch für bestimmte Krankheitserreger wie Viren.

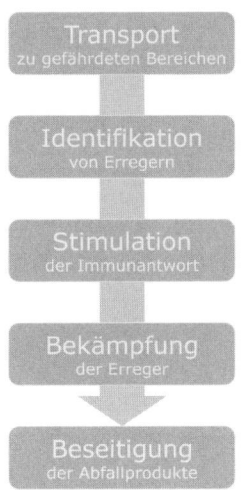

Abb. 84: Wirkprinzip des Immunsystems

Das Immunsystem lernt im Laufe des Lebens mit jeder Infektion dazu und besteht aus einem sehr komplexen Netzwerk aus verschiedenen Organen, Zelltypen und Botenstoffen, das erst in den 1980er Jahren erstmals vollständig beschrieben wurde. Auf eine detaillierte Beschreibung der Funktionsweise des Immunsystems verzichte ich an dieser Stelle aus Gründen der Verständlichkeit.

Auch heutzutage sind noch nicht alle Wirkzusammenhänge restlos geklärt, aber es gibt mittlerweile zahlreiche Studien aus dem Bereich der Grundlagenforschung,

Lebenswandel, Psyche und Gesundheit

die belastbare Rückschlüsse auf das Zusammenspiel verschiedener Faktoren bei der Immunabwehr zulassen. Die wesentlichen Bestandteile des Immunsystems und ihre Aufgaben sind dabei nach heutiger Erkenntnis folgende:

Bestandteil	Beschreibung
Knochenmark	Produktionsort der meisten Zelltypen des Immunsystems
Lymphknoten	Immunorgan, in dem ein Großteil der Immunreaktion abläuft
Granulozyten	Untermenge der weißen Blutkörperchen (Leukozyten). Können die Blutbahn verlassen und ins Gewebe einwandern, um dort mittels aggressiver Stoffe aus ihrem Zellinneren Krankheitserreger unschädlich zu machen.
Riesenfresszellen	Dieser Zelltyp, auch als Makrophagen bezeichnet, attackiert Eindringlinge und hilft bei der Beseitigung schädlicher Substanzen und Abfallprodukte.
Natürliche Killerzellen	Die so genannten NK-Zellen sind eine der ersten Verteidigungslinien im Kampf gegen Infektionen und Krebs im Körper. Sie können infizierte Zellen vernichten, ohne vorher mit dem Krankheitserreger selbst in Kontakt gewesen zu sein.
Dendritische Zellen	Diese auch als Phagozyten bezeichneten Fresszellen nehmen Krankheitserreger in sich auf und wandern damit in den nächsten Lymphknoten, in dem sie eine Immunreaktion, d. h. die Produktion von Antikörpern, anregen.
T-Zellen	Dieser Zelltyp ist Teil der spezifischen Immunantwort, da er über seine Rezeptoren nur Krankheitserreger eines bestimmten Typs identifiziert und attackiert.
Helferzellen	Dieser Zelltyp koordiniert über Botenstoffe die spezifische Immunreaktion, indem er die Erreger, die andere Zelltypen in sich aufgenommen haben, identifiziert und die Immunantwort durch Zellteilung stimuliert.
Zytotoxische T-Zellen	Identifizieren körpereigene Zellen, die durch Krankheitserreger befallen sind, und lassen diese absterben.
B-Zellen	Untermenge der weißen Blutkörperchen (Leukozyten). Wird durch Helferzellen aktiviert und durch Produktion von Antikörpern auf einen bestimmten Erreger eingestellt, der dann gezielt bekämpft wird.
Antikörper	Bekämpft eingedrungene Viren oder Bakterien.
Botenstoffe	So genannte Interleukine, welche die Immunreaktion steuern.

5.2.2 Wechselwirkungen zwischen Psyche und Immunsystem

Alle Forschungen belegen, dass Nervensystem, Immunsystem und Neuropeptide in engem Zusammenhang stehen. Alle Krankheiten resultieren daher aus der Interaktion nervlicher, genetischer, immunologischer und psychischer Faktoren.

(Johannes Holler, deutscher Autor)

Es ist mittlerweile in zahlreichen Studien nachgewiesen, dass die Psyche und damit das Gehirn mit dem Immunsystem auf zwei verschiedenen Wegen in Verbindung stehen. Diese Hirn-Körper-Achse macht sich immer dann bemerkbar, wenn sich eine Veränderung in der wahrgenommenen Belastungssituation bzw. dem Stress-Level des Menschen ergibt. Zum einen kommunizieren beide über die Blutbahn, die das Stresshormon Cortisol transportiert, dessen Produktion vom Hirn über eine Erregung des Stressareals angestoßen wird. Zum anderen steht das Gehirn aber auch direkt über das Zentrale Nervensystem mit dem Immunsystem in Verbindung, so dass es bestimmte Immunzellen direkt über die Neurotransmitter Adrenalin und Noradrenalin anregen bzw. hemmen kann. Beide Kommunikationswege laufen dabei autonom, d. h. ohne Zutun des Bewusstseins ab.

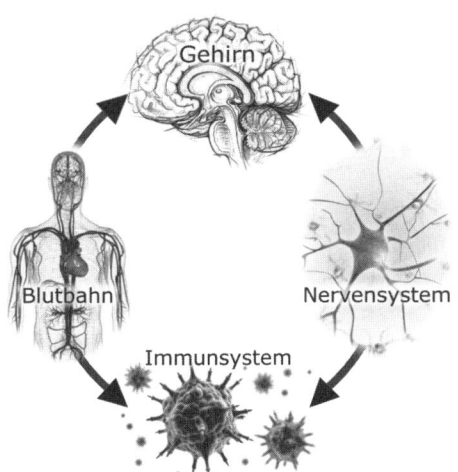

Abb. 85: Verbindung von Gehirn und Immunsystem (Bilder: Fotolia, NataV, Sebastian Kaulitzki, psdesign1, arsdigital)

5.2.2.1 Langanhaltender Disstress macht krank

Eine externe Herausforderung wird vom Menschen dann als Belastung erlebt, wenn er das Gefühl hat, sie nicht beeinflussen zu können, und zudem nicht ausreichend Ressourcen zu haben glaubt, um die Situation zu bewältigen. Nimmt der wahrgenommene negative Stress-Level im Gehirn zu oder bleibt er über eine längere Zeit auf einem erhöhten Niveau, so hat das Auswirkungen auf das Immunsystem. Dabei sind folgende Effekte nachweisbar, die u. a. die Effektivität bei der Bekämpfung von Viren und Bakterien reduzieren:

- Verlangsamte Zellteilung bestimmter Zelltypen des Immunsystems, z. B. der Riesenfresszellen, B-Zellen, Antikörper, T-Zellen und Helferzellen
- Verminderte Produktion von Botenstoffen
- Verlangsamter bzw. fehlgeleiteter Transport der Immunzellen zu den Krankheitserregern oder Entzündungsstellen

Durch diese Beeinträchtigungen der Immunabwehr steigt das Risiko einer Erkrankung bzw. der Verlauf bestehender Krankheiten kann sich verschlechtern bis hin zu einem tödlichen Verlauf. Dies wird auch als „Open-Window-Phänomen" bezeichnet, d. h., Erregern stehen Tür und Tor buchstäblich offen.

Diese folgenschweren Auswirkungen sind heute durch zahlreiche wissenschaftliche Versuchsreihen belegt. Diese Untersuchungen wurden an Menschen durchgeführt, die mit einem dauerhaft hohen Level an Disstress leben müssen, z. B. pflegende Angehörige von Alzheimer-Patienten, die nicht nur eine hohe Arbeitsbelastung rund um die Uhr haben, sondern auch tatenlos zusehen müssen, wie ihr langjähriger Ehepartner allmählich vergisst, wer sie sind. Folgende Auswirkungen konnten bei vergleichbaren Personengruppen nachgewiesen werden:

- Verminderte Effektivität von Impfungen, d. h. höhere Infektionsgefahr
- Verringerte Wirksamkeit von Medikamenten, d. h. verschlechterter Krankheitsverlauf
- Verzögerte Wundheilung, d. h. höheres Entzündungsrisiko
- Förderung von entzündlichen Prozessen, d. h. erhöhtes Erkrankungsrisiko
- Aktivierungen von im Körper ruhenden Viren
- Förderung von Tumor-Wachstum
- Förderung von autoimmunen Erkrankungen, z. B. Multiple Sklerose
- Verstärkte Neigung zur Erkrankung des Herz-Kreislauf-Systems, z. B. Herzinfarkt
- Verstärktes Auftreten von depressiven Symptomen

5.2.2.2 Vorübergehender Eustress ist gesund

Während lange anhaltender und als negativ empfundener Stress das Immunsystem schwächt, können kurze, eher als Herausforderung wahrgenommene Phasen von Stress, wie z. B. Sport oder körperliche Aktivität im Allgemeinen, das Immunsystem nachweislich dauerhaft stärken, insbesondere die Anzahl der natürlichen Killerzellen erhöhen.

Wichtig ist dabei, dass auf die Phase der Anspannung eine Phase der Entspannung folgt. Verschiedene Experimente mit Menschen, die zum ersten Mal mit einem Fallschirm aus 4.000 Meter Höhe sprangen, zeigen übereinstimmend, dass akuter Stress die Aktivität des unspezifischen, angeborenen Immunsystems steigert. Es kann innerhalb weniger Minuten aktiviert werden und ist daher viel schneller als das spezifische Immunsystem.

Evolutionsbiologisch war diese Reaktion von Vorteil, da in gefährlichen Situationen, in denen Kampf oder Flucht erforderlich waren, kleinere Verletzungen und dadurch der Kontakt mit Krankheitserregern häufiger vorkamen. Eine erhöhte Einsatzbereitschaft des unspezifischen Immunsystems war für solche Situationen ein effektiver Schutz.

5.2.2.3 Placeboeffekt: Wenn der Glaube Berge versetzt

Eine weitere Wechselwirkung zwischen der Psyche und dem Immunsystem ist der Glaube an die Wirksamkeit eines Medikaments oder einer ärztlichen oder therapeutischen Intervention. Am bekanntesten ist hier der so genannte Placeboeffekt bei Medikamenten.

> **BEISPIEL**
>
> Mit ihm mussten sich beispielsweise im Zweiten Weltkrieg die Krankenschwestern zu helfen wissen, wenn ihnen die Schmerzmittel ausgingen. Sie spritzten dann den Schwerverwundeten eine harmlose, aber nicht schmerzlindernde Kochsalzlösung und behaupteten überzeugend, es wäre Morphium. Oftmals verschwanden dann die Schmerzen tatsächlich, zumindest vorübergehend.

Das Wort „Placebo" bedeutet im Lateinischen „Ich werde gefallen". Es ist ein Arzneimittel, das keinen pharmazeutischen Wirkstoffe enthält. Ein Medikament kann schon deshalb helfen, weil der Patient von dessen heilender Wirkung überzeugt ist. Die Effektivität eines Medikaments wird in der klinischen Erprobung mit dem Begriff „Effektstärke" bezeichnet. Bei dieser Erprobung wird die Wirksamkeit eines medizinischen Wirkstoffs an einer Gruppe von Patienten erprobt, während eine Kontrollgruppe ein Placebo erhält. Die Gabe dieses Placebos erfolgt dabei ähnlich wie bei den Krankenschwestern im Beispiel mit der Behauptung, dass es sich hier um ein echtes Medikament handelt. Die Effektstärke von Placebos wird in der klinischen Erprobung bei einer Größenordnung von 30 bis 50 % angesiedelt. Das bedeutet, dass mindestens 30 % der Wirkung eines Medikaments immer daher kommen, dass der Mensch an seine Wirkung **glaubt**. Die Effektstärke von Placebos ist damit in etwa so hoch, wie die Effektivität der meisten Antidepressiva. Das gleiche Prinzip gilt für therapeutische Interventionen wie das vertrauensvolle Gespräch mit einem Arzt, Therapeuten, Seelsorger oder Coach.

Das heißt weiterhin, dass der Mensch sich bei der Gabe von Medikamenten zu mindestens 30 % durch eine Aktivierung der Immunantwort jeweils selber heilt. Die Effektstärke von Placebos ist dabei mitunter höher als die Wirksamkeit der pharmakologischen Substanz selbst, beispielsweise bei vielen Antidepressiva. Umgekehrt reduziert sich die Wirksamkeit medizinischer Präparate, wie z. B. einer Chemotherapie bei Krebspatienten, wenn die Patienten davon überzeugt sind, dass diese aggressive Form der Behandlung sie schädigen wird.

Dieser Effekt lässt sich übrigens auch außerhalb der Medizin beobachten. In einer Studie wurden verschiedene Personen über längere Zeit einem lauten, unangenehmen, an- und abschwellenden Ton ausgesetzt. Als Konsequenz auf diesen akustischen Stress stieg der Cortisol-Level der Probanden wie erwartet an. Eine andere Gruppe wurde demselben Ton ausgesetzt, hatte jedoch zudem einen Schalter, mit dem man den Ton abschalten konnte. Diese Kontrollgruppe hatte deutlich niedrigere Cortisolwerte, d. h., sie empfand weniger Stress. Das interessante dabei: der Schalter war ohne jede Funktion. Das bedeutet: Der reine Glaube daran, dass man die missliche Lage aus eigener Kraft verbessern kann — mit anderen Worten die Kontroll-Überzeugung — reduziert bereits die Ausschüttung von Stress-Hormonen.

5.2.3 Resilienz und Immunsystem

Du hast immer drei Möglichkeiten: Love it, leave it or change it.

(Henry Ford, US-amerikanischer Unternehmer)

Wie ich im Kapitel „Resilienz und Unternehmensführung" (3) bereits erläutert habe, beschreibt das Konzept der Resilienz die Fähigkeit eines Menschen, körperlichen oder seelischen Stress zu bewältigen. Je stärker ein Mensch seine Resilienz kultiviert, desto eher ist er in der Lage, die Herausforderungen des Lebens prinzipiell positiv zu bewerten, d. h. Eustress zu empfinden, und langanhaltende Phasen von negativen Belastungen, d. h. Disstress, zu vermeiden oder gar abzustellen. Die menschliche Resilienz entsteht dabei durch eine Wechselwirkung von verschiedenen Ebenen, die unterschiedlich einfach zu beeinflussen sind.

Welche Erkenntnisse liefert die Psycho-Neuro-Immunologie in Bezug auf die Auswirkungen von Resilienz auf das körperliche Wohlbefinden? Im Folgenden stelle ich einige der bisher erzielten Erkenntnisse den einzelnen Ebenen der Resilienz gegenüber.

5.2.3.1 Persönlichkeit

Die Persönlichkeit beschreibt die körperliche, mentale und psychische Grundausstattung des Menschen. Sie ist zu einem großen Teil durch Veranlagung („Nature") bestimmt, wird aber auch wesentlich durch gemachte Erfahrungen in Kindheit und Jugend („Nurture") geprägt. Lange Zeit tobte ein Glaubenskrieg zwischen Wissenschaftlern, die entweder „Nature" oder „Nurture" als für die menschliche Persönlichkeit am bedeutsamsten fanden. Heute hat man sich weitestgehend auf eine 50 : 50-Verteilung geeinigt.

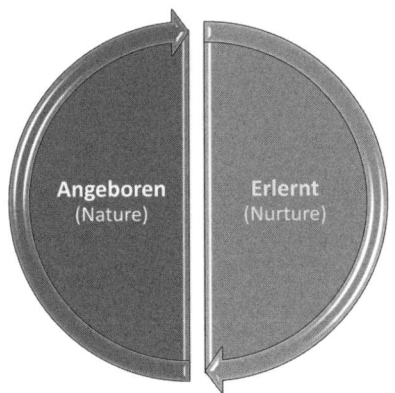

Abb. 86: Nature / Nurture

Die Grundzüge der Persönlichkeit lassen sich mittels verschiedener Instrumente bestimmen, von denen die Verfahren, die auf dem Konzept der Big Five-Persönlichkeitsfaktoren beruhen, wissenschaftlich am meisten anerkannt sind (siehe hierzu auch das Kapitel „Die Sphären individueller Resilienz", 3.3). Diese fünf zentralen

Persönlichkeitsfaktoren entstammen der klinischen Psychologie, weshalb einige dieser Begriffe ziemlich nach Krankheit klingen. Für den Einsatz im Business-Umfeld werden typischerweise neutralere Bezeichnungen als Synonym verwendet, die hier in Klammern genannt sind:

- Neurotizismus (bzw. Bedürfnis nach Stabilität)
- Extraversion (bzw. Extraversion/Introversion)
- Offenheit für Erfahrungen (bzw. Kreativität)
- Verträglichkeit (bzw. Anpassung)
- Gewissenhaftigkeit (bzw. Festigung)

Zusammenhänge zwischen Aspekten der Persönlichkeit und der Effektivität des Immunsystems wurden mittlerweile vor allem für die Dimensionen „Neurotizismus", „Extraversion" und „Verträglichkeit" nachgewiesen.

Neurotizismus

Neurotizismus beschreibt die Toleranz und Regenerationszeit gegenüber belastenden Ereignissen, die emotionale Stabilität sowie eine optimistische bzw. pessimistische Grundtendenz. Hohe Werte entsprechen einer hohen Sensibilität oder Anfälligkeit für Stress. In mehreren Studien wurde mittlerweile nachgewiesen, dass hohe Werte auf der Neurotizismus-Skala mit einer schwächeren Antikörper-Produktion nach einer Impfung einhergehen, d. h., stressanfällige Menschen reagieren auf Impfungen weniger gut als ihre stressresistenten Pendants.

Extraversion

Die Dimension „Extraversion" beschreibt den Hang zur Geselligkeit, die Offenheit Gefühle auszudrücken und den allgemeinen Level an Aktivität. Hohe Werte entsprechen einer ausgeprägten Geselligkeit und der Bereitschaft Gefühle zu zeigen sowie einem hohen Maß an Aktivität. In verschiedenen Versuchsreihen wurden Probanden mit dem Rhinovirus, auch als Erkältungsvirus bekannt, infiziert. Menschen mit einer Neigung zur Extraversion erkrankten dabei signifikant weniger häufig als Personen, die niedrige Werte für Extraversion hatten.

Verträglichkeit

Der Persönlichkeitsfaktor „Verträglichkeit" beschreibt das Bedürfnis einer Person nach Harmonie und Anerkennung. Ebenso drückt er auf einer Skala altruistisches bzw. egoistisches Verhalten und die Bereitschaft, sich gegenüber anderen zu öffnen, aus. Hohe Werte an Verträglichkeit beschreiben ein eher vermittelndes Wesen, während niedrige Werte einen herausfordernden Charakter beschreiben. In Studien konnte nachgewiesen werden, dass ein hohes Maß an Verträglichkeit ähnlich wie Extraversion eine Ansteckung mit einem Erkältungsvirus unwahrscheinlicher macht. Ebenso konnte gezeigt werden, dass ein niedriger Wert an Verträglichkeit ein höheres Niveau an entzündungsfördernden Zytokinen mit sich bringt, was entzündliche Prozesse im Körper begünstigt.

Zusammenfassung

Wie aus der folgenden Grafik ersichtlich, lassen sich Wirkzusammenhänge zwischen verschiedenen Persönlichkeitsfaktoren und dem Funktionslevel des Immunsystems nachweisen.

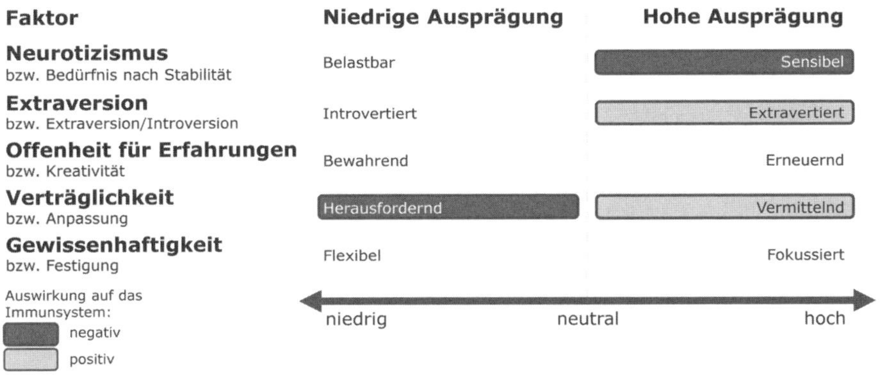

Faktor	Niedrige Ausprägung	Hohe Ausprägung
Neurotizismus bzw. Bedürfnis nach Stabilität	Belastbar	Sensibel
Extraversion bzw. Extraversion/Introversion	Introvertiert	Extravertiert
Offenheit für Erfahrungen bzw. Kreativität	Bewahrend	Erneuernd
Verträglichkeit bzw. Anpassung	Herausfordernd	Vermittelnd
Gewissenhaftigkeit bzw. Festigung	Flexibel	Fokussiert

Auswirkung auf das Immunsystem:
- negativ
- positiv

niedrig ← neutral → hoch

Abb. 87: Big Five und Immunsystem

5.2.3.2 Biographie

Die Biographie beschreibt eine Ebene der Resilienz, die sich aus der Lebensgeschichte eines Menschen ableitet und auch daraus, in welchem Licht eine Person ihr eigenes bisheriges Leben sieht bzw. wie sie es bewertet. Es macht einen großen Unterschied, ob ein Mensch sein bisheriges Leben für eine Katastrophe hält, in der er das Opfer ist, oder ob er voller Dankbarkeit darauf zurückblickt und eigene Anteile an seinem Schicksal wahrnehmen und würdigen kann.

Aus der Hirnforschung wissen wir, dass das Gehirn nicht zwischen dem eigentlichen Erleben einer objektiven Situation und dem subjektiven Erinnern an die Situation unterscheidet. In beiden Fällen werden auf jeden Fall dieselben Hirnareale aktiviert, was mittels bildgebender Verfahren sichtbar gemacht werden kann. Ebenso wissen wir, dass die emotionale Färbung eines Ereignisses und die Detailausgestaltung im Nachhinein vom Gehirn verändert werden können. Jedes Mal, wenn ein Gedanke gedacht oder eine Geschichte erzählt wird, verfestigt sich das entsprechende neuronale Netzwerk weiter.

Es gibt einige Studien zur Auswirkung von Traumata im Kindheitsalter auf die Funktionsweise des Immunsystems.

> **BEISPIEL**
>
> So haben mehrere Untersuchungen an Kindern und Jugendlichen, die in geordneten Familienverhältnissen lebten, aber als Kleinkinder stark traumatisiert worden waren, gezeigt, dass diese ein stark belastetes Immunsystem hatten. Diese Kinder waren im Alter von weniger als drei Jahren aufgrund von Gewalt, sexuellen Übergriffen oder eines Heimaufenthalts starkem Disstress ausgesetzt gewesen. Im Vergleich zu den Altersgenossen einer Kontrollgruppe, die in stabile Verhältnisse hineingeboren worden waren und keine Traumatisierung erfahren hatten, hatten sie höhere Werte von Antikörpern gegen ein bestimmtes Herpesvirus, was ein deutlicher Stressmarker ist.

Die Erfahrung frühkindlicher Gewalt ist für die Betroffenen vor allem deswegen problematisch, weil sie die körperliche, geistige und seelische Entwicklung beeinflusst und zu einer Zeit vorfällt, in der das erlebende Kind häufig noch nicht sprechen kann. Die Aufarbeitung dieser Lebensereignisse ist entsprechend schwierig und erfordert viel Arbeit, aber sie ist durchaus möglich.

Will man Zusammenhänge empirisch verstehen, so tuen sich Forscher mit solchen objektiven Lebensereignissen sehr viel leichter als mit der subjektiven Bedeutung, die ein Mensch einer bereits lang vergangenen Situation beimisst. Daher gibt es noch wenige empirischen Untersuchungen, die einen Zusammenhang zwischen der Art, mit der ein Mensch auf sein Leben schaut, und seinem Immunsystem herstellen. Ziemliche Einstimmigkeit besteht jedoch darin, dass Menschen, die ihre Vergangenheit nicht positiv verarbeitet haben, die also meinen, dass ihnen Unrecht geschehen sei und dass sie hilflose Opfer der Umstände waren, eine eingeschränkte Aktivität des Immunsystems aufweisen.

> **BEISPIEL**
> Erste Untersuchungen an Opfern von Gewaltverbrechen, die sich mit dem traumatischen Erlebnis intensiv auseinandergesetzt hatten und ihren Tätern schließlich vergeben konnten, zeigen, dass diese ein besser funktionierendes Immunsystem hatten als die Opfer, die ihren Tätern nicht vergeben konnten oder wollten.

Hier wird zukünftige Forschung sicherlich noch mehr Zusammenhänge aufzeigen können.

5.2.3.3 Innere Haltung

Die innere Haltung beschreibt einen Aspekt der Resilienz, den man auch mit den Attributen Selbstverständnis, Selbstbild, Glaubenssätze oder Entscheidungen über das Leben beschreiben könnte. Von zentraler Bedeutung ist dabei, wo ein Mensch die Instanz sieht, die die Kontrolle über sein Schicksal hat.

- Ist diese Instanz innerhalb seiner Person selbst angesiedelt, so spricht man auch von einer „internen Verortung von Kontrolle" („internal locus of control"). Diese Menschen erkennt man daran, dass sie, und nur sie, sich für ihr Schicksal zuständig fühlen. Man bezeichnet diese Einstellung auch als „Täter-Haltung".
- Nimmt eine Person dagegen das Schicksal als eine Macht wahr, gegenüber der sie hilflos ist und die sie nicht beeinflussen kann, so wird das auch als „externe Verortung von Kontrolle" („external locus of control") bezeichnet. Personen mit dieser Überzeugung machen oft andere für Ereignisse bzw. Missgeschicke verantwortlich, weshalb man diese Einstellung auch als „Opferhaltung" bezeichnet.

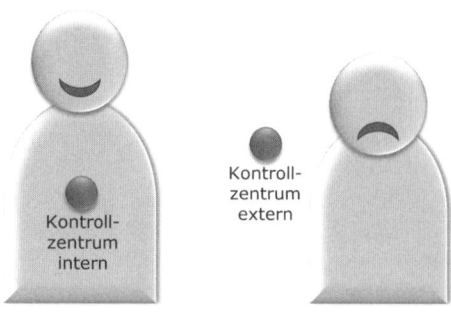

Abb. 88: Täter- und Opferhaltung

Jeder Mensch hat aufgrund seiner Persönlichkeit eine Neigung zu einer von beiden Haltungen. Diese ist aber nicht zwangsläufig vorgegeben, sondern kann durch Arbeit an sich selbst verändert werden. Die Haltung gegenüber dem Leben hat messbare Einflüsse auf das Immunsystem.

> **BEISPIEL**
>
> So wurden Freiwillige in verschiedenen Studien zunächst einem Persönlichkeitstest unterzogen und anschließend mit einem abgeschwächten Mumps- oder Röteln-Virus infiziert. Die Personen, die einen positiven Selbstwert und eine hohe innere Überzeugung hatten, die Herausforderungen des Lebens selbst erfolgreich bewältigen zu können, verzeichneten eine signifikant bessere Immunreaktion als die Kontrollgruppe, die diesbezüglich zweifelte.
> In anderen Langzeitstudien an Menschen, die an der Immunschwäche-Krankheit HIV erkrankt waren, ließ sich nachweisen, dass eine ausgeprägte Opfer-Haltung mit einem schwierigeren Verlauf der Krankheit und einer höheren Sterblichkeitsrate einherging.
> In weiteren Studien ließ sich feststellen, dass Manager, die in einem Persönlichkeitstest niedrige Werte für Selbstbewusstsein und Kontroll-Überzeugung erreichten, im Schnitt höhere Cortisol-Werte im Blut und zudem eine reduzierte Immunabwehr hatten.

Die Arbeit an der eigenen Haltung kann also gesundheitsfördernd und mitunter sogar lebensverlängernd sein.

5.2.3.4 Ressourcen

Abb. 89: Ressourcen helfen, die eigene Batterie aufzuladen (Bild: Fotolia, Arcady)

Im Hinblick auf Resilienz umfasst die Ebene der Ressourcen alle Kompetenzen, die eine Person entwickelt hat, um sich selbst emotional zu steuern. Dazu gehört die Fähigkeit, Stress abzubauen und den Kopf frei zu kriegen, sich auf- und abzuregen, Gedankenströme in eine bestimmte Richtung zu lenken, den eigenen emotionalen Status willentlich zu verändern, Probleme zu strukturieren und die eigenen Batterien wieder aufzuladen. Menschen, die dieses Selbstmanagement gut beherrschen und für sich gute Stressbewältigungsstrategien gefunden haben, können besser mit herausfordernden Belastungen umgehen als Menschen, die diese Fähigkeiten nicht haben. Zugang zu den eigenen Ressourcen zu haben, wirkt sich direkt positiv auf das Immunsystem aus, wie in mehreren Studien nachgewiesen wurde. Ressourcenreiche Personen haben danach ein aktiveres Immunsystem und erkranken weniger leicht an Virusinfektionen, wie z. B. einer künstlichen Ansteckung mit dem Rhinovirus.

Durch vermehrt positive Gefühle infolge ausgeprägter Ressourcen steigt außerdem die unspezifische Immunantwort des Körpers u. a. durch ein erhöhtes Niveau an natürlichen Killerzellen im Blut. Dabei sind dieselben Ressourcen nicht für jede Person gleich wirksam. Den einen entspannt Gartenarbeit, während eine andere Person lieber singt. Die eine Person muss joggen gehen, während die andere das Gespräch mit einer vertrauten Person braucht. Das Gute daran: Jeder kann sich diese individuellen Fähigkeiten mit der Arbeit an sich selbst erschließen und sie kultivieren.

Lebenswandel, Psyche und Gesundheit

5.2.3.5 Hirn-Körper-Achse

Die Hirn-Körper-Achse umschreibt die Wahrnehmung und Einstellung gegenüber dem eigenen Körper. Ist der Körper nur das Transportmittel und der Erfüllungsgehilfe des Gehirns, der einfach zu funktionieren hat, oder wird er als integraler Bestandteil der Persönlichkeit wahrgenommen? Wir wissen heute, dass sich psychische Prozesse im Körper manifestieren, und auch, dass der Körper den Geist beeinflusst. Aber wie setzen wir dieses Wissen im Alltag um?

Die Einstellung zum Körper und das sich daraus ableitende Verhalten sind wesentlich für die Funktionsweise des Immunsystems. Wie aufmerksam nehmen wir die Signale unseres Körpers wahr? Wie gut bekommen wir mit, wie es unserem Körper und damit uns geht? Wie sorgsam gehen wir mit ihm um? Wie setzen wir ihn bewusst ein, um uns besser zu fühlen? Wie wir im Kapitel „Wie funktioniert Stress?" (4.2.1) gesehen haben, hat ein Großteil von Managern und natürlich auch von Mitarbeitern verschiedene gesundheitliche Probleme kleinerer und größerer Art zu bewältigen. Viele Führungskräfte, mit denen wir arbeiten, begegnen ihrem Körper und seinen Problemen dabei mit Ignoranz, Härte und Disziplin. Keine Frage, Disziplin ist wichtig. Aber ist sie auch immer richtig? Im Management-Umfeld geht es nicht selten um Hochleistung über einen längeren Zeitraum. Ein anderer Bereich, in dem Hochleistung eine Rolle spielt, ist der Leistungssport. Auf diesem Gebiet gibt es heute sehr gute Erkenntnisse, was die Zusammenhänge zwischen Stress, z. B. ausgelöst durch Training oder Wettkampf, und Leistungsvermögen angeht. Ein Sportler kann nur dann konstant Hochleistung bringen oder seine Leistung sogar steigern („Superkompensation"), wenn er seinen Körper im richtigen Maße fordert und ihm dann auch Ruhepausen gönnt bzw. die Art der Belastung variiert. Tut er das nicht, sondern trainiert er nach dem Motto „Mehr hilft mehr", so wird seine Leistung auf Dauer abfallen.

Wie ist aber die Realität auf vielen Chefetagen? Die Terminkalender sehen in den meisten Fällen keine Ruhepausen oder unterschiedliche Formen von Belastungen vor. Doch wer steuert Ihren Terminkalender? Sind das die Kollegen oder Vorgesetzten, die Ihnen Meetings einstellen? Ist das Ihre Assistenz? Hoffentlich sind Sie es, der darüber bestimmt, wann Sie welcher Art von Tätigkeit nachgehen.

Die Auswirkungen der Art von Belastung lassen sich auch in Bezug auf das Immunsystem nachweisen. Während regelmäßige Trainingsreize gefolgt von Erholungspausen das Immunsystem gegen Husten, Schnupfen und Bronchitis wappnen, bewirkt übermäßiges Training genau das Gegenteil: Menschen, die zu viel trainieren, sind häufiger krank, weil ihr Immunsystem die Dauerbelastung nicht gut wegsteckt.

5 Psyche, Hirn und Immunsystem

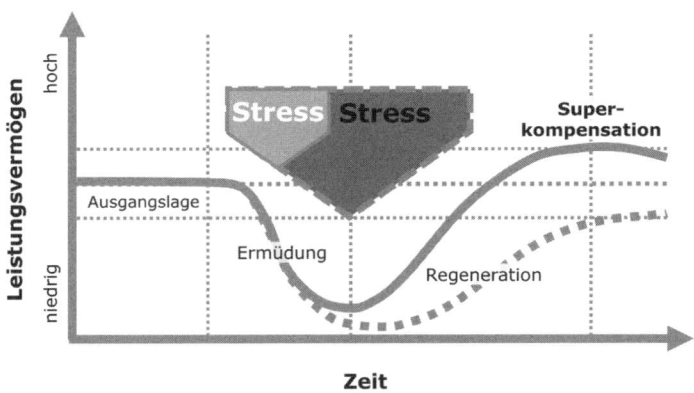

Abb. 90: Stress und Leistungsvermögen im Sport

Gleiches lässt sich auch für den Manager-Alltag feststellen. Damit wir uns nicht missverstehen: Es geht hier nicht um Stressvermeidung oder Müßiggang, sondern es geht darum, die Erkenntnisse z. B. aus dem Hochleistungssport zu nutzen und auf den Unternehmensalltag anzuwenden. Es geht darum, Bewusstsein bzw. Achtsamkeit für den Körper zu entwickeln und die richtige Dosierung von Belastung und Entspannung zu finden. In Management-Kreisen noch oft belächelt werden Aktivitäten, die sich unter dem Begriff „Achtsamkeit" zusammenfassen lassen. Darunter fallen z. B. Yoga, Meditation oder Selbstmanagement-Techniken wie „Mindfulness Based Stress Reduction" (MBSR). Doch die Faktenlage ist ziemlich deutlich: Regelmäßige MBSR-Sitzungen erhöhen bereits nach zwei Monaten die Konzentration an körpereigenen Killerzellen signifikant und reduzieren zudem die Konzentration von unspezifischen Entzündungsparametern im Blut, wie in einer Studie an der University of Philadelphia nachgewiesen wurde. Dabei wurden die stärksten positiven Effekte bei denjenigen Studienteilnehmern erzielt, die sich auf die MBSR-Sitzungen eingelassen hatten und sie als positiv empfanden.

In Untersuchungen an der Universität von Oslo wurde ein Zusammenhang zwischen regelmäßigem Yoga und der Aktivität des Immunsystems nachgewiesen. In einer weiteren Studie absolvierten 25 Manager einer US-amerikanischen Hightech-Firma ein achtwöchiges Meditationstraining, bei dem die Aufmerksamkeit von inneren mentalen Prozessen auf körperliche Vorgänge wie Ein- und Ausatmen gelenkt wurde. Nicht nur empfanden die Manager bald schon deutlich weniger negativen Stress, auch ihre Gehirnfunktion hatte sich nachhaltig verändert. Noch vier Monate nach dem Meditationstraining waren die Hirnströme des präfrontalen Cortex, u. a. zuständig für planvolles Denken und Handeln, viel ausgeprägter als vor der Schulung. Nach einer Grippeimpfung produzierten diese Manager zudem deutlich mehr

Antikörper als die Teilnehmer einer nicht-meditierenden Kontrollgruppe, was auf eine stärkere Aktivität des Immunsystems hinweist. Bemerkenswert bei den hier genannten Studienergebnissen ist vor allem der Zusammenhang zwischen dem Einlassen auf die Achtsamkeit und der positiven Wirkung auf das Immunsystem und den Körper als Ganzes. Auch hier gilt es also, sich nicht mit eiserner Disziplin und um jeden Preis zu zwingen, sondern vielmehr für sich herauszufinden, welche Form von Achtsamkeit individuell am besten passt, um die Hirn-Körper-Achse zu aktivieren.

5.2.3.6 Vertrauensvolle, authentische Beziehungen

Menschen mit einer ausgeprägten Widerstandskraft gegen die Unwägbarkeiten und Herausforderungen des Lebens haben die Tendenz, enge, authentische Beziehungen zu vertrauten Bezugspersonen aufzubauen und zu pflegen. Die Resilienz einer Person hängt offensichtlich auch davon ab, in welchem Maß sie die Fähigkeit entwickelt hat, sich anderen Menschen gegenüber zu öffnen und sich ohne scheinende Rüstung oder Insignien der Macht und mit offenem Visier zu zeigen und verletzbar zu sein. Diese authentischen Beziehungen sind gerade für Manager wichtig, denn sie geben eine Antwort auf die für viele als tief verunsichernd empfundene Frage: „Wer bin ich ohne meinen Chefposten?". Diese Bezugspersonen können dabei Verwandte, Freunde, Ehepartner, Seelsorger, Mentoren oder auch Coaches sein. Es geht dabei nicht um die schiere Menge an Kontakten oder die Häufigkeit der Gespräche, sondern vielmehr um die konstruktive Qualität der Beziehung, in der sich die Person so zeigen kann, wie sie wirklich ist — authentisch eben. Nicht konstruktive Beziehungen haben dagegen keine vergleichbare Wirkung, sie werden meist als Stress wahrgenommen. Vor allem in schwierigen Situationen wirken sich gute soziale Beziehungen offenbar als Puffer gegen negativen Stress und damit stimulierend auf die erworbene Immunität aus.

So konnte in mehreren Studien nachgewiesen werden, dass die Existenz authentischer Beziehungen vor allem unter hoher psychischer Belastung mit einer hohen Anzahl von natürlichen Killerzellen korreliert und auch zu einem besseren Gleichgewicht diverser anderer am Immunsystem beteiligter Zellen führt. Andere Studien weisen einen Zusammenhang zwischen sozialer Integration und der Geschwindigkeit der Wundheilung nach. In weiteren Untersuchungen konnte belegt werden, dass Versuchspersonen, die mit Erkältungsviren in Kontakt gebracht wurden, mit einer geringeren Wahrscheinlichkeit erkrankten, wenn sie intensive soziale Beziehungen unterhielten. Umgekehrt legen zahlreiche Studien den Zusammenhang zwischen fehlenden positiven sozialen Bindungen im Alter und der Neigung zu Krankheiten bzw. der erhöhten Sterblichkeit nahe. Positive, authentische Beziehungen wirken also wie ein Schutzschild gegen negativen Stress, verbessern das Immunsystem und verlängern sogar das Leben.

5.2.3.7 Sinn

Sinn bezeichnet die äußerste Ebene des Resilienz-Modells. Menschen mit einer ausgeprägten Resilienz scheinen die Welt und ihr Schicksal generell eher als verstehbar und sich selbst als Teil einer größeren Ordnung anzusehen. Das bedeutet nicht, dass sie tatsächlich immer alles verstehen, aber sie haben das Gefühl oder den Glauben daran, dass sie es verstehen könnten. Sie erkennen einen Sinn in ihrem Handeln und in den Dingen, die ihnen widerfahren. Sie hadern nicht mit ihrem Schicksal, sondern übernehmen ihren Teil der Verantwortung, versuchen daraus zu lernen und machen ihren Frieden mit Rückschlägen. Das daraus resultierende Gefühl für diese Menschen ist Zufriedenheit und Ruhe.

Tatsächlich zeigen viele verschiedene Studien, dass die Erfahrungen von schwierigen Lebensereignissen dann eine positive Auswirkung auf Psyche und Körper haben, wenn es der betroffenen Person gelingt, Sinn daraus zu schöpfen. So wurde bereits 1987 nachgewiesen, dass Männer, die einen Herzinfarkt überlebt hatten, ein geringeres Risiko für einen erneuten Infarkt hatten, wenn sie ihren Herzanfall verarbeitet und daraus Sinn für sich selbst ziehen konnten. In anderen Studien mit Personen, die mit der Autoimmunerkrankung AIDS infiziert waren, wurde untersucht, welche Auswirkungen der Tod eines nahen Freundes oder Partners auf das Immunsystem des Überlebenden hat. Die Prognose war, dass dieses einschneidende Erlebnis das Immunsystem der Betroffenen in jedem Fall schwächen würde, da es Erwartungen zum eigenen weiteren Krankheitsverlauf wecke. Interessanterweise konnte diese negative Auswirkung auf das Immunsystem bei denjenigen Personen nicht beobachtet werden, die dem Tod ihres Freundes irgendeine Form von Sinn abgewinnen konnten und eventuell sogar Lehren für sich daraus ziehen konnten. Die Sterblichkeit dieser Personen lag dann auch mehr als 30 % unterhalb der Sterberate der Kontrollgruppe, die keinen Sinn im Tod des Freundes sehen konnte.

Auch ohne solche Schicksalsschläge lässt sich ein Zusammenhang zwischen Sinnerleben und der Aktivität des Immunsystems nachweisen. In einer Studie wurden gesunde Personen einem Persönlichkeitstest unterzogen, in dem erhoben wurde, inwieweit sie ihrem Leben einen Sinn abgewinnen können. In der anschließenden Blutuntersuchung ließ sich eine erstaunliche Korrelation zwischen hohen Entzündungswerten und dem fehlenden Erleben von Sinn aufzeigen. Die Personen, die einen Sinn in ihrem Leben sahen, hatten dagegen normale Entzündungswerte. Allgemein lässt sich also feststellen, dass Aspekte wie Sinnerfüllung und Glaube an eine höhere Ordnung nicht nur Menschen helfen, sich an belastende Situationen anzupassen, sondern auch ihre Gesundheit zu schützen.

Lebenswandel, Psyche und Gesundheit

> **Zusammenfassung**
>
> Je stärker ein Mensch seine Resilienz auf den verschiedenen Ebenen Persönlichkeit, Biographie, Haltung, Ressourcen, Hirn-Körper-Achse, Beziehungen und Sinn kultivieren und stärken kann, desto eher wird er die Unwägbarkeiten des Lebens als Herausforderung und damit positiv bewerten, und umso mehr beeinflusst er dadurch sein seelische und körperliche Gesundheit günstig. Das ist eine der wesentlichen Erkenntnisse, die sowohl aus dem Bereich der Resilienzforschung als auch von der noch jungen Disziplin der Psycho-Neuro-Immunologie bestätigt wird. Eine weitere Erkenntnis ist, dass die Schlussfolgerungen der Terman-Langzeitstudie zu den Faktoren, die für ein langes Leben maßgeblich sind, von den bisher identifizierten Zusammenhängen zwischen Gehirn und Körper ebenfalls weitestgehend bestätigt werden.

5.3 Geist, Gesundheit und Gene

Wir sehen Dinge nicht so wie sie sind. Wir sehen sie so wie wir sind.

(aus dem Talmud, bedeutendstes Schriftwerk des Judentums)

Unsere Art zu denken und unsere Art zu leben, beeinflussen unseren Körper und damit unsere Gesundheit und auch unsere Lebenserwartung. Umgekehrt beeinflusst unser Körper neurobiologische Prozesse im Gehirn und damit unsere Gedanken und Emotionen. All dies spielt sich größtenteils auf der „Nurture"-Seite ab.

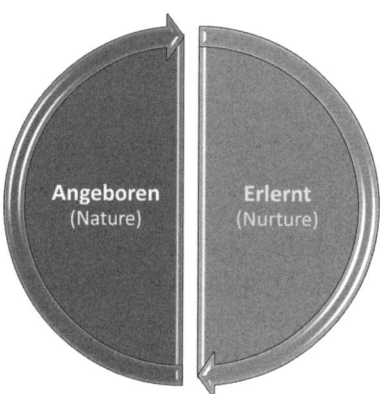

Abb. 91: Nature / Nurture

Geist, Gesundheit und Gene 5

So sind beispielsweise die Auswirkungen eine Traumas auf das Immunsystem eine Erfahrung und von daher Teil der „Nurture"-Seite. Die „Nature"-Seite dagegen, also unsere Erbanlagen, ist unveränderbar vorgegeben und gibt der individuellen menschlichen Entwicklung den Rahmen vor — dachten wir. Neueste Erkenntnisse der Genetik legen allerdings nahe, dass dies nicht ganz zutrifft.

5.3.1 Das menschliche Genom

Ich denke, es gibt Menschen, deren Leben gerettet wurde aufgrund der Studie des Genoms.

(Francis Collins, US-amerikanischer Genetiker, Projektleiter Humangenom-Projekt)

Das menschliche Erbgut besteht aus 3 Milliarden Zweier-Kombinationen der vier Basen Adenin (A), Guanin (G), Thymin (T) und Cytosin (C). Diese werden auch als Basenpaare bezeichnen und speichern, ähnlich wie ein Binärcode aus den Ziffern 0 und 1, die Erbinformationen, indem Kombinationen aus A/G/T/C gebildet werden. Die DNS einer menschlichen Zelle besteht aus einzelnen Abschnitten, den Genen. Die 23.000 menschlichen Gene haben aneinandergereiht eine Länge von ca. 1,80 Metern. Das menschliche Erbgut hat einen theoretischen Speicherplatz von ca. 750 MB, wovon aber aufgrund seiner „Formatierung" allerdings „nur" ein echter Informationsgehalt von weniger als 50 MB vorhanden ist.

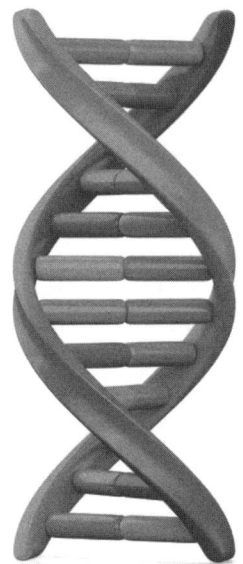

Abb. 92: DNS (Bild: Fotolia, bahrialtay)

Lebenswandel, Psyche und Gesundheit

Im Herbst 1990 wurde das internationale Humangenomprojekt unter amerikanischer Führung ins Leben gerufen. Der Projektauftrag bestand darin, das Genom des Menschen, also seine DNS (Desoxyribonukleinsäure), vollständig zu sequenzieren, also den Speicher auszulesen und die Informationen des menschlichen Codes ans Tageslicht zu bringen. Um dies zu erreichen, musste die gesamte Abfolge der 3 Milliarden Basenpaare verteilt auf rund 23.000 DNS-Abschnitte bzw. Gene entziffert werden. Eines der Ziele, die damit erreicht werden sollten, war es, eine effektivere Vorhersage und Therapie von Erbkrankheiten zu ermöglichen. Ein anderes Ziel bestand darin, der amerikanischen Wirtschaft durch Grundlagenforschung neue Investitionsfelder aufzuzeigen.

Der 26. Juni 2000 markierte einen echten Meilenstein in dieser Genomforschung, zu dem der damals amtierende US-Präsident Bill Clinton die beiden maßgeblich beteiligten US-amerikanischen Forscher Craig Venter und Francis Collins eigens in den East Room des Weißen Hauses geladen hatte. Zehn Jahre nach Beginn der Forschungsarbeiten gab es einen Erfolg zu vermelden: Die erste Entzifferung des menschlichen Erbguts war geschafft. Zwar handelte es sich seinerzeit noch um eine grobe und lückenhafte Karte der Abfolge der insgesamt 3 Milliarden Bausteine der menschlichen DNA. Dennoch frohlockte der US-Präsident:

> *„Ohne Zweifel halten wir hiermit die wichtigste und wundervollste Karte in den Händen, die Menschen jemals erstellt haben. Die Genomwissenschaft wird die Diagnose, Prävention und die Behandlung der meisten, wenn nicht aller menschlichen Krankheiten revolutionieren."*

Doch der darauf folgenden anfänglichen Euphorie der Medien folgte schon bald Ernüchterung: Man hatte nun einen Code mit rund 3 Milliarden Buchstaben-Paaren aus den vier Buchstaben A/G/T/C. Doch was noch fehlte, war das Wissen um die Bedeutung dieser Kombinationen für den menschlichen Bauplan. Findige Unternehmerinnen wie Anne Wojcicki, Ex-Ehefrau des Google-Gründers Sergey Brin, nutzten diese einmalige Gelegenheit. Sie gründete gemeinsam mit Linda Avey und anderen 2006 die Firma 23andMe im Silicon Valley. 23andMe, der Name bezieht sich auf die 23.000 Chromosomenpaare eines Menschen, bot Privatpersonen eine Untersuchung und Aufschlüsselung ihrer DNS für ca. 99 US-Dollar an. Dabei wurde mittels einer Speichelprobe das menschliche Erbgut auf die genetische Abstammung, aber auch auf etwa 200 genetisch bedingte Krankheiten und knapp 100 weitere Veranlagungen untersucht. Eine ärztliche Beratung war dabei nicht vorgesehen.

DNS-Untersuchungen von Privatunternehmen ohne medizinische Begleitung und Interpretation sind sehr umstritten, denn die reine Existenz eines Gens für z. B. eine Neigung zu Brustkrebs, lässt keine definitive Aussage darüber zu, ob diese

Krebsform auch tatsächlich ausbrechen wird. Aus diesen Gründen hat die US-amerikanische Behörde FDA (Food and Drug Administration) 23andMe Ende 2013 die medizinische Interpretation des Erbguts bis auf Weiteres untersagt. Zurzeit werden nur noch Genanalysen angeboten, die Aussagen über die persönliche Abstammung machen.

5.3.1.1 Identifizierte Gen-Komplexe

Bisher wurden von verschiedenen Forscherteams bereits zahlreiche Gen-Sequenzen identifiziert, denen eine spezielle Bedeutung zugeschrieben wird. Dabei wird zwischen genetischen Schutz- und Risikofaktoren unterschieden. Um eine solche Bedeutung zu ermitteln, wird die DNS von Personen mit bestimmten Eigenschaften, wie z. B. einer spezifischen Krankheit, untersucht. Anschließend werden mittels Sequenzierung identische DNS-Abschnitte bzw. Gene identifiziert. Nach der Eliminierung aller bereits bekannten Gene bleiben schließlich ein oder mehrere Gene übrig, die etwas mit der spezifischen Eigenschaft zu tun haben könnten. Durch Überprüfung der Erbinformationen einer Kontrollgruppe, die diese Eigenschaft, also z. B. die Krankheit, nicht hat, wird die Richtigkeit des Ergebnisses überprüft.

Im Folgenden finden Sie eine kleine Übersicht der bereits gewonnenen Erkenntnisse. Sie ist allerdings mit Vorsicht zu genießen, denn es ist davon auszugehen, dass jeweils mehrere Faktoren, eventuell sogar mehrere Gene zusammenwirken müssen, damit ein Gen eine bestimmte Wirkung erzielen kann. Die Wirkungsweise von Genen ist komplex und indirekt und stellt eher eine Erhöhung der Wahrscheinlichkeit dar als eine klare Weichenstellung.

Das bloße Vorhandensein einzelner Gene, wie z. B. SLC18A2 (siehe dazu die Übersicht), kann also noch nicht vorhersagen, ob ein Mensch tatsächlich eine psychische Störung entwickelt oder nicht. Es ist lediglich eine Aussage über die Verstärkung eines von vielen Faktoren. Die meisten Studien gehen davon aus, dass die hier aufgelisteten Gene eine stark unterschiedliche Effektstärke aufweisen. Das bedeutet, sie können das Eintreten der beschriebenen Auswirkung je nach Gen nur sehr unterschiedlich genau vorhersagen. Die Auswirkungen von frühkindlichem Erleben, Beziehungen, Lebensweise haben dagegen in der Regel eine weitaus höhere Effektstärke.

Ausgewählte Gene und ihre Bedeutung

Gen	Auswirkung
SLC18A2	Verschiedene psychische Störungen
SLC6A4	Stressempfinden, Neigung zu Depressionen
FKBP5	Verarbeitung von traumatischen Erlebnissen
ADRA2B	Fokus auf negative Ereignisse
OPRM1	Soziale Bindungen & Resilienz
MAOA-L	Risikobereitschaft & Impulsivität (bei Männern)
RS4950	Führungsqualitäten & Führungsstreben

Für die Themen Resilienz und Führung sind nach heutiger Kenntnis vor allem sechs Gene bedeutsam, die entweder als Schutz- oder als Risikofaktor wirken können.

- So wird die Fähigkeit, Stress zu bewältigen und mit Schicksalsschlägen und Traumatisierungen umzugehen, offenbar u. a. vom Gen SLC6A4 beeinflusst. Dieses Gen hat die Funktion, im Gehirn für eine optimale Konzentration des Neurotransmitters Serotonin zu sorgen. Bei den meisten Menschen liegt dieses Gen in einer „langen" Variante vor. Bei wenigen ist das Genom jedoch um 44 Basenpaare verkürzt, was dazu führt, dass die Konzentration von Serotonin im Gehirn zu gering ist und der Mensch daher generell ängstlicher und stressempfindlicher ist. In einer Studie wurden 800 Jugendliche aus Neuseeland über mehrere Jahre begleitet und psychologisch untersucht, um bedeutsame Ereignisse und Schicksalsschläge aus deren Leben zu erfassen. Diejenigen Jugendlichen, bei denen das Serotonin-Transporter-Gen in der verkürzten Version vorlag, hatten ein rund doppelt so hohes Risiko (14 %) an einer Depression zu erkranken, als eine Kontrollgruppe mit normal ausgeprägtem Serotonin-Transporter-Gen (6 %).
- Das Gen FKBP5 wird auch als Trauma-Gen bezeichnet. Menschen, die dieses Gen in einer bestimmten Ausprägung aufweisen, reagieren anders auf traumatische Ereignisse, wie z. B. Gewalterleben oder Unfälle, als Menschen, bei denen dieses Gen nicht ausgeprägt ist. In mehreren Studien konnte nachgewiesen werden, dass dieses Gen in rund 40 % der Fälle mit einer dauerhaft erhöhten und verlängerten Stressreaktion bei den Betroffenen zusammenhängt, die zu einem chronisch hohen Cortisol-Spiegel führt. Dieses Gen zeigt hingegen keinerlei Wirkung, wenn die Personen keine schwerwiegenden negativen Lebensereignisse zu verarbeiten hatten.

- Das Gen ADRA2B scheint damit in Verbindung zu stehen, wie Menschen negative Ereignisse wahrnehmen. Liegt das Gen in einer bestimmten Variante vor, so hat dies bei den untersuchten Personen offenbar damit zu tun, dass diese negative Reize deutlicher wahrnehmen können als eine Kontrollgruppe ohne diese Genvariante. Es ist daher davon auszugehen, dass die Betroffenen eher zu einer pessimistischen Sichtweise tendieren. Da dieses Gen in der beschriebenen Ausprägung bei 50 % aller weißen Amerikaner und Europäer vorkommt, macht es allerdings eher eine Aussage zum kollektiven Erleben einer Gesellschaft als zur individuellen Wahrnehmung. Vielleicht könnte es aber dabei helfen, die vielbeschriebene Miesepetrigkeit, die uns Deutschen eigen ist, zu erklären.
- Ein anderes Gen mit dem Namen OPRM1 wirkt offenbar als Schutzfaktor. Es wird mit der Fähigkeit in Verbindung gebracht, auch schwierigen Beziehungen positive Aspekte abzugewinnen. In einer Untersuchung an 226 Kindern aus teilweise problematischen Elternhäusern, in denen Drogenmissbrauch, Gewalt und Kriminalität vorkamen, wurde über einen Zeitraum von drei Monaten festgestellt, dass diejenigen Kinder, bei denen dieses Resilienz-Gen ausgeprägt war, die Beziehung zu ihren Eltern positiver erlebten und auch signifikant mehr positive Erlebnisse mit ihren Eltern berichten konnten, als solche Kinder, bei denen das Gen nicht ausgeprägt war.
- Ein weiteres Gen wird von den Medien undifferenziert als „Krieger-Gen" bezeichnet. Tatsächlich wird eine bestimmte Ausprägung des Gens MAOA, nämlich die Variante „L", mit Männern in Verbindung gebracht, die eine Neigung zu erhöhter Risikobereitschaft, Impulsivität, Aggression und antisozialem Verhalten haben. Dieses Verhalten tritt offenbar vor allem dann zu Tage, wenn die untersuchten Männer in der Kindheit schwierige Lebensumstände verarbeiten mussten. In einer anderen Ausprägung scheint das Gen genau gegenteilig zu wirken und eine Schutzfunktion gegen widrige Umstände und negative Lebenserfahrungen mit sich zu bringen.
- Einiges an Aufsehen erregten zudem jüngste Erkenntnisse um das Gen RS4950, das mit Führungsqualitäten bzw. Führungsanspruch in Verbindung gebracht wird. In zwei großangelegten Langzeitstudien an Zwillingen konnte nachgewiesen werden, dass die Ausprägung dieses Gens zu rund 25 % vorhersagen kann, ob eine bestimmte Person eine Führungsposition innehat. Das ist verglichen mit anderen Prädispositionen wie soziale Herkunft, Bildung oder Persönlichkeitsfaktoren eine ganze Menge. Geht man davon aus, dass es eines bestimmten Maßes an Fähigkeiten, vor allem aber eines großen Willens zum Gestalten braucht, um eine Führungsposition über eine längere Zeit innezuhaben, so scheint dieses Gen eben diese Eigenschaften mitzubestimmen.

> **Zusammenfassung**
>
> Dank der Sequenzierung der menschlichen DNS wissen wir nun, dass einzelne Gene in Kombination mit zahlreichen anderen Faktoren vor allem die Neigungen und Wahrscheinlichkeiten zu spezifischem Verhalten zu bestimmen scheinen. Zwar sind diese Einflussgrößen messbar, doch sie sind keinesfalls mit einer Festschreibung von Verhalten zu verwechseln. Genforscher betonen hier immer wieder die Wechselwirkung der genetischen Ausprägung mit den Lebensereignissen und Einstellungen des Menschen, die mindestens genauso bedeutsam für die individuelle Entwicklung sind. Die Gene allein können also viele Faktoren unserer Erbanlagen und Neigungen zu bestimmten Verhaltensweisen erklären, aber bei weitem nicht ausschließlich und ebenfalls nicht vollständig.

5.3.2 Epigenetik: die Lehre vom „zweiten Code"

Warum ist das allen brillanten Genetikern in hundert Jahren nicht aufgefallen?

(Brian Dias, US-amerikanischer Neurobiologe)

Wie bereits gezeigt, kann das gesamte Genom des Menschen offensichtlich nicht erklären, warum ein bestimmter Mensch unter Alzheimer-Demenz leidet, während sein genetisch identischer Zwilling gesund ist. Es vermag auch nicht zu erklären, warum zwei Menschen das gleiche Krebs-Gen haben, aber nur einer von ihnen auch an Krebs erkrankt. Und es ist auch nicht in der Lage, restlos zu erklären, warum ein Mensch besser mit Stress umgehen kann als ein anderer.

Wenn nun aber der vollständige Code der DNS nicht alle Erbinformationen enthält, dann muss es logischerweise einen weiteren Code geben, in dem die fehlenden und variablen Anteile des menschlichen Genoms abgespeichert sind.

Die Wissenschaft, die sich mit diesem „zweiten Code" beschäftigt, wird Epigenetik genannt. Der Begriff ist zusammengesetzt aus den Wörtern Genetik, also Vererbungslehre, und Epigenese, die Lehre von der Entwicklung eines Lebewesens. Er wurde bereits 1942, d. h. vor der Entdeckung der DNS-Struktur, von dem britischen Entwicklungsbiologen und Genetiker Conrad Hal Waddington als Bezeichnung für ein theoretisches Konzept geprägt. Ein Teilgebiet dieser Disziplin der Grundlagenforschung ist das Verständnis der Wirkzusammenhänge bei der Ausprägung der mehr als 200 menschlichen Zelltypen aus „unformatierten" funktionalen Zellen. Zwar enthält jede menschliche Zelle dieselbe DNS, aber in jedem Zelltyp sind andere DNS-Sequenzen aktiviert. Dieser Vorgang wird auch als Genexpression bezeichnet. Weiterhin beschäftigt sie sich mit der Frage, welche Umwelteinflüsse die Aktivität eines Gens und damit die Entwicklung der Zelle festlegen, und ob diese Codierungen vererbt werden können. Die Aktivierung und Deaktivierung einzelner Gene wird dabei auch als Genregulation bezeichnet. Die eigentliche DNS-Sequenz wird bei einer solchen epigenetischen Veränderung nicht verändert.

Aus der Forschung an eineiigen Zwillingen ist bekannt, dass ihre DNS vollständig identisch ist. Wenn jedoch nur einer von ihnen Diabetes entwickelt, so bedeutet dies, dass eine Veränderung am epigenetischen Code hierfür verantwortlich sein muss. Als spanische Forscher genetisch gleiche Zwillingspaare zwischen 3 und 74 Jahren untersuchten, zeigte sich eindeutig: Die jüngsten Zwillinge unterschieden sich in ihrem epigenetischen Code kaum — die ältesten Zwillinge hingegen immens. Im Laufe des Lebens machen Zwillinge unterschiedliche Lebenserfahrungen, entwickeln andere Denkmuster oder befinden sich in anderen Lebensumständen. Und so entwickeln sich auch ihre epigenetischen Codes mitunter in verschiedene Richtungen. Mit anderen Worten: Lebenswandel, Gewohnheiten, Denkmuster, Ernährung beeinflussen die Erbinformationen!

5.3.2.1 Wie der „zweite Code" funktioniert

Doch wie funktioniert der epigenetische Code? Bis heute sind hier zwei Wirkmechanismen bekannt. Die bekannteste Funktionsweise der Epigenetik ist die so genannte Methylierung. Dabei docken bestimmte Moleküle, Methylgruppen genannt, als Markierung an eine bestimmte Stelle am DNS-Strang an und verhindern so, dass die nachfolgende Gensequenz abgelesen werden kann. Dadurch wird das Gen quasi ausgeschaltet.

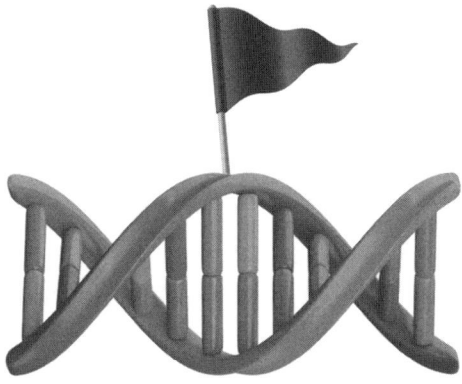

Abb. 93: Methyl-Gruppen als epigenetische Marker (Bild: Fotolia, bahrialtay)

Ebenfalls eine wichtige Rolle bei der epigenetischen Markierung spielt die so genannte Histon-Acetylierung: Damit der 1,80 Meter lange DNS-Strang einer Zelle auch in den winzig kleinen Zellkern passt, muss er ganz dicht gepackt werden. Dabei winden sich jeweils 147 Basenpaare des DNS-Strangs um spezielle Proteine, die so genannten Histon-Komplexe. Das Ergebnis hat dann eine gewisse Ähnlichkeit mit Perlen, die nacheinander aufgereiht eine Kette ergeben. Diese zu Perlen aufgewickelten Erbinformationen sind derart komprimiert nicht ohne weiteres lesbar und daher ebenfalls abgeschaltet. Um die dort befindlichen Gene wieder lesbar zu machen, muss das Erbgut erst wieder „entpackt" werden. Dabei helfen kleine Moleküle, die Acetylgruppen, welche den DNS-Strang lockern und die Gene an dieser Stelle lesbar machen.

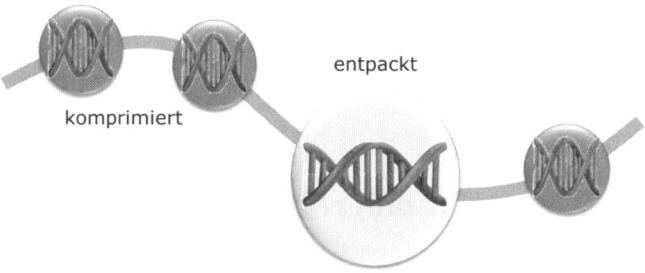

Abb. 94: Schematische Darstellung von Histon-Komplexen (Bild: Fotolia, bahrialtay)

Der epigenetische Code besteht also aus heutiger Sicht aus zwei verschiedenen Sorten von Schaltern (Methylgruppen bzw. Histon-Komplexe), deren Informationen gemeinsam mit der eigentlichen DNS erst das vollständige Erbgut abbilden. Im Unterschied zur DNS sind die epigenetischen Schalter dabei kurzfristig änderbar.

5.3.2.2 Die Erkenntnisse der Epigenetik

Wie Gene und Umwelteinflüsse miteinander in Wechselwirkung treten, ist gerade im Bereich der Medizin von großem Interesse. Doch die exakten Abläufe, durch die Lebensereignisse Spuren im menschlichen Erbgut hinterlassen, waren lange Zeit ein ungelöstes Rätsel. Die Epigenetik beginnt nun, die dazu noch fehlenden Puzzlestücke zu liefern. Dabei sind die Erkenntnisse der Epigenetik durchaus überraschend und mitunter auch schockierend.

So wurde an der McGill University in Montreal unlängst nachgewiesen, dass frühkindliche traumatische Erfahrungen Spuren im epigenetischen Code und damit im

Erbgut hinterlassen. Dies untermauert Beobachtungen von Pionieren der Psychologie, wie z. B. Sigmund Freud, die bereits vor mehr als 100 Jahren den Einfluss von traumatischen Erlebnissen auf die Entwicklung von Depressionen und Angststörungen unterstellt hatten. Ein Jahrhundert später erbrachte ein Team von Wissenschaftlern den epigenetischen Beweis. Sie sezierten 12 Menschen Mitte 30, die sich allesamt das Leben genommen hatten. Als Kinder waren alle diese Personen traumatischen Erlebnissen ausgesetzt gewesen, z. B. durch Gewalt, Missbrauch oder mangelnde elterliche Fürsorge. Der Hippocampus der betroffenen Personen wurde entfernt und das in den dortigen Zellen entwickelte Gen NR3C1 isoliert. Dieses Gen wird mit dem Schutz vor Stress und Depressionen in Verbindung gebracht. Es stellte sich heraus, dass dieses Gen durch Methylgruppen weitestgehend „ausgeschaltet" war. Bei Untersuchungen an einer Kontrollgruppe tauchte diese Schalterstellung dagegen nicht auf. Frühkindliche Traumata können also durchaus das Erbgut verändern und als Konsequenz daraus die Widerstandsfähigkeit gegen Stress dramatisch vermindern.

Die Forschung wird hier in den nächsten Jahren sicherlich noch zahlreiche Erkenntnisse liefern. So wurden in einem Vergleich von Menschen mit verschiedenen psychischen Störungen mit einer gesunden Kontrollgruppe ca. 60 Gene gefunden, die sich durch epigenetische Marker unterschieden. Diese Gene verfügen also potenziell über Schalter, die durch Umwelteinflüsse, Stress, Ernährung veränderbar sind.

5.3.2.3 Können epigenetische Marker vererbt werden?

Was die Epigenetik aber so faszinierend macht, ist nicht allein deren Erkenntnis, dass äußere Faktoren, wie frühe Beziehungen, schwerwiegende Lebensereignisse oder auch Ernährung, die Erbinformationen verändern können. Vielmehr weisen erste Studien daraufhin, dass diese Veränderungen auch an die nächste Generation weitergegeben werden können. Männliche Mäuse, die darauf konditioniert sind, immer dann, wenn sie einen süßen, mandelartigen Geruch wahrnehmen, einen leichten Stromschlag zu erhalten, vererben offensichtlich die Angst vor süßem Duft an ihre Kinder- und Enkelgeneration. Untersuchungen von Rattenjungen, die von ihren Müttern vernachlässigt wurden, ergaben, dass das Anti-Stress-Gen durch Methylierung deaktiviert war und die Rattenjungen sich in Folge eher zu ängstlichen und inaktiven Ratten entwickelten. Bei Ratten aus demselben Stamm, die von ihren Müttern gut versorgt wurden, war dagegen das Anti-Stress-Gen aktiviert. Wurden die zunächst vernachlässigten Ratten von fürsorglichen Ratten adoptiert, so wurde das Anti-Stress-Gen wieder aktiv. Die Nachkommen der Rattenjungen zeigten dabei das gleiche Verhalten wie ihre Eltern und wiesen auch dieselben epigenetischen Marker am Anti-Stress-Gen auf.

Solche Zusammenhänge existieren wahrscheinlich ebenso bei Menschen; sie sind nur ungleich schwieriger nachzuweisen. So konnte in einer Studie mit Müttern, die Zeuginnen des Attentats auf das World Trade Center am 11. September 2001 geworden waren, nachgewiesen werden, dass die Babys, die nach der Katastrophe geboren wurden, einen dauerhaft erhöhten Level des Stresshormons Cortisol hatten. Ähnliche Untersuchungen gibt es an Müttern in Holland, die den Hungerwinter 1944/45 überlebt hatten. Dass diese Frauen untergewichtige Babys zur Welt brachten, war eine Folge der Umstände und damit plausibel. Doch dann zeigte sich, dass der Nachwuchs später überdurchschnittlich oft an Depressionen, Übergewicht oder Schizophrenie litt. Die heranwachsenden Mädchen gebaren im Erwachsenenalter selbst wiederum verhältnismäßig kleine Kinder, obwohl diese doch in Zeiten des Überflusses und mit wenigen Nöten gezeugt worden waren. Die Erbsubstanz der Enkel enthielt also offensichtlich noch die Informationen über die Lebensbedingungen der Großeltern.

Zusammenfassung

Die Ausprägung des menschlichen Genoms steht u. a. in Verbindung mit der Ausprägung der Persönlichkeit und mit der seelischen Widerstandsfähigkeit eines Menschen gegen die Herausforderungen des Lebens, seiner Resilienz also. Die menschlichen Erbinformationen sind dabei allerdings nicht so unveränderlich, wie wir lange glaubten, und sie bestimmen nicht über unser Schicksal. Unser Erbgut ist ähnlich wie unser Gehirn plastisch und wird von bestimmten Umwelteinflüssen und psychischen Prozessen verändert. Diese Veränderungen sind nicht zwangsläufig permanent, sie können aber auch an die nächste Generationen weitervererbt werden.

Die Epigenetik steht noch ziemlich am Anfang und wird sicher in den nächsten Jahrzehnten noch für einige interessante Überraschungen gut sein. Sie wird sicherlich auch völlig neue Formen der Behandlung von Krankheiten bzw. der gezielten Modifikation bestimmter Genausprägungen hervorbringen. Auf die Diskussion um die ethischen Dimensionen solchen „Gen-Engineerings" darf man gespannt sein.

6 Was gefährdet Resilienz?

Das Leben kann nur in der Schau nach rückwärts verstanden, aber nur in der Schau nach vorwärts gelebt werden.

(Søren Kierkegaard, dänischer Philosoph)

Nikolai Kondratieff war ein russischer Wirtschaftswissenschaftler in der Endzeit der Zarenherrschaft. Er war Teil der sozialistischen Umsturzbewegung, dann Abgeordneter in der Nationalversammlung und leitete anschließend das russische Konjunkturinstitut. Dort versuchte er, die Wirtschaft Russlands nach wissenschaftlichen Erkenntnissen in Anlehnung an die westlichen Marktwirtschaften zu strukturieren. Aufgrund dieses Ansatzes und seiner wissenschaftlichen Veröffentlichungen fiel er 1930 unter dem Lenin-Regime in Ungnade und wurde inhaftiert. 1938 wurde er schließlich im Zuge der „großen Säuberung" unter Stalin von einem Militärtribunal zum Tode verurteilt und noch am selben Tag hingerichtet. Was hatte der Wissenschaftler Brisantes herausgefunden, das ihn zuerst seine Karriere und anschließend sein Leben kostete?

Kondratieff meinte durch aufwendiges Datenstudium ein wirtschaftliches Phänomen entdeckt zu haben, dass er als „lange Wellen" bezeichnete. Nach seiner Theorie entwickelt sich die marktwirtschaftliche Konjunktur zyklisch in Wellen, die mehrere Jahrzehnte andauern. Die langen Wellen, die später auch als Kondratieff-Zyklen bezeichnet wurden, bestehen aus einer länger andauernden Aufstiegsphase, in der eine Reihe innovativer Technologien Marktreife erlangen und sich aufgrund massiver Investitionen verbreiten, und einer etwas kürzeren Abstiegsphase infolge von Marktsättigung, in der sich aufgrund weiterer grundlegender Innovation bereits ein neues technologisches Paradigma anbahnt. Damit widersprach er der vorherrschenden leninistischen Doktrin, die den Kapitalismus kurz vor seinem endgültigen Zusammenbruch wähnte, was ihn schließlich sein Leben kosten sollte.

Was gefährdet Resilienz?

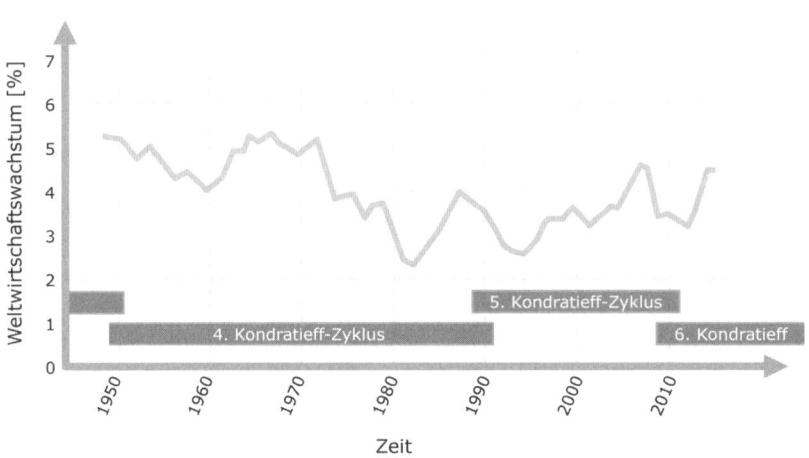

Abb. 95: Das Weltwirtschaftswachstum im 5-Jahres-Durchschnitt mit drei der Kondratieff-Zyklen; Quellen: The World Economy, Maddison (1950–1980); Internationaler Währungsfonds (1980–2014)

Kondratieff und seine konzeptionellen Nachfolger, allen voran der österreichische Ökonom Joseph Schumpeter, postulierten insgesamt fünf Zyklen, die wie folgt beschrieben werden können:

Die fünf Kondratieff-Zyklen

Zyklus	Bezeichnung	Basisinnovation
1780–1840	Dampfmaschine	Aufkommende Industrialisierung, Textilindustrie
1840–1890	Eisenbahn	Stahlproduktion, Dampfschifffahrt, Eisenbahn
1890–1940	Elektrotechnik	Schwermaschinen, Chemieindustrie
1940–1990	Automobil	Automatisierung, Kernenergie, Computer
1990–?	Informationstechnologie	Kommunikationstechnik, fortschreitende Globalisierung

Leo Nefiodow ist einer dieser konzeptionellen Nachfolger von Kondratieffs Zyklentheorie. Nach den Erkenntnissen seiner Forschung wird die nächste lange Welle u. a. in der Erhaltung der psychosozialen Gesundheit der Bevölkerung liegen, was nichts anderes bedeutet, als dass die Entwicklung von individueller und kollektiver Resilienz sowie ganzheitlich verstandener Gesundheit in den nächsten Jahrzehnten zu einem globalen Wirtschaftsfaktor werden wird. Dies wird nach Nefiodow die notwendige marktwirtschaftliche Antwort auf Phänomene wie Burn-out und andere Stresserkrankungen sein. Wird also Resilienz zum 6. Kondratieff-Zyklus? Ich weiß es nicht, aber es würde aus meiner Sicht viel Sinn machen. In ein paar Jahrzehnten werden wir es genauer wissen.

6 Schutzfaktoren und Risikofaktoren

6.1 Schutzfaktoren und Risikofaktoren

Protektive Faktoren entfalten eine puffernde Wirkung und moderieren somit den Einfluss der Risiken.

(Friedrich Lösel, deutscher Psychologe und Kriminologe)

Aus volksgesellschaftlicher Sicht erscheint die Entwicklung von mehr Resilienz in der Bevölkerung im Allgemeinen und bei den Leistungsträgern im Besonderen also auch aus dem Blickwinkel der Ökonomen zukünftig als notwendig und erstrebenswert.

In den bisherigen Kapiteln habe ich zahlreiche Prinzipien und Qualitäten aufgezeigt, die Resilienz ausmachen. Doch was genau gefährdet eigentlich die individuelle Resilienz? Was wir jetzt schon genau wissen, ist, dass individuelle Resilienz das Ergebnis eines lebenslangen, dynamischen Anpassungsprozesses ist, der bereits in der Kindheit eines Menschen beginnt. Von daher ist Resilienz nicht statisch wie ein bestimmtes Körpermerkmal, sondern eher dynamisch wie ein veränderbarer Blutwert. Die einzige Ausnahme bildet hier die rohe Resilienz, auch „Trait Resilience" genannt, die ich im Kapitel „Die Sphären individueller Resilienz" (3.3) beschrieben habe.

Ähnlich wie bei den Kondratieff-Zyklen, mit Hilfe derer sich aus der Entwicklung der menschlichen Gesellschaft in den letzten 250 Jahren eine Struktur ableiten lässt, kann eine Aussage zur Widerstandsfähigkeit einer Person gegen Belastungen von außen daher eigentlich nur im Nachhinein getroffen werden.

Einzig die individuelle Disposition zur Resilienz lässt sich im Vorfeld beschreiben. Diese setzt sich aus verschiedenen Faktoren zusammen, den Sphären individueller Resilienz. Die Ausprägung dieser Faktoren bestimmt die individuelle Kapazität an Resilienz, die zur Verfügung steht, um belastende Situationen zu bewältigen. Die Umwelt bzw. das Feld, in dem sich eine Person aufhält, hat ebenfalls unmittelbaren Einfluss auf deren Widerstandsfähigkeit. Je nach Qualität dieses Feldes, wird die individuelle Wiederherstellungsfähigkeit dadurch gestärkt oder auch geschwächt. Neben internen und externen Schutzfaktoren gibt es also auch Risikofaktoren auf verschiedenen Ebenen, die die individuelle Widerstandsfähigkeit gegen Krisen gefährden. Diese sind für uns heute meist so selbstverständlich, dass wir sie gar nicht im Kontext von Resilienz als Gefährdung wahrnehmen. Sie zu kennen bzw. sich ihrer wieder bewusst zu werden, ist daher sehr wichtig.

Faktoren, die ein Risiko für die individuelle Resilienz darstellen, lassen sich grob in gesellschaftliche, organisationale und individuelle Faktoren unterteilen.

Was gefährdet Resilienz?

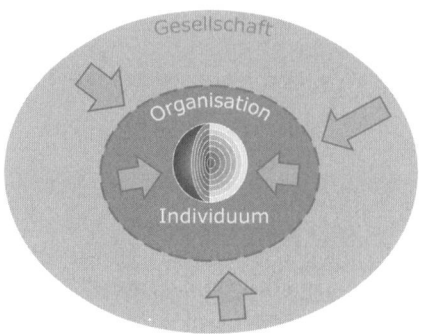

Abb. 96: Schutz- und Risikofaktoren der Resilienz

6.2 Gesellschaftliche Faktoren: Leben in der VUKA-Welt

Es gibt keine Grenzen mehr.

(Jeff Barnes, US-amerikanischer Topmanager, General Electric)

Ein Grund, warum Kondratieff-Zyklen auf viele eine starke Faszination ausüben, ist die Hoffnung, dass sich hinter all den dynamischen und teilweise chaotischen Entwicklungen in Gesellschaft und Wirtschaft eine höhere Systematik und Ordnung verbirgt, die sich entschlüsseln lässt, wenn man nur genug Aufwand betreibt. Der Mensch strebt eben stets nach der Verstehbarkeit und Handhabbarkeit seiner Umwelt und versucht, zukünftige Entwicklungen, so gut es geht, zu antizipieren, um sich bestmöglich gegen Unwägbarkeiten zu wappnen. Doch genau dies ist immer weniger möglich, wie ein Blick auf die letzten knapp 70 Jahre zeigt. So war die Welt nach dem Ende des Zweiten Weltkriegs in ein Zwei-Fronten-System eingeteilt, dass sich „Kalter Krieg" nannte. Es gab zwei wesentliche geopolitische Lager: die USA und die UdSSR, jeweils mit ihren Verbündeten, die sich politisch, militärisch und wirtschaftlich nach der jeweiligen Hegemonialmacht ausrichteten. Die Feindbilder waren auf beiden Seiten klar, was die Vorhersagbarkeit der Entwicklungen relativ einfach machte. Zu diesem Zeitpunkt gab es genau diese zwei Supermächte, die in Besitz von Nuklearwaffen und Trägerraketen waren. Heute, 25 Jahre nach Ende des Kalten Krieges, sind neun weitere Nationen entweder nach gesicherten Informationen im Besitz von Nuklearwaffen, oder es wird ein entsprechendes Atomprogramm von der Internationalen Atomenergie-Organisation der UN vermutet. Diese

6 Gesellschaftliche Faktoren: Leben in der VUKA-Welt

Länder sind Großbritannien, Frankreich, China, Israel, Indien, Pakistan, Nordkorea, Iran und Saudi-Arabien.

Nach dem Zusammenbruch der UdSSR hat sich zudem das Zwei-Fronten-System zu einem Viel-Fronten-System entwickelt. Am US Army War College in Carlisle, Pennsylvania, werden künftige Generäle in Strategie und Kriegsführung ausgebildet. Dort entstand bereits Ende der 1990er Jahre ein Akronym für diese neue und weitaus komplexere Weltordnung: VUKA (engl. VUCA). Die Abkürzung steht für **V**olatilität, **U**nsicherheit, **K**omplexität und **A**mbiguität und wurde im Wesentlichen zunächst von den dort tätigen Dozenten gebraucht. Nach den Terroranschlägen des 11. Septembers 2001 wurde die neue Wortschöpfung jedoch in größerem Maße verwandt und schließlich auch von Managementvordenkern aufgegriffen, die eine Zunahme der Komplexität nicht nur im militärischen und machtpolitischen Bereich sahen, sondern auch in der Entwicklung der globalisierten Wirtschaft. Die Begriffe bedeuten dabei im Einzelnen:

Die Bedeutung von VUKA

Bezeichnung	Bedeutung
Volatilität	Bezieht sich auf die zunehmende Häufigkeit, die Geschwindigkeit und das Ausmaß von Veränderungen
Unsicherheit	Beschreibt ein abnehmendes Maß an Vorhersagbarkeit von Ereignissen
Komplexität	Bezieht sich auf die steigende Anzahl von Verknüpfungen und Abhängigkeiten, die eine Thematik undurchschaubar machen
Ambiguität	Beschreibt die Mehrdeutigkeit der Faktenlage, die falsche Interpretationen und Entscheidungen wahrscheinlicher macht

6.2.1 Volatilität

Beim Eishockey kriegt man beigebracht, nicht dorthin zu laufen, wo der Puck gerade ist, sondern wo er als Nächstes sein wird.

(Ashish Nanda, indischer Jura-Professor, Harvard Law School)

Im Kapitel „Was lässt sich von erfolgreichen Unternehmen lernen?" (3.1.2) habe ich Unternehmen vorgestellt, die über einen langen Zeitraum mindestens zehnmal so erfolgreich waren wie ihre Wettbewerber bzw. die Marktentwicklung als Ganzes. Sie sind absolute Ausnahmeunternehmen. Betrachtet man hingegen die breite

Was gefährdet Resilienz?

Masse an Unternehmen, so fällt auf, dass z. B. die Anzahl der Firmeninsolvenzen in Deutschland in der Zeit nach dem Zweiten Weltkrieg noch nie so hoch war wie in den letzten fünf Jahren.

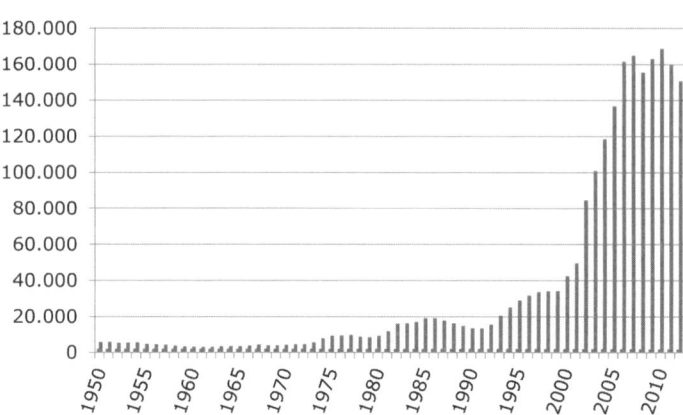

Abb. 97: Anzahl der Firmeninsolvenzen in Deutschland 1950–2010; Quelle: Statistisches Bundesamt, 2013

Trotzdem ist auch der Deutsche Aktienindex, der seit 1987 eine Leitgröße der deutschen Wirtschaft ist, heute auf seinem absolut höchsten Wert. Wie lässt sich das erklären? Die Antwort heißt: Volatilität.

Was ebenfalls zugenommen hat, ist nämlich die Schwankungshäufigkeit und -intensität des Marktwertes deutscher Unternehmen, d. h. die Volatilität des DAX, wie in der folgenden Grafik deutlich zu erkennen ist.

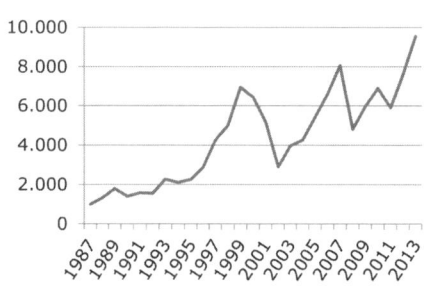

Abb. 98: DAX-Werte 1987–2013; Quelle: Deutsche Bundesbank, 2014

International ist dieser Volatilitätstrend sogar noch deutlicher. Laut einer Studie der Boston Consulting Group aus dem Jahr 2012 sind die Hälfte der turbulenten Finanzquartale der letzten 30 Jahre in der Zeit seit 2002 aufgetreten. Auch die

Schwankungsbreite in Unternehmensumsätzen und der Profitabilität hat sich seit den 1960er Jahren mehr als verdoppelt. Dagegen hat die Länge von Turbulenzen sogar um den Faktor 4 zugenommen. Veränderungen kommen also öfter und schneller, und ihre Auswirkungen sind weitreichender und langfristiger als in der Vergangenheit. Warum ist das so?

6.2.1.1 Die prägende Rolle des Kapitalmarkts

Richard Sennett ist ein US-amerikanischer Professor für Soziologie, der heute an der London School of Economics lehrt. Zuvor forschte und dozierte er u. a. in Yale, wo er eine Reihe bemerkenswerter Vorlesungen zu den Auswirkungen der modernen Marktwirtschaft auf die neue, volatile Weltordnung hielt, die er später in seinem Buch „The Culture of the New Capitalism" veröffentlichte. Sennett beschreibt Unternehmen über lange Zeit zunächst als stabile, berechenbare Systeme, die für ihre Angestellten sowohl eine Art eiserner Käfig als auch eine Heimat darstellten. Sicherheit und Auskommen wurden so viele Jahrzehnte lang gegen Disziplin, Unterordnung in Hierarchien und die Erbringung von Leistung getauscht. Diese rigide Ordnung ist seit Ende des letzten Jahrhunderts einer wachsenden Flexibilisierung gewichen, die sich durch weit weniger Stabilität und Berechenbarkeit auszeichnet.

Grund dafür ist laut Sennett die veränderte Rolle des Kapitalmarkts. In der „alten" Marktwirtschaft legten Investoren ihr Kapital vor allem langfristig in Firmen an und wurden über Dividenden am Unternehmensgewinn beteiligt. Die Investoren hatten daher ein gewisses Interesse an der Stabilität des Unternehmens, zumindest, was ihre Dividenden anging. Die Weltwirtschaft nach dem Zweiten Weltkrieg war durch das Bretton-Woods-System geprägt, das die Währungen weltweit führender Volkswirtschaften über Bandbreiten von Wechselkursen an den US-Dollar koppelte, der wiederum einen festen Wechselkurs zu Gold hatte. Dieses System gab den teilnehmenden Volkswirtschaften Stabilität, scheiterte aber schließlich 1973, da der Dollar infolge von Leistungsbilanzüberschüssen von den USA nicht mehr hinreichend durch Gold abgesichert werden konnte. Nach dem Zusammenbruch dieses globalen Währungssystems waren weltweit gewaltige Mengen an Kapital verfügbar, die nach kurzfristiger Verzinsung strebten. Aufgrund der fortschreitenden Globalisierung und der neuen Möglichkeiten der aufkommenden Kommunikationstechnologie floss dieses „ungeduldige" Kapital weltweit in Unternehmensanleihen mit dem Ziel der kurzfristigen Vermehrung über Kursgewinne infolge eines steigenden Aktienwerts. Eine stärkere globale Vernetzung finanzieller Interessen war die Folge. Erträge wurden nun kaum mehr aus Dividenden erwartet, was zur Folge hatte, dass nicht die Stabilität von Unternehmen erstrebenswert erschien, sondern vielmehr die Veränderung derselben mit dem Ziel der Maximierung des

Was gefährdet Resilienz?

Aktienkurses. Seit dieser Entwicklung bestimmen das Kapitalmarktsystem und die damit einhergehende Bewertung von Unternehmen durch Finanzanalysten das quartalsorientierte Verhalten von börsennotierten Unternehmen.

Dieses auf Kurzfristigkeit ausgelegte Buhlen um die Gunst von Investoren und Analysten führt zu zahlreichen irrationalen Verhaltensweisen der Märkte, die z. B. den Aktienkurs eines Unternehmens steigen lassen, wenn dieses Personal in Forschung und Entwicklung abbaut oder sich ohne erkennbaren Grund umstrukturiert. Dieses unternehmerisch an sich nicht nachvollziehbare Verhalten lässt den Aktienkurs und damit den Marktwert des Unternehmens steigen, was verhindert, dass das Unternehmen selbst zu einem Übernahmekandidaten wird. Unternehmen, die sich dieser Logik nicht beugen, sind in diesem neuen Finanzsystem unterbewertet und werden in der Folge durch andere Unternehmen aufgekauft, die sich an die Spielregeln halten. Um also den Aktienkurs eines Unternehmens zu stützen und dessen Attraktivität als Investitionsobjekt dauerhaft zu erhalten, sind somit ständige Veränderungen des Unternehmens durch das Management notwendig. Strategiewechsel, Restrukturierungen, Akquisitionen, Portfoliobereinigung und Personalabbau, gekoppelt mit einer guten Story für den Markt werden so zu einem Selbstzweck und einem Merkmal guter Unternehmensführung. Langfristige Veränderungen, wie der Umbau eines Unternehmens infolge einer substanziellen Strategieänderung, sind so kaum noch möglich. Dies ist einer der Gründe, warum ein Unternehmer wie Michael Dell 2013 alle Aktien seiner Firma im Wert von knapp 25 Milliarden US-Dollar vom Kapitalmarkt zurückgekauft hat.

Die Folgen dieser weltweiten Entwicklungen gekoppelt mit fortschreitender Globalisierung und der zunehmenden Verbreitung moderner Kommunikationstechnologie prägen den heutigen Arbeitsalltag von Führungskräften. Hoher Zeit- und Leistungsdruck, bedingungslose Mobilität, lange Arbeitszeiten, permanente Erreichbarkeit, ein ständiges Gefühl der Unsicherheit und eine Vernachlässigung des Privatlebens sind die Folge. So hat das Kollabieren des Währungssystems von Bretton-Woods zu einer andauernden Destabilisierung von Unternehmen und einer immer stärkeren Orientierung an kurzfristigen Entwicklungen beigetragen. Beides sind wesentliche Faktoren der Volatilität in der neuen Marktwirtschaft.

6.2.1.2 Die antreibende Rolle der Technologie

Ein weiterer treibender Faktor für die wachsende Volatilität liegt in der Natur technologischer Innovationen und ihrer Verbreitungsgeschwindigkeit. Gordon Moore, seines Zeichens Mitgründer der US-amerikanischen Computerchip-Firma Intel, stellte 1965 das „Mooresche Gesetz" auf, das besagt, dass sich die Integrations-

6 Gesellschaftliche Faktoren: Leben in der VUKA-Welt

dichte von Halbleitern, die sich etwas laienhafter mit der Leistungsfähigkeit von PC-Chips pro Flächeneinheit übersetzen lässt, etwa alle 18 Monate verdoppelt. Trotz zahlreicher anderslautender Vorhersagen ist diese Faustregel auch heute, knapp 50 Jahre nach ihrer ersten Veröffentlichung, noch zutreffend und sorgt für einen konstanten Innovationsstrom im Bereich der Computertechnologie.

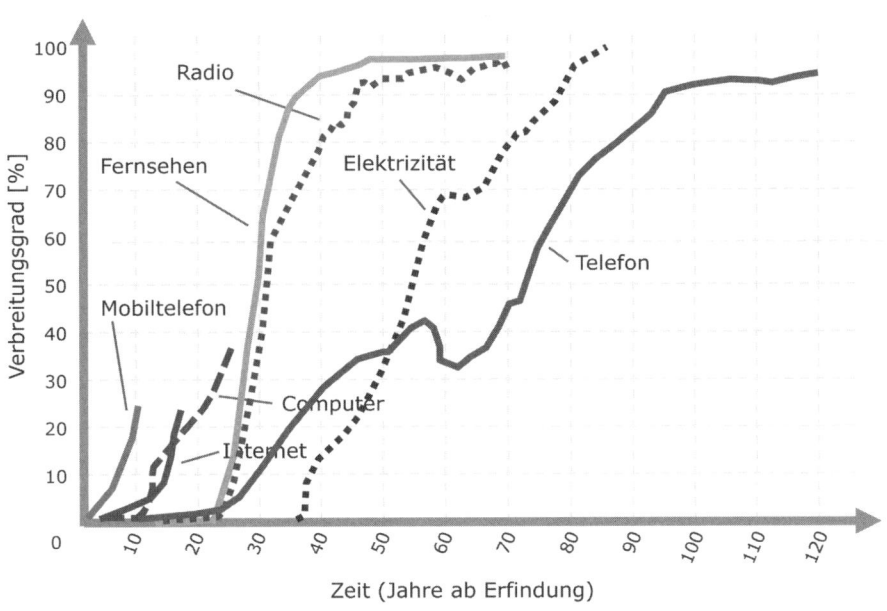

Abb. 99: Verbreitung technologischer Innovationen; Quelle: Peter Brimelow, „The Silent Boom", Forbes, 1997

Aber auch die Verbreitung neuer, disruptiver Technologien, wie z. B. dem Mobiltelefon, erfolgt heute schneller als noch vor 100 Jahren. Während Festnetz-Telefonie über 120 Jahre brauchte, um weltweit flächendeckend genutzt zu werden, wird mobile Telefonie voraussichtlich eine ähnliche Verbreitung innerhalb von nur 20 Jahren erreichen, d. h. sechsmal so schnell. Während der Aufbau weltweiter elektrischer Stromnetze knapp 90 Jahre benötigte, wird das Internet eine vergleichbare Verbreitung innerhalb von höchstens 30 Jahren erreichen, also dreimal so schnell. Technologien wie E-Mail und Smartphone, ohne die sich der moderne Arbeitsalltag heute nicht mehr vorstellen lässt, sind 30 bzw. knapp 10 Jahre alt. So wurde die erste E-Mail in Karlsruhe im Jahr 1984 empfangen und der erste Blackberry kam 2006 auf den Markt, gefolgt vom ersten iPhone ein Jahr später. Heute nutzen 3,3 Milliarden Menschen E-Mails und in den Jahren 2009 bis 2012 wurden 6,3 Milliarden Smartphones verkauft. Diese modernen Kommunikationsmittel erleichtern und prägen die tägliche Arbeit von Managern.

Was gefährdet Resilienz?

Permanente Erreichbarkeit vereinfacht ohne Frage viele Arbeits- und Abstimmungsvorgänge und steigert die Effizienz. Allerdings scheint es eine Art von gesellschaftlichem blinden Fleck zu geben, was die Selbstverständlichkeit dieser Technologien betrifft. Permanente Erreichbarkeit bedeutet für viele Menschen auch Stress. De facto nutzen wir diese Technologien aber erst seit weniger als einer Generation von Managern. So gesehen wäre es also eigentlich verwunderlich, wenn es keine Anpassungsprobleme an diese rasant an Bedeutung gewinnenden Technologien gäbe. Technologische Innovation trägt also ebenfalls erheblich zur Volatilität unserer Arbeitsumgebung bei.

6.2.2 Unsicherheit

Mangelnde Transparenz führt zu Misstrauen und einem tiefen Gefühl der Unsicherheit.

(Dalai Lama, Oberhaupt des tibetischen Buddhismus)

Eine erhöhte Volatilität der Umgebung, d. h. häufigere, stärkere und länger andauernde Veränderungen, führen dazu, dass die Zukunft schlechter abschätzbar wird. Diese reduzierte Transparenz betrifft Kapitalmärkte, Volkswirtschaften, Unternehmen sowie ihre Führungskräfte und Mitarbeiter gleichermaßen, wenn auch mit unterschiedlichen Auswirkungen. Kapitalmärkte reagieren nervöser auf Veränderungen aller Art, Volkswirtschaften versuchen die für Innovationen zur Verfügung stehende Geldmenge zu erhöhen und Unternehmen werden zunehmend taktisch, d. h. „auf Sicht" gesteuert. Eine Untersuchung an über 800 Unternehmen, deren Ergebnisse in der folgenden Grafik dargestellt sind, bestätigt dies. Dabei ist bemerkenswert, dass erfolgreiche Unternehmen, die Vorhersagbarkeit von Marktveränderungen als weniger bedrohlich einschätzen, als dies weniger erfolgreiche Unternehmen tun.

6 Gesellschaftliche Faktoren: Leben in der VUKA-Welt

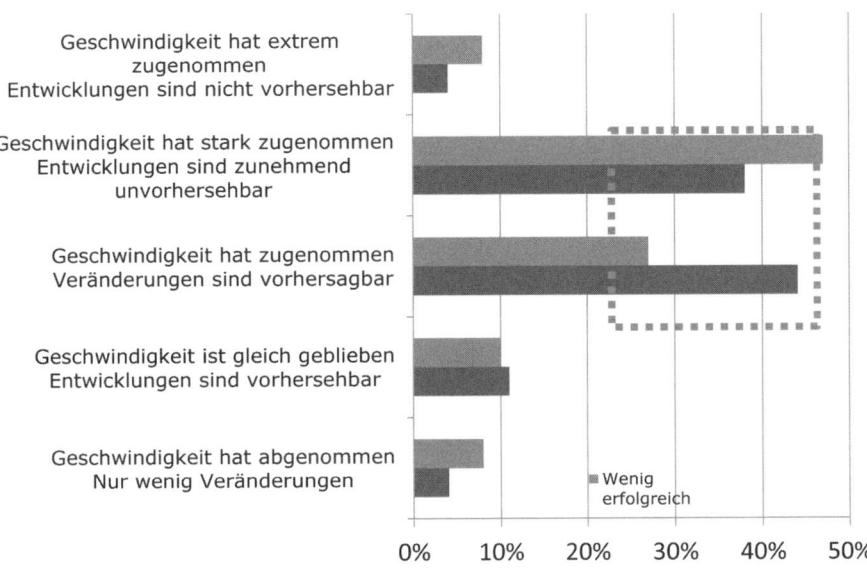

Abb. 100: Wahrnehmung von Unsicherheit in verschiedenen Unternehmen; Quelle: Institute for Corporate Productivity & American Management Association, 2006

Führungskräfte und ihre Mitarbeiter reagieren auf die gestiegene Volatilität ihrer Umgebung mit erhöhter Aktivität und Anspannung, die leicht in negativ empfundenen Stress und Überforderung umschlagen kann.

Durch die fortschreitende Globalisierung und die zunehmende Transparenz der Märkte kommt zudem der Wettbewerb immer mehr aus aufstrebenden Volkswirtschaften wie China, Indien oder Brasilien, was die empfundene Unsicherheit und Unberechenbarkeit noch verstärkt.

Die neue VUKA-Welt hat die Beziehung einer Führungskraft zum Unternehmen grundlegend verändert. War in der Vergangenheit sicher, dass man als Führungskraft bis zum Eintritt in den Ruhestand für ein Unternehmen arbeitet, solange man nicht die sprichwörtlichen „silbernen Löffel" stahl, ist selbst fortwährende Hochleistung heute kein Garant mehr für die Kontinuität der eigenen Karriere. Auslagerung von Unternehmensbereichen, Zusammenlegung von Abteilungen, Fusionen, Restrukturierungen, häufig wechselnde Vorgesetzte und Personalabbau wirken als vom einzelnen Manager kaum zu beeinflussende „Naturgewalten", die die Karriere leicht aus der Bahn bringen können. Die Europäische Union erhebt seit einigen Jahren in einer Studie regelmäßig verschiedene Aspekte der Arbeitsbedingungen in den Mitgliedsstaaten, u. a. die wahrgenommene Arbeitsplatzunsicherheit. Die folgende Grafik verdeutlicht deren Entwicklung bei Führungskräften und Mitarbeitern in der Zeit von 2005 bis 2010 über alle EU-Länder und Branchen hinweg.

Was gefährdet Resilienz?

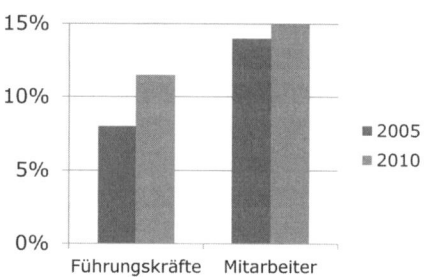

Abb. 101: Arbeitsplatzunsicherheit bei Führungskräften und Mitarbeitern; Quelle: Eurofound Dublin, 2010

Ein weiterer Aspekt von Unsicherheit resultiert aus der globalen Klimaveränderung, die wesentlich schneller fortschreitet, als von vielen erwartet, und sich dabei in vielen Fällen nicht linear verhält. Der Winter 2013/2014 war ein gutes Beispiel dafür: wochenlange Eisstürme und Kälterekorde in Nordamerika, Jahrhundertüberschwemmung in Großbritannien und ein ungewöhnlich milder, trockener und schneearmer Winter in Deutschland. Der nächste Winter wird mit hoher Wahrscheinlichkeit wieder völlig anders ausfallen. Doch trotz aller Volatilität spricht die von den Vereinten Nationen erfasste statistische Entwicklung von Naturkatastrophen in den letzten 30 Jahren eine eindeutige Sprache, wie in der folgenden Grafik zu sehen ist.

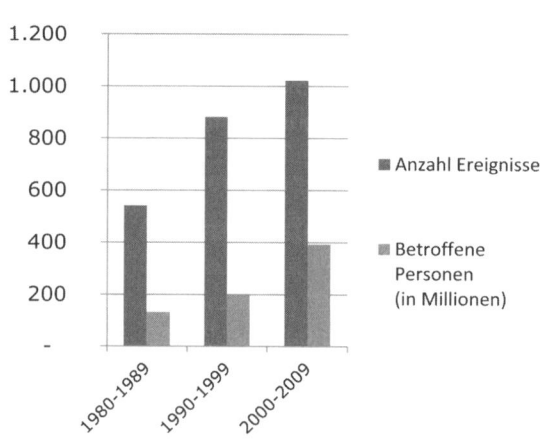

Abb. 102: Zeitliche Entwicklung von Naturkatastrophen; Quelle: UN Statistics Division 2014

Volatilität und Unsicherheit sind aller Wahrscheinlichkeit nach keine vorübergehenden Phänomene, sondern werden uns mehr und mehr begleiten. Es ist also an uns, diese Umstände zu akzeptieren und uns darauf einzustellen. Doch das ist gar nicht so leicht, denn Unsicherheit ist die kleine Schwester von Angst und Stress.

6 Gesellschaftliche Faktoren: Leben in der VUKA-Welt

Im Kapitel „Funktion und Wirkungsweise von Stress" (4.2) habe ich die Auswirkungen erläutert, die eine Aktivierung des Schmerzareals im Gehirn auf die höheren Hirnfunktionen hat. Innovationsfähigkeit, Agilität und Besonnenheit sind die ersten Fähigkeiten, die dabei in Mitleidenschaft gezogen werden. Es wird also für Manager und ihre Mitarbeiter in der Zukunft immer mehr darum gehen, dieses Spannungsfeld für sich zu akzeptieren, auszuhalten und das Beste daraus zu machen.

6.2.3 Komplexität

Es gibt eine Schwelle an Komplexität, jenseits derer ein Unternehmen nicht mehr steuerbar ist.

(Peter Drucker, österreichisch-amerikanischer Managementautor)

Die weltweite geopolitische Machtdynamik nach dem Zusammenbruch des Ostblocks, die Immobilienblase in den USA mit ihren Auswirkungen auf die Weltwirtschaft, der Klimawandel und seine Auswirkungen sowie die jüngste Eurokrise und die Rolle Griechenlands darin sind gute Beispiele für die zunehmende Komplexität in der VUKA-Welt.

Komplexität beschreibt dabei einen Zustand, der durch eine Vielzahl an Variablen gekennzeichnet ist, von denen nicht alle bekannt sind, die sich aber gegenseitig beeinflussen und sich zudem zumindest in Teilen nicht-linear verhalten, z. B. infolge irrationaler Massenphänomene wie Angst vor Bedrohung oder Inflation.

Aufgrund der Menge an widersprüchlichen Details lässt sich eine komplexe Situation häufig nicht adäquat abstrahieren oder durch Näherungen vereinfachen.

▶ **BEISPIEL**

So gab es während der Griechenlandkrise zwei annähernd gleich starke Lager in Deutschland, die einen Ausschluss Griechenlands aus der EU entweder befürworteten oder ablehnten. Beide Seiten konnten selbstsicher, eloquent und faktenreich ihre Position darlegen und verteidigen, aber de facto hatte keine Seite einen ausreichenden Überblick, um die Konsequenzen und Tragweite einer irgendwie gearteten Entscheidung vorherzusagen.

Komplexität kennzeichnet sich auch dadurch aus, dass selbst im Nachhinein keine Aussage möglich ist, ob die getroffene Entscheidung gut oder schlecht war. Solche Aussagen basieren notwendigerweise auf Vergleichen zu Alternativentscheidungen, deren Auswirkungen in einer komplexen Situation aber nicht vorhersagbar

Was gefährdet Resilienz?

sind. Damit wird es in komplexen Situationen schwerer, aus Fehlern zu lernen. Ein weiterer Faktor von Komplexität ist auch, dass nicht alle Variablen bekannt sind bzw. dass es Abhängigkeiten zwischen verschiedenen, auf den ersten Blick nicht zusammenhängenden Bereichen gibt.

> **BEISPIEL**
>
> So hat die wirtschaftliche Entwicklung in Griechenland nicht nur dazu geführt, dass das Durchschnittseinkommen der Bevölkerung zwischen 2007 und 2011 um 40 % gesunken ist. Auch die Zahl von Eheschließungen und Geburten war rückläufig, wohingegen die Sterblichkeit deutlich gestiegen ist, die Suizidrate sogar um 50 %.

Eine erhöhte Komplexität reduziert also die Verstehbarkeit und Handhabbarkeit der Umwelt, worauf Menschen tendenziell mit einem erhöhten Maß an Stress und Überforderung reagieren.

6.2.3.1 Exkurs: Komplexitätsmanagement

Doch Komplexität ist nicht gleich Komplexität. Dave Snowden, ein britischer Forscher im Bereich des Wissensmanagements und der Komplexitätstheorie, hat dazu 1999 das so genannte Cynefin-Modell entwickelt, das zwischen fünf verschiedenen Domänen von Komplexität differenziert, die sich in der Art ihrer Ursache-Wirkung-Beziehung und daraus abgeleiteten Handlungsempfehlungen voneinander unterscheiden. Cynefin ist Walisisch und bedeutet dabei im Deutschen so viel wie „Lebensraum".

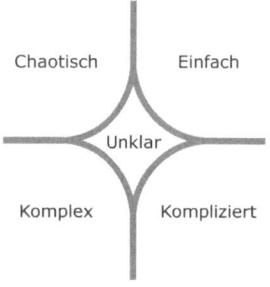

Abb. 103: Das Cynefin-Modell

6 Gesellschaftliche Faktoren: Leben in der VUKA-Welt

Die ersten vier Bereiche des Modells sind: Einfach, Kompliziert, Komplex und Chaotisch. Diese beschreibt Snowden folgendermaßen:

Bereich	Beschreibung	Vorgehen
Einfach	Die Beziehung zwischen Ursache und Wirkung ist offensichtlich, stabil und vorhersagbar. Standardisierte Prozesse können angewandt und optimiert werden. Es existiert eine richtige Lösung. Beispiel: Rechnungsprüfung	• Beobachten • Kategorisieren • Reagieren
Kompliziert	Eine Beziehung zwischen Ursache und Wirkung ist nicht offensichtlich und bedarf der Beurteilung durch Experten. Standardisierte Prozesse sind möglich, bedürfen aber zahlreicher Fallunterscheidungen. Es existieren mehrere richtige Lösungen. Beispiel: Reparatur Industrieanlage	• Beobachten • Analysieren • Reagieren
Komplex	Eine Beziehung zwischen Ursache und Wirkung ist nur im Nachhinein feststellbar. Eine Vorhersage über das Systemverhalten ist nicht möglich. Entstehende Reaktionsmuster können nur beobachtet werden, um so gewünschtes Systemverhalten zu verstärken und unerwünschtes zu verringern. Es existiert keine richtige Lösung. Beispiel: Unternehmensfusion	• Versuchen • Beobachten • Reagieren
Chaotisch	Es besteht keine Beziehung zwischen Ursache und Wirkung, auch nicht im Rückblick. Es sind keine Vorhersagen über das Systemverhalten möglich. Entwicklungen treten schnell ein und haben unvermittelte und unvorhersehbare Auswirkungen. Es bedarf zügiger Entscheidungen und Umsetzungen. Es existiert keine richtige Lösung. Beispiel: Krisenmanagement, bahnbrechende Innovation	• Agieren • Beobachten • Reagieren

Die fünfte Domäne bezeichnet Snowden als „unklar". Sie beschreibt den Zustand des Nicht-Wissens, welche Art von Beziehung zwischen Ursache und Wirkung besteht. Er stelle eine Art von Lähmung oder untätiger Starre dar. Ein Verweilen in diesem Bereich und die damit verbundene Handlungsunfähigkeit beschreibt Snowden als fatal und gefährlich in einer VUKA-Welt.

Was gefährdet Resilienz?

6.2.3.2 Kopf und Bauch

Allein der Versuch, eine Struktur für Situationen aufzustellen, die per Definition weitestgehend nicht zu strukturieren sind, zeigt, wie wichtig es für uns Menschen ist, im Chaos den Überblick zu behalten. Interessant dabei ist auch, dass vor allem in den von Snowden als „komplex" bzw. „chaotisch" bezeichneten Zuständen der erste von ihm empfohlene Schritt in einer Aktion des erlebenden Beobachters oder Managers besteht („Versuchen" bzw. „Agieren"), ohne dass dieser zuvor seine Umgebung gründlich analysieren kann, denn dies hilft in diesen beiden Zuständen nicht weiter.

Wie aber geht ein Manager vor, wenn er in Aktion geht, ohne die Situation vollständig verstehen zu können? Die Antwort lautet: Intuition. Je mehr eine Situation sich im Zustand „komplex" oder „chaotisch" befindet, desto weniger funktionieren rationale und analytische Ansätze, und desto mehr braucht es das Hören auf den eigenen Bauch.

6.2.4 Ambiguität

Die Neurose bezeichnet die Unfähigkeit, mit Ambiguität umzugehen.

(Sigmund Freud, österreichischer Psychoanalytiker)

Ambiguität beschreibt die Uneindeutigkeit oder Mehrdeutigkeit einer Situation. Während „Unklarheit" einen Zustand beschreibt, indem keine sinnhaften Schlussfolgerungen getroffen werden können, gibt es hier mehrere mögliche und gleichermaßen valide Bewertungen und Interpretationen, die sich gegenseitig widersprechen. Ambiguität erschwert die Bewertung von Entwicklungen und damit auch das Ableiten einer sinnvoll erscheinenden Strategie und Verhaltensweise.

Wenn Situationen unberechenbar und unkontrollierbar erscheinen, neigen viele Menschen dazu, mit Unbehagen und negativen Stress zu reagieren. Oft ist dann die gefährliche Verhaltenstendenz beobachtbar, mit einfachen und unreflektierten Maßnahmen oder Regelsystemen und einer linearen Denkweise wieder Ordnung und Struktur herzustellen zu wollen, wie z. B. bei der Eurokrise umfassend zu beobachten war. Krisen dieses Ausmaßes haben die Tendenz, Populisten anzuziehen, die vorgeben, einfache Lösungen zu haben. Einfache Lösungen geben vielen Menschen Halt und Orientierung, sind aber mitunter fehl am Platz.

6 Gesellschaftliche Faktoren: Leben in der VUKA-Welt

▶ **BEISPIEL**

Ein anderes gutes Beispiel für Ambiguität erzählt die US-Fernsehserie „Homeland": Der vermisste Marine Nicholas Brody wird nach acht Jahren Gefangenschaft im Irak zufällig befreit. Während der Kriegsheimkehrer von Medien und Politik als Nationalheld gefeiert wird, hält ihn die CIA-Ermittlerin Carrie Mathison, die eine schwerwiegende psychische Störung bei sich selbst verheimlicht, für einen Schläfer des al-Qaida-Terroristen Abu Nazir. Nachdem sie diesen Verdacht durch den Einsatz illegaler Methoden erhärten kann, versucht die CIA Brody als Doppelagenten zu gewinnen, der schlussendlich zwischen den Fronten zerrieben wird. Während der gesamten drei Staffeln ist dem Zuschauer nicht eindeutig klar, wer eigentlich moralisch gut und wer schlecht ist. Beide Seiten, d. h. die Persönlichkeit und Verhaltensweise von Mathison (CIA) sowie Brody (al-Qaida) werden sehr differenziert und widersprüchlich dargestellt, menschlich eben, was im Zuschauer Verständnis und Sympathie für alle Beteiligten aufkommen lässt. Das daraus resultierende Gefühl des Hin-und-Her-Gerissen-Seins ist charakteristisch für Ambiguität.

Ein weiteres Beispiel für Ambiguität speziell aus unserer Arbeit mit Führungskräften sind so genannte 360°-Feedbacks. Hierbei geht es darum, einem Manager durch Interviews mit Vorgesetzten, Kollegen und Mitarbeitern eine differenzierte, qualitative Rückmeldung in Bezug auf sein Führungsverhalten zu geben. Dies dient oft als Positionsbestimmung im Coaching und gibt die Richtung der weiteren Arbeit vor. Da es sich um eine einzige Person handelt, sollte man meinen, dass das Feedback weitestgehend deckungsgleich ausfällt. Dies ist manchmal auch so, in einer ebenso großen Anzahl der Fälle widersprechen sich die einzelnen Feedbacks aber auch grundlegend. Geht man davon aus, dass es eine einzige Wahrheit gibt, dann würde das bedeuten, dass einige der Feedbackgeber übertreiben oder die Unwahrheit sagen. Geht man aber davon aus, dass jeder der Interviewpartner seine eigene subjektive Wahrheit hat und zudem eine einzigartige Persönlichkeit besitzt, aus der heraus er die Welt wahrnimmt, dann wird diese Widersprüchlichkeit eher akzeptierbar.

Ambiguität in der neuen VUKA-Welt entsteht also auch aus der Vielzahl von Gesichtspunkten und der Fülle an Meinungen, die nebeneinander zeitgleich und gleichwertig Gültigkeit haben.

Was gefährdet Resilienz?

6.3 Organisationale Faktoren

Trotz aller Errungenschaften im Bereich von Technologie, Produkten und Weltmärkten, entwickeln die meisten Menschen in den Unternehmen, in denen sie arbeiten, nicht ihr volles Potenzial.

(Stephen Covey, US-amerikanischer Management-Autor)

Die gesellschaftlichen Einflüsse der VUKA-Welt wirken sich zweifelsohne auf Unternehmen und ihre Führungskräfte und Mitarbeiter aus. Die weltweite Wirtschaftskrise von 2009, die dem Platzen der US-amerikanischen Immobilienblase folgte, ist ein gutes Beispiel dafür. Solche Entwicklungen bedeuten für Unternehmen großen Stress. Strategie, Selbstverständnis und altbewährte Verhaltensweisen werden in Frage gestellt. Stress sorgt bei Menschen dafür, dass bestimmte unproduktive Persönlichkeitseigenschaften, die sonst durch erlerntes Verhalten kompensiert werden, an die Oberfläche kommen und das Handeln dominieren. Die Auswirkungen davon habe ich im Kapitel „Entgleiste Executives" (2.6) beschrieben.

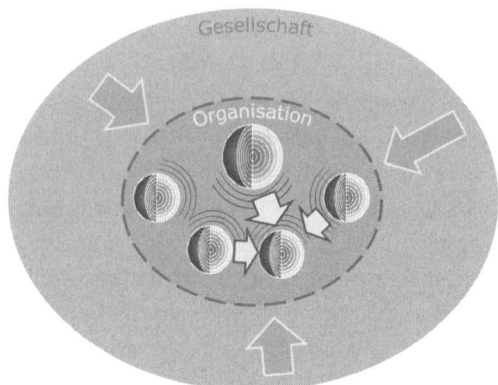

Abb. 104: Organisationale Risikofaktoren

Bei Unternehmen verhält es sich ähnlich. Geraten diese unter Druck, verstärkt dies ebenfalls dysfunktionale Verhaltensmuster. Langfristig und indirekt wirkende Investitionen werden gestrichen, schwelende Konflikte und Machtkämpfe brechen auf, Entscheidungen werden nur noch vor dem Hintergrund der Risikominimierung getroffen, Altbewährtes erscheint attraktiver als Innovation. Beständigkeit kann leicht zu Rigidität werden. Unter Druck kommen bei Unternehmen oft die dunklen Seiten ihrer Kultur zum Vorschein, die sich durchaus deutlich vom Firmenleitbild unterscheiden können.

6 Organisationale Faktoren

Diese Entwicklungen prägen das Resilienzfeld einer Organisation und werden über die Organisationale Energie messbar. Beides habe ich im Kapitel „Von individueller Resilienz zum Resilienzfeld" (3.4) näher beschrieben. Auf die einzelne Führungskraft, die ja meist auch selbst in einem anderen Kontext Mitarbeiter ist, wirkt sich das Resilienzfeld über drei wesentliche Faktoren aus:

- indirekt durch die Organisationale Energie des gesamten Unternehmensbereiches,
- direkt durch die Art der Führung, die man selbst erfährt, und über
- die Qualität der Beziehungen zu Kollegen und Mitarbeitern.

6.3.1 Problematische Unternehmensenergie

Es gibt wichtigeres im Leben, als beständig dessen Geschwindigkeit zu erhöhen.

(Mahatma Gandhi, indischer Politiker und Pazifist)

Die meisten Führungskräfte und deren Mitarbeiter verfügen größtenteils über ein ausgeprägtes Maß an Resilienz, was allein schon an der Tatsache deutlich wird, dass praktisch jeder Mensch in seinem Leben schon durch schwierige Situation gehen musste, aber nur ein verschwindend kleiner Teil daraufhin ein ernsthaftes seelisches Leiden wie Depressionen oder Burn-out entwickelt hat. Problematisch wird es, wenn Menschen mit einer eher schwach ausgeprägten oder bereits angegriffenen Resilienz in einem Umfeld agieren, das ihrer seelischen Widerstandsfähigkeit weiter abträglich ist.

Heike Bruch von der Universität St. Gallen beschreibt mit ihrem Team vor allem drei Zustände Organisationaler Energie, die die Resilienz von Führungskräften und Mitarbeitern gefährden:

- Beschleunigungsfalle,
- Unternehmenskorrosion und
- Resignative Lähmung.

Was gefährdet Resilienz?

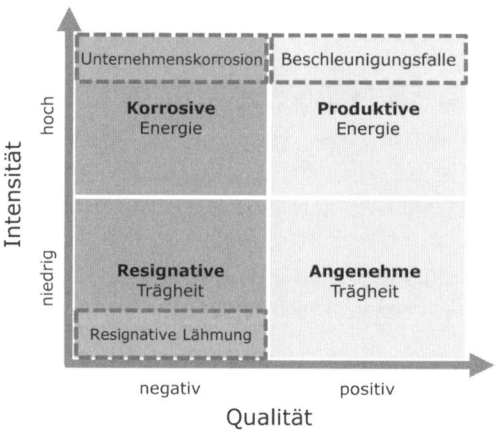

Abb. 105: Problematische Bereiche Organisationaler Energie; Quelle: Heike Bruch, Bernd Vogel, Universität St. Gallen

Diese Fälle sind in den folgenden Kapiteln näher vorgestellt.

6.3.1.1 Beschleunigungsfalle

Ein Unternehmen, das über ein hohes Maß an produktiver Energie verfügt, verfolgt seine Ziele konsequent und kann dabei auf ein hohes Maß an emotionaler Identifikation bei seinen Mitarbeitern zurückgreifen, das sich in ausgeprägtem Wirgefühl und starkem Engagement für die Unternehmensziele ausdrückt. Aber auch ein derart wünschenswerter Zustand hat seine Grenzen, denn selbst ein Rennwagen braucht hin und wieder einen Boxenstopp, und jeder Hochleistungssportler braucht die Regenerationspause nach dem Wettkampf.

Da Führungskräfte und Mitarbeiter sich in Unternehmen mit hoher produktiver Energie bereitwillig einbringen und an einem Strang ziehen, kann es leicht passieren, dass ein Unternehmen trotz positiver Grundstimmung dauerhaft an der Grenze der eigenen Belastbarkeit agiert. Kommt es dann zu Schwierigkeiten im Markt oder müssen besondere Herausforderungen wie Restrukturierungen oder andere Veränderungsprozesse bewältigt werden, so kann es in eine gefährliche Ermüdungszone gelangen. Oft wird auf diese Müdigkeit seitens des Managements mit mehr vom Gleichen, d. h. mit noch mehr Druck und Beschleunigung, reagiert, was dazu führt, dass ein Unternehmen früher oder später heiß läuft und so in die von Bruch beschriebene Beschleunigungsfalle gerät. Die Symptome hierfür sind Aktionismus, sinkende Qualität der Arbeitsergebnisse, schwindende Innovationsfähigkeit und Flexibilität im Umgang mit Herausforderungen sowie eine steigende Tendenz zu Überforderungserscheinungen bei Führungskräften und Mitarbeitern.

Die Beschleunigungsfalle funktioniert dabei wie ein Teufelskreis: Aufgrund der Erschöpfung und des sinkenden Wirkungsgrads braucht das Unternehmen mehr Ressourcen, um seine Ziele zu erreichen, was wiederum die Erschöpfung verstärkt. Am Ende dieser Entwicklung stehen Zynismus, Resignation und der Burn-out eines gesamten Unternehmens. Der Weg heraus aus dieser Falle ist nicht einfach und bedarf der Analyse und der bewussten Reflexion auf allen Management-Ebenen. Zwischen Phasen der Hochleistung müssen Phasen der Konsolidierung eingeplant werden, und es muss ein Bewusstsein entstehen, dass ein Mehr und ein Schneller langfristig keine Garanten für Erfolg, sondern für Misserfolg sind.

6.3.1.2 Unternehmenskorrosion

Ein Unternehmen, das dauerhaft mit einem hohen Maß an innerer Intensität operiert und dabei ein stark negativ geprägtes Betriebsklima hat, wirkt nach einiger Zeit zersetzend auf das Resilienzfeld, ähnlich wie Rost, der sich langsam aber unaufhaltsam durch eine Autokarosserie frisst.

- Diese Art von Korrosion tritt vor allem dann auf, wenn das Topmanagement selbst nicht das vorlebt, was es von den Führungskräften und Mitarbeitern des Unternehmens einfordert. Eine Ursache dafür können beispielsweise dauerhaft schwelende Konflikte und Machtkämpfe sein, die im Vorstand herrschen und zu irrationalen Verhaltensweisen führen, z. B. dass die an sich sinnvolle Initiative eines Bereichs aus Eigennutz von einem anderen Bereich torpediert wird. Ein Executive Team, das solche Verhaltensweisen toleriert, verliert auf Dauer nicht nur seine eigene Integrität und damit die Loyalität der Mitarbeiter, sondern es lebt auch eine dysfunktionale Verhaltensweise vor, die logischerweise früher oder später Nachahmung in den Ebenen darunter finden wird.
- Eine andere Ursache für Unternehmenskorrosion basiert häufig auf Verhaltensweisen des Topmanagements, die als unfair, unethisch, nicht integer oder nicht mit den Unternehmenswerten im Einklang wahrgenommen werden. In einer Situation, in der beispielsweise ein Unternehmen seitens des Topmanagements auf eine wirtschaftliche Durststrecke und damit einhergehende Abstriche in allen Bereichen eingeschworen wird, verursacht eine zeitgleiche großzügige Erhöhung der Managementboni nicht nur eine kurze Phase der Empörung unter der Belegschaft, auch mittelfristig sinkt die Identifikation mit der Unternehmensleitung, und das emotionale Engagement nimmt drastisch ab.

Was gefährdet Resilienz?

- Ein anderes Beispiel aus der Praxis sind vom Mittelmanagement und der Belegschaft nicht nachvollziehbare Restrukturierungen, Standortschließungen oder Personalabbau bei einer ansonsten guten Umsatzlage und Profitabilität des Unternehmens. Mitarbeiter wollen an die Sinnhaftigkeit von Managemententscheidungen glauben und sind auch bereit, eine Menge zu Veränderungsprozessen beizutragen, aber sie müssen für die Sache gewonnen werden, und dies geschieht am besten durch eine konsistente Story, die sinnvoll klingt, nachvollziehbar ist und vom gesamten Topmanagement getragen wird. Denn Veränderungen ohne erkennbaren Sinn haben ein großes Potenzial, zersetzende Energie ins Unternehmen zu bringen.
- Eine weitere Quelle von innerer Korrosion entsteht nicht etwa nur aus dysfunktionalen, unfairen oder nicht nachvollziehbaren Entscheidungen seitens der Unternehmensleitung, sondern aus der vollständigen oder weitgehenden Abwesenheit dergleichen, z. B. aufgrund einer politischen Pattsituation im Vorstand. Eine Unternehmensleitung, die trotz offensichtlichem Handlungsbedarfs keine sichtbaren Aktivitäten anstößt oder Entscheidungen trifft, verursacht Frustration und verliert auf Dauer ebenfalls die Identifikation und das Engagement der Manager und Mitarbeiter.

Unternehmenskorrosion führt über die mangelnde Glaubwürdigkeit der Unternehmensleitung in eine emotionale und energetische Negativspirale des gesamten Unternehmens, die nur schwer zu durchbrechen ist. Die Symptome dieser Entwicklung sind ähnlich wie bei der Beschleunigungsfalle, zeichnen sich allerdings durch eine geringe Identifikation der Mitarbeiter und schlechtere Stimmung aus. Zynismus, innere Kündigung, Resignation, sinkende Qualität der Arbeitsergebnisse, stark reduzierte Innovationsfähigkeit und Agilität im Umgang mit Herausforderungen und eine steigende Tendenz zu Überforderungserscheinungen bei Führungskräften und Mitarbeitern sind die Folgen.

Der Weg hinaus führt über eine Besinnung des Managements auf die wahren Werte und Gemeinsamkeiten und eine konstruktive Beilegung der Konfliktpunkte. Hierzu bedarf es auch einer anderen Form der Mitarbeiterkommunikation, die auf einer veränderten Einstellung des Topmanagements zur Belegschaft basiert. Häufig sind diese grundlegenden Veränderungen allerdings nur durch den Austausch einzelner Akteure zu bewerkstelligen.

6.3.1.3 Resignative Lähmung

Unternehmen, die lange Zeit in einem stabilen Marktumfeld agiert haben und sich nicht an wechselnde Marktgegebenheiten anpassen mussten, laufen Gefahr, eine innere Starre gekoppelt mit einer Tendenz zur Mittelmäßigkeit zu entwickeln. Wettbewerb belebt einerseits Entwicklung und Innovation, andererseits birgt er auch die Möglichkeit zu Erfolgserlebnissen. Diese steigern die kollektive Wirksamkeitsüberzeugung eines Unternehmens, also den Glauben daran, Herausforderungen erfolgreich bewältigen zu können.

Wenn ein Unternehmen verlernt hat, sich anstrengen zu müssen, um erfolgreich zu sein, bleiben diese Erfolgserlebnisse aus und es kommt zu einer resignativen Lähmung. Ursache dafür können beispielsweise seine marktbeherrschende Position sein, die Besitzstrukturen oder der Regulierungsgrad der Branche, in der es agiert. Das trifft z. B. auf viele ehemals staatliche Unternehmen zu bzw. auf Großkonzerne, die eine wichtige Stütze der deutschen bzw. internationalen Wirtschaft sind („Too big to fail"), oder auch auf Unternehmen in regulierten Industrien wie der Energieversorgung, Telekommunikation, Luftfahrt oder dem Finanzwesen.

Symptome der resignativen Lähmung sind chronische Unterauslastung, innere Starre, Blindleistung, Mittelmäßigkeit und vermehrte Fälle von Bore-out als Reaktion auf die vielerorts empfundene Sinnlosigkeit.

Der Weg aus der resignativen Lähmung führt über eine Stärkung des kollektiven Selbstvertrauens bzw. die Stärkung des Glaubens an die Möglichkeit zum eigenen Erfolg. Das erfordert viele zunächst kleine und dann größer werdende gemeinsame Erfolgserlebnisse, ohne dass diese zur Überforderung führen dürfen. Dazu ist es nötig, dass Erfolgserlebnisse überhaupt als solche wahrgenommen werden und dass das mittlere Management und die Mitarbeiter ein Gefühl entwickeln, etwas dazu beigetragen zu haben. Hierzu braucht es mitunter kleinere, agilere Strukturen, die wirklich etwas bewegen können, und eine veränderte Form der internen Kommunikation, die glaubwürdig Geschichten über die eigenen Anstrengungen und Erfolge erzählt.

6.3.2 Dysfunktionale Führung

Leader werden nicht geboren, sie werden gemacht. Sie werden mit harter Arbeit gemacht, die der Preis ist, den jeder von uns zahlen muss, um ein Ziel zu erreichen, das sich lohnt.

(Vince Lombardi, US-amerikanischer American Football-Trainer)

Führungskräfte stehen unter ständiger Beobachtung seitens ihrer Mitarbeiter. Ein Manager, der mit grauem Gesicht durchs Büro läuft, beeinflusst das Resilienzfeld seines Bereichs genauso wie ein Chef, der am Samstag um 22 Uhr Mails beantwortet, sich in einem Meeting gegenüber einem Mitarbeiter im Ton vergreift oder diesen auf dem Flur ignoriert.

Durch seine Vorbildrolle prägt er, wie akzeptables Verhalten aussieht, und trägt so entscheidend zum Klima des Bereichs oder der Abteilung bei. Führung von Mitarbeitern, Teams und Bereichen beginnt daher immer auch mit der Führung des eigenen Verhaltens und der eigenen Emotionalität. Ein Großteil der Literatur zum Thema Resilienz hat den Manager relativ unreflektiert als Buhmann auserkoren. So als gäbe es eine geheime Schulung, in der Managern beigebracht wird, ihre Mitarbeiter auszubeuten. Tatsächlich gibt es schlechte Führung, aber ein Großteil davon ist ein Produkt der Wechselwirkung dysfunktionaler Entscheidungsdynamiken, die ein einzelner Manager tatsächlich nur schwer verändern kann. Bestellungen, die nicht genehmigt werden, Entscheidungsvorlagen, die nicht entschieden werden, Unternehmenskommunikation, die vom Flurfunk überholt wird, sind nur einige Beispiele. Gerade im mittleren Management sind aufgrund der relativ hohen Verantwortung, gekoppelt mit geringer Entscheidungskompetenz, die Frustration und der emotionale Abrieb dementsprechend hoch. Es braucht eine Menge innere Überzeugung, Energie und Durchhaltevermögen, um Tag für Tag anzutreten und gegen administrative Windmühlen zu kämpfen, um blutleeren Prozessen Menschlichkeit und Werte einzuhauchen. Aber das ist der Job einer guten Führungskraft. Keine Frage, das Führen von Menschen gehört zu den schwierigsten Aufgaben, die es gibt.

Erschwerend kommt hinzu, dass die meisten Führungskräfte nie adäquat auf ihre Aufgabe vorbereitet wurden, denn Führung, d. h. der bewusste Einsatz und die Steuerung von Emotionen in einem Arbeitskontext, wird in unserem Ausbildungssystem heute immer noch bestenfalls am Rande behandelt und in vielen Firmen noch als Nebensache angesehen.

Aber es fehlt auch oft an Verständnis für die Bedeutsamkeit des Themas Führung in Bezug auf den eigenen Erfolg. An einem professionellen Führungsverständnis führt

Organisationale Faktoren 6

heute jedoch kein Weg mehr vorbei. Es gibt keinen anderen Faktor, der die Qualität des Resilienzfeldes derart nachhaltig positiv oder aber negativ beeinflussen kann, wie das Führungsverhalten des direkten Vorgesetzten. So kann gute Führung durchaus dazu führen, dass in einem Bereich eine positive und konstruktive Aufbruchsstimmung herrscht, während der Rest des Unternehmens in Resignation versinkt.

Aber das Gegenteil ist leider häufiger der Fall. Dysfunktionale Führung hat dabei zahlreiche Facetten, die ich in ihrer extremen Ausprägung bereits im Kapitel „Entgleiste Executives" (2.6) beschrieben habe. Die folgende Grafik zeigt die häufigsten Versäumnisse und Schwächen von Führungskräften, deren Karrieren scheiterten oder vorzeitig stagnierten.

Abb. 106: Führungsschwächen von Managern; Quelle: Harvard Business Review, Jack Zenger, Joseph Folkman, 2009

Es sind selten fachliche Gründe, die zur Karrierebremse werden. Die meisten Faktoren haben dagegen mit Selbstmanagement und der Ausgestaltung von positiven Beziehungen zu tun. In verschiedenen wissenschaftlichen Studien geben rund 50 % der befragten Mitarbeiter an, sich von ihrem Chef nicht gut geführt zu fühlen. Im mittleren Management ist es noch deutlicher: 60 % aller Manager fühlen sich unzureichend durch ihren Vorgesetzten unterstützt.

Menschenführung ist sicherlich nicht leicht, aber sie ist auch keine hochkomplexe Wissenschaft. Regelmäßige wertschätzende und offene Gespräche mit den Untergebenen sind bereits ein guter Anfang. Für viele Manager heute sind sie leider immer noch ein sehr großer Schritt.

6.3.3 Schlechtes Klima

Dem Wetter sind wir ausgeliefert, aber für das Betriebsklima sind wir selbst verantwortlich.

(Hans-Jürgen Quadbeck-Seeger, deutscher Chemiker, ehemaliger Forschungsvorstand der BASF)

Auch wenn die Qualität des Resilienzfeldes in einem Unternehmensbereich sehr stark durch die jeweilige Führungskraft beeinflusst wird, spielt auch das Team selbst eine große Rolle. Das Maß an emotionalem Rückhalt, Vertrauen, Kollegialität und Wirgefühl wird von jedem Teammitglied entscheidend mitgestaltet und kann daher auch von jedem Mitglied entscheidend gestört werden. Wie bereits im Kapitel „Die Sphären individueller Resilienz" (3.3) beschrieben, setzt sich das Resilienzfeld aus verschiedenen Ebenen zusammen, auf denen Störungen auftreten können.

Als Risikofaktoren für die individuelle psychische Widerstandsfähigkeit der Teammitglieder sind dabei im Wesentlichen Störungen auf den inneren Ebenen „Zusammensetzung", „Lernfähigkeit" sowie „Vertrauen & Unterstützung" zu nennen. Die höheren Ebenen stellen dagegen vor allem Schutzfaktoren dar.

Abb. 107: Die Ebenen des Resilienzfeldes und Risikofaktoren für die individuelle Resilienz

Bei Störungen auf der Ebene „Zusammensetzung" geht es im Wesentlichen um den Umgang mit verschiedenartigen Charakteren und Persönlichkeitstypen. Manche Menschen kommen gut miteinander aus, manche passen aber auch einfach partout nicht zueinander, was dann unweigerlich zu Konflikten oder zu übergroßer Vorsicht im Umgang miteinander führt.

Die Ebene „Lernfähigkeit" beinhaltet den Bereich der Toleranz und Wertschätzung für Menschen, die anders funktionieren als man selbst. Gibt es Probleme auf beiden Ebenen, dann „kann" man im Team nicht miteinander und ist auch nicht willens oder in der Lage, diese Antipathie durch professionelle Wertschätzung oder eine veränderte Sichtweise zu kompensieren.

Störungen auf den Ebenen „Vertrauen & Unterstützung" führen zu politischem oder übermäßig vorsichtigem Verhalten und zu mangelnder Offenheit und Kollegialität.

Phänomene wie Mobbing werden durch Fehlstellungen auf den innersten drei Ebenen begünstigt, entwickeln ihr volles Schadenspotenzial jedoch erst dann, wenn zusätzlich die starke Führung durch den Vorgesetzten fehlt.

Laut Studien fühlt sich rund ein Drittel aller Mitarbeiter von den Kollegen nicht ausreichend unterstützt und bemängelt ein negatives Klima in seinem Bereich, das neben den Auswirkungen von Führung den stärksten Effekt auf das Resilienzfeld hat.

Der Weg zu einem besseren Zusammenhalt im Bereich führt über die Arbeit an der Dynamik im Bereich selbst, z. B. durch vertrauensbildende Maßnahmen wie informelle Möglichkeiten der Kommunikation, Teamentwicklungsprozesse, kollegiale Beratung, starke Führung und die Begleitung der Führungskraft durch einen Mentor oder Coach.

6.4 Individuelle Faktoren

Es bedarf nur wenig, um ein glückliches Leben zu führen. Es ist alles in Dir und in Deiner Art zu denken.

(Marcus Aurelius, alt-römischer Kaiser und Philosoph)

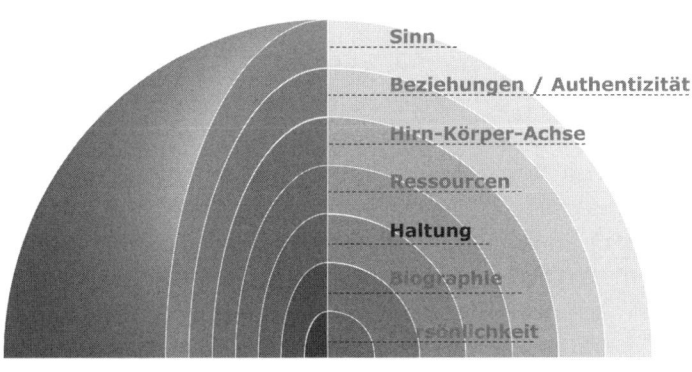

Abb. 108: Die innere Haltung als Risikofaktor

Was gefährdet Resilienz?

Die innere Widerstandsfähigkeit von Führungskräften und ihren Mitarbeitern wird durch gesellschaftliche Entwicklungen und unternehmensinterne Faktoren belastet. Doch das größte Risiko für die eigene Resilienz liegt unserer Überzeugung nach im Menschen selbst begründet, konkreter in seiner inneren Haltung dem Leben im Allgemeinen gegenüber und der Einstellung zur Arbeitsumgebung im Speziellen. Natürlich entstehen auch auf den übrigen Sphären der Resilienz Risikofaktoren für das psychische Gleichgewicht, jedoch taucht bei unserer Arbeit mit Führungskräften so gut wie immer das Thema der inneren Haltung auf, die sich zusätzlich zu allen anderen Belastungen auch noch stressverstärkend auf den Einzelnen auswirkt.

6.4.1 Überzogene Erwartungen

Das größte Hindernis des Lebens ist die Erwartung, die vom Morgen abhängt.

(Lucius Annaeus Seneca, alt-römischer Philosoph und Politiker)

Wir leben in einer Zeit, in der ein Überangebot an Möglichkeiten besteht. Die jetzigen Generationen von Executives und Mitarbeitern kennen weder Krieg noch Mangel, zumindest nicht im eigenen Land. Die Erfahrung, sich selbst und seine Familie in einer schwierigen Lebenssituation absichern und ernähren zu können, ist zwar belastend und unangenehm. Sie ist allerdings auch enorm sinnstiftend. Da der Kampf ums bloße Dasein aber heute entfällt, wird er durch den inneren Hang zum Vergleich mit anderen und zur Selbstoptimierung ersetzt, denn dies erzeugt das Gefühl von gesellschaftlicher Anerkennung, was fast so gut ist wie Sinn. Ähnlich wie Allergien im Körper als Reaktion auf ein unterausgelastetes Immunsystem entstehen, führt der fehlende Überlebenskampf und der damit bei vielen abhandengekommene Sinn in den westlichen Industrienationen heute dazu, dass die Wahrnehmung von negativem Stress in vielerlei Hinsicht hausgemacht ist. Der Grund dafür sind häufig überzogene und unrealistische Erwartungen dem Leben gegenüber, die von den Medien nach Kräften gefördert werden. Es braucht das richtige Studium an der besten Hochschule, die renommiertesten Firmennamen als Arbeitgeber im Lebenslauf und eine internationale, überdurchschnittliche und interessante Karriere mit den dazugehörigen Statussymbolen. Menschen streben nach sportlichem Aussehen und einem trendigen Look, um den perfekten Partner für die eigene glückliche Familie in einer hippen Umgebung mit interessantem Freundeskreis zu finden. Verkürzt gesagt streben Menschen heute in möglichst vielen Lebensbereichen nach Perfektion und Einmaligkeit, die natürlich nur schwer zu erreichen sind. Auf der Strecke bleibt dabei mitunter die Frage nach dem „Warum?", also nach dem Sinn.

6.4.2 Die Macht der Glaubenssätze

Der größte Fehler, den Du machen kannst, ist es, ständig Angst zu haben, einen zu machen.

(Elbert G. Hubbard, US-amerikanischer Philosoph und Schriftsteller)

Oft arbeiten wir mit Führungskräften, die zwar vordergründig sehr erfolgreich und souverän sind, aber davon berichten, sich in manchen Situationen wie ein Getriebener zu fühlen, der gar nicht mehr Herr seiner inneren Welt ist. Die Situationen, in denen dies passiert, sind dabei typischerweise gekennzeichnet durch großen Druck oder durch Unsicherheit. Diese Schilderung beschreibt die typische Wirkungsweise von inneren Glaubenssätzen, die ebenfalls eine Risikofaktor für das seelische Gleichgewicht und die innere Widerstandsfähigkeit sind.

Glaubenssätze sind Entscheidungen in Bezug auf das Leben, die Menschen in ihrer Kindheit getroffen und verinnerlicht haben. Lange bevor ein Mitarbeiter oder Manager sich im System „Unternehmen" bewähren muss, hat er seine Erfolgsstrategien im System „Familie" entwickelt. Viele Manager denken an die Zeit, in der sie im Gegensatz zu heute eher klein, schwach und unsicher waren, nicht gerne zurück und fühlen sich „auf der Couch", wenn das Gespräch auf die eigene Kindheit kommt. Und dennoch wurden bereits zu dieser Zeit die Weichen gestellt.

Als Kind bekommt jeder Mensch einen Eindruck, wie er am besten mit dem System „Familie" umgehen kann, um erfolgreich zu sein. Erfolgskriterien des Kindes sind dabei Aufmerksamkeit und Liebe. Glaubenssätze sind also Strategien, mit denen das Kind elterliche Aufmerksamkeit und Liebe zu erlangen versucht. In der Unternehmenswelt nennt man das dann später „Visibility" und „Anerkennung". Das Kind kann bei seiner Strategieentwicklung natürlich nur auf seine kindliche Logik zurückgreifen. Diese ist geprägt von magischem Denken, d. h. von der Vorstellung, dass die Umwelt des Kindes sich so verhält, wie sie sich verhält, als alleinige Reaktion auf das Verhalten des Kindes. Beispiele magischen Denkens sind: „Ich muss ganz brav sein, damit mein Bruder wieder gesund wird", oder: „Ich muss mich in der Schule ganz doll anstrengen, damit Mama und Papa nicht so viel streiten". Diese kindlichen Entscheidungen verfestigen sich im Laufe der Jahre zu Bewältigungsstrategien, die im Gehirn ihre Entsprechung als neuronale Erregungsmuster finden. Daher behalten diese Strategien auch bis ins hohe Erwachsenenalter ihre Gültigkeit, obwohl sich das System, in dem die Person sich nun bewegt, vollständig verändert hat.

Was gefährdet Resilienz?

Interessanterweise ist, wie wir bei unserer Arbeit festgestellt haben, die Anzahl der Glaubenssätze, die Führungskräfte verinnerlicht haben, endlich. Sie lassen sich stets auf eine bestimmte Anzahl von Geboten, d. h. positiv formulierten Glaubenssätzen, und Verboten, d. h. negativ formulierten Glaubenssätzen, zurückführen.

Gebote und Verbote als Glaubenssätze

Gebote	Verbote
Ich muss perfekt sein.	Ich darf mich nicht so zeigen, wie ich bin.
Ich muss schnell sein.	Ich darf nicht anders sein.
Ich muss es allen recht machen.	Ich darf nicht erfolgreich sein.
Ich muss stark sein.	Ich darf nicht wie alle sein.
Ich muss mich anstrengen.	Ich darf keine Hilfe brauchen.
Ich muss vorsichtig sein.	Ich darf keine Gefühle zeigen.

Diese Glaubenssätze treten vermehrt dann in Erscheinung, wenn sich ein Manager nicht in seiner Komfortzone befindet, z. B. weil etwas neu, ungewohnt, besonders aufregend oder bedrohlich ist. Da sich neuronale Muster nicht löschen lassen, lässt sich auch ein alter Glaubenssatz nicht einfach tilgen. Vielmehr gilt es, eine neue, angemessenere Verhaltensstrategie zu erarbeiten und einzuüben.

6.4.3 Das Phänomen „Insecure Overachiever"

Der stärkste Trieb in der menschlichen Natur ist der Wunsch bedeutend zu sein.

(John Dewey, US-amerikanischer Psychologe und Philosoph)

McKinsey & Company, eine der weltweit führenden Strategieberatungen, ist seit den 1950er Jahren dafür bekannt, die besten Absolventen der besten Universitäten einzustellen, und diese jungen, hungrigen High Potentials durch intensive Leistungsanreize und eine sehr prägende Hochleistungskultur nach ihren Anforderungen zu formen. Nachdem die jungen Berater einige Zeit durch ihre internationalen Projekte maximal beansprucht wurden, verlassen die meisten von ihnen freiwillig nach spätestens drei Jahren die Firma im Guten, um führende Positionen in der Industrie einzunehmen und so zu potenziellen Kunden ihres ehemaligen Arbeitgebers zu werden. Diese Personalstrategie und die damit einhergehende Hochleistungskultur wurde im Laufe der letzten Jahrzehnte von den meisten international agierenden Unternehmen im Bereich Professional Services übernommen und wanderte von dort auch in viele eher traditionelle Industrie- und Dienstleistungsunternehmen ein.

Der Begriff, der das Beuteschema von Unternehmen wie McKinsey am besten beschreibt, ist der des „Insecure Overachiever", auf Deutsch „selbstunsicherer Höchstleister", der heute in vielen Managementpositionen anzutreffen ist. Dieser Personenkreis ist gut ausgebildet, intelligent, gut aussehend, mobil und sehr leistungswillig. Schaut man allerdings hinter die glänzende Fassade, was wir in unserer Arbeit natürlich regelmäßig tun, findet man Menschen, die sich fortwährend mit der bohrenden Frage beschäftigen: „Bin ich gut genug?".

Abb. 109: Das Phänomen des „Insecure Overachievers" (Bild: Fotolia, radoma)

Natürlich gibt es viele verschiedene Arten von Menschen, die mit solchen oder ähnlichen Fragen durchs Leben gehen, aber diese Personengruppe kompensiert den nagenden inneren Zweifel durch dauerhafte eigene Hochleistung und Erfolg und verfügt auch sonst über keinen Mechanismus, um sich selbst in der Unvollkommenheit anzunehmen, von der alle Menschen nun einmal betroffen sind. Dieser innere Druck stellt einen enormen Karrieremotor dar und führt zu einem

Was gefährdet Resilienz?

sehr spezifischen Lebenswandel, in dessen Mittelpunkt allein die Arbeit steht. Solange Insecure Overachiever erfolgreich sind, dreht sich ihr Schwungrad weiter. Zu Problemen kommt es meist, wenn der Erfolg ausbleibt, denn dann ist die Sinnkrise vorprogrammiert und der Sturz tief.

6.4.4 Identifikation oder Verschmelzung?

Ich bin in Sachen Internet der aggressivste Typ auf der Welt ... Ich würde sterben, um zu gewinnen, und ich erwarte dasselbe von Euch.

(Oliver Samwer, deutscher Internet-Unternehmer,
Mitgründer von Alando und Jamba)

Arbeit im Allgemeinen und Verantwortung im Besonderen sind sinnstiftend, d. h., sie geben Menschen einen Grund, morgens energiegeladen aufzustehen und das Tagwerk zu beginnen. Es ist für Menschen wichtig, gebraucht und gewollt zu werden, und es ist ein wunderbares Gefühl, das zu lieben, was man tut, auch wenn es manchmal Schwierigkeiten zu überwinden gilt.

Status, Gestaltungsspielraum, Macht und Gehör bei den noch Mächtigeren wirken zudem positiv verstärkend auf das Selbstwertgefühl, d. h., diese Aspekte der Führung lassen Manager mit der Zeit in der Außenwahrnehmung größer erscheinen, als sie eigentlich sind. In selteneren Fällen führen sie zu echtem persönlichen Wachstum. Sie sind auch ein Quell von scheinbar unbegrenzter Energie, die Manager binnen eines Monats die ganze Welt bereisen lassen, ohne dabei abgekämpft auszusehen.

Problematisch wird es, wenn aus einem hohen Maß an Identifikation mit der Rolle eine vollständige Verschmelzung mit ihr wird. Dann verwechselt die Führungskraft, dass die Aura der Macht, die sie umgibt, und die Autorität, die sie bei ihren Mitarbeitern genießt, nicht ihr gelten, sondern der Rolle, die sie innehat. Das ist ein feiner, aber sehr bedeutsamer Unterschied. Ein Indiz dafür ist beispielsweise, dass ein Manager irgendwann selbst von der Wichtigkeit und Andersartigkeit seiner Person überzeugt ist, die ihm das Recht gibt, sich Verhaltensweisen zu erlauben, die völlig indiskutabel sind. Was dann passiert, ist, dass die Aura des Einflusses zu einer Art Ego-Droge wird, von der der Manager immer mehr haben möchte, und zwar in dem Maße, wie das innere Selbstbewusstsein sich von seiner äußeren Strahlkraft unterscheidet. Dafür ist er bereit, seine Familie, Freunde, Hobbys und alles andere, was ihm einmal wichtig war, zu vernachlässigen. Dies führt zu einem Ungleichgewicht in seinem Leben, was sich auch in der Übersicht seiner Lebensbereiche niederschlägt.

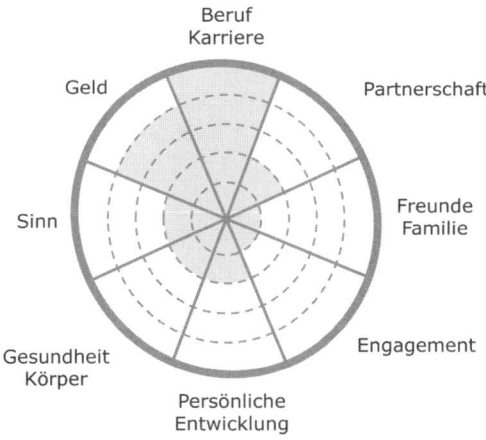

Abb. 110: Ein typisches Lebensrad von Managern, die mit ihrer Rolle verschmolzen sind

Tim Bendzko beschreibt diesen an sich tragischen Zustand humorvoll in seinem Lied „Nur noch kurz die Welt retten". Fällt solch ein Manager aufgrund von Krankheit oder Kündigung aus dem System, so kommt dies einer ausgewachsenen narzisstischen Kränkung gleich. Diese Führungskräfte sieht man dann in der Burn-out-Klinik noch mit dem Smartphone rumlaufen und E-Mails beantworten, denn sie brauchen die Bedeutsamkeit, um sich wohl in ihrer Haut zu fühlen.

6.4.5 Manager als Opfer

Wir kommen nie aus den Traurigkeiten heraus, wenn wir uns ständig den Puls fühlen.

(Martin Luther, deutscher Theologe und Reformator)

Ein anderer auch bei Managern stark verbreiteter Risikofaktor für die individuelle Resilienz ist die Opferrolle, die meist auf Überforderung oder einen beruflichen Rückschlag folgt. Führungskräfte in der Opferrolle sind demoralisiert und fühlen sich sowohl hilflos als auch handlungsunfähig. In diesem Zustand sind sie sehr anfällig für negativ empfundenen Stress, der schnell zur Überforderung werden kann. Dabei sehen sie die Verantwortung für ihre Misere bei allen und jedem außer bei sich selbst. Dies können beispielsweise der Chef, das Management, die Wirtschaftslage oder das Schicksal als solches sein. Die Opferhaltung ist dabei interessanterweise keineswegs auf das mittlere Management beschränkt, sondern ist durchaus auch auf Vorstands- oder Geschäftsführungsebene anzutreffen. Die in sich geschlossene Logik von Opfern ist dabei nicht von der Hand zu weisen, denn ihnen ist oft tatsächlich viel Schlechtes widerfahren. Würde man nicht andere Menschen kennen, die mit ähnlichen oder mit noch viel schlimmeren Widrigkeiten wesentlich souveräner umgehen, könnte man sich nach einiger Zeit durchaus von ihrer nachvollziehbaren Hoffnungslosigkeit und der logisch schlüssigen Ausweglosigkeit ihrer Lage anstecken lassen.

Manager in der Opferrolle empfinden ihre Situation als ungerecht und können darin keine Lernaufgabe für sich sehen, was den Umgang mit ihnen anstrengend macht. Diese Haltung ist nicht nur wenig ressourcenreich für die Person selbst, sie entzieht auch ihrer Umgebung Energie. Andererseits beinhaltet die Opferhaltung aber einen versteckten Gewinn, der nicht gerne angesprochen wird. Mit einem Opfer fühlt man mit und verhält sich solidarisch, denn es ist ja im Recht. Die Vorstellung, jemanden aus seiner Opferhaltung holen zu wollen, ist gleichermaßen naheliegend wie schwierig. Damit eine Person die Opferhaltung verlassen kann, muss sie ihren sekundären Gewinn aus dieser Haltung erkennen und bewusst aufgeben. Dazu muss sie wieder die Verantwortung für die eigenen Handlungen übernehmen und sie muss ihre Selbstwirksamkeit aktivieren, also die Überzeugung, den anstehenden Herausforderungen gewachsen zu sein. Diese Entscheidung kann dabei sinnvollerweise nur aus der Person selber kommen.

6.5 Die Folgen fehlender Resilienz

Nachdem wir das Ziel endgültig aus den Augen verloren hatten, verdoppelten wir unsere Anstrengungen.

(Mark Twain, US-amerikanischer Schriftsteller)

Ist die vorhandene Kapazität an individueller Resilienz einer Person durch gesellschaftliche, organisatorische und individuelle Faktoren erst einmal aufgebraucht, so beginnt unweigerlich eine Abwärtsspirale, die sich in ihren einzelnen Stufen individuell unterscheiden kann, sich aber grob an der Abfolge in der folgenden Grafik orientiert.

Die Folgen fehlender Resilienz **6**

Abb. 111: Die Abwärtsspirale in den Burn-out

Zu Beginn steht meist ein immer öfter auftretendes Gefühl von Überforderung. Was folgt, ist ein inneres Aufbäumen gegen die Überforderung, was sich häufig in Form von Aktionismus bemerkbar macht. Die Führungskraft braucht in der Folge deutlich mehr Energie, um Aufgaben umzusetzen, da nichts mehr von allein zu funktionieren scheint. Etwa zu dieser Zeit treten auch meist unspezifische körperliche Symptome auf. Verbreitet sind Rückenschmerzen, Herzrhythmusstörungen und Kopfschmerzen. Geht es auf der Treppe weiter nach unten, so folgen Schlafstörungen, was das zur Verfügung stehende Energieniveau nochmals drastisch reduziert und den Betroffenen immer öfter mit einem Gefühl der Ausweglosigkeit konfrontiert. Spätestens jetzt werden Verhaltensänderungen für die Umwelt des Managers wahrnehmbar. Es kommt zu erhöhter Reizbarkeit, während die Konzentrationsfähigkeit sinkt. Symptomatisch sind auch Wortfindungsstörungen und eine allgemein zunehmende Vergesslichkeit. Je nach Persönlichkeitstyp nimmt nun auch die Wahrscheinlichkeit zu, die verlorene Leistungsfähigkeit und die Schlafstörungen durch Medikamente in den Griff bekommen zu wollen. Es folgt oft ein zunehmender sozialer Rückzug, der vor allem das Privatleben betrifft. Es kommt auch immer häufiger zu emotionalen Entgleisungen, die für die betroffene Person sonst untypisch sind. Zynismus und ein Gefühl von Sinnlosigkeit machen sich breit; auch Suizidgedanken können auftreten. Das Ende der Spirale kann in Depression,

Was gefährdet Resilienz?

Burn-out, Erkrankungen des Herz-Kreislauf-Systems und sogar in Suizid münden, wenn die betroffene Person nicht vorher die Notbremse zieht und sich entweder selbst aus dem roten Bereich bringt, oder sich Hilfe sucht. Die Zahlen bei Topmanagern sprechen eine deutliche Sprache, wie ich bereits im Kapitel „Woran Executives scheitern" (2) aufgezeigt habe. Jeder Manager, der in einer anspruchsvollen Position in einem herausfordernden Umfeld arbeitet, kennt einzelne Stufen dieses Prozesses. Die meisten finden allerdings Möglichkeiten, steuernd einzugreifen und sich selbst aus der Abwärtsspirale zu befreien.

6.5.1 Von Neurasthenie zu Burn-out

Menschen, die ausbrennen, sind oft hoch motivierte, innerlich voll beteiligte Frauen und Männer mit außerordentlich hoher Leistungsorientierung und genereller Freude an Herausforderungen.

(Herbert Freudenberger, US-amerikanischer Psychoanalytiker deutscher Herkunft)

Der US-amerikanische Psychoanalytiker Herbert Freudenberger prägte den Begriff Burn-out bereits 1974, als er ein Erschöpfungsphänomen bei Menschen in Pflegeberufen beschrieb, das mit Leistungsverlust, negativen Emotionen, erhöhter Reizbarkeit sowie mit körperlichen Symptomen wie Kopfschmerzen und einer reduzierten Funktionsfähigkeit des Immunsystems einhergeht. Freudenberg lehrte neben seiner therapeutischen Tätigkeit an verschiedenen Universitäten New Yorks und engagierte sich außerdem in sozialen Projekten. Ausgangspunkt für seine Beschäftigung mit dem, was er schließlich als „Burn-out" bezeichnete, war sein Engagement in St. Marks, eine der vielen so genannten Free Clinics. In diesen kostenlosen Ambulanzen arbeiten Ärzte, Pflegekräfte, Psychologen und Sozialarbeiter neben ihrer eigentlichen Arbeit und größtenteils ehrenamtlich, um Personen ohne Krankenversicherungsschutz zumindest eine ambulante medizinische Grundversorgung zukommen zu lassen. Im Laufe der Jahre erkannte er bei zahlreichen seiner Kollegen und zweimal auch bei sich selbst einen spezifischen Veränderungsprozess, dem er 1974 in einem Artikel im „Journal of Social Issues" erstmals den Namen „Burn-out" gab. Kennzeichen des von Freudenberger beschriebenen Phänomens sind die folgenden charakteristischen Veränderungen und Symptome bei der betroffenen Person:

- Erschöpfung
- Widerwille gegenüber der Arbeit gekoppelt mit Disziplin
- Effektivitätsverlust
- Schlafstörungen
- Psychosomatische Beschwerden

Die Folgen fehlender Resilienz

Die betroffenen Kollegen entwickelten eine negative, pessimistische und mitunter sogar zynische Grundhaltung und verhielten sich zunehmend unflexibel und rigide. Schließlich nahmen bei den Kollegen Standardaufgaben zunehmend mehr Zeit in Anspruch, was zur Folge hatte, dass die Betroffenen ihren zeitlichen Arbeitseinsatz zulasten ihres Privatlebens weiter erhöhten. Am Ende stand dann ein totaler Zusammenbruch. Als besonders gefährdet für Burn-out beschrieb Freudenberger Personen, die zu Beginn ihres Einsatzes besonders engagiert und idealistisch waren. Auch die Art der Tätigkeit und die Arbeitsmenge selbst sah er als beeinflussende Faktoren an.

Dass der von Freudenberger geprägte Begriff „Burn-out-Syndrom" weltweite Bekanntheit erlangte, ist jedoch einer jüngeren Kollegin Freudenbergers, der US-amerikanischen Psychologin Christina Maslach, zu verdanken. Sie verfeinerte die Beschreibung der Symptome und erweiterte die Beschreibung der Risikogruppe um den Faktor der „People Worker", also solcher Menschen, die beruflich viel mit anderen Menschen in Beziehung stehen. Die steigende Anzahl der Fälle von „Job Burn-out" sah sie im Übergang von der Industrie- zur Dienstleistungsgesellschaft begründet. Sie zog dabei eine Parallele zur Diagnose der Neurasthenie, einer allgemeinen Nervenschwäche, die im Übergang von der Agrargesellschaft zur Industriegesellschaft häufig aufgetreten war, heute aber nicht mehr diagnostiziert wird. Weiterhin entwickelte sie einen wissenschaftlich fundierten Fragebogen, das „Maslach Burnout Inventory" (MBI), der mittlerweile zu einem weltweit anerkannten, in viele Sprachen übersetzten Messinstrument des Burn-out-Syndroms geworden ist. Harry Levinson, ein US-amerikanischer Psychoanalytiker, der als Pionier der Anwendung tiefenpsychologischer Konzepte auf Führungsfragen gilt, beschrieb in seinem Artikel „When Executives Burn Out" bereits 1981 in der Harvard Business Review, dass Führungskräfte ebenso zu den „People Workern" zählen und häufig von Burn-out betroffen sind.

ARBEITSHILFE ONLINE	**Maslach Burnout Inventory**
	Wenn Sie überprüfen möchten, inwieweit Sie selbst Gefahr laufen, an Burn-out zu erkranken, können Sie das Maslach Burnout Inventory durchführen. Weitere Informationen dazu finden Sie unter http://arbeitshilfen.haufe.de/

Was gefährdet Resilienz?

6.5.2 Streit um Zahlen

Trau keiner Statistik, die du nicht selbst gefälscht hast.

(Winston Churchill, britischer Premierminister)

Die öffentliche Diskussion um Burn-out ist seitens der Medien, die bereits seit Jahren eine Epidemie ausrufen, leider oft von Übertreibung und Hysterie geprägt, während viele Führungskräfte ebenso bedauerlich mit Ironie reagieren und Burn-out als Modediagnose abtun. Um die Statistiken kritisch würdigen zu können, sind einige Hintergrundinformationen hierzu sicher hilfreich.

Wenn Versicherte einer Krankenkasse in Deutschland krankgeschrieben werden, erfolgt die Diagnosestellung seit 1996 freiwillig und seit 2000 verpflichtend nach einem spezifischen Code. Dieser Code ergibt sich aus einer Datenbank der Weltgesundheitsorganisation WHO, der zehnten Version der „International Classification of Diseases", kurz ICD-10, die ihre Anfänge bereits in den 1850er Jahren hatte. Damit die ärztlichen Leistungen und damit die Behandlungskosten von den Krankenkassen anerkannt und übernommen werden, sind aus Sicht des Arztes bestimmte weit verbreitete Diagnosen wie „Depression" erfolgversprechender als andere, zu denen wenig anerkannte Statistiken und Vorgehensweisen zur Behandlung vorliegen. Durch die Codierung der Krankheitsbilder können Krankenkassen nämlich sehr transparent feststellen, welche Diagnose zu welcher typischen Behandlung mit welcher Heilungswahrscheinlichkeit führt. Die Diagnose „Burn-out" gibt es im ICD-10 nicht als eigenständige, sondern nur als zusätzliche Diagnose. Dies hat zum einen historische Gründe, zum anderen gibt es noch keine anerkannte einheitliche Symptomatik, da der Krankheitsverlauf sich individuell stark unterscheidet. Der entsprechende Schlüssel für Burn-out lautet „Z73 Probleme mit Bezug auf Schwierigkeiten bei der Lebensbewältigung". Andere psychische Erkrankungen sind hingegen unter dem Buchstaben „F" verschlüsselt.

2011 wurden laut AOK nur 15 % aller Burn-out-Diagnosen ausschließlich mit diesem Schlüssel gestellt. Die meisten Diagnosen werden hingegen zusätzlich mit den Schlüsseln F32 und F33 codiert, die den Formenkreis der schweren Depression beschreiben. Aber auch körperliche Diagnosen wie „M54 Rückenschmerzen" kommen häufig vor. Der Vorwurf der „Modediagnose" ist also auf den ersten Blick einerseits stichhaltig, denn die Zusatzdiagnose „Burn-out" war in der Vergangenheit kein Garant für die Kostenübernahme durch die Krankenkasse, wird es aber zunehmend. So taucht „Burn-out" in der Übersicht der Krankheitstage vor 2004 auch konsequenterweise nicht auf. Andererseits heißt dies aber auch, dass die Dunkelziffer wahrscheinlich von jeher höher war, sich aber in anderen Diagnosen, wie z. B. De-

6 Die Folgen fehlender Resilienz

pression, ausgedrückt hat. Um sich ein akkurates Bild der Entwicklung in den letzten Jahren zu verschaffen, muss man daher Burn-out und Depression gemeinsam betrachten, wobei zu beachten ist, dass nicht jede Depression ein Burn-out, wohl aber fast jeder Burn-out auch eine Depression ist. Die folgende Grafik zeigt die Gesamtzahl der Krankheitstage je 100 Mitglieder infolge psychischer Erkrankungen in der Zeit von 2004 bis 2012. Burn-out und Depression sind dabei gesondert ausgewiesen.

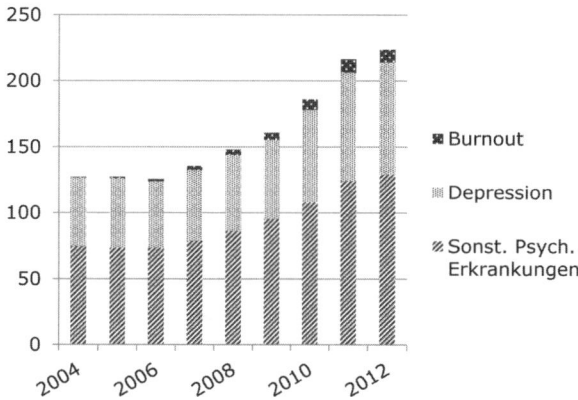

Abb. 112: Entwicklung psychischer Erkrankungen nach Krankheitstagen je 100 Mitglieder; Quelle: DAK (via Statista.de)

Im Jahr 2012 machte die Diagnose „Burn-out" weniger als 8 % aller psychischen Erkrankungen aus. Dennoch ist die steigende Tendenz klar zu erkennen, vor allem, wenn man die Diagnose „Depression" mitbetrachtet. Spezifisches Datenmaterial zur Gruppe der Führungskräfte ist nur lückenhaft vorhanden. Laut einer Studie der Personalberatung Kienbaum arbeitet rund die Hälfte der Führungskräfte mit einem Jahreseinkommen von über 200.000 EUR zwischen 60 und 70 Stunden pro Woche. Es ist daher davon auszugehen, dass Leistungsträger wie Manager überdurchschnittlich oft von den Diagnosen „Burn-out" und „Depression" betroffen sind. Laut einer Untersuchung des Robert-Koch-Instituts aus dem Jahr 2012 leiden 5,8 % der Führungskräfte in Deutschland unter einem Burn-out-Syndrom.

6.5.3 Doping für die Arbeit

Das Gefühl, das damit verbunden ist etwas zu erreichen, macht süchtig. Menschen, die daran gewöhnt sind etwas zu leisten, finden es immer sehr schwierig, mal aus diesem Muster auszuscheren, denn das hält sie am Laufen.

(Emma Thompson, britische Schauspielerin)

Manager sind nicht selten Arbeitstiere, die sich sehr stark mit ihren Aufgaben und ihrer Rolle identifizieren. Sie sind zudem auch pragmatisch und versuchen alle ihnen zur Verfügung stehenden und vertretbar erscheinenden Möglichkeiten zu nutzen, um ihre Ziele zu erreichen. Zu diesen Möglichkeiten gehört leider auch der zunehmende Einsatz von Psychopharmaka zur Leistungssteigerung oder zur Entspannung. Laut einer Untersuchung der Krankenkasse DAK aus dem Jahr 2009 halten knapp 20 % der Arbeitnehmer, die beruflich unter großem Druck stehen, die Einnahme von Medikamenten, wie z. B. von Stimmungsaufhellern, auch ohne medizinische Notwendigkeit für vertretbar, um so die eigene Leistungsfähigkeit zu steigern. Die Krankenkasse AOK geht in ihrem Fehlzeiten-Report 2012 davon aus, dass sich 5 % ihrer erwerbstätigen Mitglieder für die Arbeit mit Psychopharmaka fit machen. Nach einer von der DAK im Jahr 2012 durchgeführten Untersuchung haben in Deutschland bereits 2 Millionen Erwerbstätige einmal Erfahrungen mit antriebssteigernden bzw. stimmungsaufhellenden Medikamenten gemacht, die zwar verschreibungspflichtig sind, ihnen jedoch nicht ärztlich verordnet wurden. Diese „kognitiven Enhancer" werden meist über Internethändler im Ausland bezogen. In Deutschland nehmen etwa 800.000 Arbeitnehmer, also knapp 2 % der erwerbstätigen Bevölkerung, regelmäßig derartige Medikamente ein. Häufig kommen dabei die folgenden Psychopharmaka zur Anwendung:

Übersicht: Kognitive Enhancer

Bezeichnung	Beschreibung
Metoprolol	Betablocker zur Behandlung von Stresssymptomen wie Bluthochdruck und Herzrhythmusstörungen
Modafinil	Substanz zur Behandlung von Schlafkrankheit (Narkolepsie)
Piracetam	Medikament zur Behandlung von Demenz
Prozac	Mittel gegen Depression, das zudem antriebssteigernd wirkt
Ritalin	Amphetamin zur Behandlung der Aufmerksamkeitsstörung ADHS

6 Die Folgen fehlender Resilienz

Wenngleich die Mediendebatte ähnlich wie beim Thema Burn-out auch hier wieder sehr überzogen geführt wird, ist die Tendenz zu leistungssteigerndem oder stressminderndem Hirndoping doch sehr bedenklich, zumal mit der Einnahme jedes der zuvor genannten hochwirksamen Medikamente auch signifikante Nebenwirkungen und Anwendungsrisiken einhergehen.

Beobachtet man zudem die Werbung in Magazinen und im Fernsehen, so fällt auf, dass in den letzten Jahren die Bewerbung von nicht verschreibungspflichtigen Medikamenten, die stressmindernd oder leistungssteigernd wirken, deutlich zugenommen hat. Dazu gehören Produkte wie Lasea oder Vitasprint. Dies passierte sicher nicht, wenn die entsprechenden Unternehmen keinen wachsenden Markt für diese Produkte sähen.

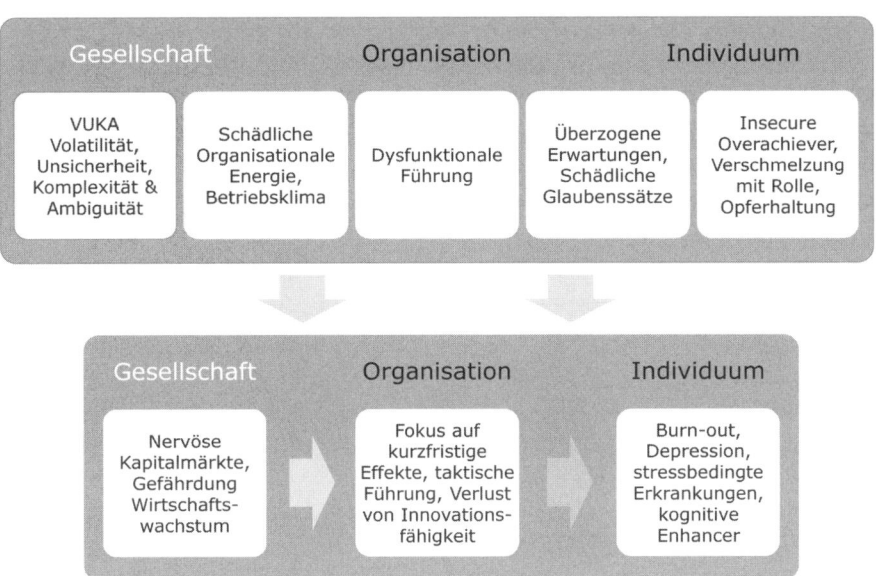

Abb. 113: Zusammenfassung der Risikofaktoren für Resilienz und deren Auswirkungen

> **Zusammenfassung**
>
> Resilienz, also die innere Widerstandsfähigkeit von Menschen und Systemen, wird durch verschiedene Faktoren gestärkt, die daher auch als Schutzfaktoren bezeichnet werden. Ebenso wird die an Resilienz zur Verfügung stehende Kapazität durch Risikofaktoren auf verschiedenen Ebenen gemindert. Diese lassen sich grob in die Ebenen Gesellschaft, Organisation und Individuum unterteilen. Diese Risikofaktoren wirken mehr oder weniger direkt auf das Individuum ein. Die Wirkung der Risikofaktoren addiert sich dabei auf, d. h., eine unsichere gesellschaftliche Situation gekoppelt mit einer negativen Unternehmensenergie und dysfunktionaler Führung kann, besonders wenn sie auf schädliche individuelle Glaubenssätze und eine Opferhaltung trifft, ein großes Risikopotenzial für die Resilienz einer Person darstellen. Da sich aus Sicht des Einzelnen wenig bis gar nichts an gesellschaftlichen und organisationalen Problemstellungen ändern lässt, ist der einzige wirklich wirksame Ansatzpunkt daher die Verbesserung der eigenen Resilienz und der Beitrag zur positiven Gestaltung des Resilienzfeldes. Im Fall von Managern kommt noch die eigene Führungsaufgabe hinzu, mit der sie das Resilienzfeld ihres Bereichs entscheidend durch ihren Führungsstil und durch ihre Vorbildfunktion stärken können. Mit diesen konkreten Einflussmöglichkeiten wird sich das nächste Kapitel noch ausführlich befassen.

7 Wie lässt sich Resilienz fördern?

Wie Menschen auf traumatische Situationen reagieren, unterliegt der Normalverteilung. An einem Ende der Skala sind die Menschen, die mit Depression und sogar Selbstmord reagieren. In der Mitte findet sich die Mehrzahl der Menschen, die mit Symptomen von Depression und Angst reagieren, aber sich nach einem Monat wieder erholt haben. Am anderen Ende der Skala finden wir post-traumatisches Wachstum. Will man Resilienz fördern, muss man die Art der Normalverteilung in Richtung Wachstum verändern.

(frei nach Martin Seligman, US-amerikanischer Psychologe)

Die US-Armee ist mit insgesamt 1,1 Millionen zivilen und militärischen Angehörigen und einem Etat von über 200 Milliarden US-Dollar die größte, komplexeste und wohl auch teuerste Organisation der Welt. Sie steht kaum im Verdacht, in übertriebenem Maße experimentierfreudig zu sein oder sich der Philanthropie hinzugeben. Sie kann jedoch Resilienz wirklich gut gebrauchen und forscht daher emsig auf diesem Gebiet. Denn seit den Terroranschlägen des 11. September 2001 befinden sich die USA und ihre Alliierten kontinuierlich in Kriegseinsätzen in Afghanistan und im Irak, allen voran die über 500.000 Männer und Frauen, die als aktive Soldaten der US Army vor Ort sind. Im Verlauf der letzten 13 Jahre wurden auf diese Weise bisher rund 2,3 Millionen Kriegsveteranen generiert, von denen fast 25 % an chronischen psychischen Störungen leiden, die sich auf traumatische Erlebnisse im Kriegseinsatz zurückführen lassen. Diese Zahlen, basierend auf einer groß angelegten Studie zur Resilienz- und Risikosituation der Streitkräfte (STARRS), wurden 2014 von der US Army veröffentlicht.

Zu diesen Störungen gehören Posttraumatische Belastungsstörungen (PTBS), Depressionen, Drogenmissbrauch und Suizidalität. Allein 14 % der US-amerikanischen Kriegsheimkehrer litten 2012 unter PTBS, während es 2010 noch 7 % waren. Damit war 2012 die Wahrscheinlichkeit, an einer PTBS zu erkranken, bei Armeemitgliedern 15 Mal höher als bei Zivilisten.

Wie lässt sich Resilienz fördern?

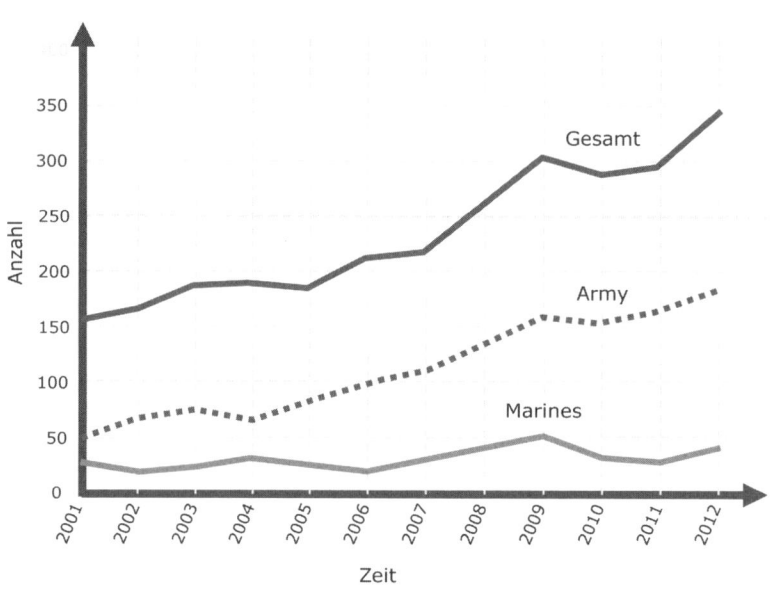

Abb. 114: Selbstmorde im aktiven US Militär; Quelle: The Huffington Post 2013

Eine PTBS ist die Folge von erlebten traumatischen Erlebnissen, die lange nach dem eigentlichen Ereignis noch zu Depressionen und Panikzuständen beim Betroffenen führen können und dessen Lebensqualität stark beeinträchtigen.

Ein Großteil der Betroffenen sucht nach Ende der Armeezeit keine psychologische Hilfe und ist meist nicht mehr in der Lage, einer geregelten Arbeit nachzugehen.

Dies ist nicht nur eine wachsende politische und gesellschaftliche Herausforderung, sondern es kostet die USA auch ein Vermögen. Dabei bleiben die Probleme logischerweise nicht auf die Veteranen beschränkt. Auch innerhalb der aktiven Truppe häufen sich die Warnsignale. 2007 und 2009 waren psychische Probleme der zweithäufigste Grund für einen stationären Klinikaufenthalt. 2011 waren sie sogar der Hauptgrund, und zwar noch vor körperlichen Gefechtsverletzungen. Auch die Rate der Selbstmorde in der aktiven Truppe hat mittlerweile beängstigende Ausmaße angenommen. 2012 starben erstmals mehr aktive Soldaten der US Army durch eigene Hand als durch Feindkontakt. Rund 14 % der aktiven Soldaten gelten als suizidgefährdet, wobei bizarrer Weise vor allem die Selbstmordgefährdung bei denjenigen Truppenteilen zugenommen hat, die noch nicht im Kriegseinsatz waren. Interessant ist dabei, dass die Selbstmordrate bei den Marines im selben Zeitraum nicht signifikant zugenommen hat, was an den wesentlichen strikteren Eintrittsvoraussetzungen liegen könnte.

7.1 CSF: Das größte Resilienz-Programm der Welt

Was uns nicht umbringt, macht uns stärker.

(Friedrich Nietzsche, deutscher Philosoph)

George W. Casey junior, ein heute pensionierter US-amerikanischer Vier-Sterne-General und ehemaliger Stabschef der US Army, rief als Reaktion auf diese sich abzeichnende Entwicklung bereits im Oktober 2009 das weltweit größte Förderprogramm für Resilienz unter dem Namen „Comprehensive Soldier and Family Fitness" ins Leben. Das Programm ist auf mehrere Jahre angelegt und mit einem Budget von 140 Millionen US-Dollar ausgestattet. Es soll mittels verschiedener Maßnahmen rund eine Million Angehörige der US Army und deren Familien gegen die traumatischen Erfahrungen eines lange andauernden Kriegseinsatzes wappnen. Die schematische Wirkungsweise ist in der folgenden Grafik zu sehen.

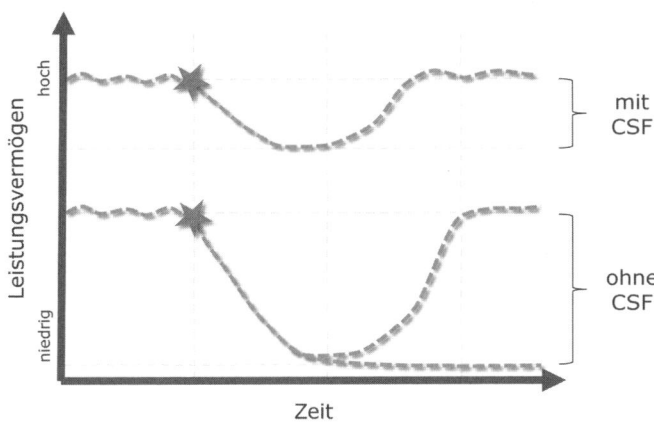

Abb. 115: Wirkungsweise des Programms „Comprehensive Soldier Fitness" (CSF)

Zu diesen Maßnahmen gehören freiwillige Online-Kurse, ein Online-Portal für Soldaten und Familien zur vertraulichen Selbsteinschätzung ihrer persönlichen Resilienz-Situation sowie die 10-tägige Ausbildung von speziell dafür freigestellten Soldaten zu so genannten Master Resilience Trainern, die dann als Ansprechpartner für die Soldaten an der Front zur Verfügung stehen, wo sie auch Resilienz-Kurse abhalten. Bis heute wurden rund 19.000 dieser Master Resilience Trainer (MRT) ausgebildet. Allein die Gesamtkosten für die Ausbildung der MRTs werden sich voraussichtlich auf 31 Millionen US Dollar belaufen.

Wie lässt sich Resilienz fördern?

Das dem Programm CSF zugrundeliegende Verständnis von Resilienz kann dabei durchaus als ganzheitlich bezeichnet werden. Neben körperlicher Fitness geht es um soziale, emotionale und sinnbezogene Aspekte von Resilienz sowie um den Rückhalt in der Familie.

- Die konzeptionellen Wurzeln des Programms liegen größtenteils im so genannten „Penn Resiliency Program", das von Jane Gillham, Karen Reivich und Martin Seligman 1994 an der University of Pennsylvania entwickelt wurde. In diesem Programm werden Elemente aus der kognitiven Verhaltenstherapie und der positiven Psychologie zu einem Curriculum kombiniert, das Schülern und Studenten dabei helfen soll, belastende und frustrierende Situation besser zu bewältigen. In über 20 unabhängigen Studien wurde mittlerweile nachgewiesen, dass es das Auftreten von mittleren bis schweren depressiven Symptomen über einen Zeitraum von bis zu 24 Monaten gegenüber einer Kontrollgruppe reduziert, wie in der folgenden Grafik zu sehen ist.

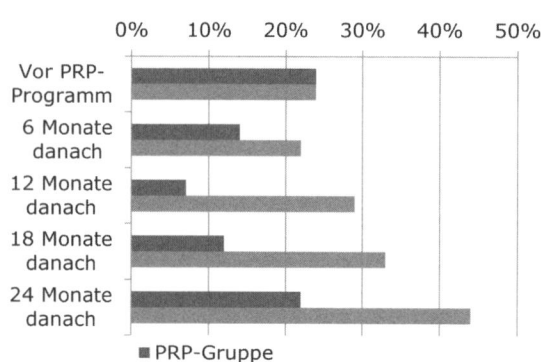

Abb. 116: Häufigkeit mittlerer bis schwerer depressiver Symptome (PRP); Quelle: K. Reivich, J. Gillham, 2007

Auch das Auftreten von Ängsten und Gefühlen von Hoffnungslosigkeit konnte nachweislich vermindert werden. Dagegen nahmen Optimismus und das allgemeine Wohlbefinden zu.

- Eine weitere konzeptionelle Quelle ist das Programm „Battlemind" der US Army, das 2008 am Walter Reed Army Institute of Research entwickelt wurde, um Soldaten mental besser auf Kriegseinsätze vorzubereiten.
- Eine zentrale Komponente des Programms „Comprehensive Soldier and Family Fitness" ist der konstruktive und offene Umgang mit den eigenen Emotionen und Gedanken. Hierzu wird unter anderem auch auf die vom US-amerikanischen Psychologen Albert Ellis bereits 1962 entwickelte ABC-Methode zurückgegriffen, die dabei helfen soll, negative Gedankenspiralen und Schwarzmalen

durch eine realistische Situationsbewertung zu durchbrechen. ABC steht dabei für **A**ction, **B**elieve, **C**onsequence. Eine Gedankenspirale kann dabei folgendermaßen ablaufen:

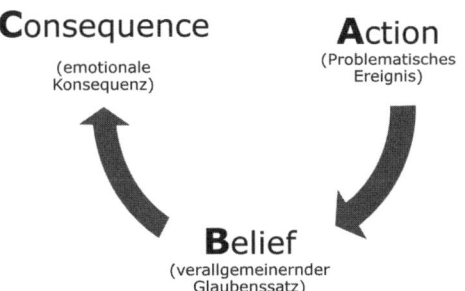

Abb. 117: Die ABC-Methode nach Albert Ellis

Ein Kamerad wird in einer Gefechtssituation verwundet (A). Gedankenspirale (B): „Ich hätte das verhindern müssen. Auf mich kann man sich nicht verlassen". Die Folge (C): Gefühle von Scham und Schuld, Traurigkeit, Rückzug, soziale Isolation, Außenseiterrolle. Der Soldat lernt durch das CSF-Programm, diese Gedankenspirale zu erkennen und zu hinterfragen. Er versucht möglichst sachlich und faktenbasiert den Glaubenssatz (B) auf Stichhaltigkeit zu untersuchen und damit die düstere Extremposition zu relativieren. Schließlich wird ein anderes Denkmuster erarbeitet, dass die negative Gedankenspirale im Ernstfall ersetzen kann. Dieses Verfahren wird seit Jahrzehnten erfolgreich bei der Behandlung von Depressionen eingesetzt.

- Weitere Interventionen stammen aus der vom US-amerikanischen Psychologen Martin Seligman entwickelten Positiven Psychologie, die ihre konzeptionellen Wurzeln ebenfalls in der Verhaltenstherapie hat. Hierbei wird das Ziel verfolgt, sich seiner eigenen Charakterstärken und Werte bewusst zu werden und diese stärker auszuleben. Ebenso wird der Fokus der eigenen Aufmerksamkeit gezielt auf positive Geschehnisse gelenkt. In der Übung „Hunt the good Stuff" geht es beispielsweise darum, für jeden Tag drei konkrete Dinge aufzuschreiben, die gut waren bzw. einem Kraft gegeben haben. Ein weiterer Schwerpunkt dieses Ansatzes liegt auf der Verbesserung der Kommunikationsfähigkeit, z. B. durch das Erlernen von aktivem Zuhören und des konstruktiven Verbalisierens eigener Gefühle.

Wie lässt sich Resilienz fördern?

ARBEITSHILFE ONLINE	**CSF-Programm**
	Wenn Sie mehr über das CSF-Programm und seine Interventionen wissen möchten, finden Sie weitere Informationen unter http://arbeitshilfen.haufe.de/

7.1.1 Die Ergebnisse des CSF-Programms

Wenn wir uns Zeit nehmen, um die Dinge zu bemerken, die gut sind, dann bedeutet das, dass wir viele kleine Belohnungen im Laufe des Tages bekommen.

(Martin Seligman, US-amerikanischer Psychologe)

Seit 2009 werden die Ergebnisse des Programms „Comprehensive Soldier and Family Fitness" regelmäßig wissenschaftlich untersucht. Im April 2013 veröffentlichte die US Army den vierten Untersuchungsbericht, im Rahmen dessen die Daten von über 22.000 Soldaten ausgewertet wurden. Dabei wurden vier Brigaden mit jeweils 3.000 bis 5.000 Soldaten untersucht, die bereits ausgebildete Master Resilience Trainer (MRT) in ihren Reihen hatten, und vier weitere, die als Kontrollgruppen lediglich an einer regelmäßigen anonymen Selbstbeurteilung der eigenen Resilienz teilnahmen. In den Untersuchungen konnte nachgewiesen werden, dass die Soldaten, die von einem MRT betreut wurden und an den Onlineschulungen teilnahmen, signifikant höhere Werte bei der Selbsteinschätzung ihrer Resilienz hatten. Dies schlug sich vor allem in weniger selbstzerstörerischem Denken und Fühlen sowie in konstruktiverem Sozialverhalten nieder. Auffallend war dabei, dass die hartgesottenen Männer und Frauen der Army dem Programm überraschend positiv gegenüberstanden, was sich in einer durchgehend positiven Bewertung des Programms niederschlug. Weiterhin konnte gezeigt werden, dass höhere Resilienzwerte die Wahrscheinlichkeit verringerten, unter Depressionen, Angstzuständen oder einer Posttraumatischen Belastungsstörung zu leiden. Die gleichen positiven Auswirkungen waren in Bezug auf Drogenmissbrauch, Gewaltdelikte und Selbstmord zu verzeichnen. Höhere Resilienzwerte steigerten hingegen nachweislich die Wahrscheinlichkeit, befördert zu werden und eine Führungsaufgabe zu übernehmen.

7.1.2 Kritische Stimmen

Diese übermäßig enthusiastische CSF-Werbekampagne setzt die besorgniserregende und kontraproduktive Serie von unsachlicher Schönmalerei fort, die mit der Entwicklung und dem Rollout des Programms begann.

(Roy Eidelson & Stephen Soldz, US-amerikanische Psychologen, Mitglieder der „Coalition for an Ethical Psychology")

Doch das CSF-Programm hat auch Kritiker, die vor allem den wissenschaftlichen Ansatz, die Objektivität und die Stichhaltigkeit der erhobenen Daten hinterfragen. Sie bemängeln, dass ein Großteil der Aussagen über die positiven Effekte des CSF-Programms auf der subjektiven Selbsteinschätzung der Teilnehmer basiert und nicht auf einem statistisch messbaren Rückgang an Fällen von Depression, PTBS oder Suizidalität.

Auch werden die Effektstärken, also das Ausmaß an positiver Veränderung infolge des Programms, als noch zu gering eingeschätzt. Vergleicht man zudem das CSF-Programm mit dem nachweislich erfolgreichen Penn Resiliency Program, so fällt auf, dass das Programm schon allein wegen der geringen Kosten pro Teilnehmer kaum eine tiefgreifende Wirkung haben kann. Diese belaufen sich zwar in Summe auf astronomisch erscheinende 140 Millionen US-Dollar, doch die verteilen sich auf mehr als eine Million Soldaten, so dass die Ausgaben pro Teilnehmer umgerechnet gerade einmal 92 Euro betragen. Kann man realistischer Weise erwarten, dass sich die innere Widerstandsfähigkeit eines Menschen durch eine Investition von 92 Euro signifikant und nachhaltig verbessern lässt? Das wäre sicherlich das „Ei des Kolumbus" in Sachen Resilienz. Während das Penn Resiliency Program zudem von gut ausgebildeten Psychologen, Lehrern oder Sozialarbeitern durchgeführt wird, erfolgt beim Resilienz-Programm der Army die Arbeit an der Truppe durch freigestellte Soldaten, welche die Prinzipien von Resilienz und einige Interventionen in einem 10-Tageskurs im Schnelldurchgang vermittelt bekommen. Es findet keine gesonderte Eignungsprüfung dieser Soldaten und auch keine fortlaufende Supervision ihrer Arbeit als MRT statt. Es muss vor diesem Hintergrund also fraglich erscheinen, ob sich mit diesem Aufwand und diesem Ansatz eine nachhaltige Veränderung von emotionalen und kognitiven Mustern bei den Soldaten erreichen lässt, obwohl der eingeschlagene Weg sicher als prinzipiell positiv angesehen werden muss.

7.2 Die eigene Resilienz verbessern

"Fluctuat nec mergitur" – Sie schwankt, aber geht nicht unter.

(Devise auf dem Wappen der Stadt Paris)

Wie kann ein Manager lernen, private und berufliche Krisen und Rückschläge wegzustecken, ohne dabei zu Boden zu gehen? Lässt sich diese Fähigkeit überhaupt erlernen? Wie ich im Kapitel „Die Sphären individueller Resilienz" (3.3) bereits gezeigt habe, legen aktuelle Forschungserkenntnisse nahe, dass sich das Konstrukt der Resilienz bei einem Erwachsenen unterteilt in die „rohe" Resilienz der Persönlichkeit und außerdem in die „erarbeitete" Resilienz, die die Summe aller Bewältigungsstrategien, Einstellungen und Techniken repräsentiert, die sich ein Mensch im Laufe seines Lebens erarbeitet hat, um sich bei Krisen zu stabilisieren. Die folgende Grafik zeigt den Zusammenhang zwischen diesen verschiedenen Aspekten innerer Widerstandskraft.

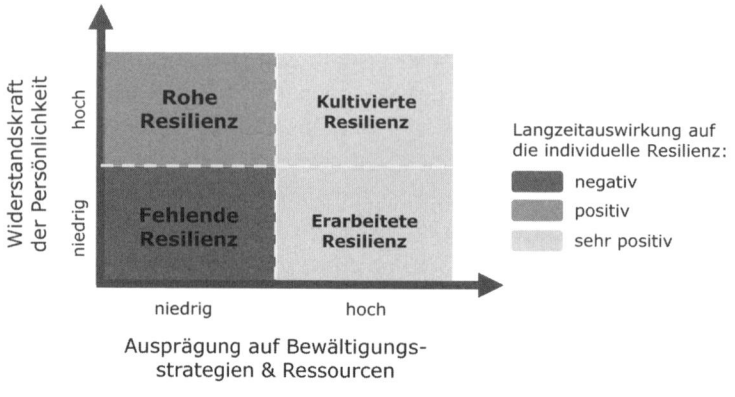

Abb. 118: Aspekte innerer Widerstandskraft

7.2.1 Gleiches Ziel, unterschiedliche Gründe

There is no such thing as free lunch.

(Robert Heinlein, US-amerikanischer Science Fiction Autor)

Unabhängig von der Ausstattung der jeweiligen Persönlichkeit sollte es für jede Führungskraft ein Teil der eigenen Professionalität sein, auf die Kultivierung von Fähigkeiten Wert zu legen, die die eigene Leistungsfähigkeit erhöhen oder zumindest erhalten.

7 Die eigene Resilienz verbessern

Dabei ist die Herausforderung für **Menschen mit einem hohen Maß an „roher" Resilienz** hier ungleich höher als für besonders sensible Menschen. Erstere sehen typischerweise keine Notwendigkeit darin, auf sich selbst zu achten, und haben es folglich auch nie kultiviert. Sie verfügen über eine eher schwach ausgeprägte Empathie, die sprichwörtliche „dicke Haut", scheinen unendliche Energie zu haben und sind nur schwer von ihrem Kurs abzubringen. Sie sind hart zu sich selbst und zu anderen. Für diese Menschen scheint es keine Schwäche zu geben — bis dann irgendwann mal eine Lebenssituation kommt, die größer und gewaltiger ist als sie und die sie nicht bewältigen können. Aus unserer Arbeit kennen wir zahlreiche Fälle von Managern, die in einer solchen Situation zerbrochen sind, weil sie keine Strategien kultiviert haben, um mit ihrer Schwäche konstruktiv umzugehen und sich wieder an sich selbst aufzurichten. Die Abgründe, in die diese Entscheider dann stürzen, sind wahrlich von existenziellen Ausmaßen.

Personen mit einem niedrigen Maß an „roher" Resilienz kennen dagegen ihre Schattenseiten und Dämonen nur zu gut. Sie sind eher sensibel, lassen sich von Konflikten und Unsicherheit schnell aus der Ruhe bringen und machen sich viele Gedanken. Sie haben, so gut es geht, ihren Frieden damit gemacht und mehr oder minder bewusst Techniken entwickelt, um sich selbst zu stabilisieren. Aber sie fühlen sich keineswegs unverwundbar und kennen ihre eigenen Abgründe.

> **BEISPIEL**
>
> Der legendäre britische Premierminister Winston Churchill, der Großbritannien durch den Zweiten Weltkrieg führte, nannte die dunklen Phasen in seinem Leben seinen „schwarzen Hund".

Für diese Gruppe von Entscheidern geht es darum, sich ihrer inneren Widerstandsfähigkeit bewusst zu werden und die erlernte Resilienz weiter zu kultivieren und zu professionalisieren.

Aus der Resilienzforschung ist heute bekannt, dass ein hohes Maß an „roher" Resilienz ein Faktor ist, der Persönlichkeitsfaktoren über die Zeit eher stabil bleiben lässt oder, anders formuliert, das innere Wachstum von Personen limitiert. Ein niedriges Maß an „roher" Resilienz bzw. ein hohes Maß an Sensibilität birgt hingegen viele Risiken, hat aber auch das Potenzial zu größerem inneren Wachstum. Dies habe ich bereits im Kapitel „Die Sphären individueller Resilienz" (3.3) näher ausgeführt.

7.2.2 Seelisches Krafttraining

Stärke kommt nicht vom Siegen. Deine Rückschläge entwickeln Deine Stärke. Wenn Du durch schwierige Phasen gehst und beschließt nicht aufzugeben, das ist Stärke.

(Arnold Schwarzenegger, österreichischer Bodybuilder, Schauspieler und Politiker)

Arbeit an sich selbst, insbesondere an der eigenen Resilienz, ist nichts anderes als mentales und emotionales Kraft- oder Fitnesstraining.

Um körperlich fit zu werden, bringt es nichts, sich bei einem Fitnessstudio anzumelden und dann nicht hinzugehen. Ein Buch über Fitness zu lesen oder nur einmal im Monat zu trainieren, hat auch keinen Effekt. Und es hat ebenfalls keinen Sinn, im Fitnessstudio nur die Bar und die Sauna aufzusuchen, wenn man Muskelmasse auf- und Fett abbauen möchte. Fitnesstraining wirkt hingegen nachweislich immer, wenn man es diszipliniert regelmäßig 2 bis 3 Mal die Woche über ein langen Zeitraum praktiziert, wenn man dabei ins Schwitzen gerät und hin und wieder sogar bis an die eigene Schmerzgrenze geht.

Mit psychischer Fitness verhält es sich nicht anders. Arbeit an der eigenen Resilienz gelingt nur, wenn sie als ein innerer Prozess verstanden wird, der über viele Monate und Jahre andauert. Ein Buch oder ein Seminar ist ein guter Anfang, aber auch nicht mehr. Die eigentliche Arbeit findet in einem selbst statt, durch kritische Eigenreflexion und Selbstbeobachtung und durch Ausprobieren von neuen Denk- und Verhaltensweisen. Mitunter bedeutet das, die dunklen Ecken im Keller aufzusuchen und sich selbst vielleicht ein paar unschöne Wahrheiten einzugestehen. Vielleicht gilt es, ein paar alte Zöpfe abzuschneiden und die bequeme Komfortzone zu verlassen. Eventuell erfordert Arbeit an sich selbst auch, sich selbst überhaupt erst wichtig zu nehmen und im Umgang mit sich selbst die gleiche Gründlichkeit und Nachhaltigkeit walten zu lassen, die man auch jedem anderen Projekt widmen würde. Arbeit an sich selbst ist nicht immer angenehm, aber sie lohnt sich. Und wie beim Fitnesstraining kann man diese Arbeit alleine oder in der Gruppe machen oder in Begleitung durch einen Personal Trainer bzw. Coach.

7.2.3 Arbeit auf verschiedenen Ebenen

Die Macht des Menschen hat in jeder Beziehung zugenommen, nur nicht in Bezug auf ihn selbst.

(Winston Churchill, ehemaliger britischer Premierminister)

Die Arbeit an der eigenen inneren Kraft kann und soll, basierend auf individuellen Präferenzen, durchaus auf verschiedenen Ebenen erfolgen. Das Modell der Sphären der individuellen Resilienz kann hier eine gute Orientierung sein, um mögliche Ansatzpunkte zu identifizieren. Die Hintergründe dieses Modells habe ich im Kapitel „Resilienz und Unternehmensführung" (3) näher beschrieben. Hierbei gibt es keine spezifische Reihenfolge der einzelnen Sphären. Es macht aber sicherlich Sinn, auf möglichst vielen Ebenen anzusetzen, um die bestmöglichen und nachhaltigsten Effekte zu erzielen.

7.2.4 Die Ebene „Persönlichkeit"

„Gnōthi seautón" – Erkenne Dich selbst!

(Inschrift am Apollotempel von Delphi, Griechenland)

Wie bereits gezeigt, hat die persönliche Grundausstattung eines Menschen eine starke Auswirkung auf seine Resilienz. Auch wenn sie keineswegs statisch ist, erfordert eine bewusste Veränderung der Persönlichkeit viel Energie und Ausdauer. Eine Veränderung ist aber gar nicht nötig. Ziel sollte hier zunächst das bessere Kennenlernen der Aspekte und Facetten der eigenen Persönlichkeit sein, quasi als Bestandsaufnahme oder Inventur.

Was zeichnet Sie aus? Was sind Ihre Persönlichkeitszüge? Was sind Ihre Stärken und Schwächen? Der aus der Persönlichkeit stammende Anteil der Resilienz lässt sich dabei über viele verschiedene Verfahren erfassen, die bereits im Kapitel „Die Sphären individueller Resilienz" (3.3) vorgestellt wurden.

7.2.4.1 Big Five Persönlichkeitsfaktoren

Wissenschaftlich am meisten abgesichert ist die Analyse mittels der Big Five Persönlichkeitsfaktoren, z. B. mit dem Instrument „Workplace Big Five" oder dem „NEO-FFI". Die Zusammenhänge zwischen Schutz- und Risikofaktoren der individuellen

Wie lässt sich Resilienz fördern?

Resilienz und den Ausprägungen der fünf Hauptfaktoren sind in der folgenden Grafik zu sehen.

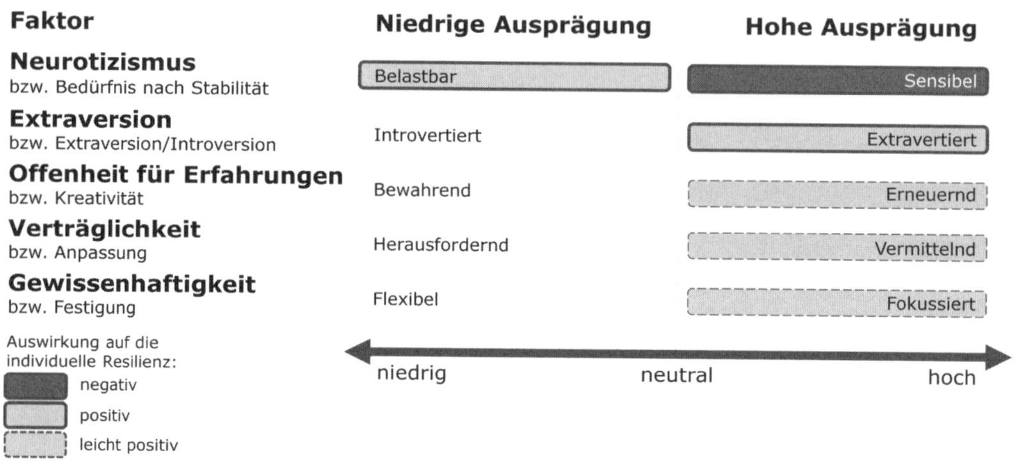

Faktor	Niedrige Ausprägung	Hohe Ausprägung
Neurotizismus bzw. Bedürfnis nach Stabilität	Belastbar	Sensibel
Extraversion bzw. Extraversion/Introversion	Introvertiert	Extravertiert
Offenheit für Erfahrungen bzw. Kreativität	Bewahrend	Erneuernd
Verträglichkeit bzw. Anpassung	Herausfordernd	Vermittelnd
Gewissenhaftigkeit bzw. Festigung	Flexibel	Fokussiert

Auswirkung auf die individuelle Resilienz:
- negativ
- positiv
- leicht positiv

niedrig — neutral — hoch

Abb. 119: Zusammenhang zwischen den Big Five Persönlichkeitsfaktoren und Resilienz

Vor allem hohe Ausprägungen in der Dimension „Neurotizismus" bzw. „Bedürfnis nach Stabilität" gelten als Risikofaktor für Resilienz, wohingegen „Extraversion" als ein klarer Schutzfaktor gilt.

7.2.4.2 Resilience Factor Inventory

Ein anderes Verfahren, das zudem nicht nur die eigene Selbsteinschätzung abfragt, sondern im Sinne eines 360°-Feedbacks auch die Wahrnehmung anderer Vertrauenspersonen miteinbezieht, ist das Resilience Factor Inventory (RFI), das von den beiden US-amerikanischen Psychologen Karen Reivich und Andrew Shatté entwickelt wurde. Reivich war auch maßgeblich verantwortlich für die Konzeption des „Penn Resiliency Programs" und des US-Army Programms „Comprehensive Soldier and Family Fitness". Ganz in der Tradition der Kognitiven Verhaltenstherapie erfasst ihr Testverfahren dabei vor allem Aspekte der inneren Haltung.

7 Die eigene Resilienz verbessern

Die 7 Säulen der Resilienz nach Reivich und Shatté

Faktor	Beschreibung
Emotionssteuerung	Fähigkeit, destruktive Gefühle mit innerer Distanz wahrzunehmen und zu neutralisieren
Impulskontrolle	Fähigkeit, das eigene Verhalten in Krisensituationen zu steuern und sich nicht von den eigenen langfristigen Zielen abbringen zu lassen
Kausalanalyse	Fähigkeit, einen Misserfolg gründlich und nüchtern zu analysieren, um daraus für das nächste Mal zu lernen und den Fehler nicht zu wiederholen
Selbstwirksamkeit	Überzeugung, das eigene Geschick selbst beeinflussen zu können und den anstehenden Herausforderungen gewachsen zu sein
Realistischer Optimismus	Überzeugung, dass die eigenen Ziele erreicht werden können, obgleich sich Probleme auf dem Weg auftun werden, die gemeistert werden müssen
Empathie	Fähigkeit, die Gefühle einer anderen Person nachzuvollziehen und sich in die Lage dieser Person zu versetzen
Reaching Out	Wille, sich unabhängig von der Meinung anderer zu entwickeln und sich aus eigenem Antrieb Ziele zu setzen, um diese konsequent zu verfolgen und schließlich auch zu erreichen

ARBEITSHILFE ONLINE

Ausprägung der Resilienz nach den Big Five bzw. nach den 7 Faktoren von Reivich und Shatté

Wenn Sie genauer wissen möchten, welche Ausprägung Ihre Resilienz nach den Big Five Persönlichkeitsfaktoren oder den 7 Faktoren nach Reivich und Shatté hat, finden Sie weitere Informationen dazu unter http://arbeitshilfen.haufe.de/
Beide Instrumente sind kostenpflichtig und sollten nicht ohne die Begleitung und qualifizierte Rückmeldung eines speziell geschulten Coachs durchgeführt werden.

7.2.4.3 SWOT-Analyse der Persönlichkeit

Die SWOT-Analyse ist ein Instrument des strategischen Managements, das bereits in den 1960er-Jahren an der Harvard Business School entwickelt wurde. Das Akronym SWOT steht dabei für **S**trength (Stärke), **W**eakness (Schwäche), **O**pportunity (Chance) und **T**hreat (Risiko). Auch wenn diese Methode eigentlich zur Strategieentwicklung in Unternehmen gedacht ist, so lässt sie sich doch auch bestens für die Bestandsaufnahme der eigenen inneren Widerstandsfähigkeit einsetzen.

Wie lässt sich Resilienz fördern?

Wichtig ist dabei nicht die Methode an sich, sondern die mit ihr verbundene tiefe Eigenreflexion, die für viele Manager nach meiner Erfahrung immer wieder eine Herausforderung ist. Manager sind von Hause aus pragmatische Macher, nicht abstrakte Denker. Das ist zweifelsohne eine große Qualität, birgt aber auch Gefahren, vor allem, wenn es darum geht, sich selbst zu beobachten und das eigene Handeln kritisch zu hinterfragen.

Sie können die SWOT-Analyse aber auch als Struktur verwenden, um von Menschen, denen Sie vertrauen, Feedback in Bezug auf Ihre innere Widerstandsfähigkeit einzuholen. Die folgende Tabelle zeigt ein Beispiel für eine ausgefüllte SWOT-Analyse.

SWOT-Analyse der Persönlichkeit in Bezug auf Resilienz

Strength (Stärke)	Weakness (Schwäche)
- Bin meist ausgeglichen - Kann gut mit Stress umgehen, wenn ich Sport mache und genug schlafe - Bin erfolgreich	- Unsicherheit strengt mich an - Versuche, Konflikte zu vermeiden - Neige manchmal zu Selbstzweifeln - Kann schwer Nein sagen
Opportunity (Chance)	Threat (Risiko)
- Unsicherheit eher als Chance sehen - Konstruktiveren Umgang mit Konflikten finden - Konsequenter meine eigenen Interessen vertreten	Kann leicht in eine Abwärtsspirale kommen, wenn ich nicht gut für mich sorge

ARBEITSHILFE ONLINE

SWOT-Analyse

Unter http://arbeitshilfen.haufe.de/ finden Sie eine Vorlage für Ihre eigene SWOT-Analyse.

7.2.5 Die Ebene „Biographie"

Mitten im Winter habe ich erfahren, dass es in mir einen unbesiegbaren Sommer gibt.

(Albert Camus, französischer Schriftsteller und Philosoph)

Die Art, wie ein Mensch seine Lebensgeschichte sieht, insbesondere schwierige Phasen und belastende Erlebnisse, ist entscheidend für seine Haltung gegenüber Gegenwart und Zukunft und damit für seine Resilienz. Da das menschliche Gedächtnis in Geschichten und Bildern organisiert ist und nicht zwischen Sinneseindrücken, Sachinhalten und emotionaler Bewertung unterscheidet, ist die eigene Lebensgeschichte nicht statisch und zudem eher Fiktion als Dokumentation (Näheres dazu finden Sie im Kapitel „Wie funktioniert das Gedächtnis?", 3.3.3.2). Um die innere Widerstandsfähigkeit zu stärken, macht es daher Sinn, sich einmal intensiver mit der eigenen Geschichte zu beschäftigen, z. B. mit der Fragestellung „Welche Phasen in meiner Biographie geben mir heute noch Kraft und welche rauben mir eher Kraft, wenn ich an sie denke?"

7.2.5.1 Die eigene Geschichte erzählen

Unsere Erinnerung ist nicht objektiv, sondern emotional geprägt. Die Geschichte, die ein Mensch über sein Leben erzählt, ist prägend für seine Haltung in der Gegenwart. Von daher ist es sinnvoll, sich einmal en détail mit der eigenen Vergangenheit zu beschäftigen. Wie war Ihr Leben bisher? Was kommt Ihnen da sofort in den Sinn? Die meisten Menschen erinnern sich spontan an eine Handvoll Ereignisse, die ihr bisheriges Leben geprägt haben. Diese Ereignisse stechen in ihrer Erinnerung heraus, so wie ein Leuchtturm, der an der Küste kilometerweit zu sehen ist. Andere Ereignisse verblassen dagegen.

Die folgende Grafik zeigt eine Möglichkeit, die eigene Lebensgeschichte elektronisch zu dokumentieren und die Entwicklung der Lebensenergie oder Resilienz über die Zeit zu visualisieren. Es spricht natürlich nichts dagegen, dies mit Stift und Papier zu tun. Eine elektronische Dokumentation hat allerdings den deutlichen Vorteil, dass sie erweiterbar und veränderbar ist, denn häufig fallen einem beim Erzählen noch weitere Geschehnisse ein, die man zunächst ausgelassen hatte.

Wie lässt sich Resilienz fördern?

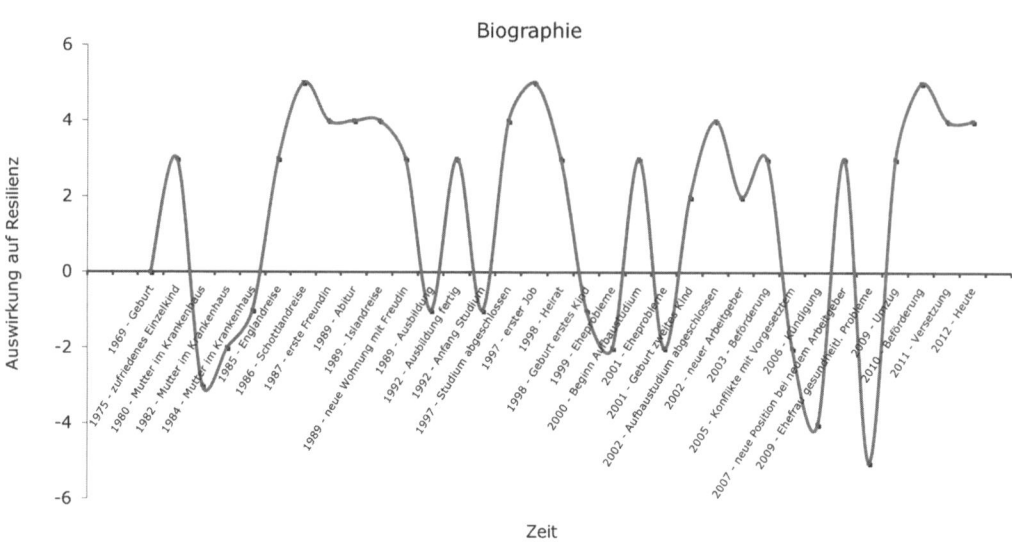

Abb. 120: Dokumentation der eigenen Lebensgeschichte und Resilienz; Quelle: Executive Coaching Connections

Manche Klienten fühlen sich unwohl, wenn es um die Arbeit an der eigenen Geschichte geht. Insbesondere belastende Situationen in der Kindheit sind häufig sauber abgespalten und schlummern im Bereich des vermeintlich Vergessenen. Die Konfrontation mit diesen Erinnerungen ist manchmal unangenehm und steht im starken Kontrast zur heutigen Souveränität und Stärke. Dennoch ermutigen wir Manager, sich mit den dunklen Ecken im eigenen Keller zu beschäftigen, denn nur so verlieren sie ihren Schrecken. Die eigene Lebensgeschichte kann man entweder sehr detailliert oder sehr grob beschreiben. Wir ermutigen unsere Klienten, dies so detailliert und facettenreich wie möglich zu tun. Entscheidend ist dabei einzig und allein, was für den Erzählenden bedeutsam erscheint.

Welche Lebensereignisse haben Ihr Leben am stärksten geprägt? Welche Muster fallen Ihnen an Ihrer Biographie auf? Welche Entscheidungen haben Sie getroffen? Worauf sind Sie stolz? Was bereuen Sie?

ARBEITSHILFE ONLINE	**Dokumentation Ihrer eigenen Biographie**
	Unter http://arbeitshilfen.haufe.de/ finden Sie eine Excel-Vorlage für die Dokumentation Ihrer eigenen Biographie.

7.2.5.2 Entwicklungsaufgaben erkennen

Robert Havighurst war ein US-amerikanischer Physiker, der sich später in seiner Karriere an der University of Chicago intensiv mit der menschlichen Entwicklung beschäftigte. 1948 formulierte er erstmals die Idee menschlicher Entwicklungsaufgaben. Sein Konzept geht davon aus, dass jeder Mensch im Verlauf seines Lebens immer wieder mit verschiedenen Problemen konfrontiert wird, die es zu bewältigen gilt. Dabei stellen sich in den jeweiligen Lebensabschnitten die Aufgaben, die zum jeweiligen Entwicklungsstadium passen. Havighurst ging davon aus, dass es innerhalb der Biographie eines Menschen Zeiträume gibt, die für das Erledigen bestimmter Aufgaben am sinnvollsten sind. Diese bezeichnen wir umgangssprachlich auch als „Lebensabschnitte". Sie sind geprägt von inneren Faktoren, wie z. B. körperlichem Wachstum, aber auch von äußeren Faktoren, wie dem Schulsystem. Die Entwicklungsaufgaben müssen vom Individuum zum Wohle des eigenen Wachstums bewältigt werden, um die Entwicklung eines stabilen Selbstwertgefühls zu ermöglichen. Werden die Aufgaben nicht oder erst wesentlich später bewältigt, so kann dies nach Havighurst ein Ungleichgewicht im Leben der betroffenen Person bedeuten.

Lebensabschnitte und Entwicklungsaufgaben nach Havighurst

Lebensabschnitt	Entwicklungsaufgabe (allgemein)
Frühe Kindheit (0–6 Jahre)	• Entwicklung von Urvertrauen • Entwicklung der Identität
Mittlere Kindheit (7–13 Jahre)	• Erste Abgrenzung von den Eltern • Schulische Leistungen erbringen • Erste Entscheidungen treffen
Jugend (13–18 Jahre)	• Schulische Herausforderungen meistern • Pubertät bewältigen • Reifung der Persönlichkeit • Eigene Meinungen, Werte- und Moralvorstellungen entwickeln
Frühes Erwachsenenalter (19–30 Jahre)	• Ablösung von den Eltern • Eigene Weltsicht entwickeln • Werte- und Moralvorstellungen festigen • Wirtschaftlich auf eigenen Füßen stehen • Entscheidung für berufliche Laufbahn

Wie lässt sich Resilienz fördern?

Lebensabschnitt	Entwicklungsaufgabe (allgemein)
Mittleres Erwachsenenalter (31–60 Jahre)	- Wahl eines Lebenspartners - Gründung einer eigenen Familie - Karriere - Wirtschaftliches Auskommen
Spätes Erwachsenenalter (60 + Jahre)	- Übergang in den Ruhestand - Weisheit

Natürlich ist die oben beschriebene Struktur nur ein Modell, das für viele Menschen sehr gut passen mag, für manche aber auch eher nicht. Auch sind die konkreten Entwicklungsaufgaben für jeden Menschen individuell verschieden, d. h., die modellhaften Aufgaben Havighursts sehen für jeden Einzelnen womöglich deutlich anders aus.

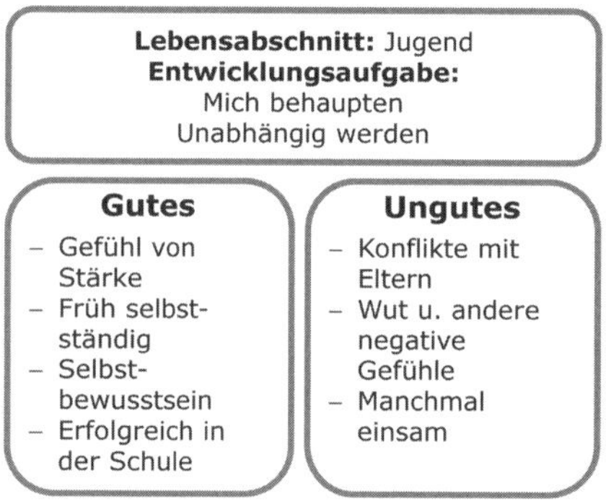

Lebensabschnitt: Jugend
Entwicklungsaufgabe:
Mich behaupten
Unabhängig werden

Gutes
- Gefühl von Stärke
- Früh selbstständig
- Selbstbewusstsein
- Erfolgreich in der Schule

Ungutes
- Konflikte mit Eltern
- Wut u. andere negative Gefühle
- Manchmal einsam

Abb. 121: Beispiel für eine Entwicklungsaufgabe

Wie gestalteten Ihre Lebensabschnitte sich bisher? Hat sich Ihr Leben grob in der von Havighurst beschriebenen Struktur entwickelt oder müssen Sie die Struktur für sich anpassen? Welche Entwicklungsaufgaben hatten Sie in Ihren bisherigen Lebensabschnitten zu bewältigen und wie gut ist Ihnen dies gelungen? Was war gut im jeweiligen Lebensabschnitt, was war weniger gut? Für die Entwicklung Ihrer eigenen Resilienz sind vor allem die ersten drei Abschnitte entscheidend. Nutzen Sie die Erkenntnisse Ihrer Biographie, um für jeden Lebensabschnitt eine Entwicklungsaufgabe zu identifizieren. Was haben Sie in der jeweiligen Phase über sich gelernt? Welche Entscheidungen haben Sie rückblickend getroffen?

ARBEITSHILFE ONLINE	**Vorlage zur Dokumentation Ihrer eigenen Lebensabschnitte und Entwicklungsaufgaben**

Unter http://arbeitshilfen.haufe.de/ finden Sie eine Vorlage zur Dokumentation Ihrer eigenen Lebensabschnitte und Entwicklungsaufgaben.

7.2.5.3 Glaubenssätze transformieren

Ein Mitbringsel aus unserer Kindheit und Jugend sind Glaubenssätze, die ich schon im Kapitel „Was gefährdet Resilienz?" (6) näher beschrieben habe. Glaubenssätze sind Entscheidungen in Bezug auf das Leben, die Menschen in ihrer Kindheit getroffen haben. Als Kind macht jeder Mensch prägende Erfahrungen, aus denen er Rückschlüsse zieht, wie er am besten in seiner Familie zurechtkommt. Glaubenssätze lassen sich auch verstehen als kindliche Strategien, elterliche Aufmerksamkeit und Fürsorge zu erlangen. Diese einmal erlernten Strategien behalten dabei bis ins Erwachsenenalter ihre Gültigkeit, obwohl sich das Bezugssystem dann mittlerweile vollständig verändert hat. An die Stelle der Herkunftsfamilie sind die eigene Familie und der Arbeitgeber getreten, und aus dem kleinen Jungen oder Mädchen wurde zwischenzeitlich eine erfolgreiche Führungskraft. Und dennoch sind die Glaubenssätze weiterhin aktiv, was man am besten beobachten kann, wenn ein Manager unter Stress gerät. Da sich existierende Glaubenssätze aus hirnbiologischer Sicht nicht löschen lassen, gilt es, sie zu identifizieren und sie in neue, der aktuellen Lebenssituation angemessenere Verhaltensstrategien umzuwandeln. Diese neuen Glaubenssätze sollten dann immer wieder ausprobiert und eingeübt werden. Am Anfang fühlt sich das sehr ungewohnt an, wie eine neue Schrittfolge früher in der Tanzschule. Aber mit der Zeit macht man sich den neuen Glaubenssatz durch beständige Anwendung zu eigen.

Typischerweise hat ein Mensch eine Menge Entscheidungen in seiner Kindheit getroffen, wie sich das Leben in seiner Herkunftsfamilie am besten bewältigen lässt. Von daher kann es durchaus mehr als einen Glaubenssatz geben. Doch meist ist eines dieser mentalen Muster dominant. Um diesen Glaubenssatz herauszuarbeiten, ist es sinnvoll, eine Logik im Sinne von „Wenn [Verhalten], dann [negative Konsequenz]" zu unterstellen, denn so lässt sich sowohl die getroffene Entscheidung in Bezug auf das Verhalten als auch ihre Auswirkung beschreiben. Der Erfahrung nach ähneln sich die Glaubenssätze verschiedener Menschen, was die Suche nach dem für eine Person richtigen Satz erleichtert. Ob ein Satz „passt", lässt sich dabei nur von der Person selbst wahrnehmen, wobei sie dann in der Regel sehr eindeutig benennen kann, ob sich ein Glaubenssatz stimmig anfühlt.

Wie lässt sich Resilienz fördern?

Im ersten Schritt geht es darum, das beschriebene Verhalten des mentalen Musters zu finden. Hierbei kann die folgende Tabelle helfen, wobei die Formulierungen natürlich individuell abweichen können. Ein Glaubenssatz basiert auf kindlicher Logik und ist von daher einfach und eher undifferenziert. Welcher Satzbeginn passt am ehesten zu Ihnen?

Beispiele für Anfänge von Glaubenssätzen (Verhalten)

Negativ formuliert	Positiv formuliert
Wenn ich nicht perfekt bin …	Wenn ich mich zeige …
Wenn ich nicht schnell genug bin …	Wenn ich anders bin …
Wenn ich es nicht allen recht mache …	Wenn ich erfolgreich bin …
Wenn ich nicht stark bin …	Wenn ich bin wie alle …
Wenn ich nicht alles gebe …	Wenn ich Hilfe brauche …
Wenn ich nicht vorsichtig bin …	Wenn ich Gefühle zeige …

Der zweite Teil des Glaubenssatzes beschreibt die negative Konsequenz aus Sicht des Kindes. Diese erscheint aus Sicht eines Erwachsenen typischerweise übertrieben und einseitig, da Erwachsene nicht mehr so magisch denken, wie Kinder das noch tun. Die Endungen von Glaubenssätzen variieren individuell eher als die Anfänge. Hier ist es besonders wichtig, die passenden Begrifflichkeiten zu finden, die die emotionale Verbindung zum Verhalten herstellen. Die folgende Tabelle kann hierzu einige Anregungen geben. Welches Satzende passt für Sie?

Beispiele für Endungen von Glaubenssätzen (negative Konsequenz)

dann werde ich …	dann habe ich …	dann gehe ich …
… nicht geliebt.	… Angst.	… unter.
… nicht beachtet.	… Furcht.	… vor die Hunde.
… ausgestoßen.	… Panik.	… kaputt.
… klein gemacht.	… Not.	… drauf.

Die eigene Resilienz verbessern 7

Im nächsten Schritt geht es darum, eine emotionale Kosten-/Nutzenbetrachtung für den Glaubenssatz zu erstellen. Auch wenn ein Glaubenssatz häufig als störend empfunden wird, so ist er doch zunächst als ehemalige Bewältigungsstrategie und von daher als ehemals hilfreich zu würdigen. Kein Glaubenssatz ist ausschließlich schlecht oder gut. Vielmehr hat jeder Glaubenssatz nützliche Aspekte und auch einen Preis, den man für ihn zahlt. Die Kosten-/Nutzenbetrachtung ist Ergebnis einer umfangreichen Eigenreflexion. Innerhalb eines Coaching-Prozesses kann die Erarbeitung durchaus eine Stunde dauern. Die folgende Grafik zeigt das Ergebnis einer solchen Betrachtung.

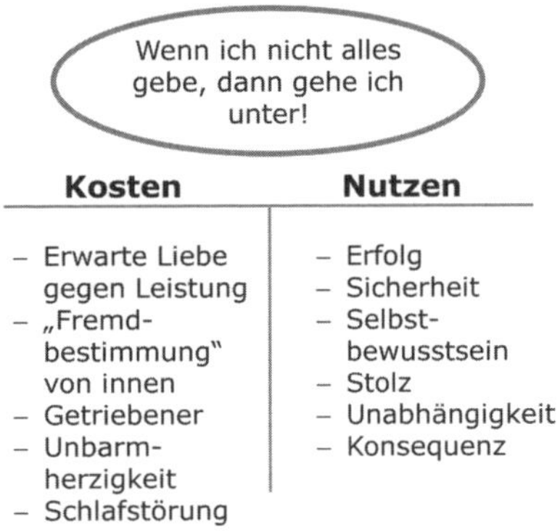

Wenn ich nicht alles gebe, dann gehe ich unter!

Kosten	Nutzen
– Erwarte Liebe gegen Leistung	– Erfolg
– „Fremdbestimmung" von innen	– Sicherheit
– Getriebener	– Selbstbewusstsein
– Unbarmherzigkeit	– Stolz
– Schlafstörung	– Unabhängigkeit
	– Konsequenz

Abb. 122: Kosten-/Nutzenbetrachtung eines Glaubenssatzes

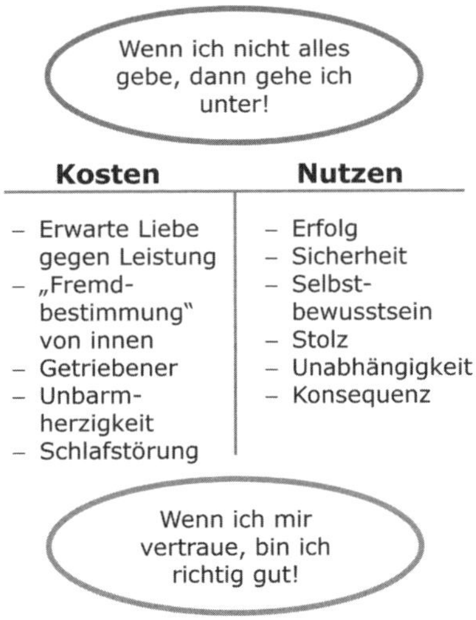

Wenn ich nicht alles gebe, dann gehe ich unter!

Kosten	Nutzen
– Erwarte Liebe gegen Leistung	– Erfolg
– „Fremdbestimmung" von innen	– Sicherheit
– Getriebener	– Selbstbewusstsein
– Unbarmherzigkeit	– Stolz
– Schlafstörung	– Unabhängigkeit
	– Konsequenz

Wenn ich mir vertraue, bin ich richtig gut!

Abb. 123: Ein transformierter Glaubenssatz

Der letzte Schritt ist der eigentliche kreative Prozess zur Transformation von Glaubenssätzen. Hierbei geht es darum, die wesentlichen Aspekte des ursprünglichen Satzes dergestalt neu zu kombinieren, dass er den gleichen Nutzen bringt, allerdings bei deutlich reduzierten Kosten. Der dadurch entstehende neue Glaubenssatz soll eine Herausforderung darstellen, die prinzipiell erreichbar erscheint; er soll jedoch keine unrealistische Überforderung nach sich ziehen. Der neue Glaubenssatz muss kraftvoll sein, von daher ist auch hier die Stimmigkeit der Worte von großer Bedeutung.

Wie lautet Ihr transformierter Glaubenssatz?

Wie lässt sich Resilienz fördern?

Ist der neue Glaubenssatz erst einmal gefunden, muss er eingeübt werden. Dies kann nur passieren, wenn die betreffende Person sich zunächst regelmäßig an ihr neues mentales Muster erinnert, z. B. durch verschiedene visuelle Erinnerungshilfen. Sehr praktisch und daher auch beliebt sind Bilder, die die betroffene Person mit dem Glaubenssatz verbindet, die aber für andere Menschen keine Bedeutung haben.

▶ **BEISPIEL**

Bei einem meiner Klienten war die visuelle Hilfe das Plattencover des Albums „Wish you were here" von Pink Floyd, auf dem ein Mann zu sehen ist, der in Flammen steht, aber dennoch völlig entspannt einem anderen Mann die Hand schüttelt.

Abb. 124: Plattencover „Wish you were here" von Pink Floyd, Quelle: Kara Drath

Welche Erinnerungshilfe wäre passend für Sie?

7.2.6 Die Ebene „Haltung"

Das Leben ist nie etwas, es ist nur die Gelegenheit zu etwas.

(Friedrich Hebbel, deutscher Dramatiker)

Die Einstellung oder innere Haltung eines Managers ist entscheidend für die Art, wie er mit belastenden Situationen umgeht, und hat daher einen entscheidenden Einfluss auf seine innere Widerstandsfähigkeit. Sie entscheidet darüber, ob eine schwierige Entwicklung eher verstanden wird als Herausforderung, die Ansporn zur Höchstleistung ist, oder aber als Überforderung, die früher oder später in die Resignation führt. Die innere Haltung eines Menschen ist etwas Unwillkürliches, d. h., sie wird typischerweise nicht bewusst eingenommen, ist aber wahrnehmbar und kann von daher auch mit einiger Übung beeinflusst werden. Im Folgenden stelle ich einige Ansätze vor, mit Hilfe derer Sie Ihre innere Haltung bewusst wahrnehmen und verbessern können.

Abb. 125: Aspekte von innerer Haltung

7.2.6.1 Selbstverantwortung stärken

Die Resilienzforschung ist sich einig: Ein hohes Maß an Selbstverantwortung ist ein entscheidender Aspekt der inneren Energie, die Menschen Krisen unbeschadet überstehen lässt. Das bedeutet konkret, dass Menschen, die für alle Aspekte ihres Lebens in Vergangenheit, Gegenwart und Zukunft die volle Verantwortung übernehmen, dazu neigen, mehr innere Stärke und Widerstandsfähigkeit mobilisieren

Wie lässt sich Resilienz fördern?

zu können. Die Aspekte unseres Lebens lassen sich dabei vereinfachend in drei verschiedene Bereiche unterteilen.

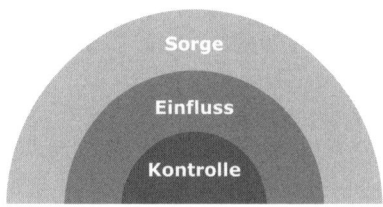

Abb. 126: Das Modell Circle of Control

1. Den ersten Bereich „Kontrolle" können wir direkt steuern. Dieser umfasst beispielsweise den eigenen Körper, die Familie, das Team, die Abteilung und das Verhältnis zu Mitarbeitern, Kollegen und Vorgesetzten darin. In diesem Bereich kann jeder einen direkten Unterschied machen.
2. Der zweite Bereich „Einfluss" beinhaltet alle Aspekte des Lebens, die ein Mensch indirekt beeinflussen kann. Dazu gehören z. B. das Betriebsklima, die Strategie des Bereichs, Innovationen oder die Förderung bestimmter Initiativen.
3. Der dritte Bereich „Sorge" lässt sich hingegen vom Einzelnen auch bei größtem persönlichen Einsatz so gut wie gar nicht beeinflussen. Um diesen Bereich kann man sich nur Gedanken machen, z. B. die globale Erwärmung, die Nahostproblematik oder die Unternehmensstrategie.

Auf welchen dieser Bereiche verwenden Sie den größten Teil Ihrer Energie? Wo üben Sie direkt oder indirekt Einfluss aus und übernehmen Verantwortung für die Geschehnisse? Verwenden Sie viel Zeit darauf, sich über Dinge aufzuregen, die Sie nicht beeinflussen können? Gerade in Unternehmen, die von vielen Veränderungen betroffen sind, treffen wir auf viele hochrangige Führungskräfte, die eine Menge Zeit und Energie investieren, sich über Dinge zu beklagen, die schief gelaufen, aber nicht mehr veränderbar sind. In dieser Zeit nutzen sie nicht die ihnen zur Verfügung stehenden Handlungsspielräume, sondern beschäftigen sich mit den Themen, die sie nicht (mehr) verändern können. Dieses geistige Wiederkäuen ist zwar menschlich, aber nicht sonderlich sinnvoll.

Menschen mit einem hohen Maß an Resilienz beschäftigen sich hingegen sehr viel mit den Bereichen, die sie direkt kontrollieren und indirekt beeinflussen können und verbringen vergleichsweise wenig Zeit damit, sich um Dinge zu sorgen, die außerhalb ihres Machtbereichs oder in der Vergangenheit liegen.

7 Die eigene Resilienz verbessern

Noch schwieriger wird es, wenn persönliche Niederlagen hinzukommen und Manager in die Rolle des Opfers verfallen, das sich nicht wehren kann. Dadurch wird der Bereich, den sie kontrollieren oder beeinflussen können, nochmals künstlich verkleinert, und zwar durch ihr eigenes Zutun. Das Schwierige daran ist, dass sich diese Manager häufig nicht bewusst sind, was sie da tun, selbst dann nicht, wenn man sie darauf hinweist. Die reflexhafte Gewohnheit, andere für das eigene Ungemach verantwortlich zu machen, ist bei vielen lange antrainiert. Wird dies thematisiert, dann sind Unverständnis und Aggression die häufigsten Reaktionen.

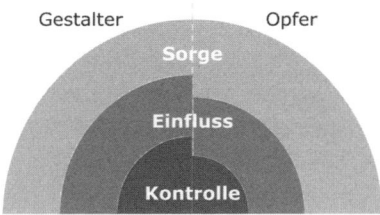

Abb. 127: Die Opferhaltung macht den eigenen Handlungsspielraum kleiner

Trifft dies auch für Sie zu? In welchem Bereich sind Sie in der Opferhaltung? Was ist Ihr Vorteil daraus, sich als Opfer zu fühlen und nicht die Verantwortung für sich zu übernehmen? Was wird dadurch besser? Was wird dadurch schlechter? Was brauchen Sie von sich selbst, um die Opferrolle zu verlassen?

7.2.6.2 Disziplin & Impulskontrolle üben

Der US-amerikanische Psychologe Lewis Terman legte mit seiner Langzeitstudie die Grundlage für die für viele überraschende Erkenntnis und den Nachweis, dass Selbstdisziplin und Zähigkeit in der Verfolgung der eigenen Ziele zentrale Faktoren für ein hohes Maß an Resilienz und damit für ein langes und glückliches Leben sind. Walter Mischel wies in seinen Marshmallow-Experimenten das Gleiche für die Impulskontrolle nach.

Was aber machen diejenigen Menschen, die von Natur aus eine eher schwach ausgeprägte Disziplin und Impulskontrolle haben? Beides sind in der Tat Persönlichkeitseigenschaften, die in der Persönlichkeitspsychologie erfasst werden, z. B. von psychometrischen Instrumenten wie dem Workplace Big Five. Die Hintergründe dazu finden Sie im Kapitel „Exkurs: Persönlichkeitspsychologie" (3.3.2.2) beschrieben. In den Unterskalen zu „Festigung" finden sich hier die Dimensionen „Organi-

Wie lässt sich Resilienz fördern?

siertheit", „Leistungsmotivation", „Konzentrationsfähigkeit" und „Methodik". Alle dieser vier Skalen haben etwas mit Disziplin und Impulskontrolle zu tun.

In der folgenden Grafik sehen Sie die Werteausprägung für jemanden, der eine eher gering ausgeprägte Disziplin und Impulskontrolle hat.

Wichtig ist in diesem Zusammenhang die Erkenntnis, dass Menschen nicht die Opfer ihrer Persönlichkeitseigenschaften sind. Diese stellen vielmehr lediglich die interne Grundausstattung dar. Die Wahl, wie wir damit umgehen, ist eine bewusste und nicht eine durch Persönlichkeitseigenschaften gesteuerte Entscheidung. Sie ist das Produkt des freien Willens.

Die unten abgebildeten Werte sind übrigens meine eigenen. Und Sie würden dies hier nicht lesen können, hätte ich nicht eine ganze Menge Disziplin und Impulskontrolle aufgebracht, um dieses Buch zu schreiben.

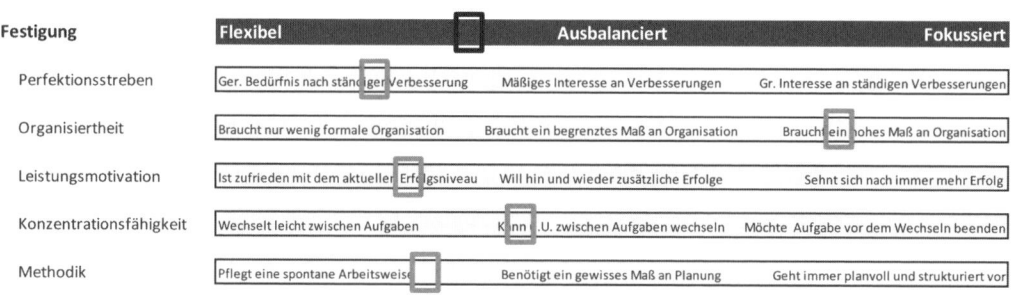

Abb. 128: Persönlichkeitsausprägung mit niedriger Disziplin und Impulskontrolle

Selbstdisziplin, also die Fähigkeit, verlockende Ablenkungen zugunsten der eigenen langfristigen Ziele und Ideale zu ignorieren, hat man also nicht nur, sondern sie lässt sich offensichtlich auch trainieren. Aber wie? Fangen wir mit einer Bestandsanalyse an. In der folgenden Grafik finden Sie die wesentlichen Lebensbereiche abgebildet.

Die eigene Resilienz verbessern **7**

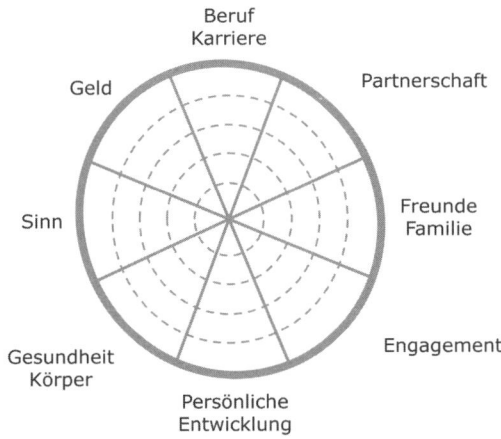

Abb. 129: Ihre Disziplin

In welchem dieser Bereiche leben Sie welches Maß an Disziplin? Schraffieren Sie den entsprechenden Bereich in der Grafik. Jeder der Kreisringe steht für einen 20 %-Schritt. In welchem Bereich ist Ihre Disziplin am höchsten? Was erreichen Sie damit? Disziplin ist für die meisten Menschen kein Selbstzweck, sondern eine Qualität, die sie dabei unterstützt, etwas Bestimmtes zu erreichen. Menschen bringen Disziplin auf, um fit zu sein und gut auszusehen oder um viel Geld zu haben oder um Karriere zu machen oder weil sie sich persönlich weiterentwickeln möchten.

Was zieht Sie nach vorne? Was ist so attraktiv für Sie, dass es Ihnen die Kraft gibt, Verlockungen und Ablenkungen links liegen zu lassen? Menschen tendieren dann dazu, ihre Ziele zu erreichen, wenn diese Ziele an starke innere Bedürfnisse oder Werte andocken können. So kann ein ansonsten nur mäßig disziplinierter Mensch Durchhaltevermögen aufbringen, wenn z. B. sein Ziel, einen Halbmarathon zu laufen (Bereich „Gesundheit & Körper"), verknüpft ist mit seinem Bedürfnis nach „Anerkennung".

Auch ist es wichtig, dass der Weg zum angestrebten Ziel für den Menschen selbst stimmig ist.

> **BEISPIEL**
>
> So wollte meine Frau z. B. immer mehr Sport machen. Aber weder Joggen noch Walking oder Tanzen waren für sie der richtige Weg. Völlig überraschend für mich bringt sie nun aber bereits seit einiger Zeit eine große Begeisterung, Disziplin und Leidensfähigkeit für Taekwondo auf, und das ist wirklich anstrengend und auch noch schmerzhaft.

Wie lässt sich Resilienz fördern?

Eine andere Möglichkeit, die eigene Selbstdisziplin zu steigern, sind Strukturen der Unterstützung. Um beim Beispiel des Sports zu bleiben, könnten das Vereine oder Laufgruppen sein, die sich regelmäßig treffen. Dies funktioniert besser für Menschen mit einem hohen Maß an Extraversion, da damit gleichzeitig auch das Bedürfnis nach Geselligkeit befriedigt werden kann. Aber auch viele Introvertierte tun sich leichter, wenn sie sich gegenüber ihren Mitsportlern verpflichtet fühlen.

Disziplin lässt sich also steigern, wenn

- das Ziel den eigenen Werten und Bedürfnissen entspricht,
- der Weg stimmig ist und
- man ihn nicht alleine gehen muss.

Der Wirtschaftswissenschaftler Robert S. Kaplan von der Harvard Business School prägte 1996 den Satz „If you can't measure it, you can't manage it" (zu Deutsch: „Wenn man es nicht messen kann, kann man es auch nicht steuern"). Die Messbarkeit ist also ein weiterer Aspekt, wenn es um die Verbesserung der Eigendisziplin geht. Wir können unsere Disziplin nur steigern, wenn uns klar ist, in welchem Maß wir sie steigern wollen und welches Ziel wir damit verfolgen. Im Coaching arbeiten wir daher mit einer Art Logbuch, in dem der Klient täglich das Maß seiner Zielerreichung sowie Erfolge und Rückschläge dokumentiert, z. B. beim Trainieren eines neuen Glaubenssatzes. Dadurch wird Disziplin mit regelmäßigen Erfolgserlebnissen kombiniert.

Welches anspruchsvolle Ziel werden Sie also erreichen? Welche Ihrer Werte und Bedürfnisse werden dadurch befriedigt? Welcher Weg ist stimmig für Sie? Wer wird Sie bei der Erreichung Ihres Ziels unterstützen? Wie werden Sie Ihre Zielerreichung messen und dokumentieren?

7.2.6.3 Innere Führung übernehmen

Manchmal laufen in unserem „inneren Theater" Vorstellungen, die wir gar nicht sehen wollen. Selten sind es Premieren, meist sind es neue Interpretationen von bereits gut bekannten Stücken. Dann sind Emotionen und Gedanken am Werk, die augenscheinlich die Kontrolle über unser Innenleben übernommen haben und sich negativ auf die innere Stärke und Widerstandskraft auswirken. Der US-amerikanische Psychologe Derek Roger bezeichnet dies als „geistiges Wiederkäuen". Sein Kollege Albert Ellis, einer der Begründer der Kognitiven Verhaltenstherapie, nannte dieses Phänomen lange vor ihm „automatische Gedanken". Ein Beispiel für dieses Prinzip finden Sie in der folgenden Grafik.

7 Die eigene Resilienz verbessern

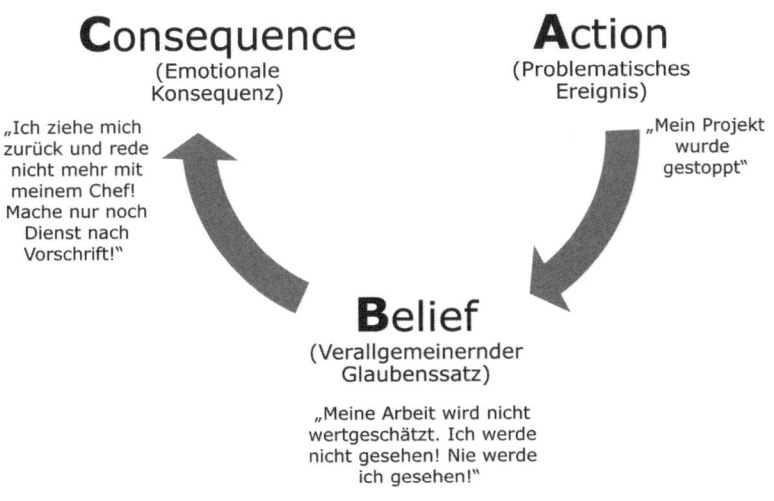

Abb. 130: Das Prinzip „Geistiges Wiederkäuen" bzw. „Automatische Gedanken"

Hier ist das Projekt eines Managers gestoppt worden, in das er bereits sehr viel Arbeit und Herzblut investiert hatte. Seine Reaktion fällt entsprechend gekränkt aus und kann leicht zu karriereschädigendem Verhalten führen.

Kennen Sie solche Gedankenschleifen auch bei sich? Welches Stück wird dann bei Ihnen aufgeführt?

Es ist wesentlich leichter, ein solches sich wiederholendes Denkmuster zu identifizieren, als es zu unterbrechen oder gar zu beenden, nicht wahr? Ein hilfreicher Ansatz dazu ist unserer Erfahrung nach die Vorstellung eines inneren Theaters oder Teams, wie dies der deutsche Kommunikationswissenschaftler Friedemann Schulz von Thun beschrieben hat. Das Team oder die Schauspieler repräsentieren dabei die verschiedenen eigenen Persönlichkeitsanteile bzw. die inneren Stimmen, die viele Menschen „hören", wenn sich in ihnen innere Konflikte abspielen und sie sich deswegen hin- und hergerissen fühlen. Die Stimmen sind natürlich für jede Person individuell verschieden. Es sind aber immer mehrere, und sie unterscheiden sich oft in der jeweiligen Lautstärke.

Wie lässt sich Resilienz fördern?

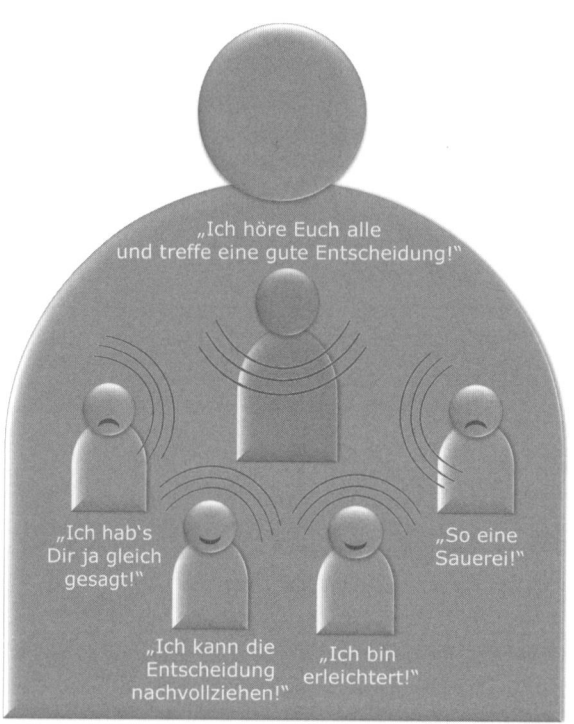

Abb. 131: Das innere Theater oder Team

> **BEISPIEL**
>
> Eine Stimme symbolisiert vielleicht den „Reichsbedenkenträger", der immer schon alles besser wusste und schon immer gegen das Projekt war. Ein anderer Akteur ist möglicherweise der „Empörte", der sich oft ungerecht behandelt fühlt und die Schlechtigkeit der Welt beklagt. Solche Stimmen sind sehr laut und oft richtig zeternd. Aber es gibt auch leisere Stimmen, die im allgemeinen Lärm leicht überhört werden. Vielleicht gibt es z. B. den „Nüchternen", der in der Lage ist, die Situation von ihrer sachlichen Seite zu sehen und die Entscheidung daher nachvollziehen kann. Vielleicht gibt es auch die Stimme des „Genießers", der sich darüber freut, dass er nun wieder weniger Verantwortung tragen muss.

Welche Stimmen sind bei Ihren inneren Stücken typischerweise auf der Bühne? Was sagen die einzelnen Akteure?

Das Team oder Ensemble wird dabei von einem Teamleiter bzw. einem Regisseur geleitet. Diese Rolle muss als einzige bewusst installiert werden, damit das Team nicht kopflos umherirrt. Sie entspricht dem erwachsenen, souveränen Persönlichkeitsanteil. Die Aufgabe des Teamleiters ist es dabei zunächst, alle Stimmen einzeln anzuhören, und zwar sowohl die lauten als auch die leisen. Im inneren Dialog wird gedanklich jede Stimme um ihre Meinung gebeten, und ihre Motive bzw. höhere Absichten werden erfragt. Dabei ergibt sich in der Regel, dass die höheren Absichten aller Stimmen sehr ähnlich sind. Typischerweise geht es darum, die eigene Person zu schützen bzw. vor Schmerz zu bewahren. Aber jede Stimme hat einen anderen Ansatz, dieses höhere Ziel zu erreichen. Ein innerer Konflikt entsteht also in der Regel aufgrund unterschiedlicher Lösungsstrategien, obwohl die höhere Absicht der inneren Teammitglieder ähnlich oder gleich ist. Wurden alle Stimmen erhört, trifft der innere Chef eine Entscheidung, die von allen getragen wird. Dieser gedankliche Vorgang ist für viele Manager eher ungewohnt und erfordert einiges an Übung, weswegen die einzelnen Schritte häufig im Rahmen einer Coaching-Sitzung gegangen werden. Unserer Erfahrung nach ist dieses Verfahren ist eine zuverlässige Hilfe, wenn sich Emotionen und Gedanken infolge eines belastenden Ereignisses verselbstständigen.

7.2.6.4 Realistischen Optimismus praktizieren

Manager, die mit großer Energie ihre Ziele verfolgen, neigen nach einiger Zeit dazu, einen Tunnelblick zu entwickeln, der gefährlich für sie werden kann. Sie fokussieren alle Aufmerksamkeit auf ihren Erfolg. Da sie mit hoher Geschwindigkeit agieren, nehmen sie ihre Umgebung und alles, was nicht auf dem direkten Weg zu ihrem Ziel liegt, nur undeutlich wahr, ähnlich wie ein Autofahrer, der mit hoher Geschwindigkeit unterwegs ist. Dieses Verhalten macht sie anfällig für böse Überraschungen, die sich ihnen auf einmal ungeplant in den Weg stellen oder sie von hinten aus dem toten Winkel einholen.

Wie lässt sich Resilienz fördern?

Abb. 132: Das Wahrnehmungsphänomen „Tunnelblick" (Bild: Fotolia, Simon Kraus)

Führungskräfte mit einer ausgeprägten Resilienz gehen dagegen stets davon aus, dass sie mit Problemen konfrontiert werden, die sie umso besser bewältigen können, je eher sie darauf vorbereitet sind.

Executives, die von krisenhaften Entwicklungen „kalt erwischt" worden sind, haben meiner Erfahrung nach in aller Regel einige deutliche Warnsignale übersehen oder überhört, entweder aufgrund ihrer hohen inneren Geschwindigkeit oder aufgrund eines ausgeprägten Zweckoptimismus. Die meisten dieser Krisen wären in der Rückschau tatsächlich vermeidbar gewesen, hätten die Manager ein bisschen auf ihre Umwelt geachtet. Das Ergebnis von einseitiger Fokussierung ist ein Tunnelblick mit einem ausgeprägten toten Winkel, der für Manager leicht gefährlich werden kann.

Um sich gezielt auf etwaige entstehende Probleme vorzubereiten, hilft es, von Zeit zu Zeit innezuhalten und sich einmal gründlich mit einem Rundumblick in seinem System umzuschauen, wie in der Grafik symbolisiert.

Die eigene Resilienz verbessern

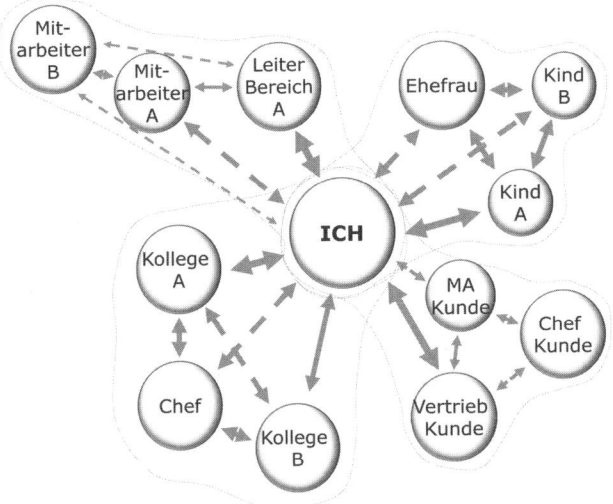

Abb. 133: Der Manager und sein System

Holen Sie gezielt Feedback ein von Menschen, denen Sie vertrauen. Wie werden Sie wirklich gesehen? Welche Ihrer Verhaltensweisen kommen gut an, wann ecken Sie an? Fragen Sie sich auch, wie es sonst in Ihrem System aussieht. Mit wem stehen Sie in Beziehung? Wer sollte Sie kennen, wen sollten Sie kennen? Worauf müssen Sie Ihre Aufmerksamkeit fokussieren? Wo müssen Sie Beziehungsarbeit leisten, wo Risikominimierung betreiben? Wer verfolgt Interessen, die Ihnen zuwiderlaufen? Wer könnte ein Verbündeter für Sie sein?

Viele Manager nutzen einen Coach für solche Betrachtungen, doch das ist gar nicht zwingend nötig, wenn die Systematik erst einmal klar ist. Diese Risikobetrachtung des eigenen Systems sollte mindestens einmal im Quartal durchgeführt werden, um unliebsamen Überraschungen vorzubeugen.

7.2.6.5 Gesunde Distanz einnehmen

Wer sind Sie, wenn Sie keiner sieht? Wer sind Sie ohne Ihre Ausbildung, Ihre Position, Ihren Titel? Was bleibt von Ihnen, ohne Ihre Mitarbeiter, ohne Ihren reservierten Parkplatz, ohne Ihre anderen Statussymbole?

Wie lässt sich Resilienz fördern?

Diese unangenehmen Fragen stellen wir vielen Topmanagern in unserer Arbeit. Und die Reaktionen darauf reichen von Unverständnis über tiefe Einsichten bis hin zu Existenzangst.

Verantwortung ist ungemein sinnstiftend, d. h., sie gibt uns einen Grund, morgens energiegeladen aufzustehen und die Welt zu bereisen. Es ist für uns wichtig, gebraucht und gewollt zu werden und etwas zu sagen zu haben. Status, Gestaltungsspielraum, Macht und Gehör bei den noch Mächtigeren wirken positiv verstärkend auf Selbstwertgefühl und Resilienz, vor allem bei Managern, die eher in Richtung Narzissmus tendieren. Die Position, die ein Manager bekleidet, lässt viele mit der Zeit größer und bedeutsamer erscheinen, als sie sich eigentlich tief drinnen fühlen. Dann richtet sich das eher schwache Ego an einer großen Position auf und stärkt sich dadurch. Dagegen ist prinzipiell nichts zu sagen, denn Wachstum im Management funktioniert oft nach dem Motto „Fake it until you make it" (zu Deutsch in etwa: „Tu so, dann wirst du so").

Problematisch wird es, wenn aus einem hohen Maß an Identifikation mit der Rolle eine vollständige Verschmelzung und damit eine Abhängigkeit wird. Dann übersieht die Führungskraft, dass die Aura der Macht, die sie umgibt, und die Autorität, die sie bei ihren Mitarbeitern genießt, in Wirklichkeit nicht ihr gelten, sondern der Rolle, die sie innehat.

Die Zusammenarbeit zwischen Führungskraft und Mitarbeiter basiert allerdings nicht nur auf einem legalen, sondern auch auf einem emotionalen Kontrakt. Die Führungskraft kann vom Mitarbeiter Leistung, Respekt und Loyalität erwarten, dafür erwartet der Mitarbeiter umgekehrt eine Vorbildfunktion, Führung und Unterstützung von seinem Vorgesetzten. Die Tatsache, dass eine Person Mitarbeiter ist und eine andere die Führungskraft, ist dabei oft eher zufällig oder in externen Faktoren, wie dem Lebensalter, begründet. Personen sind austauschbar, Rollen bleiben. Vergisst dies ein Manager, dann bekleidet er nicht mehr die Rolle, sondern er wird zu der Rolle. Wird solch ein Executive geschasst, dann fällt er tief, was auch seine Resilienz arg in Mitleidenschaft geraten lässt. Nicht selten sind depressive Episoden und Sinnkrisen die Folge.

Wie ist das bei Ihnen? Was ermöglicht Ihnen Ihre Rolle? Füllen Sie Ihre Rolle innerlich voll aus? Wie sehr brauchen Sie Ihre Rolle? Wozu gibt Sie Ihnen das Recht?

Die eigene Resilienz verbessern

> **! WICHTIG**
>
> Ein Indiz dafür, dass ein Manager irgendwann selbst von der Wichtigkeit und Andersartigkeit seiner Person überzeugt ist, sind ethisch indiskutable Verhaltensweisen, wie das Runterputzen von Mitarbeitern in einem Meeting oder fehlende finanzielle Bescheidenheit in einer wirtschaftlich angespannten Lage. Was hier hilft, ist ehrliches Feedback und die Arbeit an der eigenen Demut. Je weniger Sie sich selbst für etwas Besseres halten, desto mehr Bodenhaftung behalten Sie und desto weniger tief können Sie fallen.

Der Führungsansatz, an dem wir mit Managern arbeiten, ist die vom US-amerikanischen Management-Autor Robert Greenleaf bereits 1970 geprägte Idee des „Servant Leadership", also der dienenden Führung, die sich konsequent an den Bedürfnissen der Mitarbeiter orientiert. Thomas Sattelberger, ehemaliger Personalvorstand der Telekom, sagte dazu: „In einem Dienstleistungsunternehmen muss Führung eine ausgeprägt dienende Komponente haben und nicht als Positionsmacht gelebt werden ... Offensichtlich habe ich das nicht hingekriegt." Selbstkritische Worte also. Wie sehr dienen Sie denn Ihrem Unternehmen und seinen Mitarbeitern?

Eine andere, weitaus kleinere Gruppe von Führungskräften läuft aus einem anderen Grunde Gefahr, die Trennung zwischen Rolle und Person zu vergessen. Ihnen geht es weniger um Statussymbole, Macht und Habitus. Ihre Interessen kreisen weniger um eigene Interessen. Diesen Managern geht es um ihre Ideale, um etwas, das größer ist als sie selbst. Kennen Sie das auch von sich? Während der narzisstisch geprägte Executive riskiert, irgendwann in seiner Karriere in eine Sinnkrise zu stürzen, verspürt der idealistische Manager Sinn im Überfluss. Da alles, was er tut, einem höheren Zweck dient, wie der Familie, der Firma oder der Gesellschaft, ist auch all dies sehr bedeutsam für ihn und gibt ihm viel Kraft. Diese Führungskräfte sind sehr diszipliniert und beuten sich regelrecht selber aus für die gute Sache. Ihr Risiko ist der Zusammenbruch ihrer Resilienz und die damit einhergehende totale Erschöpfung. Man könnte meinen, dieser Typus wäre ausschließlich im sozialen Bereich anzutreffen. Dem ist aber nach meiner Erfahrung nicht so.

Auch der deutsche Mittelstand und einige Konzerne sind geprägt von dieser stark werteorientierten Sorte Mensch. Diese Führungskräfte brauchen sich nicht in „Servant Leadership" zu üben, sie praktizieren es automatisch jeden Tag. Ihre Herausforderung liegt darin, auch mal an sich zu denken und ein gesundes Maß an Egoismus zu kultivieren. Dazu muss meist erst der Glaubenssatz bearbeitet werden, dass man keine eigenen Ansprüche stellen darf. Wie ist das bei Ihnen?

Wie lässt sich Resilienz fördern?

Die Grafik verdeutlicht das Kontinuum, auf dem sich die meisten Führungskräfte bewegen.

Abb. 134: Verschiedene Persönlichkeitsausprägungen bei Managern (Quelle: Olivia Roßbach)

Dabei gibt es aus Sicht der Resilienz kein „gut" oder „schlecht". Beide Extreme brauchen ein Stück der Gegenseite, um ihre Resilienz zu schützen. Der narzisstisch geprägte Manager braucht das Element der Demut vom Idealisten, um sich selbst nicht mit seiner Rolle zu verwechseln. Der idealistisch geprägte Chef braucht ein Stück Egoismus vom Narzissten, um die eigenen Bedürfnisse nicht zu vergessen.

Was brauchen Sie?

7.2.7 Die Ebene „Ressourcen"

Zwei Dinge sollten Kinder von ihren Eltern bekommen: Wurzeln und Flügel.

(Johann Wolfgang von Goethe, deutscher Dichter)

Welche Mechanismen haben Sie entwickelt, um Stress abzubauen, wenn Sie angespannt sind? Wie fahren Sie Ihre Energie hoch, wenn Sie vor einem wichtigen Termin stehen? Welche Werkzeuge oder Hilfsmittel nutzen Sie, um sich besser zu organisieren? Von wem halten Sie sich bewusst oder unbewusst fern?

Die eigene Resilienz verbessern 7

All dies sind Ressourcen, die jeder für sich individuell entwickelt hat. Ressourcen sind Kompetenzen, um sich selbst emotional zu steuern. Je mehr Sie davon haben und je flexibler Sie diese einsetzen können, desto besser. Sie helfen Ihnen, besser mit herausfordernden Situationen umzugehen und damit Ihre individuelle Resilienz zu verbessern. Dazu gehört die Fähigkeit, Stress abzubauen und den Kopf frei zu bekommen, sich auf ein bestimmtes Ereignis innerlich vorzubereiten, den eigenen emotionalen Status willentlich zu verändern, Aufgaben und Probleme zu strukturieren und sich selbst vor negativen Einflüssen zu schützen.

Demgegenüber stehen Situationen, Verhaltensweisen oder auch bestimmte Menschen, die Sie auf unerklärliche Weise Energie verlieren lassen, so wie eine elektrische Batterie, die bei Kälte auf einmal viel mehr Energie verliert als bei Wärme. Oft bekommt man es erst im Nachhinein mit, wenn man es mit Energieräubern zu tun hatte.

Nehmen Sie sich ein paar Minuten Zeit für eine erste Energiebilanz. Was gibt Ihnen Energie? Was lässt Sie Energie verlieren?

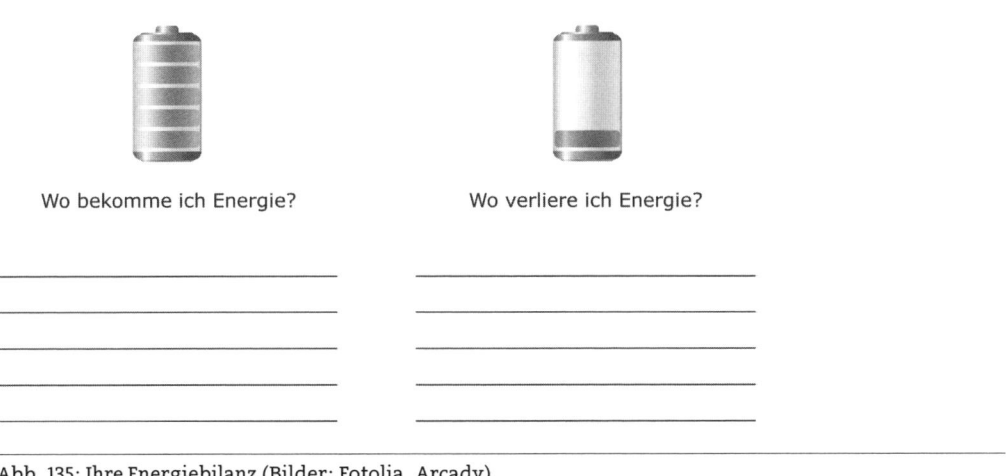

Abb. 135: Ihre Energiebilanz (Bilder: Fotolia, Arcady)

7.2.7.1 Unterschiedliche Arten von Ressourcen

Wie bereits zuvor erwähnt, gibt es verschiedene Arten von Ressourcen, die von Person zu Person zudem stark variieren. Zu diesen gehören die Wurzel- und Flügel-Ressourcen, die bereits im Kapitel „Die Sphären individueller Resilienz" (3.3) vorgestellt wurden. Sie helfen Ihnen dabei, die innere Batterie wieder aufzuladen. Was sind Ihre Wurzelressourcen? Was lässt Ihnen Flügel wachsen?

Wie lässt sich Resilienz fördern?

Eine weitere Gruppe von Ressourcen sind „Tools", also im weitesten Sinne Werkzeuge oder Unterstützungsstrukturen, die uns das Berufsleben leichter machen. Sie laden unsere Batterien zwar nicht auf, aber sie sorgen dafür, dass diese nicht so schnell leer werden. Auf diese Gruppe gehe ich gleich noch näher ein.

Die dritte Gruppe an Qualitäten, die wir im Kontext von Ressourcen betrachten, ist der Umgang mit so genannten „Energielöchern" oder „Energieräubern", d. h. Verhaltensweisen, Menschen oder Situationen, die uns Energie abziehen und unseren Energiespeicher leer laufen lassen. Die Ressource besteht hier in der für uns richtigen Strategie zum Umgang mit diesen negativen Einflüssen.

> **BEISPIEL**
> Ein Beispiel dafür sind Menschen mit einer sehr negativen Grundhaltung. Eine Strategie könnte es sein, solche Menschen zu meiden, oder, falls das nicht realistisch ist, den Kontakt zu ihnen zu minimieren.

Was ist Ihre Strategie für den Umgang mit Energielöchern und -räubern?

Verschiedene Arten von Ressourcen

Ressource	Beschreibung
Wurzeln	Gedanken, Tätigkeiten und Objekte, die Erdung geben, Kontakt zum eigenen Körper herstellen und aufgestaute Energie abbauen
Flügel	Gedanken, Tätigkeiten und Objekte, die dabei unterstützen, eine bestimmte Energie oder Haltung aufzubauen und Energie, Kraft und Zuversicht zu bündeln
Tools	Organisatorische Hilfsmittel und administrative Unterstützung, die die eigene Effizienz erhöhen
Energielöcher	Verhaltensweisen, Menschen und Situationen, die Energie abziehen und uns daran hindern, einen gewünschten inneren Zustand einzunehmen

7.2.7.2 Tools

Ein Beispiel für den Bereich „Tools" ist das Management von Prioritäten z. B. mit der Eisenhower-Matrix. Dieses Hilfsmittel ist einerseits leicht verständlich und stellt andererseits eine effektive Struktur dar, um den allgegenwärtigen Wust an Aufgaben zu bewältigen. Es ist erstaunlich, wie viele Führungskräfte heute solche oder ähnliche Modelle zwar kennen, aber nicht beherzigen. Diese Methode wurde ursprünglich vom US-amerikanischen General und Präsidenten Dwight D. Eisenhower entwickelt. Indem sie zwischen Dringlichkeit und Wichtigkeit differenziert, hilft sie vor allem unter Zeitdruck, die knappe Zeit sinnvoller zu verteilen.

Das Mantra „Wer kann es 80 % so gut wie Sie?" ist hierzu eine Ergänzung von mir. Es hilft dabei, Aufgaben frühzeitiger und strukturierter zu delegieren, denn viele Manager sind nach wie vor ihr bester Mitarbeiter und beweisen sich immer wieder selbst, dass Delegation in ihrem speziellen Fall nicht funktioniert. Häufig liegt dies allerdings daran, dass sie es gerne haben, die Kontrolle zu haben und daher zu spät und ohne sauberes Briefing delegieren, so dass die Mitarbeiter auf Gedankenlesen angewiesen sind — häufig zum Nachteil des Ergebnisses.

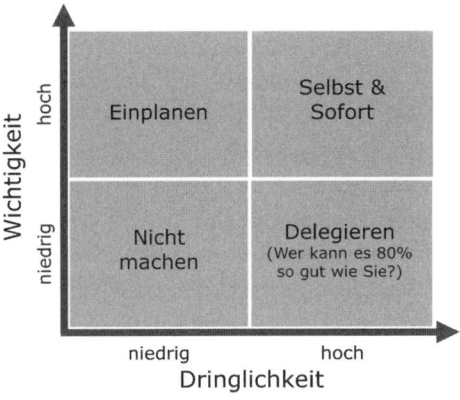

Abb. 136: Eisenhower-Matrix mit Ergänzung

Ein weiteres Beispiel für ein solches Tool ist ein aktives Kalender-Management. Viele Führungskräfte, mit denen wir arbeiten, haben ihren elektronischen Kalender offen für jeden, so dass der häufig einfach nur so dahin gesagte Satz „Ich bin nicht Herr meiner eigenen Agenda!", tatsächlich stimmt. Dies wird umso schlimmer, je mehr verschiedene Zeitzonen dazukommen. Dabei lässt sich diese Situation mit wenig Aufwand abändern. Durch Zugriffsbeschränkung und wiederkehrende Serientermine für Sport, Networking, Strategie oder einen Rundum-Check sorgen Sie dafür, dass Sie die Kontrolle behalten und dass Ihre Bedürfnisse nicht zu kurz kommen.

Die Königsklasse im Bereich Unterstützungsstrukturen ist natürlich ein gut funktionierendes, umsichtiges und intelligentes Sekretariat. Nichts kann einer Führungskraft so den Rücken freihalten oder aber den Stresslevel noch zusätzlich erhöhen. Hier sollten Sie wählerisch in der Auswahl sein und viel Zeit in ein gutes Briefing und regelmäßiges Feedback investieren.

Wie lässt sich Resilienz fördern?

Welche Hilfsmittel und Unterstützungsstrukturen haben Sie für sich geschaffen? Was ließe sich noch weiter ausbauen?

7.2.7.3 Aktionsplan

Übersicht: Ressourcen managen

1. Ressourcen identifizieren
2. Nach Auswirkung priorisieren
3. Ist-Zustand aufnehmen
4. Soll-Zustand definieren
5. Zielerreichung überwachen

Den meisten Managern sind ihre eigenen Ressourcen, also die Summe aller Kompetenzen zur emotionalen Selbststeuerung, nicht bewusst. Dadurch lassen sie einen Teil ihrer Potenziale ungenutzt. Aber auch hier gilt das Kaplan-Zitat: „If you can't measure it, you can't manage it". Daher verwenden wir in unserer Arbeit mit Führungskräften viel Zeit darauf, die Ressourcen zu identifizieren und in ihrer Nutzung zu optimieren. Der Umgang mit Ressourcen ist dabei relativ einfach, denn mit ihnen verhält es sich wie mit allen anderen Management-Prioritäten.

1. Im ersten Schritt ist es wichtig, sie zu kennen bzw. sich ihrer bewusst zu werden. Da man sich besser in wenigen als in vielen Aspekten gleichzeitig optimieren kann, sollten die Ressourcen gemäß ihrer positiven Auswirkung priorisiert werden.
2. Im zweiten Schritt wird der aktuelle Ist-Zustand aufgenommen: Wie oft und in welchen Situationen wenden Sie eine bestimmte Ressource an?
3. Daraufhin folgt die Bestimmung des Soll-Zustandes: Welche Häufigkeit bzw. Regelmäßigkeit in der Anwendung einer bestimmten Ressource ist für Sie wünschenswert und realistisch? In welchen anderen Situationen könnten Sie diese Ressource noch nutzen? Seien Sie dabei möglichst spezifisch: Wo, wann, wie, mit wem, wie oft?
4. Die Erreichung des gewünschten Zustands ist dann regelmäßig zu überprüfen und im Coaching-Logbuch festzuhalten: Was hat funktioniert? Was hat nicht funktioniert? Wo müssen Sie etwas anders machen? Wo muss der Soll-Zustand angepasst werden?

7 Die eigene Resilienz verbessern

Nun sind Sie an der Reihe: Welches sind Ihre Ressourcen in den verschiedenen Bereichen? Wie erden Sie sich? Wie fahren Sie Energie Ihre hoch? Was oder wen nutzen Sie zur Unterstützung? Wie haben Sie gelernt, Energielöcher zu meiden? Je mehr Strategien Sie identifizieren können, desto besser. Nehmen Sie sich Zeit, denn viele Strategien sind eventuell so selbstverständlich geworden, dass sie Ihnen nicht auf Anhieb einfallen. Dennoch kann ihr Einsatz sicherlich verbessert werden. Falls Ihnen nicht genug einfällt, können Ihnen vielleicht Menschen in Ihrem Umfeld etwas über Ihre Ressourcen sagen. Ehepartner sind hier oft eine gute Quelle.

Abb. 137: Übersicht Ihrer Ressourcen (Bilder: Fotolia, Oliver Le Moal, arcady, alain wacquier, He 2, Constantinos)

Welche der identifizierten Ressourcen haben den größten positiven Einfluss auf Ihr Innenleben? Markieren Sie in der Tabelle oben zunächst die Top 3 in jeder Kategorie. Erstellen Sie nun Ihren Aktionsplan für jede dieser Top-3-Ressourcen.

Wie lässt sich Resilienz fördern?

Ressource	Beschreibung	Ist-Zustand	Soll-Zustand

Abb. 138: Aktionsplan Wurzel (Bild: Fotolia, Olivier Le Moal)

Ressource	Beschreibung	Ist-Zustand	Soll-Zustand

Abb. 139: Aktionsplan Flügel (Bild: Fotolia, alain wacquier)

7 Die eigene Resilienz verbessern

Ressource	Beschreibung	Ist-Zustand	Soll-Zustand

Abb. 140: Aktionsplan Tools (Bild: Fotolia, He 2)

Ressource	Beschreibung	Ist-Zustand	Soll-Zustand

Abb. 141: Aktionsplan Energielöcher (Bild: Fotolia, Constantinos)

ARBEITSHILFE ONLINE · **Arbeitsblätter zur Identifikation Ihrer Ressourcen**

Unter http://arbeitshilfen.haufe.de/ finden Sie Arbeitsblätter zur Identifikation Ihrer Ressourcen und für Ihren Aktionsplan in jedem der zuvor beschriebenen Bereiche.

Wie werden Sie diese neuen Verhaltensweisen nun praktizieren? Wie stellen Sie sicher, dass Ihr Vorhaben nicht in Vergessenheit gerät? Wie werden Sie die Umsetzung Ihrer Vorhaben überwachen? Eine regelmäßige Dokumentation Ihrer Ergebnisse, positiv wie negativ, vor allem aber Ihrer Erkenntnisse im Coaching-Logbuch wäre sinnvoll. Damit Sie dies im Alltagstrubel nicht vergessen, ist eine entsprechende Terminserie in Ihrem Kalender eine mögliche Unterstützungsstruktur.

Wie lässt sich Resilienz fördern?

7.2.8 Die Ebene „Hirn-Körper-Achse"

Gott, gib mir die Gelassenheit, Dinge hinzunehmen, die ich nicht ändern kann, den Mut, Dinge zu ändern, die ich ändern kann, und die Weisheit, das eine vom anderen zu unterscheiden.

(Reinhold Niebuhr, US-amerikanischer Theologe)

In den Kapiteln „Neurobiologie, Wohlbefinden und Stress" (4) und „Lebenswandel, Psyche und Gesundheit" (5) habe ich ausführlich die Zusammenhänge und Wechselwirkungen zwischen Gedanken, Emotionen und dem körperlichem Zustand beschrieben. Die Annahme, dass diese Sphären voneinander unabhängig agieren, ist heute eindeutig widerlegt. Nicht nur beeinflusst die Psyche mit ihren Emotionen und Gedanken über das Gehirn zahlreiche Vorgänge im menschlichen Körper, wie z. B. das Immunsystem und sogar Teile der Erbanlagen, sondern auch der Körper beeinflusst den Gehirnstoffwechsel und damit die seelische Balance und geistige Leistungsfähigkeit, z. B. über Sport oder Meditation. Das Verständnis und die gezielte Nutzung dieser Wechselwirkungen haben dabei entscheidenden Einfluss auf die innere Widerstandsfähigkeit eines Menschen.

Dennoch wird diese Erkenntnis nur zögerlich umgesetzt, was zumindest teilweise in der einseitigen Überbewertung von intellektuellen Fähigkeiten in Industrienationen westlicher Prägung begründet liegt. Zweifel an diesem Fakt sind bei Führungskräften besonders deutlich ausgeprägt, da hier vor allem kognitiv orientierte Natur- und Wirtschaftswissenschaftler anzutreffen sind.

7.2.8.1 Einstellung zum Körper überprüfen

Fühlen Sie sich wohl in Ihrer Haut? Mögen Sie Ihren Körper? Was schätzen Sie an ihm? Was ist Ihr Körper für Sie noch außer Fortbewegungsmittel und Anschauungsobjekt? Wissen Sie, wie es Ihrem Körper geht?

Viele Menschen haben ein eher schwieriges Verhältnis zu ihrem Körper. So wie sie sind, mögen sie sich oft nicht. Die einen reagieren darauf mit Ignoranz oder Resignation, die anderen entwickeln einen ausgeprägten Körperkult und versuchen sich beständig durch Sport, Diäten und chirurgische Maßnahmen zu optimieren. Im Sinne der Resilienz geht es vor allem um eine wertschätzende und annehmende Haltung dem Körper gegenüber. Ohne ihn sind wir nichts, doch das merken viele erst, wenn der Körper nicht mehr mitmacht. Dazu gehören vor allem die Wahrnehmung körperlicher Signale, das subjektive Körpergefühl und der empfundene körperliche Energielevel.

Bei der Wahrnehmung des Körpers geht es darum, die Signale des Körpers zu registrieren und zu verstehen. Was tut Ihnen gut, was nicht? Nehmen Sie es wahr, wenn Sie hungrig, durstig oder müde sind? Bekommen Sie auch eher flüchtige Empfindungen mit, wie ein Ziehen im Bauch, feuchte Hände oder einen Kloß im Hals? Was sagen Ihnen diese Signale?

Beim Körpergefühl geht es um die wahrgenommene innere Stimmigkeit, die Sie in Ihrem Körper empfinden. Fühlt es sich richtig und gut an, in diesem Körper zu sein? Wann haben Sie sich das letzte Mal vollständig wohl in Ihrer Haut gefühlt? Der Level an Energie ist Teil dieses Körpergefühls und hängt u. a. von Faktoren wie Schlaf und der Ernährungsweise ab. Manchmal könnten Sie Bäume ausreißen und manchmal ist Ihnen vielleicht mehr nach Sofa zumute. Ein Spitzensportler verfügt nicht automatisch über ein hohes Maß an Resilienz, aber jemand, der sich wohl und energiegeladen in seinem Körper fühlt, ist mit großer Wahrscheinlichkeit eher ausgeglichen und kann Stress daher besser verarbeiten. Doch wann fühlt man sich wohl in seiner Haut? Mit subjektiven Gefühlen ist das so eine Sache, denn sie sind nicht vergleichbar. Um die eigene Wahrnehmung zu kalibrieren, gibt es aus medizinischer Sicht drei leicht zu erfassende Kenngrößen, die das körperliche Energieniveau eines Menschen näherungsweise beschreiben.

Diese sind der Ruhepuls, der so genannte Body-Mass-Index und die Herzratenvariabilität.

Der Ruhepuls

Der Ruhepuls ist eine dynamische Kenngröße und macht eine Aussage über die Tagesform. Ein gesunder, untrainierter Erwachsener hat einen Ruhepuls von 50 bis 100 Schlägen pro Minute, wobei ein Bereich von 60 bis 75 Schlägen pro Minute als optimal angesehen wird. Zum Vergleich: Ein trainierter Ausdauersportler liegt oftmals bei deutlich unter 45 Schlägen pro Minute. Wenn sich Ihr Ruhepuls vor dem morgendlichen Aufstehen im optimalen Korridor bewegt, so ist das eine erste grobe Aussage über den Wirkungsgrad, mit der Ihr Organismus arbeitet. Ein zu hoher Ruhepuls bedeutet hingegen, dass der Herzmuskel mehr arbeiten muss als nötig. Dies ist z. B. der Fall, wenn Ihr Körper mit einer Infektion kämpft. Ein zu niedriger Ruhepuls kann dagegen ein Zeichen von Erschöpfung sein.

Wie lässt sich Resilienz fördern?

Der Body-Mass-Index

Die zweite, vergleichsweise statische Kenngröße, ist der so genannte Body-Mass-Index (BMI), der bereits 1832 von dem belgischen Mathematiker Adolphe Quetelet entwickelt wurde. Der BMI stellt das Körpergewicht in Abhängigkeit von der Körpergröße dar und macht eine Aussage über die aus gesundheitlicher Sicht optimale Körpermasse.

Er errechnet sich über die Formel:

$$BMI = \frac{\text{Körpermasse in kg}}{(\text{Körperlänge in m})^2}$$

Sie können Ihren BMI und die Einordnung Ihres Körpergewichts näherungsweise den hier abgebildeten Übersichten für Männer und Frauen entnehmen.

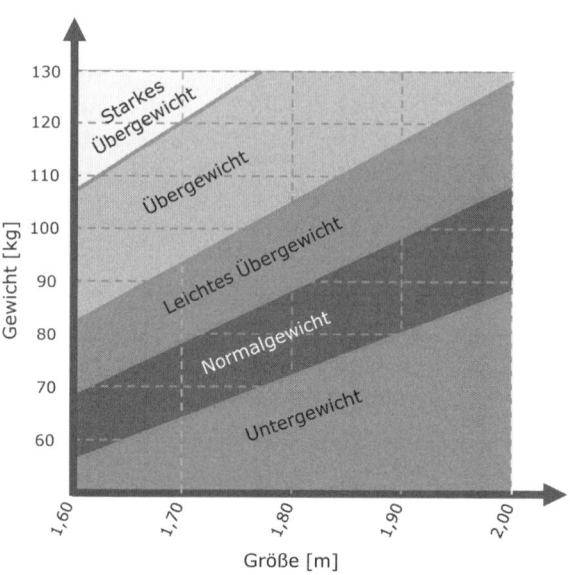

Abb. 142: BMI-Bewertung bei Männern zwischen 35 und 44 Jahren

7 Die eigene Resilienz verbessern

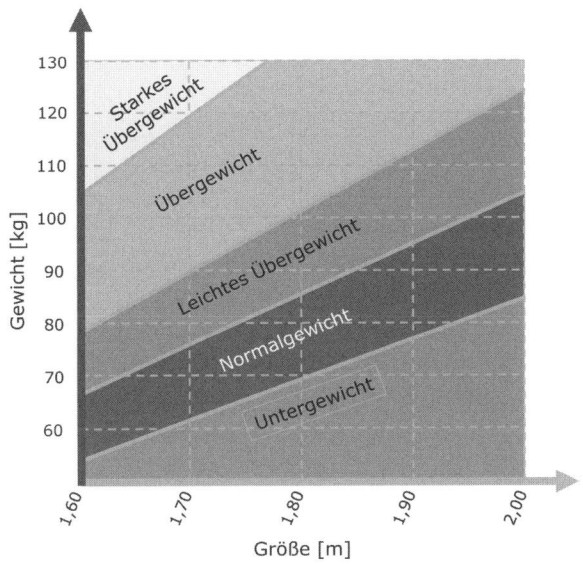

Abb. 143: BMI-Bewertung bei Frauen zwischen 35 und 44 Jahren

Auch wenn der BMI lediglich einen groben Richtwert darstellt, der z. B. die Verteilung von Muskel- und Fettgewebe nicht berücksichtigt, ist er doch von der Weltgesundheitsorganisation als Indikator für die gesundheitliche Einschätzung des individuellen Gewichts anerkannt. Die Einteilung unterscheidet dabei zwischen Untergewicht, Normalgewicht und verschiedenen Stufen von Übergewicht. Das Normalgewicht eines Mannes zwischen 35 und 44 Jahren und einer Größe von 1,80 Metern bewegt sich danach in einem Korridor von ca. 72 bis 88 Kilogramm. Bei einer Frau im gleichen Alter und einer Körpergröße von 1,75 Metern bewegt es sich dagegen im Bereich 64 bis 79 Kilogramm. Auch wenn es keinen direkten Zusammenhang zwischen dem BMI und dem Maß an individueller Resilienz gibt, so gibt es doch einen Zusammenhang zwischen dem eigenen Körpergefühl und dem Maß an innerer Ausgeglichenheit. Viele Menschen erleben ein optimales Körpergefühl, wenn sie sich im Korridor des Normalgewichts bewegen.

ARBEITSHILFE ONLINE	**Mehr zur Berechnung des BMI**
	Möchten Sie Ihren BMI berechnen? Weitere Informationen finden Sie unter http://arbeitshilfen.haufe.de/

7.2.8.2 Feedback vom Körper einholen

Während Ruhepuls und Body-Mass-Index eher grobe Näherungswerte für das Maß an innerer Energie sind, gibt es einen schulmedizinisch anerkannten Indikator für die individuelle Resilienz aus der Gruppe der so genannten Biofeedback-Verfahren. Beim Biofeedback werden körperliche Zustandsgrößen, die nicht direkt wahrnehmbar sind, wie z. B. Puls oder Blutdruck, über elektronische Hilfsmittel sichtbar oder hörbar gemacht. Die Messgröße, von der hier die Rede ist, ist die so genannte Herzratenvariabilität (HRV). Hintergrund dieser Diagnostik ist ein Phänomen, das auch als „respiratorische Sinusarrhythmie" bezeichnet wird. Dahinter verbirgt sich die Tatsache, dass sich bei gesunden Menschen die Herzfrequenz gemeinsam mit der Atmung und damit auch mit der körperlichen Aktivität verändert. Die Hintergründe dazu habe ich bereits im Kapitel „Funktion und Wirkungsweise von Stress" (4.2) beschrieben. Eine hohe HRV ist dabei gleichzusetzen mit einer großen Kapazität für den Umgang mit Stress, also einem hohen Maß an individueller Resilienz. Eine niedrige HRV ist hingegen ein Zeichen von Erschöpfung infolge langanhaltender Belastung, also einem niedrigen Maß an Resilienz.

Die Herzratenvariabilität wurde ursprünglich vor allem in der Leistungsdiagnostik der Sportmedizin eingesetzt. Um die HRV korrekt zu bestimmen, braucht man ein Elektrokardiogramm (EKG), welches die elektrische Erregung der Muskelzellen im Herz misst. Diese wird dabei in Form einer Potentialdifferenz zwischen den elektrisch erregten Zellen des Herzmuskels und den Zellen eines anderen Körperbereichs ermittelt. Um diese elektrische Potentialdifferenz zu messen, braucht es mindestens zwei, besser drei Elektroden, die auch als Ableitungen bezeichnet werden. Ein EKG ist teuer, komplex und die elektrischen Ableitungen sind zudem sehr störanfällig. Daher wird für die Anwendung und vor allem für die Datenanalyse speziell geschultes medizinisches Personal benötigt. Da die Messung der HRV eine immer höhere Bedeutung erlangt, gibt es allerdings auch zunehmend preiswertere, einfachere und von Laien anwendbare Geräte bzw. Programme, die aufgrund mangelnder Genauigkeit medizinischen Ansprüchen zwar nicht genügen, aber eine erste Indikation für die HRV geben. Diese funktionieren mit optischen Sensoren oder mithilfe eines Ohrclips und verfügen entweder über eigene Hardware, wie beispielsweise der Qiu der Firma BioSign, oder sie nutzen aktuelle Smartphones, wie z. B. die Applikation HeartMath.

Die genannten Geräte können die HRV aber, wie gesagt, nur ungenau und indirekt erfassen.

Hier gibt es eine spannende Neuentwicklung. Eine 2013 vom Fraunhofer Institut fertiggestellte Technologie ermöglicht es heute, ein echtes Langzeit-EKG in ein

Kleidungsstück (T-Shirt für Männer oder BH für Frauen) zu integrieren, um so medizinisch belastbare Daten zur Ermittlung der HRV zu messen und auf einem Smartphone zu visualisieren.

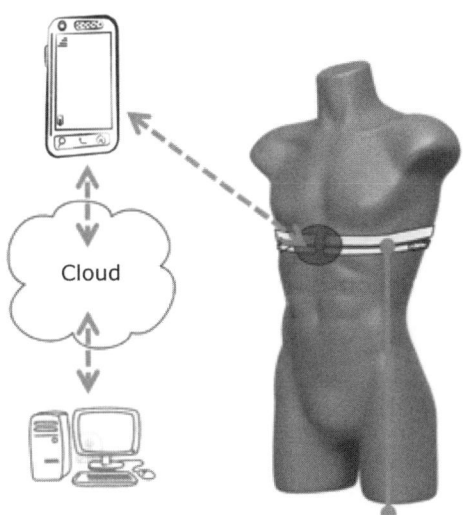

Sensorband mit EKG- und Atmungs-Sensoren; zentrale Dateneinheit zur Kommunikation mit dem Smartphone

Abb. 144: Prinzip einer HRV-Messung mittels „wearable" EKG

Dieses Gerät befand sich zum Zeitpunkt der Fertigstellung dieses Buchs noch im Prototypen-Stadium.

In unserer Arbeit mit Führungskräften ist die regelmäßige Messung des Resilienz-Levels mittels HRV teilweise fester Bestandteil des Coachings. Ebenso ermutigen wir unsere Klienten, selbst entsprechende Geräte anzuschaffen, um die HRV engmaschig zu erfassen und im Coaching-Logbuch zu dokumentieren.

ARBEITSHILFE ONLINE

Bestimmung der Herzratenvariabilität

Möchten Sie mehr zum Thema HRV erfahren oder Ihre Herzratenvariabilität selbst bestimmen? Weitere Informationen finden Sie unter http://arbeitshilfen.haufe.de/

7.2.8.3 Achtsamkeit üben

Wie ich bereits im Kapitel „Die Sphären individueller Resilienz" (3.3) erläutert habe, funktioniert Achtsamkeit nicht wie ein Schalter, den man entweder an- oder ausmacht. Achtsamkeit ist vielmehr ein Prozess, der sich über verschiedene Entwicklungsschritte manifestiert. Achtsamkeit umfasst dabei sowohl die Wahrnehmung des eigenen Körpers als auch die Steuerung unwillkürlicher Körperfunktionen, wie z. B. des Atems oder des Herzschlags.

1. Am Anfang des Entwicklungsprozesses steht die fehlende Achtsamkeit. Diese ist gekennzeichnet von Ignoranz dem eigenen Körper gegenüber.
2. Darauf folgt die Ebene der kognitiven Achtsamkeit. Auf dieser Ebene sind der Person die Prinzipien von Achtsamkeit bewusst, aber diese werden nicht angewandt. Dies wird auch als „Knowing-Doing-Gap" bezeichnet.
3. Auf der dritten Ebene tritt die bewusste Achtsamkeit ein. Die Person verhält sich achtsam, muss sich aber immer wieder bewusst darauf konzentrieren.
4. Auf der vierten Ebene steht dann die intuitive Achtsamkeit. Hier sind die Achtsamkeitspraktiken bereits in Fleisch und Blut übergegangen.

Die Umsetzung von Achtsamkeit beginnt dabei mit vielen kleinen Schritten. Ein Prinzip von Achtsamkeit ist es, der Sache, die man gerade tut, jeweils die volle, uneingeschränkte Aufmerksamkeit zukommen zu lassen. Das ist das exakte Gegenteil von Multitasking. Es bedeutet, beispielsweise keine E-Mails während des Essens zu lesen und sich in dieser Zeit auch nicht von Telefonaten unterbrechen lassen. Überhaupt hat Achtsamkeit etwas mit der Reduktion und dem aktiven Managen des Medienkonsums zu tun, insbesondere im Umgang mit Smartphones, der ja bei vielen Managern schon Suchtcharakter hat. In den USA wurde 2013 erstmals ein neues Angstphänomen beschrieben, die so genannte „Cell Phone Separation Anxiety" (zu Deutsch: Handy-Trennungsangst). Was damit gemeint ist, kann derjenige gut nachvollziehen, der Manager aus einem offiziellen Meeting kommen sieht. Selbst süchtige Raucher checken zuerst ihre E-Mails, bevor sie sich eine Zigarette anzünden.

Dem Thema Achtsamkeit kann man und sollte man sich auch strukturierter nähern. Eine nachweislich wirksame Methode zum Erlernen und Praktizieren von mehr Achtsamkeit ist Mindfulness Based Stress Reduction (MBSR). Dieses vom US-amerikanischen Medizinprofessor Jon Kabat-Zinn entwickelte Verfahren bietet einen pragmatischen Fahrplan für das Erlernen von Achtsamkeitspraktiken innerhalb von acht Wochen an, die aus jeweils zweieinhalbstündigen Gruppensitzungen pro Woche und einem Tag der Achtsamkeit bestehen. Außerdem beträgt die tägliche Übungszeit 45 Minuten. Es braucht also durchaus einiges an Energie und Durchhal-

7 Die eigene Resilienz verbessern

tevermögen vom Teilnehmer, was sich aber schnell bezahlt macht. Kern von MBSR ist es, durch das Schulen von nicht bewertender Wahrnehmung die automatische Verknüpfung zwischen externer Belastung und Stressreaktion aufzulösen. Das MBSR-Programm ist weltweit standardisiert und enthält u. a. folgende Übungselemente:

- Einübung achtsamer Körperwahrnehmung
- Ausgewählte einfache Körperübungen (Yoga)
- Kennenlernen und Einüben des „Stillen Sitzens" (Sitzmeditation)
- Achtsames Ausführen langsamer Bewegungen (Gehmeditation)
- Spezielle Atemübungen

Bei allen Übungen steht die nicht bewertende Wahrnehmung dessen, was gerade im Augenblick passiert, im Vordergrund. Das können Körperempfindungen, Sinneswahrnehmungen, Gedanken oder Emotionen sein. Mit zunehmender Übung lassen sich durch MBSR auch alltägliche Arbeiten mit mehr Bewusstsein und Achtsamkeit ausführen.

ARBEITSHILFE ONLINE

Mehr zum Thema MBSR

Möchten Sie mehr zum Thema MBSR erfahren oder selbst an einem MBSR-Lehrgang teilnehmen? Weitere Informationen finden Sie unter http://arbeitshilfen.haufe.de/

7.2.9 Die Ebene „Beziehungen/Authentizität"

No man is an island.

(John Donne, englischer Dichter)

Haben Sie Freunde? Ich meine keine Facebook- oder Rotarier-Freunde oder Geschäftsfreunde. Ich meine richtige Freunde, denen Sie voll und ganz vertrauen. Die Amerikaner nennen diese echten Freunde auch „Friends with a capital F".

Wie sieht es aus mit geschätzten Gesprächspartnern? Wissen Sie, wie es diesen Menschen geht? Wissen diese, wie es Ihnen geht? Wie oft sprechen Sie mit ihnen? Alle in diesem Buch vorgestellten Untersuchungen sind sich darin einig, dass authentische, vertrauensvolle Beziehungen elementar für die Festigung und Verbesserung von psychischer Widerstandsfähigkeit sind. Dies gilt insbesondere bei den Menschen, die von der „Einsamkeit an der Spitze" betroffen sind, den Führungskräften.

Wie lässt sich Resilienz fördern?

Abb. 145: Topmanager sind aufgrund ihrer Rolle oftmals isoliert

Inspirierende Gespräche mit Menschen, denen Sie vertrauen können und die es gut mit Ihnen meinen, sind selten und ein echtes Geschenk. Wer in Ihrem Umfeld traut sich sonst, Ihnen offenes und ehrliches Feedback oder auch nur einen Ratschlag zu geben?

Insbesondere Männer sind meiner Erfahrung nach allerdings nicht besonders geübt darin, solche Beziehungen ohne konkreten Anlass zu pflegen. Beziehungen sind für Männer meist kein Selbstzweck, sondern ein Mittel zum Zweck. Aber auch erfolgreiche Frauen tun sich hier oft schwer, sich mit ihresgleichen auszutauschen, denn weibliche Netzwerke haben für viele gleich den Nimbus von Gleichberechtigung und Frauenquote. All dies gilt es zu ändern.

Die im Kapitel „Die Sphären individueller Resilienz" (3.3) vorgestellten Zahlen zeigen, dass insbesondere Topmanager oft dazu neigen, sich zu isolieren bzw. der positionsbedingten Isolation nicht entgegenzuwirken, was früher oder später zu dramatischen Konsequenzen führen kann, wie ich im Kapitel „Woran Executives scheitern" (2) beschrieben habe. Ein externer Coach, Berater oder Sparringspartner ist für sie dann oft der einzige Ersatz, aber eben auch nicht mehr.

Besser wäre es, diese vertrauten Personen im eigenen Umfeld zu wissen, um sich regelmäßig austauschen zu können, ohne dass die Einkaufsabteilung eine Bestellung auslösen muss. Hierbei geht es nicht um möglichst viele soziale Kontakte, sondern um die Pflege weniger, dafür aber vertrauensvoller und tiefgründiger Beziehungen.

7.2.9.1 Critical Leader Relationships

Ungeteilte Aufmerksamkeit und echtes Interesse werden in unserer schnelllebigen und zu Oberflächlichkeit neigenden Welt immer mehr zu einem Luxusgut. Die so genannten „Critical Leader Relationships" (CLR) werden daher für Executives, die qua ihrer Rolle und Verantwortung nicht viele Menschen haben, mit denen sie vertrauensvoll und ohne Rollenkonflikt reden können, mehr und mehr an Bedeutung gewinnen. Sie entstehen aber nicht einfach so und müssen zudem gepflegt werden, was Zeit und Energie kostet. CLRs funktionieren am besten auf Augenhöhe, wenn beide Beteiligten die regelmäßigen informellen Gespräche schätzen und gleichermaßen einen Nutzen daraus ziehen. Aber auch CLRs im Sinne einer Beziehung zwischen „Mentor" und „Mentee" können funktionieren, denn auch hier haben beide Seiten etwas davon. Der Mentor kann seine Erfahrung weitergeben, was seine Eigenreflexion anregt und zudem dem Ego schmeichelt. Der Mentee hat einen erfahrenen Sparringspartner an der Seite, der ihn im Sinne eines wohlwollenden Ratgebers und Advocatus Diaboli hinterfragt. Viele Mentoren sind allerdings zu sehr von sich und ihrer Erfahrung eingenommen, fragen zu wenig nach und hören noch weniger zu.

Nicht selten helfen wir daher dabei, Topmanager zunächst in den Techniken offener Fragen und aktivem Zuhören zu schulen, um sie dann miteinander ins Gespräch zu bringen und im Sinne eines kollegialen Austausches zu vernetzen. Entscheidend ist dabei, dass die Chemie und Wellenlänge stimmen und dass sich keine vordergründigen oder opportunistischen, sondern vertrauensvolle und authentische Beziehungen entwickeln. Zielsetzung davon ist, dass der Austausch von beiden Seiten als eine Gelegenheit geschätzt wird, sich weitestgehend so zeigen zu können, wie man wirklich ist. Keine einfache, aber eine sehr lohnenswerte Aufgabe.

7.2.9.2 Bestandsaufnahme und Aktionsplan

Wie steht es mit Ihnen? Auf welche CLRs können Sie zurückgreifen? Haben Sie einen Mentor? Wer ist Mentor für Sie? Wie vertrauensvoll sind Ihre CLRs? Wie oft haben Sie Kontakt? Was wäre erstrebenswert? Was werden Sie tun, um die Qualität und Intensität dieser Beziehungen zu verbessern? Nutzen Sie die folgende Tabelle, um eine Bestandsaufnahme Ihres Beziehungsnetzwerks zu machen und einen Aktionsplan zu entwickeln.

ARBEITSHILFE ONLINE	**Arbeitsblatt zu Critical Leader Relationships**
	Möchten Sie sich mit Ihren Critical Leader Relationships ausführlicher beschäftigen? Ein entsprechendes Arbeitsblatt finden Sie unter http://arbeitshilfen.haufe.de/

Wie lässt sich Resilienz fördern?

Vertrauensperson (CLR)	Grad des Vertrauens	Wie oft Kontakt? (aktuell)	Wie oft Kontakt? (gewünscht)	Maßnahmen

Abb. 146: Bestandsaufnahme und Aktionsplan für Ihre CLRs (Bild: Fotolia, Orlando Florin Rosu)

7.2.10 Die Ebene „Sinn"

Am Ende zählt nicht, wie viele Jahre Dein Leben umfasst. Was zählt ist, wie viel Leben in Deinen Jahren steckt.

(Abraham Lincoln, US-amerikanischer Präsident)

Welchen Sinn hat Ihr Leben? Was bleibt von Ihnen, wenn Sie diese Erde verlassen? Wird sich Ihre Karriere und der Preis, den Sie dafür bezahlt haben, gelohnt haben? Was möchten Sie als Erbe hinterlassen? Woran sollen die Menschen denken, wenn sie sich an Sie erinnern?

Die Reaktion auf diese Fragen ist typischerweise Schnappatmung gefolgt von ratlosem Schweigen. Viele Führungskräfte, mit denen wir arbeiten, haben erst einmal keine Antworten auf diese Fragen. Und das, obwohl doch für uns alle das Leben endlich ist. Manager sind gewohnt zu steuern, Einfluss zu nehmen und die Kontrolle zu behalten. Und doch endet unser aller Leben mit einem riesigen Kontrollverlust, unserem Tod. Das menschliche Bedürfnis nach Sinn ist ein Geschenk dieser Perspektive. Wenn Menschen mit dem Tod konfrontiert sind, haben sie oft einen wesentlich schärferen Blick für die Dinge, die jetzt, in ihren letzten Wochen und Monaten, noch Sinn machen, und die, die eigentlich bedeutungslos sind.

7.2.10.1 Was Sterbende bedauern

Dies sind auch die Erkenntnisse der Australierin Bronny Ware, die über acht Jahre als Privatpflegerin arbeitete und Menschen in den letzten Monaten und Wochen ihres Lebens begleitete. In dieser Zeit lebte Ware bei diesen Menschen und hörte ihnen zu. Manche waren ohne Reue und konnten mit dem nahenden Ende gut umgehen, andere waren bitter und wollten bis zum Schluss nichts davon wissen. Die Themen der Sterbenden ähnelten sich dabei. Viele bedauerten, nicht das Leben gelebt zu haben, das sie sich erträumt hatten. Und es ging um Selbstvorwürfe angesichts getroffener oder nicht getroffener Entscheidungen. Auch das Bedauern von Fehlern und von Versäumnissen war ein Thema. Viele verspürten zudem Ärger in sich, weil sie diese Einsichten erst hatten, als es bereits zu spät war. Ware hat ihre Erkenntnisse in dem Buch „The Top Five Regrets of the Dying" verarbeitet, das zu einem internationalen Bestseller wurde. Im Folgenden finden Sie die Einsichten der Sterbenden, die Ware in ihrem Buch niedergeschrieben hat.

Einsichten von Sterbenden

Ich wünschte, ich hätte den Mut gehabt, mein eigenes Leben zu leben.	Viele bedauerten, dass sie das Leben geführt hatten, das andere von ihnen erwarteten, nicht aber das Leben, dass sie selbst wollten.
Ich wünschte, ich hätte nicht so viel gearbeitet.	Vor allem Männer bedauerten, dass sie ihrer Karriere zu viel Raum gegeben hatten und dafür darauf verzichtet hatten, Zeit mit den Menschen zu verbringen, die ihnen etwas bedeuten.
Ich wünschte, ich hätte den Mut gehabt, meine Gefühle auszudrücken.	Viele berichteten, dass sie selbst ihren engsten Vertrauten nie ihr wahres Ich und ihre Gefühle gezeigt haben. Sie hielten diese zurück aus Angst vor Ablehnung und vor Konflikten. Viele arrangierten sich lieber mit einer sicheren, aber mittelmäßigen Existenz, als ein Risiko einzugehen und zu dem zu werden, was sie hätten sein können.
Ich wünschte mir, ich hätte den Kontakt zu meinen Freunden aufrechterhalten.	Alle Sterbenden vermissten alte Freunde, deren Fährte sie im Laufe des Lebens verloren hatten. Sie bedauerten, nicht mehr Energie in diese Beziehungen investiert zu haben, so dass die Geschäftigkeit des Alltags selbst engste Freundschaften über die Jahre hatte verblassen lassen.
Ich wünschte, ich hätte mir erlaubt, glücklicher zu sein.	Viele steckten bis zum Schluss in ihren alten Mustern und Gewohnheiten. Sie realisierten zu spät, dass sie immer eine Wahl gehabt hatten, ihre Komfortzone zu verlassen. Sie bedauerten, dass sie Menschen, die ihnen viel bedeuteten, verloren hatten, weil sie nicht willens gewesen waren, ihre Komfortzone zu verlassen.

Wie lässt sich Resilienz fördern?

7.2.10.2 Was gibt Ihnen Sinn?

35 % der deutschen Bevölkerung sehen keinen sonderlichen Sinn in ihrem Leben. Wie steht es mit Ihnen in Bezug auf Sinn? Wofür machen Sie das alles? Was möchten Sie nicht bedauern, wenn sich Ihr Leben einmal dem Ende zuneigen wird?

Die Psychologin Tatjana Schnell hat ein Inventar von fünf wesentlichen Sinndimensionen und 26 dazugehörigen Lebensbedeutungen entwickelt, um die individuelle Ausprägung von Sinn messbar zu machen.

Welche dieser Lebensbedeutungen ist für Sie bedeutsam und sinnstiftend?

Inventar zu Sinndimensionen von Tatjana Schnell

Sinndimensionen / Lebensbedeutungen	Was konkret daran macht dies sinnstiftend für Sie?
Orientierung an einem jenseitigen größeren Ganzen	
▪ Konkrete Religiosität ▪ Abstrakte Spiritualität	
Orientierung an einem diesseitigen größeren Ganzen	
▪ Soziales Engagement ▪ Naturverbundenheit ▪ Selbsterkenntnis ▪ Gesundheit, Fitness ▪ Erschaffen bleibender Werte	
Wirgefühl	
▪ Gemeinschaft ▪ Freude ▪ Liebe ▪ Wellness ▪ Fürsorge ▪ Achtsamkeit ▪ Harmonie	
Selbstverwirklichung	
▪ Bewältigung von Herausforderungen ▪ Eigenes Potenzial ausleben ▪ Macht, Gestalten ▪ Entwicklung, Zielstrebigkeit ▪ Leistung, Ziele erreichen ▪ Freiheit, Unabhängigkeit ▪ Wissen, Lernen ▪ Kreativität	

Die eigene Resilienz verbessern

Sinndimensionen / Lebensbedeutungen	Was konkret daran macht dies sinnstiftend für Sie?
Ordnung	
- Tradition - Bodenständigkeit - Moral, Werte - Vernunft	

Menschen neigen dazu, Erfüllung zu empfinden, wenn das, was sie tun, dem entspricht, was sie für sinnvoll halten. Wie können Sie Ihr Leben stärker an dem ausrichten, was Ihnen Sinn gibt? Welche Maßnahmen wollen Sie beschließen, um dies umzusetzen?

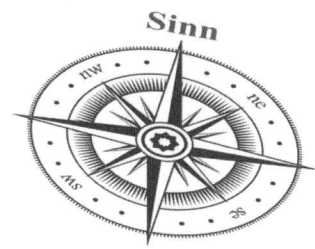

Sinndimension	Lebensbedeutung	Maßnahmen, um dies mehr zu leben

Abb. 147: Sinn (Bild: Fotolia, longquattro)

ARBEITSHILFE ONLINE

Arbeitsblätter zu Sinn und Lebensmotiven

Möchten Sie sich ausführlicher mit Ihrem Sinn und Ihren Lebensmotiven beschäftigen? Unter http://arbeitshilfen.haufe.de/ finden Sie entsprechende Arbeitsblätter.

Wie lässt sich Resilienz fördern?

7.2.10.3 Was sind Ihre Werte?

Woran richten Sie Ihr Handeln aus? Was ist erstrebenswert für Sie? Was ist Ihr inneres Koordinatensystem?

Während Sinn dem eigenen Leben Bedeutung gibt, sind Werte eher abstrakte Überzeugungen zu bestimmten erstrebenswerten Zuständen, Qualitäten oder Verhaltensweisen. Abstrakt heißt dabei, dass die Fragen „Was genau macht dies zu einem Wert? Was ist der Wert dahinter?", nicht mehr zu einer weiteren Ebene führen.

> **BEISPIEL**
>
> Für eine Person ist Karriere besonders wichtig. Auf die Frage „Was macht Karriere zu einem Wert für Sie?", antwortet sie möglicherweise „Anerkennung". Auf die Nachfrage „Was an Anerkennung ist besonders bedeutsam für Sie?", könnte sie erwidern „Gesehen werden". Wenn eine erneute Frage zu keinem weiteren Ergebnis führt, ist der eigentliche abstrakte Wert erreicht.

Wenn wir eine Führungskraft coachen, erarbeiten wir immer auch deren individuelles Wertesystem. Nach unserer Erfahrung sind die Bezeichnungen der Werte dabei von Person zu Person sehr unterschiedlich. Was für den einen „Fülle" ist, ist für den anderen „Lebensstandard" und für den nächsten „Freiheit". Hier gibt es kein „richtig" und kein „falsch". Die empfundene Stimmigkeit in der Bezeichnung ist bei der Erarbeitung von Werten daher von großer Bedeutung.

Im Folgenden finden Sie eine Liste von Werten, die in unserer Arbeit regelmäßig genannt werden. Welche davon sind für Sie elementar? Wonach richten Sie Ihr Verhalten aus? Was erwarten Sie von sich und von anderen? Markieren Sie die für Sie wichtigsten zehn Werte und bringen Sie sie in eine Rangfolge entsprechend ihrer Bedeutsamkeit für Ihr Leben.

Übersicht Werte

Anerkennung	Aufrichtigkeit
Authentizität	Effektivität
Effizienz	Erfolg
Ehrgeiz	Ehrlichkeit
Eigenverantwortung	Einfluss
Erfolg	Fairness
Familie	Freiheit
Freude	Freundschaft
Fülle	Geld
Genuss	Gerechtigkeit
Gestalten	Gesundheit
Harmonie	Herzlichkeit
Hilfsbereitschaft	Intellektualität
Intensität	Konformität
Konsequenz	Kontrolle
Korrektheit	Kreativität
Lebensstandard	Liebe
Loyalität	Macht
Offenheit	Partnerschaft
Politisches Engagement	Präzision
Pünktlichkeit	Respekt
Sauberkeit	Sicherheit
Solidarität	Soziales Engagement
Spaß	Spiritualität
Status	Toleranz
Tradition	Umweltbewusstsein
Unabhängigkeit	Verantwortung
Verbindlichkeit	Verlässlichkeit
Vertrauen	Zielstrebigkeit

Wie lässt sich Resilienz fördern?

7.2.11 Leben Sie Ihre Werte?

Wege entstehen dadurch, dass man sie geht.

(Franz Kafka, deutscher Schriftsteller)

Stimmigkeit oder Kongruenz wird beschrieben als die Übereinstimmung des individuellen Verhaltens mit den persönlichen Werten einer Person.

Inwieweit sind Sie kongruent? Wie sehr leben Sie Ihre Werte im Alltag? Was könnten Sie tun, um Ihre Werte noch stärker in die Tat umzusetzen? Beginnen Sie mit Ihren wichtigsten fünf Werten: Welches konkrete Verhalten bzw. welche Qualität möchten Sie in Bezug auf diese mehr bei sich sehen? Wie können Sie dies konkret umsetzen?

Wert	Konkretes Verhalten	Maßnahmen, um dies mehr zu leben

Abb. 148: Werte

ARBEITSHILFE ONLINE	**Arbeitsblätter zu Werten**
	Möchten Sie sich ausführlicher mit Ihren Werten beschäftigen? Unter http://arbeitshilfen.haufe.de/ finden Sie entsprechende Arbeitsblätter.

Zusammenfassung

Wie kann man lernen, private und berufliche Krisen und Rückschläge wegzustecken, ohne dabei zu Boden zu gehen? In diesem Kapitel habe ich gezeigt, dass die Arbeit an der eigenen inneren Kraft auf unterschiedlichen Ebenen erfolgen kann. Das Modell der Sphären der individuellen Resilienz kann hier eine gute Orientierung sein, um Ansatzpunkte zu identifizieren, die den eigenen Präferenzen entsprechen. Es kann und soll aber auch dabei unterstützen, neue Ansätze zu finden, die man bisher bewusst oder unbewusst ignoriert oder gemieden hat. Die verschiedenen Sphären sind dabei natürlich nicht losgelöst voneinander, sondern stehen miteinander in enger Wechselwirkung.

Eine Metapher, die diese Verbundenheit sehr gut zusammenfasst, ist die Analogie eines Segelbootes. Ein Segelboot hat einen Rumpf, der es durch das Wasser trägt. Dieser kann dabei als Sinnbild für die tragenden Beziehungen einer Person dienen. Das Boot hat außerdem einen Kiel, der es stabilisiert und auf Kurs hält. Dieser steht für die Persönlichkeit mit allen Vorzügen und Schwächen. Die Biographie eines Menschen ist der Meeresboden, der mal eben und mal aufgeworfen und voller Untiefen ist. Hinderliche Glaubenssätze sind wie kleine Löcher im Rumpf, die das Boot Wasser aufnehmen lassen, so dass es tiefer im Wasser liegt. Ressourcen hingegen sind wie Fender oder Auftriebskörper, die das Boot weiter aus dem Wasser heben. Das Segel steht für den Sinn und der Mast überträgt als Hirn-Körper-Achse die Kraft des Windes (Resilienzfeld) auf den Bootskörper.

Das System „Segelboot" ist dabei ständig in Bewegung. Wellen und Wind verändern sich fortwährend. Kommt nun noch Ladung in Form von Krisen, Konflikten oder Unsicherheit dazu, so wird das Boot tiefer ins Wasser gedrückt, was dazu führen kann, dass das zur Verfügung stehende Maß an Resilienz aufgebraucht wird, das Boot nach unten sinkt und dass der Kiel auf dem Meeresboden entlangschrammt. Das macht unschöne Geräusche und Kratzer (emotionale Verstimmung) und lässt die Fahrt stocken (Leistungsverlust). Hin und wieder kann es sogar sein, dass der Kiel aufsetzt und das Boot auf Grund läuft (emotionale Krise). Dann heißt es warten, bis die Flut wieder einsetzt und das Boot freikommt. Ist das Resilienzfeld bzw. der Wind hilfreich und stark und das Segel, also der Sinn, groß, so kann das Boot allerdings auch vorher wieder freikommen. Wie jede Metapher hat auch dieses Bild seine Grenzen, aber es ist eine schöne Merkhilfe und kann einige wechselseitige Abhängigkeiten deutlich machen.

Wie sieht Ihr Segelboot gerade aus?

Wie lässt sich Resilienz fördern?

ARBEITSHILFE ONLINE	**Arbeitsblatt zu Ihrem eigenen Segelboot**
	Zeichnen Sie doch mal Ihr eigenes Segelboot. Was genau repräsentiert für Sie der Rumpf, der Mast, das Segel? Wie sieht Ihr Meeresboden aus und welche Löcher hat Ihr Boot? Ist genug Wasser unter dem Kiel oder sind Sie auf ein Riff gelaufen? Wenn Sie sich ausführlicher damit beschäftigen möchten, finden Sie unter http://arbeitshilfen.haufe.de/ ein entsprechendes Arbeitsblatt.

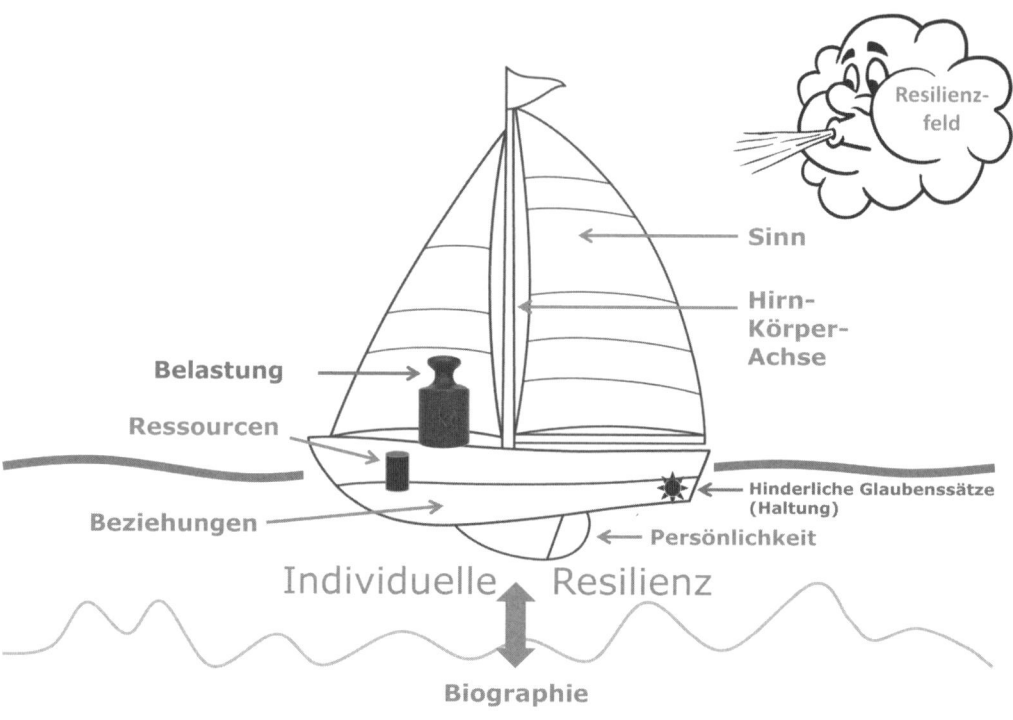

Abb. 149: Individuelle Resilienz und die Segelboot-Metapher

7.3 Zielgerichtete Beratungsformate

When the Going gets tough, the Tough get going.

(Joseph P. Kennedy, Vater von US-Präsident John F. Kennedy)

Wie bereits erwähnt, erfordert die Arbeit an der eigenen Resilienz Energie und Ausdauer. Sie gelingt nur, wenn sie als ein innerer Prozess verstanden wird, der sich über viele Monate und Jahre erstreckt. Die eigentliche Arbeit findet in einem selbst statt, durch kritische Eigenreflexion und Selbstbeobachtung und durch Ausprobieren von neuen Denk- und Verhaltensweisen. Das bedeutet, andere Dinge zu tun oder Dinge anders zu tun. Mitunter heißt es auch, die düsteren, verstaubten Stellen im Keller aufzusuchen und sich selbst vielleicht ein paar unschöne Wahrheiten einzugestehen. Vielleicht gilt es auch, alte Zöpfe abzuschneiden und die Komfortzone zu verlassen. Eventuell erfordert Arbeit an sich selbst zudem, sich selbst überhaupt erst wichtig zu nehmen und an sich selbst die gleiche Gründlichkeit und Nachhaltigkeit walten zu lassen, die man auch jedem anderen Projekt widmen würde.

Arbeit an sich selbst ist nicht immer angenehm, aber sie lohnt sich. In meiner Erfahrung ist die Arbeit an sich selbst auch ohne Begleitung durch eine andere Person prinzipiell möglich. Allerdings geben sehr viele unterwegs auf oder stagnieren in ihrer Entwicklung. Wenn die Verbesserung der individuellen Resilienz daher für eine Führungskraft besonders wichtig ist, sollte er oder sie in Erwägung ziehen, sich von einem besonders geschulten Coach unterstützen zu lassen.

Natürlich bedeutet das nicht, dass die zahlreichen Arbeitsblätter, die in diesem Buch zur Durcharbeitung empfohlen werden, überflüssig sind. Die Beschäftigung damit ist durchaus sinnvoll für erste Schritte in die richtige Richtung. Aber mit Selbst-Coaching ist es ein bisschen wie mit Selbstgesprächen. Sie sind natürlich auch eine Möglichkeit der Kommunikation, aber man lernt dabei typischerweise nicht so viele neue Ansichten und Denkweisen kennen wie in einem Gespräch mit einem anderen Menschen.

Bei Leadership Choices sind wir auf die Arbeit mit Führungskräften zu verschiedenen Problemstellungen spezialisiert. Diese Themen gleichen dabei den Problemstellungen, die bei einer Studie als zentrale Probleme von Topmanagern herausgearbeitet wurden. Diese wurde 2013 in der Harvard Business Review veröffentlicht.

Um die Studie richtig einordnen zu können, muss man sich bewusst machen, dass Coaching eine vertrauliche Form der Einzelberatung ist. Das ist die Grundlage der Zusammenarbeit zwischen Coach und Klient. Führungskräfte vertrauen darauf, dass Details, die mit dem Coach besprochen werden, unter keinen Umständen nach außen dringen, schon gar nicht in die eigene Personal- oder Einkaufsabteilung. Daher sind die offiziell genannten Themen, an denen im Coaching gearbeitet wird, nicht immer identisch mit den eigentlichen Themen, um die es in der vertraulichen Beratung wirklich geht.

Wie lässt sich Resilienz fördern?

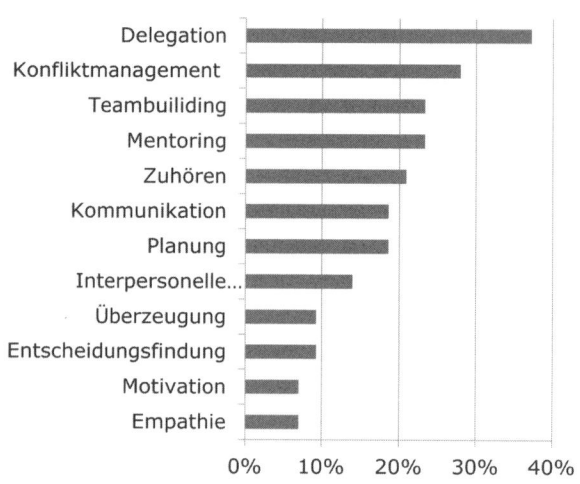

Abb. 150: Coaching-Mandate von Topmanagern; Quelle: Harvard Business Review, Zenger & Folkman, 2009

Wie man aus der HBR-Statistik ersehen kann, ist das Thema „Delegation" mit knapp 40 % das Thema, das am häufigsten im Coaching von Topmanagern bearbeitet wird. Eigentlich verwunderlich, dass ein erfahrener Manager hier Unterstützung braucht. „Delegation" ist nach unserer Erfahrung in vielen Fällen jedoch ein Code für etwas ganz anderes, und zwar für „Unterstützung bei der Bewältigung von Druck, Volatilität und Unsicherheit", oder einfacher gesagt „Hilfe bei der Verbesserung meiner Resilienz". Topmanager tun sich aus verständlichen Gründen schwer damit, die eigene Schwäche oder Unvollkommenheit einzuräumen. Bereits der geringste Verdacht von Erschöpfung, Überforderung oder fehlender Widerstandsfähigkeit muss daher unbedingt vermieden werden. Deswegen ist es absolut sinnvoll und legitim, dieses Thema gegenüber der eigenen Organisation unter einer anderen Überschrift zu behandeln.

In unserer Arbeit mit Managern kommt der kurzfristigen Verbesserung der eigenen Widerstandsfähigkeit eine immer größere Bedeutung zu. Daher möchte ich an dieser Stelle kurz ein Beratungsformat umreißen, das wir zu diesem Zweck entwickelt haben.

7.3.1 Die Basis: das Modell „Leadership Choices"

Wer's nicht einfach und klar sagen kann, der soll schweigen und weiterarbeiten, bis er's klar sagen kann.

(Karl Popper, österreichischer Philosoph)

Die Grundlage unserer Arbeit, sei es bei der Beratung einzelner Manager, der Arbeit mit Leitungsteams oder der Unterstützung ganzer Unternehmenseinheiten, ist immer unser Coaching-Modell „Leadership Choices". Dieses wurde ursprünglich 2008 von den Gründern unserer Firma Manfred Barth, Bill Crombie und Rolf Pfeiffer als Modell für die Beratung von Managern entwickelt und von mir 2012 noch um einige Elemente ergänzt. Das Modell und seine theoretische Herleitung sind ausführlich in meinem Buch „Coaching und seine Wurzeln" (Haufe, Freiburg 2012) beschrieben. Die Basis unserer Arbeit ist in diesem Modell mit der Ebene „Professionalism & Attitude" (Professionalität & Haltung) beschrieben. Dies umfasst z. B. die Verschwiegenheit des Coachs, seine gleichzeitige Loyalität gegenüber Klient und Auftraggeber, sein entwicklungsorientiertes Menschenbild und die konsequente Ausrichtung seiner Arbeit an der Nützlichkeit für den Klienten.

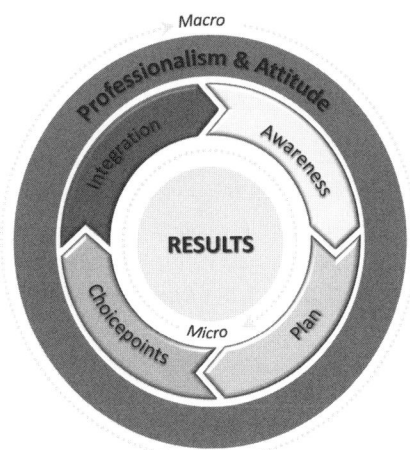

Abb. 151: Das Coaching-Modell Leadership Choices

7.3.1.1 Die Phase „Awareness"

Die gemeinsame Arbeit beginnt jeweils mit der Phase „Awareness" (Bewusstsein). Hier geht es darum, miteinander die Ausgangssituation des Klienten so gut und objektiv wie möglich zu verstehen. Dazu können sowohl die Erarbeitung der Biographie gehören als auch die Anwendung von Persönlichkeitsinstrumenten oder 360°-Feedbackverfahren. Außerdem werden existierende Leistungsbeurteilungen und informelle Rückmeldungen miteinbezogen. Wenn es die Aufgabenstellung sinnvoll erscheinen lässt, begleitet und beobachtet der Coach seinen Klienten auch im Arbeitsalltag im Rahmen von sog. „Work Shadowing".

7.3.1.2 Die Phase „Plan"

In der Phase „Plan" wird das Coaching-Mandat bzw. das Entwicklungsziel erarbeitet. Dies ist in der konkreten Arbeit komplexer, als es zunächst klingen mag, denn das vordergründige Ziel wird nur selten das eigentliche Mandat. Hier gilt es beispielsweise herauszuarbeiten, was sich hinter dem Anliegen „Meine Delegation verbessern" wirklich verbirgt. In dieser Phase wird auch die Arbeitsallianz verabredet, und es werden die Erwartungen an den Coach sowie die Veränderungsbereitschaft des Klienten geklärt.

7.3.1.3 Die Phase „Choicepoints"

In der nächsten Phase geht es um aktive Entscheidungen, daher heißt diese auch „Choicepoints" (Punkte der Entscheidung). Unsere Arbeit hat stets zum Ziel, die Anzahl der zur Verfügung stehenden Handlungsoptionen zu vergrößern. Um sich aber anders zu verhalten als zuvor, muss man auch anders mit seinen Emotionen und Gedanken umgehen. Das hat seinen Preis. Daher werden im Coaching auch tieferliegende Entscheidungen und Überzeugungen des Klienten beleuchtet, die ihn in der Entwicklung von Alternativen behindern. Häufig geht es in dieser Phase darum, bewusst eine neue Art zu Denken und zu Fühlen zu etablieren und mit den Konsequenzen konstruktiv umzugehen. Will ein Klient beispielsweise weniger als 60 Stunden pro Woche arbeiten, dann geht es hier darum zu klären, welches Denkmuster ihn überhaupt innerlich dazu antreibt, so viel zu arbeiten. Was ist sein emotionaler Vorteil daraus? Und es geht darum zu klären, was er denn bereit ist aufzugeben, um dieses Ziel zu erreichen.

7.3.1.4 Die Phase „Integration"

In der vierten Phase ist die Umsetzung der erarbeiteten Erkenntnisse das Thema. Sie trägt den Namen „Integration", denn es geht darum, neue Elemente in das Verhaltensrepertoire des Klienten zu integrieren, z. B. über die Abarbeitung von Aufgaben, die der Klient sich bis zur nächsten Sitzung vornimmt. In diesem Schritt dreht es sich zunächst darum, neue innere Haltungen und Handlungsweisen auszuprobieren, sich selbst dabei zu beobachten und die Erkenntnisse anschließend im Coaching-Logbuch zu dokumentieren. Denn auch wenn die gemeinsame Arbeit in den Coaching-Sitzungen schon sehr intensiv ist, findet die eigentliche Arbeit des Klienten doch meist zwischen den einzelnen Coaching-Sitzungen statt.

7.3.1.5 Die Phase „Results"

Das grundlegende Ziel der Zusammenarbeit zwischen Coach und Klient ist stets die Erreichung der Ziele des Klienten. Dies wird mit dem abschließenden Schritt „Results" verdeutlicht. Hier geht es darum, in regelmäßigen Abständen in die Metaperspektive zu wechseln und zu prüfen, ob und inwieweit der Klient sich seinen Coaching-Zielen annähert oder diese bereits erreicht hat.

Auch wenn die einzelnen Phasen des Modells prinzipiell sequentiell verlaufen, kann es in der praktischen Arbeit immer wieder nötig sein, auf eine frühere Phase zurückzugreifen, um die Ziele des Klienten bestmöglich umzusetzen.

7.3.1.6 Die Ebenen „Micro" und „Macro"

Des Weiteren enthält das Modell noch die beiden Ebenen „Micro" und „Macro". Sie sollen verdeutlichen, dass die einzelnen Phasen des Modells nicht nur im Coaching-Prozess im Ganzen durchlaufen werden, sondern auch in jeder einzelnen Coaching-Sitzung im Kleinen.

So nimmt der Coach beispielsweise in der Phase „Awareness" wahr, mit welcher Energie der Klient heute präsent ist. In der Phase „Plan" wird vereinbart, welches Ziel in dieser konkreten Session erreicht werden soll. In der Phase „Choicepoints" geht es z. B. um die Arbeit an inneren Haltungen und Sichtweisen zu aktuellen Themen, und in der Phase „Integration" geht es um deren Umsetzung ins tägliche Handeln.

Wie lässt sich Resilienz fördern?

Wie bereits beschrieben, ist das Modell „Leadership Choices" allerdings nicht nur ein Coaching-Modell. Es lässt sich außerdem — leicht abgewandelt — für die Arbeit mit Teams oder ganzen Unternehmenseinheiten einsetzen, worauf ich noch gesondert eingehen werde.

7.3.2 Executive Resilience

Die Belastungen, die man in einer solchen Position ertragen muss, kann man nur aushalten, wenn man sich mit anderen austauschen kann.

(Christoph Franz, Vorstandsvorsitzender der Lufthansa)

Weit oben in Unternehmen wird die Luft dünn, es weht ein rauer Wind und man ist auf sich gestellt. Das bekommen wir unserer Arbeit Tag für Tag hautnah mit. Aufgrund der in den letzten Jahren stark gestiegenen Relevanz, haben wir basierend auf dem Modell „Leadership Choices" daher den Ansatz „Executive Resilience" entwickelt. Dieser folgt einerseits dem Phasenmodell „Awareness — Plan — Choicepoints — Integration" und berücksichtigt andererseits die Sphären der individuellen Resilienz, wie ich sie in diesem Buch vorgestellt habe. Das Ergebnis ist eine Methodik, die aufgrund der verschiedenen Ansatzmöglichkeiten größtmögliche Flexibilität in der Vorgehensweise bietet und tatsächlich ganzheitlich ansetzt, da sie Emotionen, Denkmuster und körperliche Aspekte gleichermaßen berücksichtigt. Die Methodik und die dazugehörigen Interventionen sind in der folgenden Grafik als schematische Übersicht dargestellt. Die einzelnen Interventionen, die hier beispielhaft genannt sind, sind weitestgehend im Kapitel „Die eigene Resilienz verbessern" (7.2) beschrieben.

7 Zielgerichtete Beratungsformate

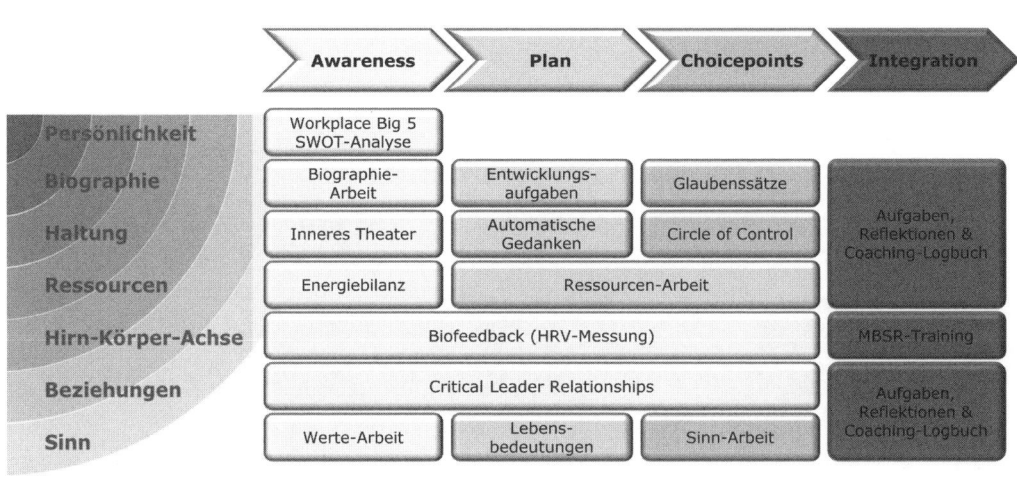

Abb. 152: Die Methodik „Executive Resilience"

7.3.3 Organizational Resilience

Erfolg stellt sich ein, wenn der Mensch im Mittelpunkt steht.

(Erich Harsch, Vorsitzender der Geschäftsführung dm Drogeriemarkt.)

Dass die Resilienz von Führungskräften und ihren Mitarbeitern kein rein individuelles Phänomen ist, sondern auch vom Resilienzfeld der Organisation mitbestimmt wird, habe ich in diesem Buch an zahlreichen Beispielen versucht deutlich zu machen. Daher muss ein ganzheitlicher Ansatz zur Verbesserung der Resilienz-Situation im Unternehmen auch immer die Ebene der Organisation bzw. der Organisationseinheit als Ganzes umfassen. Die großflächig angelegten, aber ausschließlich individuell wirkenden Maßnahmen des betrieblichen Gesundheitsmanagements im Bereich der Stressprävention sind zwar sinnvoll, aber nicht ausreichend. Yoga- und MBSR-Kurse alleine können eine dysfunktionale Unternehmenskultur nicht verbessern. Zu diesem Zweck haben wir das Beratungsformat „Organizational Resilience" zur Entwicklung einer konstruktiven und resilienzfördernden Unternehmenskultur entwickelt.

Während der Beratungsansatz „Executive Resilience" als ein spezialisiertes Coaching-Format für die einzelne Führungskraft angesehen werden kann, handelt es sich beim Format „Organizational Resilience" um eine besondere Form der Organisationsentwicklung. Auch dieser Ansatz orientiert sich dabei an den bewährten

Wie lässt sich Resilienz fördern?

Phasen des Modells „Leadership Choices". Da das Modell sowohl für Teams, Abteilungen, Bereiche und auch für ganze Unternehmen anwendbar ist, sind die Bezeichnungen der verschiedenen Maßnahmen eher allgemein gehalten und müssen für jede der genannten Zielgruppen gesondert angepasst werden.

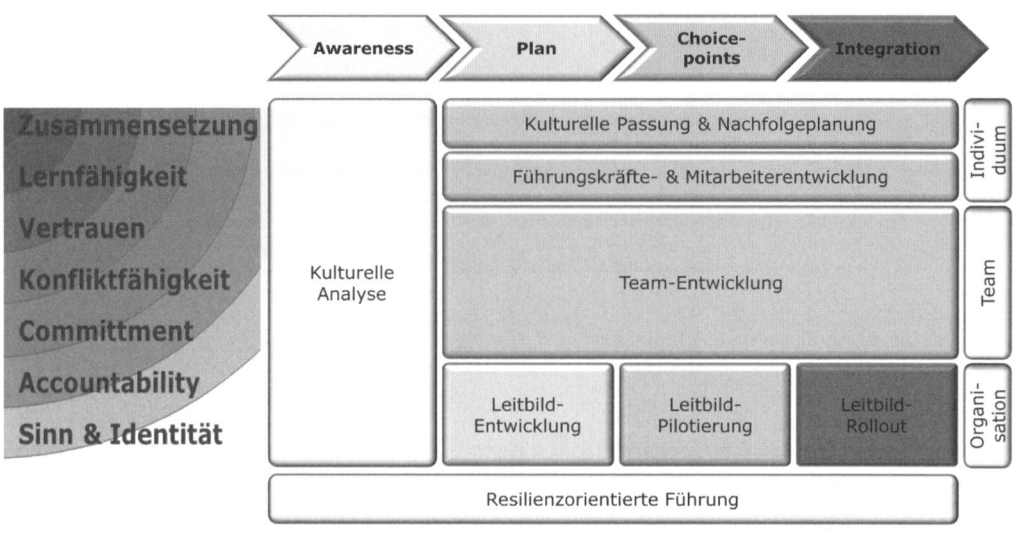

Abb. 153: Das Modell Organizational Resilience

Die konkrete Anwendung des Ansatzes „Organizational Resilience" werde ich im nächsten Abschnitt an einem Beispiel näher erläutern.

Zusammenfassung

Sowohl die Arbeit an der individuellen Resilienz als auch die Verbesserung des Resilienzfeldes sind prinzipiell ohne Unterstützung von außen möglich. Die Aussichten auf baldigen Erfolg erhöhen sich aber in beiden Fällen drastisch, wenn qualifizierte und erfahrene externe Berater hinzugezogen werden. Die von uns entwickelten Beratungsformate „Executive Resilience" und „Organizational Resilience" als Sonderformen von Einzelcoaching und Team- bzw. Organisationsentwicklung sind auf die Bedürfnisse einzelner Führungskräfte, Teams und Organisationen abgestimmt und unterstützen den Prozess hin zu mehr innerer Widerstandsfähigkeit.

7.4 Das Resilienzfeld verbessern

Culture eats strategy for breakfast.

(Peter Drucker, US-amerikanischer Managementautor)

Wilh. Wilhelmsen ASA (kurz: WW) ist eine weltweit operierende Reederei und eine der größten Norwegens dazu. Sie wurde 1861 von Morten Wilhelm Wilhelmsen gegründet. Das Unternehmen machte 2013, 152 Jahre nach seiner Gründung, einen Umsatz von 3,5 Milliarden US-Dollar, beschäftigt 22.800 Mitarbeiter und unterhält Niederlassungen in 73 Ländern. Eigentlich ein ganz normales, erfolgreiches Unternehmen, wäre da nicht der 8. September 1989 gewesen. Die Reederei Wilhelmsen Lines, eine Tochterfirma von WW, hatte ihre Flotte erweitert. Schiff Nummer 9, die MS Topaz, sollte an diesem Tag in Hamburg getauft werden. Die Reederei hatte dazu eine kleine Passagiermaschine vom Typ Convair CV-580 bei der Fluggesellschaft Partnair gechartert, die die 50 Mitarbeiter, knapp die Hälfte des Osloer Büros inklusive der gesamten zwei obersten Führungsebenen, von Oslo nach Hamburg fliegen sollte. Auf dem Rückflug verschwand die Maschine gegen 16 Uhr plötzlich und ohne Vorwarnung vom Radarschirm. Sie war vor der dänischen Küste in den Skagerrak gestürzt. Alle Passagiere und die gesamte Besatzung verloren dabei ihr Leben.

Der Norweger Ingar Skaug war zu dieser Zeit COO bei der skandinavischen Fluggesellschaft SAS und war an der Auswertung der Black Box des Unglücksflugzeugs beteiligt. Das Ergebnis war niederschmetternd: Das Flugzeug galt mit seinen 36 Jahren als überaltert und war offenbar mit nicht genehmigten Ersatzteilen repariert worden. Die norwegische Reederei befand sich in einem Zustand des totalen Schocks, als Ingar Skaug schließlich von der Konzernleitung die Rolle des CEO angeboten wurde. Skaug, der mit seinem Job bei SAS mehr als zufrieden war, wusste, was auf ihn zukommen würde und brauchte drei Monate, um sich zu entscheiden. Schließlich nahm er die Herausforderung an. Nachdem er 1990 die Position des CEO antrat und die Geschäfte von einem Verwalter übernahm, der in der Zwischenzeit versucht hatte, sie am Laufen zu halten, fand er ein Unternehmen im freien Fall vor. Die Zahlen waren schlecht, Verwaltung und Operations waren unorganisiert und die neuen Führungskräfte waren mit ihrer Aufgabe überfordert. Sie waren nicht in der Lage, auf Problemstellungen zu fokussieren und Entscheidungen zu treffen. Die gesamte Organisation war von der Trauer und vom Schock wie gelähmt. Wann immer die Tragödie in Managementmeetings zur Sprache kam, wichen die Konzentration und Energie der Beteiligten und an Entscheidungen war nicht mehr zu denken. Im ersten Jahr hörte Skaug daher vor allem viel zu. Er ging durch die Büros, stellte Fragen und verbrachte Zeit mit seinen Mitarbeitern. Er stellte fest, dass die jüngeren Mitarbeiter, die noch nicht so lange bei der Firma waren, ungeduldig auf

Wie lässt sich Resilienz fördern?

einen Neuanfang warteten, während die älteren Mitarbeiter noch in ihrer Trauer feststeckten. Skaug analysierte gründlich die Zusammensetzung seines Teams und versuchte, die Kultur des Unternehmens zu verstehen. Er traf sich mit Kunden, sondierte den Wettbewerb und analysierte Strategie und Prozesse. Allmählich gewann er das Vertrauen der Belegschaft. Und er begann öffentlich über Veränderungen hin zu einer stärker leistungsgetriebenen Kultur zu sprechen. Ein Jahr nach dem Unfall gab es eine offizielle Trauerfeier, zu der auch die Hinterbliebenen der Unglücksopfer eingeladen waren. Dieser Tag markierte für Skaug das Ende des Trauerprozesses und den Beginn der überfälligen Erneuerung der Organisation. Er begann, mehr von seinen Mitarbeitern zu erwarten, und weigerte sich, Entscheidungen zu treffen, die seiner Meinung von seinen Mitarbeitern selbst getroffen werden sollten. Sein Verhalten führte zunächst zu Verunsicherung und Frustration im Management-Team. Skaug betonte immer wieder die Bedeutung von Accountability von jedem im Management der Wilhelmsen Lines. Einige Manager konnten mit den neuen Erwartungen umgehen, bei anderen wurde bald deutlich, dass sie dazu nicht in der Lage waren. Also nahm er erste personelle Veränderungen vor. Manche Mitarbeiter wurden in Management-Positionen befördert, andere Manager stießen von außerhalb der Firma dazu. Die Kultur war allerdings nach wie vor von Trauer geprägt und weit entfernt von Leistungsorientierung. Das Vertrauen in die eigene Leistungsfähigkeit war erschüttert. Skaug engagierte das Center for Creative Leadership (CCL), um ihm bei dem Veränderungsprozess von Wilhelmsen zu unterstützen (näheres zu CCL finden Sie im Kapitel „Manager unter Druck", 2.1). Der erste Schritt bestand in einer Datenerhebung zur Unternehmenskultur mittels einer anonymen Mitarbeiterbefragung. Anschließend brachte er die obersten zwei Führungsebenen in Workshops zusammen, um gemeinsam mit ihnen die Ergebnisse der Befragung zu analysieren. Die anschließenden Diskussionen über die Dinge, die bei Wilhelmsen falsch liefen, waren schwierig, emotional und konfliktreich. Aber dieser Schritt war wichtig, um Einigung und Commitment für den Aktionsplan zu erzielen. In einer dreitägigen Klausurtagung erarbeite Skaug gemeinsam mit seinem Führungsstab die neue Firmenvision, die aktualisierte Strategie sowie Unternehmenswerte und Führungsprinzipien. Damit waren Sinn und Identität seiner Führungsmannschaft wiederhergestellt. Auch wenn der Prozess nicht reibungslos verlief und das Ergebnis aufgrund der Kürze der Zeit nicht optimal war, war es doch für Skaug gut genug, um in den überfälligen Erneuerungsprozess einzusteigen. Basierend auf dem Commitment und der Accountability, die sein Führungsteam für die neue Richtung übernommen hatte, erhöhte Skaug nun seine Konsequenz und auch den Druck, den er auf sein Team ausübte. Er traf weitere Personalentscheidungen und ließ mitunter auch erfahrene und verdiente Mitarbeiter gehen, die die neue Richtung nicht mittragen konnten oder wollten. Damit verunsicherte er zwar sein Management-Team, machte aber auch seinen Willen zur Veränderung und seine Konsequenz deutlich. Mit Hilfe von CCL führte er in den darauffolgenden

Monaten zweitägige Klausurtagungen mit jeweils 60 Mitarbeitern durch, um diese auf die neue Richtung der Firma einzuschwören. Diese Veranstaltungen wurden so lange fortgesetzt, bis jeder einzelne der 3.500 Mitarbeiter diesen Workshop durchlaufen hatte. Skaug sorgte ebenso dafür, dass die Mitarbeiterbefragung zur Unternehmenskultur zu einer festen Größe im Unternehmen wurde. Als die Finanzen sich verbesserten, stieg das Vertrauen der Mitarbeiter und der Konzernleitung in die eingeschlagene Richtung. Auch die regelmäßige Mitarbeiterbefragung zeigte, dass sich die Kultur im Unternehmen zu wandeln begann. Basierend auf dieser Grundlage fokussierte sich Skaug auf das Unternehmenswachstum und begann, Firmen zu kaufen und zu integrieren. Auch die Führungsteams der akquirierten Unternehmen durchliefen dabei die zweitägigen Workshops, was die Identifikation mit der Kultur von Wilhelmsen erhöhte und die Integration einfacher machte. Auch wurde die Firmenzentrale nach Lysaker vor den Toren Oslos verlagert, um den Neuanfang auch räumlich zu verdeutlichen. Während Skaugs 20jähriger Dienstzeit bei Wilhelmsen entwickelte sich das Unternehmen von einer norwegischen Reederei zu einem global agierenden Dienstleister für Seelogistik. Der Umsatz stieg von 250 Millionen US-Dollar auf zwischenzeitlich 5 Milliarden US-Dollar, aus 3.500 Mitarbeitern wurden 23.000 und die Flotte wuchs von 9 auf 164 Schiffe an. Skaug erhielt für seine Leistungen in Bezug auf Führung bis heute zahlreiche Auszeichnungen.

7.4.1 Resilienzfeld beeinflusst Leistung

Egal ob man glaubt, dass man etwas kann oder nicht kann, man hat in der Regel Recht.

(Henry Ford, Gründer der Ford Motor Company)

Wie der Fall von Wilh. Wihelmsen auf beeindruckende Weise zeigt, hat das Resilienzfeld deutliche Auswirkungen auf die Leistungsfähigkeit einer Organisation und auf die Unternehmensentwicklung im Ganzen. Der Rolle des Führungsstils kommt dabei eine große Bedeutung zu, wie ich auch am Beispiel der Unternehmensperformance in der Bertelsmann-Gruppe gezeigt habe (siehe hierzu das Kapitel „Resilienzfördernde Führung macht erfolgreich", 3.1.1). Salvatore R. Maddi, der die Transformation von AT&T begleitet hat, kam zudem zu Erkenntnissen, die nahelegen, dass die Qualität des Resilienzfeldes ebenso signifikant die individuelle Resilienz von Führungskräften und Mitarbeitern beeinflusst.

Es lässt sich festhalten, dass das Resilienzfeld eines Teams, Bereichs oder eines ganzen Unternehmens als Resultat aus der Wechselwirkung verschiedener Faktoren im Innen und Außen entsteht. So wirken von außen beispielsweise gesellschaftliche,

Wie lässt sich Resilienz fördern?

wirtschaftliche und technologische Faktoren ein, während von innerhalb der Organisation vor allem Aspekte von Unternehmenskultur und Führung das Resilienzfeld prägen. Beide Arten von Einflüssen können ein Unternehmen belasten oder aber förderlich für seine Entwicklung sein.

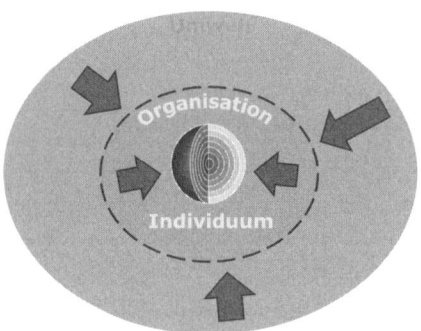

Abb. 154: Resilienzfeld und Umwelt

Ist das Resilienzfeld positiv, so werden Belastungen seitens der Führungskräfte und Mitarbeiter eher als Herausforderungen wahrgenommen, die gemeinsam bewältigt werden können. Dadurch werden die Zuversicht und das Leistungsvermögen solcher Organisationen verbessert.

Ist das Resilienzfeld hingegen negativ, sind oft Überforderung, Resignation und Stagnation die Folge. Prinzipiell trägt dabei jedes Teammitglied zu dem Mikroklima in seinem Einflussbereich bei. Allerdings haben jeder Manager und natürlich allen voran die Unternehmensleitung einen überproportional starken Einfluss auf das Resilienzfeld im Unternehmen. Auf die Rolle des konkreten Führungsstils werde ich dabei noch in einem späteren Kapitel gesondert eingehen. Im Folgenden werden konkrete Maßnahmen beschrieben, um das Resilienzfeld eines Bereichs oder Unternehmens gezielt zu verbessern.

7.4.2 Stellhebel auf verschiedenen Ebenen

Erfolgreiche Unternehmungen und Manager zeichnen sich durch eine hohe Anpassungsfähigkeit an ihre sich ständig ändernde Umwelt aus. Am erfolgreichsten sind jene Unternehmungen, die selbst Änderungen vornehmen, und jene, die Änderungen für sich positiv auswerten können.

(Anders Wall, ehemaliger CEO von Volvo)

7 Das Resilienzfeld verbessern

Wie im Kapitel „Die Ebenen des Resilienzfeldes" (3.5) beschrieben, lässt sich die Energie eines Bereichs als Endprodukt aus verschiedenen Einzelfaktoren beschreiben. Diese Faktoren beeinflussen sich dabei wechselseitig und bedingen einander teilweise. Dies sollte man bei allen Interventionen auf einzelnen Ebenen stets vor Augen haben.

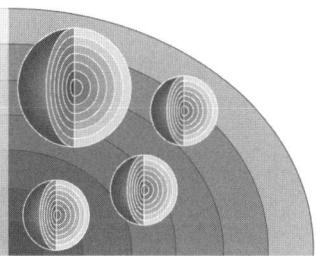

Abb. 155: Die Ebenen des Resilienzfeldes

- So beschreibt die Ebene „Zusammensetzung", aus welchen Charakteren eine Gruppe besteht, wie unterschiedlich diese sind und inwieweit die Gruppe diese Andersartigkeit als Bereicherung empfindet.
- Die Ebene „Lernfähigkeit" macht eine Aussage darüber, inwieweit eine Gruppe in der Lage ist, gemachte Erfahrungen in Form von Erfolgen und Niederlagen in Erkenntnisse und Verbesserungen umzusetzen.
- Die Ebene „Vertrauen & Unterstützung" beschreibt, in welchem Maße die Mitglieder einer Gruppe offen und vertrauensvoll miteinander umgehen und sich gegenseitig emotional unterstützen.
- Der nächste Layer „Konfliktfähigkeit" stellt dar, wie offen und proaktiv die Mitglieder einer Gruppe mit Konflikten umgehen und wie konstruktiv diese typischerweise gelöst werden können.
- Die Ebene „Commitment" beschreibt das Maß an Hingabe und Selbstverpflichtung, mit dem jedes Mitglied der Gruppe sich engagiert und für die gemeinsamen Ziele einsteht.
- Auf dem nächsten Level macht „Accountability" eine Aussage über die Bereitschaft, Verantwortung nicht nur für den individuellen Beitrag sondern für das Gesamtergebnis der Gruppe zu übernehmen.
- Auf der äußersten Ebene „Sinn & Identität" finden sich schließlich die Daseinsberechtigung der Gruppe und das Wirgefühl.

Der gesamte Prozess wird flankiert von resilienzorientierter Führung. Will man das Resilienzfeld eines Teams oder Bereichs nachhaltig verbessern, so ist Arbeit auf möglichst vielen Ebenen am vielversprechendsten. Die jeweilige Herangehensweise

Wie lässt sich Resilienz fördern?

kann sich dabei je nach Ebene deutlich unterscheiden. Im Modell „Organizational Resilience" (siehe hierzu Kapitel 7.3.3) sind die einzelnen Ebenen daher je nach Art der Interventionen in drei Gruppen unterteilt: Individuum, Team und Organisation.

- Interventionen auf der Ebene „Individuum" umfassen dabei die Ebenen „Zusammensetzung" und „Lernfähigkeit".
- Die Gruppe „Team" erstreckt sich über die Ebenen „Vertrauen", „Konfliktfähigkeit" und „Unterstützung".
- Die Ebenen „Accountability", „Sinn" und „Identität" hingegen sind in der Gruppe „Organisation" zusammengefasst.

Diese Ebenen hatte Skaug im Fall Wilh. Wilhelmsen mit als erstes adressiert.

7.4.3 Zusammensetzung

Kannst du das Anderssein eines anderen Menschen nicht verzeihen, bist du noch weit ab vom Wege zur Weisheit.

(Konfuzius, chinesischer Philosoph)

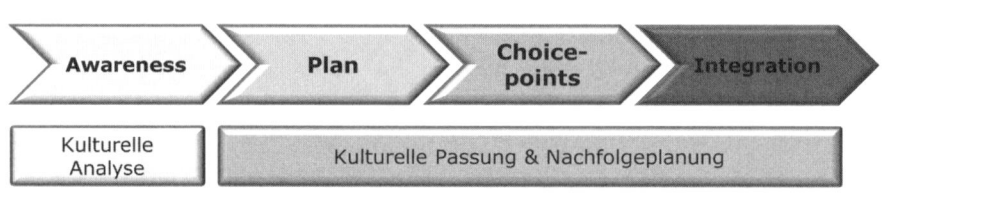

Abb. 156: Maßnahmen auf der Ebene „Zusammensetzung"

Menschen prägen Unternehmen. Zwar ist jeder Mensch prinzipiell ersetzbar, aber er hat auch einen entscheidenden Einfluss auf das Resilienzfeld eines Teams oder eines Bereichs. Dies trifft in verstärktem Maße für Führungskräfte zu. Es bedeutet im Umkehrschluss, dass eine grundlegende Veränderung der Unternehmenskultur nicht ohne personelle Veränderungen in der Belegschaft, besonders aber in der Führungsmannschaft eines Unternehmens möglich ist. Dieser Zusammenhang ist einerseits trivial, andererseits bringt er die meisten Veränderungsprojekte zum Scheitern. Bestimmte Tätigkeiten, Unternehmen und Industrien ziehen Menschen mit ähnlichen Ausprägungen in bestimmten Persönlichkeitsmerkmalen an.

7 Das Resilienzfeld verbessern

▶ **BEISPIEL**

So würde man in einer Kreissparkasse eher keine Abenteurer oder Unternehmertypen erwarten, sondern Menschen, die Stabilität und Sicherheit schätzen. Ebenso wären in einer Strategieberatung sensible Menschen mit einem großen Bedürfnis nach Ruhe und Harmonie der Erwartung nach eher Exoten; die Norm sind dort sicherlich eher extrovertierte Typen mit einer hohen Veränderungsbereitschaft, starker Leistungsmotivation und einem großen Bedürfnis nach Anerkennung.

Je nach Unternehmenstyp variieren dabei die Streuungsbreite der Persönlichkeitseigenschaften und die Toleranz für die Andersartigkeit von neuen Kollegen. Das Unternehmensumfeld stellt also aufgrund der Eigenschaften und Eigenarten von Arbeitsinhalten, Firma und Branche einen Rahmen dar, der die Verschiedenartigkeit der Zusammensetzung einer Belegschaft limitiert und für eine gewisse Homogenität sorgt. Diese Gleichartigkeit ist kulturprägend, denn sie macht eine Aussage darüber, wie „man hier so ist". Eine Belegschaft, die vollständig heterogen ist, würde sich in Lagerbildung und Konflikten verlieren und die Identifikation des Einzelnen mit der Unternehmenskultur dagegen quasi unmöglich machen. Umgekehrt kann ein Zuviel von dieser Gleichartigkeit zu stereotypen Verhaltensweisen und kollektiven blinden Flecken führen, die insbesondere bei einer Veränderung der Rahmenbedingungen schnell zur Gefahr werden können. Bezieht man nun noch die Aspekte des Resilienzfeldes in die Betrachtung mit ein, so führt das unweigerlich zu der salomonischen Aussage, dass ein gewisses Maß an Andersartigkeit im Team bzw. in der Belegschaft sinnvoll ist, solange dies die Zusammenarbeit befruchtet. Dieser Zusammenhang ist in der folgenden Grafik verdeutlicht. Doch wie lässt sich so etwas in die Praxis umsetzen?

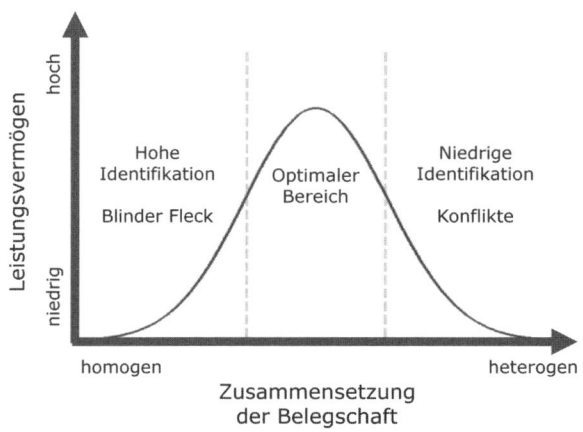

Abb. 157: Zusammenhang von Leistungsvermögen und Zusammensetzung der Belegschaft

Wie lässt sich Resilienz fördern?

7.4.3.1 Kulturelle Analyse

Der erste Schritt besteht immer in einer Erhebung des kulturellen Status Quo. Was macht die Unternehmenskultur aus und wie viele verschiedene Kulturen gibt es überhaupt? Häufig höre ich Mitarbeiter sagen: „Wir haben gar keine Unternehmenskultur!" Dies ist per Definition nicht möglich, denn dort, wo Menschen über einen längeren Zeitraum miteinander arbeiten, entsteht unweigerlich Kultur. Die Aussage kann daher nur so verstanden werden, dass es mehr als eine Kultur gibt, z. B. abhängig von Abteilung, Standort oder Unternehmenseinheit. Die objektive Erhebung einer Team-, Bereichs- oder Unternehmenskultur kann dabei sinnvollerweise nur von außen vorgenommen werden, ähnlich wie man auch Feedback am besten von anderen und nicht nur von sich selbst erhält.

Abb. 158: Elemente einer kulturellen Analyse

Im Beispiel von Wilh. Wilhelmsen kam Ingar Skaug als neuer CEO von außen und war von daher zunächst nicht Teil des unter Schock stehenden Systems. Er konnte daher eine solche Analyse viel besser vornehmen bzw. begleiten als ein CEO aus den eigenen Reihen.

Eine kulturelle Analyse besteht sinnvollerweise aus verschiedenen Maßnahmen, wie z. B. vertraulichen Einzelinterviews mit verschiedenen Stakeholdern, d. h. Mitarbeitern, Führungskräften, Lieferanten, Kunden, oder Beobachtungen vor Ort, z. B. in Meetings oder durch Begleitung einzelner Führungskräfte. Aber auch das Sichten von internen Unterlagen gehört dazu, genauso wie Workshops mit verschiedenen Gruppen zur Erarbeitung der Unternehmenskultur. Die Ergebnisse dieser Analyse sind dabei sowohl qualitativ als auch quantitativ. So wäre es beispielsweise für die Beurteilung des Resilienzfeldes sehr sinnvoll, die Organisationale Energie von verschiedenen Unternehmenseinheiten sowie die Ausprägung des Resilienzfeldes selbst zu erfassen.

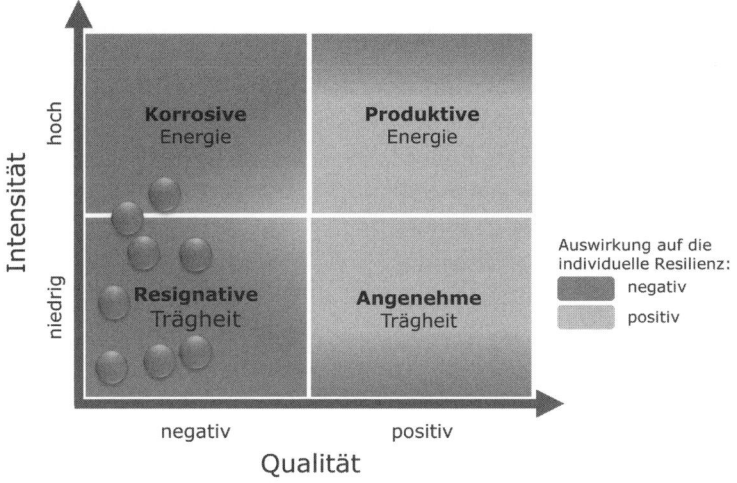

Abb. 159: Die Organisationale Energie bei Wilh. Wilhelmsen (Quelle: Heike Bruch, Bernd Vogel, Universität St. Gallen)

Im Beispielsfall Wilh. Wilhelmsen hätte sich wahrscheinlich eine statistische Häufung in den Quadranten „Resignative Trägheit" und „Korrosive Energie" feststellen lassen, die die zwei Lager in der Belegschaft repräsentierte, als Skaug kam: die Mitarbeiter mit längerer Betriebszugehörigkeit, die noch in der Trauer gefangen waren, und die jüngeren Mitarbeiter, die unter dem Stillstand litten. Eine Betrachtung des Resilienzfeldes selbst hätte wahrscheinlich allgemein sehr niedrige Werte gezeigt mit den stärksten positiven Ausschlägen bei „Commitment" und bei „Vertrauen & Unterstützung", denn das gemeinsame Durchleben von belastenden Situation schwächt einerseits in vielerlei Hinsicht, schweißt aber andererseits auch zusammen und stärkt am ehesten die Solidarität und das Wirgefühl in der Belegschaft.

7.4.3.2 Bewertung der kulturellen Passung

Hat man ein klares Bild über die Kultur eines Bereichs und kennt man seine Organisationale Energie sowie die Ausprägung seines Resilienzfeldes, so stellt sich die Frage, wer zur aktuellen Unternehmenskultur passt bzw. wie im Fall von Wilh. Wilhelmsen, wer zu einer Veränderung der Unternehmenskultur willens und imstande ist. Dies ist aufwendig, denn es erfordert eine differenzierte individuelle Betrachtung, die der jeweiligen Führungskraft bzw. dem jeweiligen Mitarbeiter auch gerecht wird. Bewährt hat sich dabei die folgende Matrix, die das Leistungsvermögen des Einzelnen der individuellen Passung zur aktuellen bzw. zur angestrebten Firmenkultur gegenüberstellt.

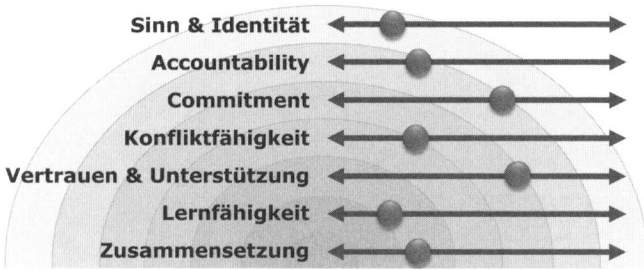

Abb. 160: Das Resilienzfeld von Wilh. Wilhelmsen

Hierbei entstehen vier Extrempositionen.

1. Ein hohes Leistungsvermögen und eine ausgeprägte kulturelle Passung kennzeichnen den Typ „Vorbild". Für jede erfolgreiche Veränderung unerlässlich ist, dass sich um diesen Typus eine kritische Masse an Mitarbeitern anlagert, die das Rückgrat des Unternehmens darstellt.
2. Eine hohes Maß an kultureller Passung bei eher geringem Leistungsvermögen kennzeichnet den Typ „Mitläufer". Kein Unternehmen kann völlig auf diesen Typus verzichten, denn er ist eine Stütze der Kultur, allerdings auch häufig ein Bremsklotz bei Veränderungen.
3. Niedrige kulturelle Passung und geringes Leistungsvermögen umschreiben den Typ „Problemfall". Hier sollte es aus Sicht des Unternehmens um Selbstschutz und Schadensbegrenzung gehen. Gehören Führungskräfte diesem Typ an, sollte ihr Ausscheiden aus dem Unternehmen dringend erwogen werden. Bei Mitarbeitern kommt es auf deren Schädigungspotenzial an, denn häufig haben sie eine negative Auswirkung auf das Resilienzfeld in einem Bereich.
4. Besonders interessant, weil normalerweise nicht im Fokus der Betrachtung bzw. unantastbar, ist der Typus „Risikofaktor", der sich durch eine hohe Leistungsfähigkeit bei niedriger kultureller Passung auszeichnet. Handelt es sich

hierbei um eine Führungskraft, kann diese auf ein Team, das ohnehin schon im „roten Bereich" agiert, wirken wie ein Brandbeschleuniger auf einen Schwelbrand. Hier finden sich auch häufig Manager, die aus einer anderen Branche ins Unternehmen gewechselt sind oder von der Konzernleitung das Mandat für einen Turnaround erhalten haben.

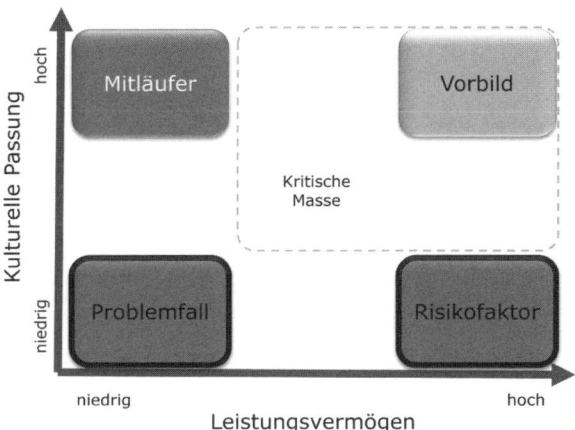

Abb. 161: Matrix zur individuellen Passung zur Unternehmenskultur

Zur Verbesserung des Resilienzfeldes ist vor allem die differenzierte Betrachtung der Problemfälle und Risikofaktoren vonnöten. Geht es, wie im Fall von Wilh. Wilhelmsen, um die Weiterentwicklung der Unternehmenskultur, so ist die Fragestellung interessant, wer aus dem Kreis der Führungskräfte und Mitarbeiter willens und imstande ist, diese Veränderung mitzutragen. Hier hat sich der Einsatz des Riemann-Thomann-Modells bewährt, das ich bereits im Kapitel „Die Ebenen des Resilienzfeldes" (3.5) vorgestellt habe. In dieser Darstellung kristallisieren sich im Kontext von Veränderungen typischerweise drei Gruppen von Führungskräften bzw. Mitarbeitern heraus:

- eine kleine Gruppe, die auch mit großem Aufwand nicht zu einer Veränderung zu bewegen sein wird,
- eine ebenfalls kleine Gruppe, die die Veränderung schon lange herbeigesehnt hat, und
- die größte Gruppe, die der Veränderung skeptisch gegenübersteht, sich aber durch intensive Auseinandersetzung mit dem Thema aller Voraussicht nach für die Veränderung gewinnen lassen wird. Diese Gruppe adressierte Skaug im Fall von Wilh. Wilhelmsen durch firmenweite Workshops, in denen sich jeweils 60 Mitarbeiter über zwei Tage mit der neuen Firmenstrategie auseinandersetzen konnten.

Wie lässt sich Resilienz fördern?

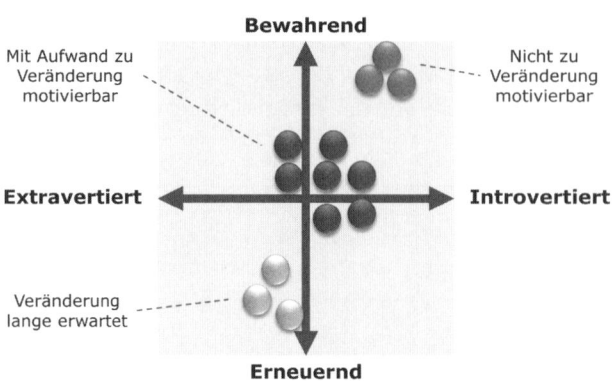

Abb. 162: Einsatz des Riemann-Thoman-Modells im Kontext von Veränderungsbereitschaft

7.4.4 Lernfähigkeit

Manche halten das für Erfahrung, was sie zwanzig Jahre lang falsch gemacht haben.

(George Bernard Shaw, irischer Schriftsteller)

Abb. 163: Maßnahmen auf der Ebene „Lernfähigkeit"

Aus Erfahrung wird man klug. Das trifft für Einzelpersonen genauso zu wie für Unternehmen. Lernfähigkeit bezeichnet dabei die Fähigkeit eines Teams oder einer Organisation, sich weiterzuentwickeln und aus gemachten Erfahrungen zu lernen, indem konkrete Verhaltensänderungen daraus abgeleitet werden.

> **BEISPIEL**
>
> Ein Aspekt der Lernfähigkeit ist beispielsweise die Art der Verarbeitung von Niederlagen. Wird sofort nach einem Schuldigen gesucht, aber im Übrigen nichts verändert, oder geht es vielmehr darum, die Gründe für den Rückschlag zu verstehen und daraus zu lernen? Letzteres erfordert eine Kultur, die ergebnisoffene Diskussionen willkommen heißt, und es erfordert Führungskräfte, die damit umgehen können.
>
> Ein anderer Aspekt ist die Offenheit einer Organisation für Hinweise aus der Unternehmensbasis, z. B. infolge von Beschwerden oder Verbesserungsvorschlägen. Versanden diese auf dem Weg nach oben oder finden sie Gehör und Beachtung?

7.4.4.1 Kulturelle Analyse

Die kulturelle Analyse liefert durch vertrauliche Gespräche, Beobachtungen und Workshops qualitative Datenpunkte in Form von konkreten Beispielen, die Rückschlüsse auf die Lernfähigkeit eines Teams, Bereichs oder des gesamten Unternehmens zulassen. Dieses Verfahren ist zwar aufwendig, aber es vermittelt dafür ein solides Bild der Stärken und Schwächen und liefert eine breite Basis an konkreten Handlungsfeldern.

> **BEISPIEL**
>
> Im Fall von Wilh. Wilhelmsen führte Skaug Workshops mit seinem Führungsteam durch, um ein Gefühl dafür zu entwickeln, wer über die notwendige Veränderungsfähigkeit verfügte.

Es gibt auch verschiedene Testverfahren, die bewerten, in welchem Maße die Lernfähigkeit eines Unternehmens ausgeprägt ist. Diese basieren zumeist auf dem Konzept der „Lernenden Organisation", das bereits 1990 vom US-amerikanischen Management-Vordenker Peter Senge entwickelt wurde. Ein weiterer Ansatz ist das Modell „Learning Agility", das von den Managementautoren und Unternehmern Michael Lombardo und Robert Eichinger für die Selektion und Entwicklung von Führungskräften entwickelt wurde. Es beschreibt verschiedene Faktoren, die die innere Beweglichkeit und Reflexionsfähigkeit von Einzelpersonen ausmachen. Diese Faktoren sind im Einzelnen:

Wie lässt sich Resilienz fördern?

Die Dimensionen von „Learning Agility"

Dimension	Beschreibung
People agility	Fähigkeit, mit verschiedenen Persönlichkeitstypen zu arbeiten
Change agility	Toleranz und Offenheit für Veränderungen und Ungewissheit
Results agility	Fähigkeit, neue Problemstellungen ohne vorherige Erfahrungswerte zu bewältigen
Self-Awareness	Maß, indem sich eine Person mit ihren Stärken und Schwächen realistisch wahrnimmt
Mental agility	Geistige Beweglichkeit, die kreative und innovative Problemlösungen ermöglicht

Geht man davon aus, dass die Lernfähigkeit einer Gruppe von der individuellen Lernfähigkeit der Gruppenmitglieder abhängen muss, kann dieses Instrument ein wirksamer Ansatz sein, um die geistige Agilität einer Gruppe von Führungskräften zu beleuchten. Im Vergleich mit der kulturellen Analyse ist dieses Verfahren allerdings wesentlich aufwendiger, ohne dabei notwendigerweise genauer zu sein oder bessere Ansatzpunkte für Maßnahmen zu liefern.

ARBEITSHILFE ONLINE

Mehr zum Thema „Lernende Organisation" und „Learning Agility"

Unter http://arbeitshilfen.haufe.de/ finden Sie weiterführende Informationen zu den Methoden und Testverfahren „Lernende Organisation" und „Learning Agility".

7.4.4.2 Führungskräfte- und Mitarbeiterentwicklung

Nachdem die kulturelle Analyse Handlungsempfehlungen auf individueller Ebene geliefert hat, geht es darum, diese durch Maßnahmen der Personalentwicklung umzusetzen. Zur Verbesserung des Resilienzfeldes sind hier zunächst vor allem die Typen „Risikofaktoren" und „Problemfälle" zu adressieren. In beiden Fällen handelt es sich im eigentlichen Sinne um Aufgaben des jeweiligen Vorgesetzten eines Mitarbeiters, der diesen z. B. in Form von deutlichem und verhaltensorientiertem Feedback auf sein Fehlverhalten hinweisen sollte. Da dies allerdings bis zum Zeitpunkt der kulturellen Bestandsaufnahme entweder noch nicht passiert ist, oder aber wirkungslos geblieben ist, sollten andere Ansätze in Erwägung gezogen werden. Die nach unserer Erfahrung zielführendsten Maßnahmen sind in beiden Fällen Einzelcoachings dieser Personen mit einem klar umrissenen Mandat in Bezug auf die Verbesserung der kulturellen Passung und des Resilienzfeldes bzw. Klima in ihrem Umfeld. Sollte dies in Einzelfällen keine positiven Auswirkungen zeigen, so müssen die möglichen Folgeschäden für den Bereich mit den Konsequenzen einer Trennung von der betreffenden Führungskraft bzw. dem betreffenden Mitarbeiter abgewogen werden.

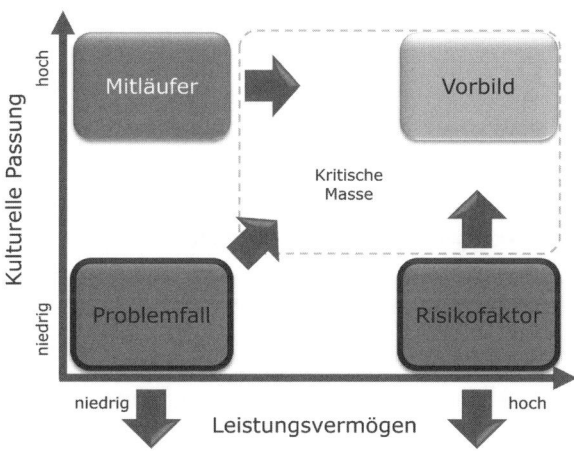

Abb. 164: Ansätze für die Personalentwicklung

Eine weitere Stoßrichtung der Personalentwicklung sollten breit angelegte Programme in resilienzorientierter Führung sein, die allen Führungskräften zugutekommen. Sinnvolle Inhalte eines solchen Führungskräfteprogramms sind im Kapitel „Der resilienzorientierte Führungsstil"(7.5.1) beschrieben.

Ein dritter Ansatzpunkt sind firmenweite Programme zur Verbesserung der inneren Widerstandsfähigkeit auf individueller Ebene. Inhaltliche Schwerpunkte dieser Trainings sind im Kapitel „Die eigene Resilienz verbessern" (7.2) beschrieben. Solche Programme sind aufwendig und teuer. Daher sollte sichergestellt sein, dass sie von der Unternehmensleitung unterstützt und aktiv propagiert werden. Um den höchstmöglichen Wirkungsgrad zu erzielen, sollten unserer Erfahrung nach zudem maßgeschneiderte Lösungen bevorzugt werden, die zum jeweiligen Unternehmensumfeld, zur Zielgruppe und nicht zuletzt zum verfügbaren Budget passen.

7.4.5 Vertrauen, Konfliktfähigkeit und Commitment

Nicht jene, die streiten, sind zu fürchten, sondern jene, die ausweichen.

(Marie von Ebner-Eschenbach, österreichische Schriftstellerin)

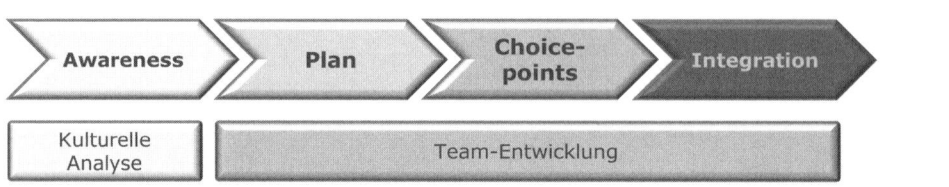

Abb. 165: Maßnahmen auf den Ebenen „Vertrauen", „Konfliktfähigkeit" und „Commitment"

Wie bereits erwähnt, lassen sich bestimmte Aspekte des Resilienzfeldes einer Organisation eher auf der individuellen Ebene adressieren, während andere Qualitäten besser auf den Ebenen „Team" oder „Organisation" bearbeitet werden. So manifestiert sich auch ein Klima von Vertrauen und gegenseitiger Unterstützung nicht einfach so auf Unternehmensebene, schon gar nicht per Dekret des Topmanagements. Es ist vielmehr das Resultat von vielen Teams und kleineren Einheiten, die mit der Zeit eine Vertrauenskultur etabliert haben, und einem Topmanagement, das diese Kultur gutheißt, fördert und auch selbst vorlebt.

Ähnlich verhält es sich mit der Fähigkeit, konstruktiv Meinungsverschiedenheiten und unterschiedliche Interessenlagen anzusprechen, und diese Konflikte dann auch konstruktiv zu lösen. Dies erfordert Offenheit, Vertrauen zu sich selbst und zu den Kollegen sowie Mut und Leidenschaft für die Sache. Es gibt einige Unternehmen mit einer ausgesprochenen Diskussionskultur, die lähmend wirken kann, wenn aus Angst vor Verantwortungsübernahme stets ein Konsens gefunden werden muss. Es gibt nur wenige Unternehmen, die es geschafft haben, eine echte Streitkultur zu entwickeln, um Konflikte wirklich auszutragen und die Position der Kollegen und auch der Vorgesetzten zum Wohle des Unternehmens zu hinterfragen.

Eine Diskussionskultur entspringt dem Bestreben nach Harmonie und geteilter Verantwortung. Eine Streitkultur hingegen entspringt der Leidenschaft für das eigene Produkt und der Identifikation mit dem Unternehmen. Daher lässt sich Commitment, also die freiwillige individuelle Hingabe für eine gemeinsame Sache, nur als Konsequenz aus Vertrauen, Konfliktfähigkeit und Identifikation mit der Gruppe und ihren Zielen verstehen.

> **BEISPIEL**
>
> Im Fall von Wilh. Wilhelmsen wusste Ingar Skaug, dass die Organisation im ersten Jahr nach der Flugzeugkatastrophe zu erschüttert und zu verunsichert war. Insbesondere Konfliktfähigkeit und Commitment ließen sich auf dieser Basis nicht aufbauen. Daher wartete er, hörte zu und gab den Menschen Zeit, die Tragödie zu verarbeiten. Erst nach einem Jahr begann er, mehr Commitment und den Mut zu eigenen Entscheidungen von seiner Führungsmannschaft einzufordern, was zunächst nicht ohne Reibungen und Frustrationen ablief. Er machte deutlich, dass er Diskussionen und Widerspruch befürwortete und sogar erwartete, aber es brauchte einiges an Zeit und auch personelle Veränderungen, bis all dies positive Auswirkungen auf das Resilienzfeld des Unternehmens haben konnte.

7.4.5.1 Kulturelle Analyse

Die Entwicklung von Vertrauen, gegenseitiger Unterstützung, Konfliktfähigkeit und Commitment in einem Team beginnt sinnvollerweise immer mit einer Analyse der Ist-Situation. Dazu stehen zahlreiche Methoden zur Verfügung, die ich bereits in den vorangegangenen Kapiteln „Zusammensetzung" und „Lernfähigkeit" erläutert habe. Eine davon ist die Beobachtung der natürlichen Interaktion von Teams in ihrem Ökosystem, dem Unternehmen. Anfangs ist solch ein „Work Shadowing", das durch einen Coach erfolgt, zwar für die Teammitglieder ungewohnt und befremdlich, doch nach einer Weile wird der externe Beobachter immer weniger wahrgenommen und das Verhalten der Teammitglieder nähert sich seinen normalen Mustern an.

Ein Aspekt, der bei dieser Intervention besonders aufmerksam beobachtet wird, ist die Sprache, die in Teammeetings verwendet wird. Welche Worte und Sprachmuster werden verwendet? Worum geht es bei Redebeiträgen? Wie direkt oder indirekt werden Themen angesprochen? Wie konstruktiv und zielführend sind einzelne Beiträge? Diese Erkenntnisse lassen Rückschlüsse darüber zu, wie zielgerichtet und konstruktiv die Mitglieder eines Teams miteinander umgehen und in welchem Maße sie gemeinsam erfolgreich sind.

Der chilenische Psychologe Marcial Losada beschäftigt sich seit den 1990er Jahren mit der Dynamik von so genannten Hochleistungsteams. In seiner Arbeit hat er mehr als 60 Teams beobachtet und daraus ein Modell abgeleitet, mit der sich die Leistungsfähigkeit eines Teams vorhersagen lässt. Gemeinsam mit der US-amerikanischen Psychologin Barbara Fredrickson, deren Arbeitsschwerpunkt im Bereich der

Wie lässt sich Resilienz fördern?

Positiven Psychologie liegt, stellte er die These auf, dass bei Hochleistungsteams das Verhältnis von positiver Sprache zu negativer Sprache bei mindestens 3:1 oder höher liegt. Sie hatten dazu eine Vielzahl von Teammeetings aufgezeichnet und Wort für Wort analysiert. Bei Teams, die unter dem Verhältnis von 3:1 lagen, konnten geringe Flexibilität in Veränderung, eine niedrige Bereitschaft, neue Wege zu gehen, und eine allgemein schwächer ausgeprägte Resilienz beobachtet werden.

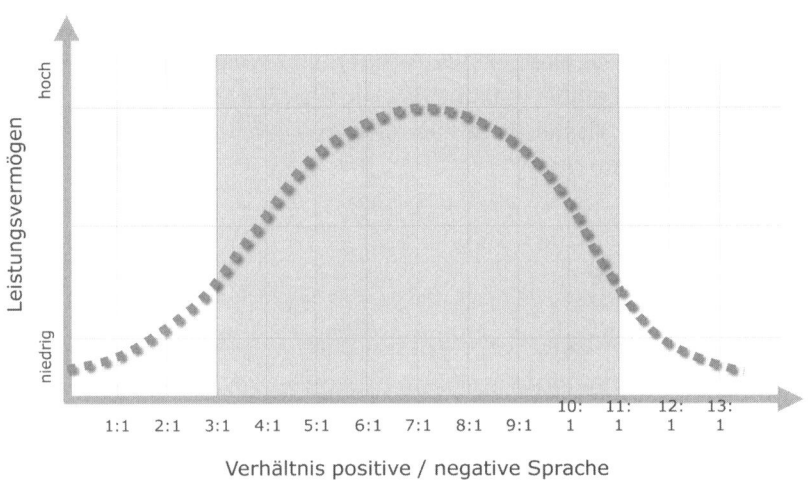

Abb. 166: Zusammenhang zwischen Sprache und Leistungsvermögen; Quelle: Marcial Losada, Barbara Fredrickson

Nach Losada sind es vor allem drei Faktoren der Kommunikation, die den Erfolg eines Hochleistungsteams ausmachen.

Aspekte positiver und negativer Kommunikation in Teams

Faktoren der Kommunikation	Positive Ausprägung	Negative Ausprägung
Art der Redebeiträge	Unterstützend, optimistisch	Ablehnend, zynisch
Bezug der Redebeiträge	Bezug auf das Team	Bezug auf Menschen und Ereignisse außerhalb des Teams
Intention der Redebeiträge	Verbesserung des gegenseitigen Verständnisses	Verteidigung der eigenen Position

Die Wissenschaftler stellten fest, dass Teams, deren Kommunikationsverhalten signifikant vom optimalen Verhältnis von positiven zu negativen Kommunikationsmustern abwich, weniger leistungsfähig waren. Vor allem Teams mit sehr geringen Werten kreisten in ihren Besprechungen oftmals um sich selbst und diskutierten sich wiederholende Themen mit einer stereotypen Rollenverteilung.

Es existiert aber offensichtlich auch eine Obergrenze für das optimale Sprachverhältnis. So nimmt die Produktivität von Teams bei einem Verhältnis positiver zu negativer Kommunikationsmuster von größer als 11:1 drastisch ab.

Diese Erkenntnisse geben wichtige Ansätze für die Beobachtung von Teams im Rahmen eines Work Shadowings. Auch wenn die Muster der Interaktion im Team nicht mit wissenschaftlicher Akribie dokumentiert werden, kann ein geschulter Beobachter eine Menge Rückschlüsse daraus ableiten. Wichtig für diese Rückschlüsse ist das Verständnis, dass Teaminteraktion immer gleichzeitig Ursache und Wirkung ist. Das bedeutet konkret, dass die Sprachmuster im Team tendenziell negativ sein können, weil das Team eine schwierige Zeit durchmacht (Wirkung), oder aber weil einige Teammitglieder schlicht Misanthropen und Schwarzmaler sind und mit ihrer negativen Art das gesamte Team nach unten ziehen (Ursache).

7.4.5.2 Team-Entwicklung

Michael West ist ein britischer Professor für Organisationspsychologie an der Lancester University Management School. Seit mehr als 20 Jahren beschäftigt er sich in Forschung und Lehre mit der Produktivität von Teams und Organisationen und wie sich diese verbessern lässt. West unterscheidet dabei fünf Hauptformen von Maßnahmen zur Team-Entwicklung.

Maßnahmen der Team-Entwicklung nach West

Anlass	Ziel
Neues Team	Kennenlernen und Entwicklung eines gemeinsamen Verständnisses von Ziel, von Regeln der Zusammenarbeit, Verantwortlichkeiten und Rollen
Regulärer Review	Standortbestimmung, Überprüfung der Zielerreichung, von Prozessen und Strategie, Reflexion zu und Identifikation von Lernfeldern und Verbesserungspotenzialen
Problemlösung	Lösung eines klar umrissenen, aufgabenbezogenen Problems mit dem Ziel der nachhaltigen Verbesserung
Ursachenforschung	Gemeinsame Erkenntnis hinsichtlich möglicher Ursachen für Ineffizienzen in der Zusammenarbeit
Beziehungsverbesserung	Verbesserung des Teamklimas durch Stärkung von Vertrauen, gegenseitiger Unterstützung und konstruktiven Interaktionsmustern

Wie lässt sich Resilienz fördern?

Abhängig vom Anlass der Team-Entwicklung kommt dabei eine Vielzahl unterschiedlicher Interventionen zum Einsatz. Die Verbesserung des Resilienzfeldes fällt hierbei sowohl in die Kategorie „Ursachenforschung" als auch in die Rubrik „Beziehungsverbesserung". Die Idee ist es hier, ein Team durch geeignete Maßnahmen dabei zu unterstützen, sich von einem unproduktiven Zustand, wie beispielsweise im Fall von Wilh. Wilhelmsen aus dem Bereich der resignativen Trägheit, in den Bereich der produktiven Energie zu entwickeln. Die folgende Grafik soll diesen Prozess verdeutlichen.

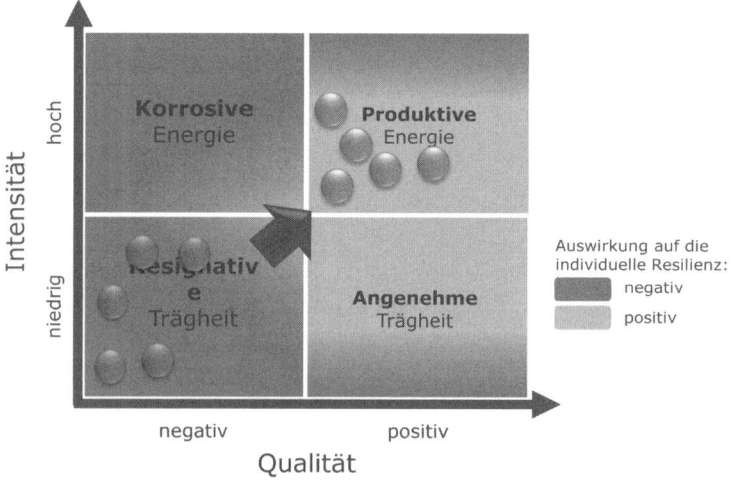

Abb. 167: Wirkung von Team-Interventionen zur Verbesserung des Resilienzfeldes

Eine Team-Entwicklung besteht dabei aus einer Reihe von ein- bis zweitägigen Team-Workshops, verteilt über einen Zeitraum von 6 bis 12 Monaten. Ein solcher Prozess ist nur Erfolg versprechend, wenn sich das Team darauf einlässt. Diese Veränderungsbereitschaft wird ein professionell arbeitender Berater immer im Vorfeld durch vertrauliche Vorabgespräche überprüfen. Wie im Fall von Wilh. Wilhelmsen geht es im ersten Schritt darum, Vertrauen aufzubauen und die vorherrschenden Emotionen und Gedanken zu thematisieren. Insbesondere bei der Arbeit mit Führungsteams muss hierfür die entsprechende Zeit eingeplant werden, da das Vertrauen nicht notwendigerweise vorhanden ist, wie ich im Kapitel „Executive Teams und das Resilienzfeld" (3.4.3) erläutert habe. Vertrauen ist eine notwenige Voraussetzung, um unterschwellige Konflikte und Befindlichkeiten ansprechen zu können. Zur Benennung dieser eher subtilen Themen eignet sich beispielsweise die Arbeit mit dem Eisberg-Modell, das zwischen der Sachebene oberhalb der Wasseroberfläche und dem Bereich der Emotionen, Muster und Werte unterhalb des Meeresspiegels unterscheidet.

7 Das Resilienzfeld verbessern

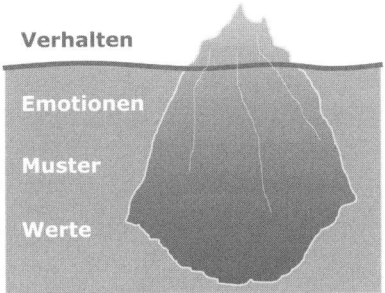

Abb. 168: Das Eisbergmodell

Viele Manager und ihre Mitarbeiter halten sich für rational und logisch handelnde Menschen, die sich überwiegend — und manche glauben sogar ausschließlich — an Zahlen, Daten und Fakten orientieren. Entsprechend schätzen sie auch ihr eigenes Verhalten und ihre Kommunikationsweise ein. Allein schon die Vermutung, dass sie selbst emotionalen Einflüssen unterliegen und andere Menschen dadurch gegebenenfalls beeinflussen könnten, ist ihnen fremd. Wenn ein Team allerdings eine belastende Situation zu verarbeiten hat, wie beispielsweise das Stoppen seines Projekts durch die Unternehmensleitung oder den Verlust von Kollegen, dann hilft die Sachebene nicht weiter. Hier ist es dann oftmals sinnvoll, den durch das Ereignis verursachten Emotionen Raum zu geben, obwohl dies für stark kognitiv geprägte Personen ungewohnt und zunächst unangenehm sein kann. Mitunter kann es Sinn machen, diese Emotionen zu visualisieren, z. B. durch gemalte Bilder oder durch Fotokarten, die die Teammitglieder auswählen können.

Das Eisberg-Modell ist auch eine gute Struktur, um in einem nächsten Schritt Faktoren zu benennen, die mitursächlich für die resignierte oder korrosive Teamenergie sind. Dies kann beispielsweise im Rahmen eines Team-Coachings passieren oder in der Arbeit in Kleingruppen. Hierbei achtet der Berater darauf, dass die genannten Punkte einerseits relevant sind und den Kern des Problems oder Konflikts treffen und dass sie andererseits mit konkreten und umsetzbaren Verbesserungsvorschlägen verbunden sind.

Wie ich bereits im Kapitel „Die Sphären individueller Resilienz" (3.3) beschrieben habe, gehen Menschen aufgrund ihrer Persönlichkeit mit Veränderungen individuell verschieden um. Diese individuelle Andersartigkeit gilt es sinnvollerweise zu thematisieren, um gegenseitiges Verständnis zu fördern. Hierzu hat sich die Unterscheidung in Komfortzone, Lernzone und Panikzone bewährt.

Wie lässt sich Resilienz fördern?

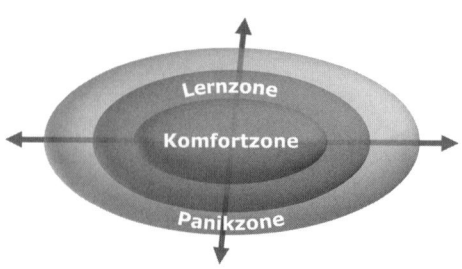

Abb. 169 Komfortzone, Lernzone, Panikzone

Die Komfortzone beschreibt dabei das normale Verhalten einer Person im Status Quo. Die Lernzone beschreibt das Einüben neuen Verhaltens, das typischerweise mit Unsicherheit und Unwohlsein einhergeht, aber für die Person noch gut machbar ist. Die Panikzone hingegen beschreibt neue Verhaltensmuster, die für den Betreffenden so unangenehm sind, dass er sich der Veränderung verweigert. Diese Zonen sind naturgemäß für jede Person unterschiedlich groß bemessen. Das Ziel bei jeder Art von Veränderung, die erfolgreich sein soll, muss es also sein, Verbesserungspotenziale zu finden, die sich mehrheitlich in der Lernzone befinden, die also weder trivial noch furchteinflößend sind. Eine gute Methode zur Arbeit in der Lernzone sind Rückmeldungen in Bezug auf das eigene Verhalten. Ein sehr bewährtes Modell dazu ist im Folgenden vorgestellt.

Ein Aspekt von Team-Entwicklung mit dem Ziel der Stärkung des Resilienzfeldes kann die Verbesserung von Kommunikationsmustern sein, um beispielsweise entstehende Konflikte frühzeitig und konstruktiv zu benennen. Hier hat sich vor allem die Arbeit an einer Feedback-Kultur im Team bewährt. In einer Feedback-Kultur werden sowohl Kritik als auch Lob zeitnah auf eine bestimmte vereinbarte Art und Weise verbalisiert. Eine Methode, mit der wir hier sehr gute Erfahrungen gemacht haben, ist das vom Center for Creative Leadership entwickelte SBI-Modell. Es ist leicht verständlich und ermöglicht dem Feedback-Empfänger durch die konsequente Verwendung von Ich-Botschaften, nicht in eine Verteidigungshaltung zu gehen. Das Akronym SBI steht dabei für **S**ituation, **B**ehavior, **I**mpact. Hier die Methode im Überblick:

Die SBI-Methode

Schritt	Beschreibung	Beispiel
Situation	Benennung einer konkreten, spezifischen Situation, in der der Feedback-Empfänger ein bestimmtes Verhalten gezeigt hat	„Heute Morgen in der Team-Besprechung, als ich den Projektstatus präsentiert habe …"
Behavior	Interpretations- und wertungsfreie, möglichst objektive Beschreibung des beobachtbaren Verhaltens	„… sind Sie mir mehrfach ins Wort gefallen und haben meine Aussagen relativiert."
Impact	Ich-Botschaft zur subjektiven Auswirkung, die das Verhalten der anderen Person auf den Feedback-Geber hatte	„Das hat mich frustriert und mir das Gefühl gegeben, dass Sie meine Meinung nicht wertschätzen."

Die Methode mag auf den ersten Blick fast schon trivial erscheinen, doch das ist sie keineswegs. Den meisten Führungskräften fällt es zunächst sehr schwer, die SBI-Methode einzusetzen, da sie diese nicht konfrontative und gleichzeitig doch offene Art der Kommunikation nicht gewohnt sind. Wenn sich hingegen das gesamte Team vornimmt, sich fortan mit dieser Methode regelmäßig Feedback zu geben, so hat dies einen maßgeblichen Einfluss auf die Qualität des Resilienzfeldes im Team.

In einer Team-Entwicklung wird aber nicht nur die SBI-Methode eingeübt, sondern jeder gibt auch jedem Feedback, was ebenso zur Stärkung der bilateralen Beziehungen im Team beiträgt.

Ein Team-Entwicklungsworkshop endet typischerweise damit, dass wenige, aber dafür zentrale und konkrete Maßnahmen zur Verbesserung des Resilienzfeldes im Team vereinbart werden. Sie sind vom Team bis zum nächsten Team-Workshop umzusetzen. Dort werden dann die hierbei gemachten Erfahrungen reflektiert und eventuell weitere Maßnahmen beschlossen.

Ein weiterer Bestandteil eines solchen Prozesses sollte die regelmäßige Erhebung des Teamklimas, z. B. durch die Methode „Organisationale Energie" (siehe hierzu das Kapitel „Von individueller Resilienz zum Resilienzfeld", 3.4) sein. Auf diese Weise wird sichergestellt und visualisiert, dass sich das Team in die angestrebte Richtung entwickelt.

Wie lässt sich Resilienz fördern?

7.4.6 Accountability, Sinn & Identität

Großartige Unternehmen haben als Folge einer ausgeprägten Streitkultur ein hohes Maß an Accountability kultiviert.

(Steve Ballmer, ehemaliger CEO Microsoft)

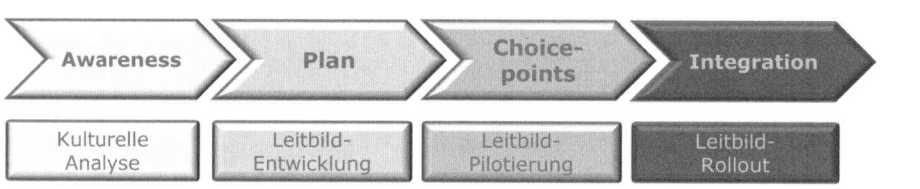

Abb. 170: Maßnahmen auf den Ebenen „Accountability", „Sinn" und „Identität"

Mitarbeiter möchten an ihr Unternehmen, seine Produkte und Dienstleistungen, sein Management und seine Marktchancen glauben, denn sie möchten sich zu einem großen Teil mit ihrem Unternehmen, seiner Strategie, seinen Werten und natürlich auch mit seinem Erfolg identifizieren. Ist dieser Glaube, aus welchem Grunde auch immer, erschüttert, nimmt zwangsläufig das kollektive Selbstbewusstsein ab und das Leistungsvermögen der Organisation sinkt. Das Resilienzfeld verschlechtert sich im gleichen Maße, was negative Auswirkungen auf alle Führungskräfte und Mitarbeiter hat.

Die Reederei Wilh. Wilhelmsen befand sich in einer solchen Sinnkrise, als Ingar Skaug 1990 die Position des CEO übernahm. Welche Maßnahmen ergriff er, um den Glauben seines Führungsteams an die eigenen Fähigkeiten und Erfolgschancen wieder zu etablieren? Was war wichtig für den Turnaround des Unternehmens? Was lässt sich daraus für andere, weniger dramatische Veränderungsprozesse lernen?

7.4.6.1 Kulturelle Analyse

Der erste Schritt von Skaug bestand in einer Erhebung der Unternehmenskultur mithilfe einer anonymen Mitarbeiterbefragung. Dies ist eine absolut probate Methode, die in deutschen Unternehmen allerdings meist der Zustimmung durch den Betriebsrat bedarf und von daher oft schwierig ist. Eine weniger flächendeckende und eher informelle kulturelle Analyse ist daher oft der pragmatischere Ansatz, der ähnlich belastbare Ergebnisse liefert. Neben den in den vorherigen Kapiteln bereits geschilderten Ergebnissen, liefert er eine Momentaufnahme der beobachtbaren Unternehmenswerte, die sich in konkreten, wiederkehrenden Verhaltensmustern niederschlagen.

7 Das Resilienzfeld verbessern

> **BEISPIEL**
> So lässt beispielsweise die durchschnittliche Firmenzugehörigkeit einen Rückschluss auf Werte wie „Sicherheit" und „Loyalität" zu. Ebenso gibt die Geschwindigkeit, mit der Veränderungen umgesetzt werden, Hinweise auf Werte wie „Stabilität" oder „Tradition".

Bei der kulturellen Analyse werden in besonderem Maße Unternehmenswerte entlang der folgenden Dimensionen untersucht, da hier erfahrungsgemäß der größte Zusammenhang mit dem Unternehmenserfolg besteht.

Dimensionen von Unternehmenswerten

Leistungsorientierung	Arbeitsbezogene Aspekte
Mitarbeiterorientierung	Teamorientierung
Führung	Kundenorientierung
Zwischenmenschliche Beziehungen	Kommunikation
Innovation	Werteorientierung
Veränderungsbereitschaft	Zielorientierung

Unternehmenswerte bilden dabei die kleinste Einheit der Unternehmenskultur, die zusätzlich noch von allgemein anerkannten Regeln und Normen und von sich wiederholenden Praktiken und Ritualen geprägt wird. Ein Beispiel für Regeln und Normen sind interne Richtlinien, z. B. für die Abrechnung von Reisekosten. Diese können eher unternehmens- oder aber eher mitarbeiterfreundlich gestaltet sein und machen ein Aussage darüber, inwieweit im Unternehmen eine Kultur des Vertrauens oder Misstrauens vorherrscht. Praktiken und Rituale kann man beispielsweise in den routinemäßigen Maßnahmen zur Kostenreduktion gegen Quartalsende in manchen Unternehmen erkennen. Dies lässt Rückschlüsse darauf zu, ob eher Kontinuität und Mitarbeiterzufriedenheit oder aber Wettbewerbsfähigkeit im Mittelpunkt stehen. Die Grafik soll die Zusammenhänge zwischen den einzelnen Bestandteilen von Unternehmenskultur verdeutlichen.

Wie lässt sich Resilienz fördern?

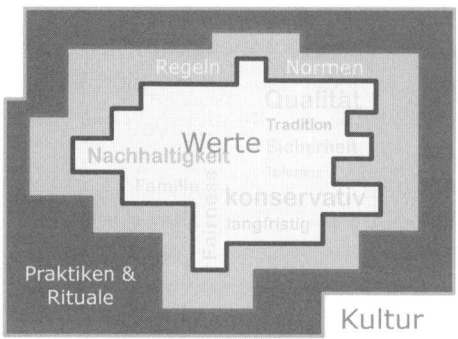

Abb. 171: Zusammenhang von Werten, Regeln & Normen, Praktiken & Ritualen und Unternehmenskultur

> **BEISPIEL**
>
> Nachdem die Erhebung der Unternehmenskultur abgeschlossen war, versammelte Skaug seine obersten zwei Führungsebenen in Workshops, um gemeinsam mit ihnen die Ergebnisse der Befragung zu analysieren und Möglichkeiten für Verbesserungen zu identifizieren.

Die Einbeziehung des Managementteams in einen Veränderungsprozess zu einem möglichst frühen Zeitpunkt ist ein wichtiger Schritt, um Buy-In zu generieren und die Notwendigkeit für Veränderung in der Organisation zu verankern. Da es sich im Fall von Wilh. Wilhelmsen um eine besondere Form von Veränderungsprozess handelte, ging es Ingar Skaug auch darum zu beurteilen, welche Mitglieder seines Führungsstabs die nötigen Veränderungen mitgehen würden und welche nicht. Neben dem bereits dargestellten Riemann-Thoman-Modell lässt sich in solchen Fällen auch das Modell der „Vier Zimmer der Veränderung" anwenden, dass dem Schweizer Organisationsberater Hansueli Eugster zugeschrieben wird. Dieses Modell beschreibt vier allgemeingültige Phasen in Veränderungsprozessen, die bei jedem Change von allen Teammitgliedern durchlaufen werden.

1. Die erste Phase ist dabei die Verleugnung. Hier wird die anstehende unweigerliche Veränderung von den Betroffenen willentlich oder unwillkürlich ignoriert.
2. Lässt sich die Verleugnung nicht weiter aufrechterhalten, folgt die Phase des Widerstands, in der gegen die anstehende Veränderung opponiert wird.
3. Danach tritt stets eine Phase der Verwirrung ein. Hier wird die Veränderung bereits als unausweichlich hingenommen, aber ihre konkreten Auswirkungen sind noch nicht vollends verstanden.
4. Erst wenn auch diese Phase erfolgreich durchlaufen ist, lichtet sich das durch die Veränderung erzeugte Chaos, und es kann neues Commitment entstehen.

Jede Führungskraft und jeder Mitarbeiter geht mit Veränderungen dabei persönlichkeitsbedingt anders um und durchläuft die Phasen daher unterschiedlich schnell. Die Phasen bzw. Zimmer sind dabei ein gutes Hilfsmittel, um die mentale und emotionale Situation zu erfassen, in der sich Menschen in Veränderungsprozessen befinden. Sie lassen zudem Rückschlüsse darauf zu, ob sie als Manager für die Umsetzung der Veränderung in Frage kommen.

7.4.6.2 Entwicklung von Leitbildern

> **BEISPIEL**
>
> Nachdem die Eckdaten zur Unternehmenskultur vorlagen und die Ergebnisse der Mitarbeiterbefragung im Topmanagement ausgewertet worden waren, organisierte Skaug eine mehrtägige Klausurtagung, in der das Führungsteam Firmenvision, Strategie, Unternehmenswerte und Führungsprinzipien definieren sollte.

Die gemeinsame Entwicklung eines solchen Führungsleitbilds ist Basis für die Festigung von Sinn und Identität in der Führungsmannschaft und dient als Grundlage für das wechselseitige „Sich-in-die-Pflicht-Nehmen", um das Leitbild dann auch zu leben bzw. in die Tat umzusetzen. Ein Führungsleitbild beschreibt dabei möglichst konkret und handlungsorientiert, wie Führungskräfte sich verhalten wollen bzw. sollen und was die Mitarbeiter von ihnen erwarten können. Dabei geht es weniger darum, ein möglichst perfektes Führungsleitbild zu haben, sondern vielmehr um den Prozess des gemeinsamen Erarbeitens, in dem sich jeder einbringen kann. Damit werden die Geschicke der Firma zur eigenen Sache jedes Einzelnen gemacht. Eine Leitbildentwicklung mit dem Ziel der Verbesserung der Resilienzfeldes unterscheidet sich dabei nicht grundlegend von einem „normalen" Update der Vision, Strategie und der Werte. Allein die Tatsache, dass ein sinnvolles Leitbild gemeinsam erarbeitet wurde, wirkt schon positiv auf das Resilienzfeld im Unternehmen. Eine Leitbildentwicklung bzw. -aktualisierung ist dabei kein einmaliger Akt, sondern muss als kontinuierlicher Prozess verstanden werden, der in regelmäßigen Abständen von 2 bis 3 Jahren wiederholt werden sollte.

Henry Mintzberg, ein kanadischer Ökonom und international anerkannter Managementtheoretiker, hat während der letzten 30 Jahre die Entstehung und Umsetzung von Führungsleitbildern analysiert. Er erkannte dabei, dass die Existenz eines Führungsleitbilds noch keine hinreichend genaue Aussage darüber machen kann, was davon später in die Praxis umgesetzt wird und was nicht. Mintzberg beobachtete, dass stets ungeplante Elemente auftraten, die zum Teil des gelebten und umgesetzten Leitbilds wurden, während andere Aspekte nicht realisiert

Wie lässt sich Resilienz fördern?

und fallengelassen wurden. Dieses Phänomen bezeichnete er als „Emergenz" in der Leitbild-Erstellung. Die Abweichung zwischen „Soll" und „Ist" ist dabei umso größer, je mehr das Leitbild von einer zentralen Stelle isoliert vom Rest der Organisation in einem traditionellen „Outside-In"-Ansatz definiert wird. Dies ist einer der wesentlichen Gründe, warum dieser Prozess laut Mintzberg unter Einbeziehung des Führungsteams regelmäßig durchlaufen werden sollte.

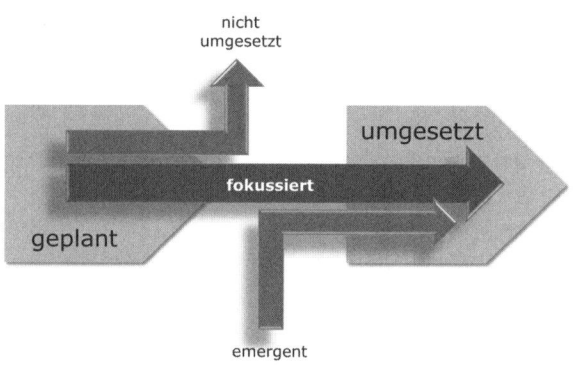

Abb. 172: Das Phänomen „Emergenz" in der Leitbild-Umsetzung

Das umgesetzte Leitbild muss nach einer gewissen Zeit stets mit dem geplanten verglichen werden, um Erkenntnisse darüber zu gewinnen, was für das Unternehmen tatsächlich von zentraler Bedeutung ist, und so als Organisation zu lernen. Ein anderer Grund für die regelmäßige Aktualisierung unter Einbeziehung der Führungsmannschaft im Sinne eines „Inside-Out"-Ansatzes ist dessen positive Auswirkung auf die emotionale Identifikation des Führungsteams und der Belegschaft mit der Zukunftsvision ihrer Firma. Die wesentlichen Aspekte von „Outside-In" und „Inside-Out" in der Erstellung und Aktualisierung von Unternehmensleitbildern sind in der folgenden Übersicht gegenübergestellt.

7 Das Resilienzfeld verbessern

Abb. 173: Leitbild-Erstellung mittels „Outside-In"- bzw. „Inside-Out"-Ansätzen

7.4.6.3 Pilotierung von Leitbildern

Ist ein Führungsleitbild, bestehend aus Vision, Strategie, Werten und Führungsprinzipien, erst einmal erstellt, geht es darum, dies möglichst bald mit Leben zu erfüllen.

> **BEISPIEL**
>
> Im Fall von Wilh. Wilhelmsen startete Skaug unmittelbar nach der Klausurtagung damit, sein Führungsverhalten zu verändern. Er begann, die Umsetzung der vereinbarten Schritte von seinem Management einzufordern, und weigerte sich beispielsweise, Entscheidungen zu treffen, die seiner Meinung von seinen Managern selbst getroffen werden sollten. Auch betonte er immer wieder die Bedeutung von Accountability für jeden im Management der Wilhelmsen Lines.

Bei Accountability geht es um das Maß an Gesamtverantwortung, das jedes Mitglied für den Erfolg des gesamten Managementteams empfindet und aus sich heraus wahrnimmt. Die Arbeit in einem Team, in dem sich jeder für den Gesamterfolg der Gruppe mitverantwortlich fühlt, ist dabei durchaus intensiv, anstrengend und potenziell konfliktreich. Nicht jeder lässt seine getroffenen oder nicht getroffenen Entscheidungen gerne von den Kollegen hinterfragen, loben und vielleicht auch kritisieren.

Wie lässt sich Resilienz fördern?

> **BEISPIEL**
>
> Dementsprechend waren auch die Reaktionen in Skaugs Teams. Die veränderten Spielregeln führten dort zunächst zu einigem an Verunsicherung und Frustration und es wurde deutlich, dass nicht jeder aus dem Team bereit war, so zu arbeiten. Diese Entwicklung machte es nötig, dass Skaug zeitnah personelle Veränderungen vornahm, um den Veränderungsprozess nicht zu gefährden.

Ein weiterer wichtiger Aspekt bei der Pilotierung eines neuen Leitbilds sind erste, schnell sichtbare Erfolge, die mit dem neuen Leitbild in Verbindung gebracht werden können, so genannte „Quick Wins". Sie stärken das Vertrauen bei den Mitarbeitern, dass die neu eingeschlagene Richtung auch tatsächlich funktioniert. Dies können beispielsweise innovative Ansätze, gewonnene Aufträge oder bewältigte Probleme sein.

Das Vorgehen von Skaug wird dabei theoretisch von John Kotter, einem US-amerikanischen Management-Professor an der Harvard Business School, untermauert. Kotter, der international als einer der Vordenker des Change Managements gilt, fasste die wesentlichen Eckpunkte bei der erfolgreichen Steuerung und Durchführung von Veränderungen im Unternehmen in acht Punkten zusammen, die sich auch im Führungsverhalten von Skaug wiederfinden lassen.

Eckpunkte des Veränderungsmnagements in Theorie und Praxis

Eckpunkte bei Kotter	Umsetzung bei Skaug
Gefühl der Dringlichkeit vermitteln	Analyse der Mitarbeiterbefragung gemeinsam mit Führungsteam
Führungskoalition aufbauen	Führungskräfte auf die Notwendigkeit der Veränderung einschwören
Vision und Strategie entwickeln	Klausur zur gemeinsamen Leitbild-Entwicklung
Vision kommunizieren	Konsequentes Vorleben des neuen Leitbilds im Führungsteam
Hindernisse aus dem Weg räumen	Personelle Veränderungen im Führungsteam
Kurzfristige Erfolge sichtbar machen	Zeitnahe Kommunikation erster „Quick Wins"
Veränderungen vorantreiben	Rollout des neuen Führungsleitbilds durch Workshops mit allen Mitarbeitern
Veränderungen in der Kultur verankern	Regelmäßige Aktualisierung des Leitbilds

7.4.6.4 Rollout von Leitbildern

Die Entwicklung und die Pilotierung eines Führungsleitbildes ist zwar ein wichtiger Schritt, um die Identifikation des Führungsteams mit den Unternehmenszielen und -werten zu gewährleisten. Die Wertschöpfung im Unternehmen erfolgt jedoch durch die Mitarbeiter, die im bisherigen Prozess noch nicht Bestandteil der Leitbildentwicklung waren.

> **BEISPIEL**
>
> Um die Belegschaft für die neue Strategie, Führungsprinzipien und Werte zu gewinnen, ließ Skaug über mehrere Monate zweitägige Klausurtagungen mit jeweils 60 Mitarbeitern durchführen, um diese auf die neue Richtung von Wilh. Wilhelmsen einzuschwören. Diese Veranstaltungen wurden so lange fortgesetzt, bis die gesamte Belegschaft diesen Workshop durchlaufen hatte, was zweifelsohne ein sehr aufwendiges und teures Unterfangen war.

Der Rollout von Führungsleitbildern kommt in der Unternehmensrealität unserer Erfahrung nach heute oft zu kurz. Plakate mit den Unternehmenswerten neben den Fahrstühlen und in der Kantine sind wichtig und richtig, müssen aber durch begleitende Maßnahmen ergänzt werden. Diese dienen dazu, dass sich die Mitarbeiter mit der neuen Richtung und den aktualisierten Spielregeln auseinandersetzen, um diese für ihren Arbeitsalltag übersetzen und herunterbrechen zu können. Das erfordert die direkte Interaktion und geschieht daher idealerweise nicht in Telefonkonferenzen mit hunderten von Teilnehmern, sondern am besten in kleinen Gruppen, die physisch beisammen sind und sich das neue Leitbild geführt von einem Moderator erarbeiten.

> **Zusammenfassung**
>
> Die Resilienz von Führungskräften und ihren Mitarbeitern wird entscheidend vom Resilienzfeld eines Bereichs oder Unternehmens beeinflusst. Dieses hat wiederum deutliche Auswirkungen auf die Leistungsfähigkeit einer Organisation und auf die Unternehmensentwicklung im Ganzen. Das Resilienzfeld entsteht dabei als Resultat aus der Wechselwirkung verschiedener Faktoren im Innen und Außen. Von außen wirken gesellschaftliche, wirtschaftliche und technologische Faktoren ein, während aus dem Inneren der Organisation vor allem Aspekte von Unternehmenskultur und Führung das Resilienzfeld prägen. Beide Arten von Einflüssen können ein Unternehmen entweder belasten oder aber förderlich für seine Entwicklung sein. Will man das Resilienzfeld eines Teams oder Bereichs nachhaltig verbessern, so ist die Arbeit auf unterschiedlichen Ebenen am vielversprechendsten. Dazu haben wir mit der Methode „Organizational Resilience" ein spezialisiertes Format der Organisationsentwicklung entwickelt, das auf verschiedenen Ebenen fußt.

7.5 Resilienzorientierte Führung

Wer glaubt, dass Geschäftsführer Geschäfte führen, der glaubt auch, dass Zitronenfalter Zitronen falten.

(Herkunft unbekannt)

Führungskräfte sollten keine Geschäfte führen, sie sollten Menschen führen. Was wie eine Binsenweisheit klingt, ist in vielen Unternehmen, die wir in unserer Arbeit kennenlernen, weit von der betrieblichen Realität entfernt. Das ist bedauerlich, denn dadurch bleibt eine Menge an betrieblichem Potenzial ungenutzt und wird teilweise unnötig verschlissen.

Die Art der Führungskultur beeinflusst signifikant das Maß an Identifikation der Belegschaft mit den Unternehmenszielen. Dieses Engagement der Mitarbeiter erklärt dabei nach verschiedenen Studien bis zu 30 % der Unterschiede im Erfolg verschiedener Unternehmen. Ein hohes Maß an emotionaler Identifikation mit dem eigenen Unternehmen resultiert in einer geringeren Zahl von Krankheitstagen, in verminderter Fluktuation sowie in höherer Leistungsfähigkeit und Arbeitsqualität. Auch die Kundenzufriedenheit ist signifikant höher bei solchen Unternehmen, deren Mitarbeiter eine hohe Bindung zum Unternehmen haben.

In Deutschland empfinden laut einer Untersuchung des Gallup-Instituts aus dem Jahr 2013 nur 15 % aller Beschäftigten eine hohe Bindung zu ihrem Unternehmen. 61 % haben dagegen eine mittelmäßige und 24 % haben keinerlei emotionale Bindung zu ihrem Unternehmen. Das bedeutet, dass statistisch knapp ein Viertel der Belegschaft eines Unternehmens bestenfalls Dienst nach Vorschrift macht.

Es besteht kein Zweifel daran, dass die Identifikation der Mitarbeiter mit dem Unternehmen zusammenhängt mit der Ausprägung des Resilienzfeldes im Allgemeinen und dem Führungsverhalten des Vorgesetzten im Besonderen, denn Menschen folgen keinen Rollen oder Funktionen, sondern Menschen, die sie respektieren und denen sie vertrauen. Viele Manager sehen sich dabei selbst als Opfer des Systems „Unternehmen", das sie willentlich oder unwillentlich dazu bringt, sich entgegen ihren eigenen Überzeugungen zu verhalten. Dies ist teilweise ein valider Punkt, sollte aber nicht als Entschuldigung dafür dienen, die Gestaltungsspielräume, die man als Manager hat, nicht zu nutzen. Viele Manager, mit denen wir arbeiten, verwenden viel Zeit und Energie darauf, sich über die Faktoren zu beklagen, die sie nicht beeinflussen können, und vergessen darüber, die Spielräume zu nutzen, die sie in der Tat haben.

Resilienzorientierte Führung bedeutet daher, im Rahmen der Möglichkeiten eine Balance zu finden zwischen einer positiven Beziehungsgestaltung, verstehender Zuwendung und Unterstützung einerseits und fordernder Führung mit anspruchsvollen Zielen, offener Kommunikation sowie klaren Regeln und Erwartungen andererseits. Dies klingt kompliziert, ist es aber nicht, wenn man als Manager die einfachen Prinzipien dahinter versteht.

7.5.1 Der resilienzorientierte Führungsstil

Führen heißt vor allem, Leben in den Menschen wecken, Leben aus ihnen hervorlocken.

(Anselm Grün, deutscher Benediktinerpater und Autor)

Die Führung von Menschen ist der schwierigste Teil der Arbeit eines Managers — und wird gleichzeitig am meisten unterschätzt. In einer Zeit, in der globale Märkte immer transparenter und Produkte und Dienstleistungen immer vergleichbarer werden, bekommen vermeintlich weiche Faktoren wie Führung, Unternehmenskultur und Resilienzfeld eine immer größere Bedeutung für die Wettbewerbsfähigkeit einer Organisation und damit für den nachhaltigen Unternehmenserfolg. Man könnte auch sagen: Die Auswirkungen der Globalisierung lassen weiche Faktoren zu harten werden.

7.5.1.1 Resilienzorientierte Führung = Gute Führung

Die Fähigkeit einer Führungskraft, ihre psychische Widerstandsfähigkeit und die ihrer Mitarbeiter positiv zu beeinflussen, wird in den kommenden Jahrzehnten immer mehr an Bedeutung für den Erfolg von Unternehmen erlangen und damit auch für die Karriere von Managern an Relevanz gewinnen. Wer es schafft, sich selbst und die Menschen in seiner Umgebung in Zeiten der Unsicherheit und des Wandels geistig agil, emotional belastbar und körperlich gesund zu erhalten, der handelt ökonomisch klug und umsichtig und erhöht seine Erfolgschancen.

Auch heute schon liegen die Zusammenhänge von Führungskultur und Unternehmenserfolg auf der Hand. Die Aufgabe einer Führungskraft wird von vielen vor allem darin verstanden, andere Menschen, Teams, Funktionen oder ganze Organisationen zu führen.

Wie lässt sich Resilienz fördern?

Hier wird allerdings häufig vergessen, dass all dies mit der bewussten und konstruktiven Führung von sich selbst beginnen muss. Dabei geht es nicht um einseitige und unreflektierte Härte, sondern um die Kombination von Selbststeuerung und Disziplin mit Bewusstsein und Reflexion. Ein guter Leader im Sinne der resilienzorientierten Führung versteht es daher, seine negativen Emotionen zu managen und zu kanalisieren. Darüber hinaus ist er in der Lage, sich selbst zu führen und sich bei Bedarf gezielt in einen kraftvollen und ressourcenreichen Zustand zu bringen. Er hat ein konstruktives, entwicklungsorientiertes Menschenbild oder, einfacher ausgedrückt: Er mag Menschen. Er versteht die Wechselwirkung zwischen äußeren Einflussfaktoren, seinem Führungsverhalten, dem Resilienzfeld in seinem Bereich und der Produktivität seiner Mitarbeiter und handelt entsprechend. Dazu sorgt er durch die Einbeziehung der Mitarbeiter für ein konstruktives Arbeitsklima, in dem diese gefordert sind und Verantwortung für das Gesamtergebnis übernehmen. Er versteht dabei, dass ein Mitarbeiter sich dann optimal geführt fühlt, wenn er als Führungskraft auf dessen Persönlichkeit möglichst individuell eingeht, seine Motivatoren erkennt und dieses Wissen zur Schaffung einer sinnvollen Arbeitsatmosphäre nutzt. Führung bedeutet also für ihn nicht, andere nach seinen eigenen Präferenzen anzuleiten, sondern vielmehr nach den Präferenzen jedes einzelnen Mitarbeiters.

Durch regelmäßiges wertschätzendes Feedback unterstützt der resilienzorientierte Manager seine Mitarbeiter in ihrer individuellen Entwicklung und verbessert so die Qualität der Arbeitsergebnisse. Er lebt die Führungsprinzipien und Werte, die er von seinem Team einfordert, dabei selbst vor und scheut sich nicht, Fehler zu machen, diese einzugestehen und aus diesen zu lernen.

Er fördert die Identifikation seiner Mitarbeiter, indem er eine attraktive und überzeugende Vision vermittelt und es versteht, seine Mitarbeiter dafür zu begeistern und sie so aus ihrer Komfortzone zu führen. Dadurch gibt er dem gemeinsamen Handeln einen Sinn und schürt das Wirgefühl und positive Emotionen, die sich ebenfalls positiv auf die Leistungsfähigkeit auswirken.

Resilienzorientierte Führung ist im Grunde nichts anderes als „gute" Führung und von daher auch nicht neu. Was hingegen neu ist, ist die Formulierung der Bestandteile, die den resilienzorientierten Führungsstil ausmachen, und ihre theoretische Fundierung.

7.5.1.2 Konzeptionelle Wurzeln

Resilienzorientierte Führung fußt konzeptionell auf vier verschiedenen Blöcken.

Abb. 174: Die Fundamente resilienzorientierter Führung

1. Eine der wesentlichen Grundlagen bildet das **Konzept der partizipativen Führung**, das von dem deutschen Sozialpsychologen Kurt Lewin bereits zu Beginn des 20. Jahrhunderts als Gegenkonzept zur autoritären Führung im nationalistisch geprägten Deutschland entworfen wurde. Die wesentlichen Aspekte dieses Konzepts bestehen darin, die Mitarbeiter in Meinungsbildung und Entscheidungen sowie in die Definition von Zielen miteinzubeziehen, um so deren Identifikation, Motivation und Selbstständigkeit zu stärken und das Gefühl von Kontrollverlust zu minimieren. Dieser Führungsstil sieht zudem neben der Delegation von Aufgaben und Verantwortung einen Umgang mit Fehlern vor, der das gemeinsame Lernen in den Vordergrund stellt und nicht die Suche und Bestrafung des Schuldigen.
2. Der zweite Block wird vom Konzept „**Transformational Leadership**" gebildet. Dieses Konzept geht auf den US-amerikanischen Leadership-Experten und Autor James MacGregor Burns zurück, der 1978 erstmals ein Führungsverhalten beschrieb, das durch die Vermittlung einer sinnvollen Vision sowie gemeinsamer Ziele und Ideale dazu führt, dass die Mitarbeiter Vertrauen, Respekt, Loyalität und Bewunderung gegenüber ihrer Führungskraft empfinden und dadurch überdurchschnittliche Leistungen erbringen. Die Führungskraft spielt in diesem Modell eine zentrale Rolle als Vorbild, das durch sein von Integrität geprägtes

Handeln seine Mitarbeiter gleichermaßen inspiriert und herausfordert, einen sinnvollen Beitrag zur Verwirklichung der gemeinsamen Mission zu leisten. Ein weiterer Aspekt von „Transformational Leadership" ist die Rolle der Führungskraft als Mentor, die ihre Mitarbeiter durch herausfordernde Aufgaben, entwicklungsorientiertes Feedback und Empathie in ihrer Entwicklung unterstützt.

3. Das dritte Fundament besteht im Modell der **Systemischen Führung** aus den 1990er Jahren, das auf die Erkenntnisse der neueren Systemtheorie zurückgeht und hier insbesondere von den Arbeiten des deutschen Soziologen Niklas Luhmann und des ebenfalls deutschen Philosophen, Psychologen und Pädagogen Eckard König beeinflusst wurde. Die wesentlichen Aspekte der systemischen Führung bestehen in der Wahrnehmung und Akzeptanz der Wechselwirkungen verschiedenster Faktoren im Unternehmensumfeld, die auf die Führungskräfte und Mitarbeiter einwirken und damit die Richtung und die Organisationale Energie eines Unternehmens beeinflussen. Zu diesen Faktoren gehören zusätzlich zu Vorgesetzen, Kollegen und Mitarbeitern u. a. auch Kunden, Lieferanten, der Geldmarkt, der Absatzmarkt, die Gesellschaft, Technologie, die Unternehmenskultur und -geschichte sowie die Umwelt, in der das Unternehmen agiert. Systemische Führung begreift dabei die Führungskraft, die ebenfalls den zuvor genannten Einflussgrößen unterliegt, als nur eine von vielen Umweltfaktoren, die auf Mitarbeiter einwirken, was sich in der Idee der Wechselwirkungen des Resilienzfeldes widerspiegelt. Ein anderer Aspekt besteht in der Erkenntnis, dass es nicht eine einheitliche organisatorische Wirklichkeit gibt, sondern dass jeder Manager und jeder Mitarbeiter seine eigene Version oder Sichtweise der Wirklichkeit seinem Verhalten zugrundelegt, was die Betrachtung verschiedener Gruppen von Mitarbeitern und ihrer Positionen, Kommunikationsmuster und Bedürfnisse zwingend erforderlich macht.

4. Die letzte Säule besteht in den Erkenntnissen der modernen Hirnforschung, die sich im Konzept „**Neuro-Leadership**" niederschlagen. Der Begriff geht zurück auf den australischen Managementautor David Rock und den US-amerikanischen Psychiater und Neurowissenschaftler Jeffrey Schwartz, die ihn 2006 in ihrem Artikel „The Neuroscience of Leadership" erstmals verwendeten. Ein Großteil der inhaltlichen Wurzeln der in diesem Buch verwendeten Konzepte liegt jedoch in der Konsistenztheorie des deutschen Psychotherapieforschers Klaus Grawe, der diese bereits 2004 veröffentlichte. Inhaltlich stützt sich das Modell auf Einsichten der Hirnforschung, insbesondere in Bezug auf das Belohnungssystem, das emotionale System, das Gedächtnissystem und das Entscheidungssystem, um das Führungsverhalten von Managern zu optimieren. Dazu werden Erkenntnisse über die neurobiologischen Grundbedürfnisse des Menschen genutzt, um diese gezielt in Arbeitsgestaltung, Führung und Zusammenarbeit anzusprechen.

7.5.2 Die Prinzipien resilienzorientierter Führung

Es ist jedoch nicht zu unterschätzen, wie stark die Organisationale Energie eines Unternehmens von einzelnen Personen geprägt wird; gerade Führungskräfte haben einen erheblichen Einfluss auf die gezielten Kraftanstrengungen der Firma.

(Heike Bruch, Professorin für Führung und Personalmanagement)

Das Konzept resilienzorientierter Führung basiert auf einigen wenigen Prinzipien, die es zu beachten gilt und die sich aus den in diesem Buch erörterten Erkenntnissen verschiedener Forschungsrichtungen erschließen. Diese Prinzipien möchte ich in den folgenden Kapiteln zusammenfassend darstellen.

7.5.2.1 Die Regeln der VUKA-Welt verstehen

Wir leben in einer Zeit, die von wachsender Dynamik, Komplexität und Widersprüchlichkeit auf verschiedenen Ebenen geprägt ist. Dies ist keine Einbildung, sondern lässt sich anhand zahlreicher Fakten belegen. Die vielschichtiger gewordene geopolitische Machtverteilung ist dafür genauso ein Indiz wie der Klimawandel und die gestiegene Fluktuation der Kapitalmärkte. Auch globalisierte wirtschaftliche Verflechtungen und der Grad technologischer Vernetzung und Innovation sind Symptome dieses Phänomens, das zunächst nur vom US-Militär und später auch von Managementautoren, als „VUKA" bezeichnet wurde. VUKA steht dabei für **V**olatilität, **U**nsicherheit, **K**omplexität und **A**mbiguität. Weitere Hintergründe zu diesem Konzept finden Sie im Kapitel „Gesellschaftliche Faktoren: Leben in der VUKA-Welt" (6.2). Hier nochmals die Bedeutung der einzelnen Begriffe im Überblick.

Das VUKA-Konzept

Bezeichnung	Bedeutung
Volatilität	Bezieht sich auf die zunehmende Häufigkeit, die Geschwindigkeit und das Ausmaß von Veränderungen
Unsicherheit	Beschreibt ein abnehmendes Maß an Vorhersagbarkeit von Ereignissen
Komplexität	Bezieht sich auf die steigende Anzahl von Verknüpfungen und Abhängigkeiten, die eine Thematik undurchschaubar machen
Ambiguität	Beschreibt die Mehrdeutigkeit der Faktenlage, die falsche Interpretationen und Entscheidungen wahrscheinlicher macht

Wie lässt sich Resilienz fördern?

Es ist davon auszugehen, dass sich diese Entwicklung fortsetzen wird. Alle Anzeichen deuten darauf hin, dass sich die Dinge auch zukünftig nicht einfacher, ruhiger oder berechenbarer entwickeln werden, sondern eher im Gegenteil in ihrer Geschwindigkeit und Undurchsichtigkeit noch weiter zunehmen. Ein wesentlicher Aspekt resilienzorientierter Führung ist es daher, diesen Faktor anzuerkennen und sich darauf einzustellen. Dies hat zur Konsequenz, dass Führungskräfte und ihre Mitarbeiter künftig ein höheres Maß an Agilität, also geistiger und emotionaler Wendigkeit und Flexibilität, mitbringen müssen, um in dieser Welt zu bestehen zu können und dabei gesund und leistungsfähig zu bleiben. Was gestern noch ein guter Plan war, kann aufgrund geänderter Rahmenbedingungen morgen schon wieder Makulatur sein.

In der VUKA-Welt gibt es ein sehr großes Bedürfnis nach Sinn und Identität, denn das gibt Sicherheit und das Gefühl von Verstehbarkeit. Daher werden klare, glaubhafte und attraktive Visionen gekoppelt mit einer starken und positiven Unternehmenskultur immer bedeutsamer, da sie dabei helfen, der mangelnden Vorhersehbarkeit und Planbarkeit der Arbeitswelt eine Konstante entgegenzusetzen, die bei der Orientierung hilft. Die erfolgreiche Vermittlung dieser Visionen über Bilder, Metaphern und Geschichten wird ebenfalls immer wichtiger. Gleiches gilt für den Aspekt Führung. Eine resilienzorientierte Art von Führung wird immer bedeutsamer für Mitarbeiter, da diese ihnen hilft, mit der chaotischen Umwelt besser umzugehen.

Die VUKA-Welt ist ebenfalls charakterisiert durch eine Tendenz des Ausuferns. Probleme entwickeln sich rasanter und werden auch schneller krisenhaft. Es gibt dabei stets mehr Probleme als Zeit, um diese zu lösen. Dies macht aktive Abgrenzung zu einer wichtigen Kompetenz, da anderenfalls die Probleme des Arbeitsalltags in alle Lebensbereiche vordringen.

Ein weiterer Aspekt der VUKA-Welt ist das zunehmende Fehlen von eindeutigen Zusammenhängen zwischen Ursache und Wirkung. Ereignisse werden mehr und mehr durch eine komplexe Vielzahl von Faktoren beeinflusst, die nicht mehr zu überblicken ist. Dies hat zur Folge, dass kausale Logik im Sinne von „Wenn — Dann" in Prognosen immer weniger hilfreich ist und mehr und mehr durch Intuition und Emergenz, d. h. die aktive Einbeziehung sich entwickelnder Faktoren durch Beobachtung, ersetzt werden wird. Dementsprechend werden aufwendige Detailplanung und Best Practices immer öfter durch den iterativen Ansatz „Versuchen — Beobachten — Reagieren" ersetzt werden. Zusammenfassend lassen sich daher folgende Prinzipien für den Umgang mit einer VUKA-Welt festhalten.

Führungsprinzipien für die VUKA-Welt

Prinzip	Erläuterung
Akzeptanz der Umstände	Die Dinge sind, wie sie sind. Es bringt nichts, sich eine einfachere Welt herbeizuwünschen.
Agilität und Beweglichkeit	Geistige und emotionale Flexibilität und Wendigkeit werden zunehmend wichtiger.
Sinn als konstante Größe	Ansprechende langfristige Visionen, die Orientierung und Identität vermitteln, werden immer bedeutender.
Storytelling	Es ist wichtig, Ideen und Zukunftsvisionen ansprechend in Bildern, Metaphern und Geschichten transportieren zu können.
Kultur zur Identifikation	Eine starke und attraktive Organisationskultur vereinfacht die Identifikation mit dem Unternehmen.
Resilienzorientierte Führung	Resilienzorientierte Führung wird immer relevanter, um besser mit Druck und Unsicherheit umgehen zu können.
Abgrenzung als Selbstschutz	Es wird zunehmend wichtiger, neben Zeitfenstern für Arbeit auch noch Zeitfenster für andere Aspekte des Lebens aktiv einzuplanen.
Intuition und Emergenz	Intuition und Emergenz bei komplexen Unternehmungen nimmt an Bedeutung zu.

7.5.2.2 Polaritäten erkennen und managen

Die VUKA-Welt hat auch zur Folge, dass die Optimierung und einseitige Orientierung des eigenen Führungs- und Entscheidungsverhaltens an allzu einfachen Prinzipien immer häufiger nicht mehr weiterhilft. Vielmehr liegt der Erfolg von Managern mit steigender Führungsverantwortung darin, scheinbar unvereinbare Polaritäten mittels eines Ansatzes von „Sowohl — Als auch" sinnvoll zu integrieren. Polaritäten sind dabei bleibende Eigenschaften oder Faktoren, die sich vordergründig gegenseitig ausschließen wie z. B. „Kreativität" und „Disziplin" oder „Innovation" und „Beständigkeit".

Viele Führungskräfte sind es gewohnt, in den Kategorien „richtig" und „falsch" zu denken und von der Existenz einer absoluten Wahrheit auszugehen, die genau eine richtige und eine Menge falscher Handlungsweisen impliziert. Dieser traditionelle Ansatz von „Entweder — Oder" wird in der Tat vielen komplexen Problemstellungen nicht mehr gerecht und produziert immer häufiger unbefriedigende Ergebnisse. Daher geht das Konzept der „Polaritäten" von mehreren Einflussgrößen aus, die gleichermaßen zutreffend sind, aber dennoch nicht zeitgleich vorherrschen können.

So gilt beispielsweise in vielen Unternehmen das Paradigma, immer schnell sein zu müssen, egal was es umzusetzen gilt. In anderen Unternehmen geht hingegen alles gleich langsam vor sich, um es gründlich zu tun. Belastbare Untersuchungen verschiedener Firmen zeigen jedoch, dass diejenigen Unternehmen erfolgreicher sind, deren Management zu differenzieren weiß, welche Initiativen schnell umgesetzt werden müssen und welche Maßnahmen besser langsam und dafür gründlich voranschreiten. Gleiches gilt für interne Restrukturierungen. In manchen Firmen werden die Grundlagen der Aufbauorganisation als Reaktion auf die Marktsituation und den Wettbewerb alle 18 Monate mit immensem Aufwand und Produktivitätsverlust neu definiert. In anderen bleiben sie über Jahrzehnte annähernd konstant. Resilienzorientierte Führung bedeutet in diesem Zusammenhang, die Notwendigkeit der Veränderung sorgfältig mit den Auswirkungen auf die Effizienz der Organisation abzuwägen. Vergleichende Untersuchungen zeigen auch hier, dass Unternehmen, deren Leitungsebene Veränderungen mit eben diesem Augenmaß angeht, langfristig erfolgreicher sind. Im Kapitel „Was lässt sich von erfolgreichen Unternehmen lernen?" (3.1.2) finden Sie weitere Hintergründe hierzu.

Prinzip	Erläuterung
Polaritäten erkennen	Management-Positionen sind gekennzeichnet von vordergründig unmöglichen Aufgabenstellungen, deren einzige Lösungsmöglichkeit darin besteht, unvereinbare Prinzipien miteinander zu kombinieren.
Polaritäten managen	Einfache und stereotype Prinzipien kritisch sehen. Den dynamischen und situationsbezogenen Ausgleich zwischen scheinbar unvereinbaren Handlungsalternativen suchen.

7.5.2.3 Die innere Haltung optimieren

Es gibt zahlreiche Untersuchungen darüber, wie bestimmte Menschen es schaffen, unter schwierigen Umständen zu wachsen und als Führungskraft dauerhaft wesentlich erfolgreicher zu sein als andere. Ein wesentliches Erfolgskriterium ist dabei die innere Haltung des Managers. Sie ist entscheidend für die Art, wie er mit belastenden Situationen umgeht, und hat daher einen entscheidenden Einfluss auf seine innere Widerstandsfähigkeit. Sie entscheidet darüber, ob eine schwierige Entwicklung eher als Herausforderung verstanden wird, die Ansporn zur Höchstleistung ist, oder aber als Überforderung, die früher oder später in die Erschöpfung und Resignation führen.

Die innere Haltung ist etwas Unwillkürliches, d. h., sie wird typischerweise nicht bewusst eingenommen, ist aber wahrnehmbar und kann von daher auch beeinflusst werden. Ich habe die wesentlichen der in diesem Buch vorgestellten Aspekte der inneren Haltung im Folgenden nochmals zusammengefasst. Weitere Hintergründe finden Sie in den Kapiteln „Was lässt sich von erfolgreichen Unternehmen lernen?" (3.1.2), „Das Projekt „Langes Leben" (5.1) und „Die eigene Resilienz verbessern" (7.2).

Prinzipien der inneren Haltung

Prinzip	Erläuterung
Überzeugt sein von Selbstwirksamkeit	Die Verantwortung für das eigene Schicksal und das Gelingen der Pläne ausschließlich bei sich selbst sehen.
Erwartung von Schwierigkeiten	Trotz optimistischer Grundhaltung das Auftreten von Problemen, Überraschungen oder Krisen erwarten und sich so gut wie möglich darauf vorbereiten.
Werteorientierung und Disziplin	Starkes Wertesystem verbunden mit einem hohen Bedürfnis nach Integrität in der Umsetzung in die täglich gelebte Führungspraxis.
Innere Autonomie	Bildung einer eigenen, auf Fakten, Überzeugungen und Erfahrungen basierenden Einschätzung der Situation unabhängig vom Mainstream.
Höhere Ideale	Sich etwas verpflichtet fühlen, das größer und bedeutsamer ist als der eigene Erfolg, und dafür Begeisterung empfinden.
Selbstmanagement	Eigene Emotionen, Denkmuster und Handlungsimpulse bewusst und konstruktiv steuern anstatt von ihnen gesteuert zu werden.
Gesunde Distanz	Die eigene Person als getrennt von der Rolle wahrnehmen, die sie ausfüllt, um damit einer schädlichen Verschmelzung von Rolle und Person entgegenzuwirken.

7.5.2.4 Resilienz und Resilienzfeld managen

Ein Manager ist im Sinne der resilienzorientierten Führung zunächst einmal Vorbild für seine Mitarbeiter. Das Maß an Übereinstimmung zwischen dem von seinen Mitarbeitern erwarteten und von ihm selbst praktizierten Verhalten ist entscheidend für seine Glaubwürdigkeit und seine Effektivität als Führungskraft. Das bedeutet, dass für eine Führungskraft zunächst die Aufrechterhaltung und Verbesserung der eigenen Resilienz von zentraler Bedeutung sein muss. Nur wenn dies sichtbar ist und glaubhaft vorgelebt wird, werden die Mitarbeiter versuchen wollen, es ebenfalls für sich zu praktizieren. Das bedingt eine konstruktive innere Haltung, das

Wie lässt sich Resilienz fördern?

Management der eigenen Emotionen und Handlungsimpulse und die Akzeptanz von Fehlern. Die Art, mit der eine Führungskraft mit ihren eigenen Fehlern umgeht, ist ein wichtiges Indiz für die Mitarbeiter, ob es in Ordnung ist, etwas Neues auszuprobieren und eventuell daran zu scheitern, oder ob dies ein unkalkulierbares Risiko darstellt. Resilienzorientierte Führung bedeutet zudem, eine offene und vertrauensvolle Beziehung zu seinen Mitarbeitern zu pflegen und regelmäßig mit ihnen im Gespräch zu sein, um bei Bedarf als Mentor zur Seite stehen zu können und das Maß der Mitarbeiter-Resilienz zu erörtern.

Des Weiteren hat ein Manager, der resilienzorientiert führt, die Qualität des Resilienzfeldes und die Organisationale Energie in seinem Bereich im Blick und investiert Zeit, Aufmerksamkeit und, wenn nötig, Geld, um diese zu pflegen und zu verbessern. Er weiß, dass das System „Team" oder „Unternehmen" am besten funktioniert, wenn es inspiriert ist, Großes leisten zu wollen, und dabei auch immer wieder Phasen der Konsolidierung eingeplant sind, um die Energiespeicher wieder aufzuladen.

Ein Beispiel für die gelungene Verbesserung des Resilienzfeldes eines traumatisierten Unternehmens finden Sie im Kapitel „Das Resilienzfeld verbessern" (7.4).

Prinzipien in Bezug auf die eigene Resilienz und das Resilienzfeld

Prinzip	Erläuterung
Eigene Resilienz	Auf die eigene innere Widerstandsfähigkeit achten und dies den Mitarbeitern vorleben.
Resilienz der Mitarbeiter	Das Level an Resilienz unter den Mitarbeitern beobachten und eine offene und vertrauensvolle Beziehung pflegen.
Resilienzfeld und Organisationale Energie	Das Resilienzfeld und die Organisationale Energie des Unternehmens, Bereichs oder Teams regelmäßig überprüfen, um gegebenenfalls korrigierend eingreifen zu können.

7.5.3 Die Erkenntnisse der Forschung nutzen

Erkenne das Ewige und du bist weise.

(Konfuzius, chinesischer Philosoph)

Führungskräfte, die die Organisationale Energie des Bereichs und die Resilienz der Mitarbeiter im Blick haben, sollten die Erkenntnisse von Forschungsrichtungen wie der Neurobiologie, Medizin, Soziologie und Psychologie nutzen, um die Widerstandsfähigkeit und Leistungsfähigkeit der Mitarbeiter nach Kräften zu fördern und das subjektive Stressempfinden zu vermindern. Die wesentlichen Erkenntnisse sind im Folgenden noch einmal zusammengetragen. Die Hintergründe und Zusammenhänge dazu sind ausführlich in den Kapiteln „Neurobiologie, Wohlbefinden und Stress" (4) erläutert.

7.5.3.1 Grundregeln resilienzorientierter Führung

Die US-amerikanische Sozialpsychologin Christina Maslach, die entscheidend an der Definition des Burn-out-Syndroms mitgewirkt hat, stellte in ihrer Arbeit auch einige Kriterien auf, die als Grundregeln resilienzorientierter Führung angesehen werden können. Weitere Informationen hierzu finden Sie im Kapitel „Die Folgen fehlender Resilienz" (6.5).

Prinzipien in Bezug auf die Arbeitsgrundlagen

Prinzip	Erläuterung
Arbeitsmenge	- Handhabbare Arbeitsmenge, die Erholung möglich macht. - Passung zwischen Aufgabe und Fähigkeiten des Mitarbeiters.
Gestaltungsmöglichkeiten und Spielraum	- Möglichkeit, die Arbeit in einer Art und Weise zu gestalten, die man selbst für die beste hält. - Kein Micro-Management.
Belohnung und Anerkennung	- Angemessenheit der finanziellen Entlohnung. - Soziale Anerkennung durch Vorgesetzte und Kollegen.
Arbeitsklima und Kollegialität	- Gute kollegiale Beziehungen. - Angemessene Austausch- und Gesprächsmöglichkeiten. - Konstruktiver Umgang mit Konflikten.
Transparenz und Gerechtigkeit	- Faire und nachvollziehbare Verteilung der Arbeit. - Gleicher Lohn und gleiche Wertschätzung für gleichwertige Arbeiten. - Kein politisches oder berechnendes Verhalten.

Wie lässt sich Resilienz fördern?

Prinzip	Erläuterung
Sinnhaftigkeit der Arbeit	- Moralische Vertretbarkeit der zu leistenden Arbeit und Übereinstimmung mit den eigenen Werten. - Ethische Vertretbarkeit der Produktionsweisen und der Produkte. - Ethischer Umgang mit Mitarbeitern und Kunden.

7.5.3.2 Neurobiologische Grundbedürfnisse

Die Erkenntnisse der Hirnforschung zur Führung habe ich in diesem Buch ausführlich im Kapitel „Hirnforschung — Hype oder Heilsbringer?" (4.1) dargestellt. Hier noch einmal eine Übersicht der wesentlichen Aspekte in Bezug auf resilienzorientiertes Führungsverhalten.

Prinzipien als Konsequenz aus den neurobiologischen Grundbedürfnissen

Prinzip	Erläuterung
Zugehörigkeit und Verbundenheit	- Mitarbeitern mit Interesse begegnen und sie als Menschen wertschätzen. - Stärken und Schwächen kennenlernen.
	- Mitarbeiter bei wesentlichen Entscheidungen aktiv um ihren Input und ihre Meinung bitten unter der Prämisse, dass die letztendliche Entscheidung bei ihnen liegt.
	- Ehrliche Wertschätzung und Interesse am Mitarbeiter zeigen und adäquat mit Emotionen umgehen. - Mitarbeiter fragen, wie es ihnen geht und deren Antwort interessiert und mit Anteilnahme zuhören.
	- Förderung der Akzeptanz unterschiedlicher Charaktere und der Kooperation im Team.
Wachstum und Entwicklung	- Mitarbeiter aktiv in ihrer eigenen langfristigen persönlichen und professionellen Entwicklung fördern.
	- Mitarbeitern regelmäßig entwicklungsorientiertes, ehrliches Feedback (Lob und Kritik) geben.
	- Kalkulierte Risiken eingehen und Mitarbeiter durch „Stretch-Assignments" verbunden mit unterstützendem Coaching in ihrer Kompetenzentwicklung unterstützen.
	- Im Falle eines Fehlers nicht den Schuldigen suchen, sondern gemeinsam das Problem lösen und sicherstellen, dass aus dem Fehler die nötigen Erkenntnisse und Verhaltensänderungen von allen abgeleitet werden.

7 Resilienzorientierte Führung

Prinzip	Erläuterung
Selbstwert und Status	- Freundliche Umgangsformen. - Nachvollziehbare, faktenorientierte und auf Entwicklung bedachte Kritik.
	- Organisatorische Rahmenbedingungen transparent machen. - Die Erwartungen der Mitarbeiter frühzeitig und klar managen. Ungerechtigkeiten so gering wie möglich halten und bei Bedarf die Verantwortung dafür übernehmen.
	- Wertschätzende Rückmeldung und ehrlich gemeinter Dank für das Engagement und den Beitrag von Mitarbeitern.
Orientierung und Kontrolle	- Mitarbeitern relevante Informationen in geeigneter Weise aktiv zugänglich machen.
	- Berechenbares, zeitnahes und nachvollziehbares Treffen von Entscheidungen, die sich wahrnehmbar an einer groben Richtung orientieren.
	- Demokratischer, transparenter und gerechter Umgang mit Informationen. - Den offenen Diskurs mit Mitarbeitern suchen.
Autonomie und Selbstwirksamkeit	- Anstatt einzelner Aufgaben größere Verantwortung an Mitarbeiter delegieren, gekoppelt mit klaren Erwartungen sowie dem Angebot zur Unterstützung und Rückmeldung. - Delegation als Mitarbeiterentwicklung und nicht nur als Problemlösung begreifen.
	- Abhängig von Persönlichkeit, Erfahrung und Motivation die „Länge der Leine" variieren und Mitarbeitern situativ die Möglichkeit geben, sich Ihr Vertrauen zu verdienen.
	- Eigenständige Problemstrukturierung und -lösung von Mitarbeitern einfordern und fördern.
Fairness und Angemessenheit	- Leistungsgerechte, nachvollziehbare und faire Entlohnung und Förderung von Mitarbeitern.
	- Managergehälter, die sich am Branchendurchschnitt orientieren und die Manager sowohl an Chancen als auch an Risiken angemessen beteiligen.
	- Personalentscheidungen so transparent, nachvollziehbar und offen wie möglich kommunizieren und diesbezüglich den offenen Austausch mit den Mitarbeitern suchen. - Adäquat und kompetent mit aufkommenden Emotionen umgehen.

Wie lässt sich Resilienz fördern?

Prinzip	Erläuterung
Kongruenz der Grundbedürfnisse	- Nicht alle Grundbedürfnisse können immer gleichzeitig befriedigt werden, da manche sich gegenseitig ausschließen. - Führungsverhalten kann dazu führen, dass Inkongruenzen beim Mitarbeiter entstehen, obwohl einige Bedürfnisse befriedigt wurden. - Offene, empathische und vertrauensvolle Kommunikation ist die effektivste Art, aus Sicht der Führungskraft mit Inkongruenzen umzugehen.

Zusammenfassung

Führungsverhalten, das gleichermaßen die Organisationale Energie des Bereichs und die Resilienz der Mitarbeiter im Blick hat, wird in diesem Buch als resilienzorientierte Führung bezeichnet. Diese Art der Führung versteht sich als Weiterentwicklung der Modelle „Partizipative Führung", „Transformational Leadership", „Systemische Führung" sowie „Neuro-Leadership".

Das Konzept basiert dabei auf der Erkenntnis, dass die Identifikation der Mitarbeiter mit ihrem Unternehmen und damit der Unternehmenserfolg als solches mit der Ausprägung des Resilienzfeldes im Allgemeinen und dem Führungsverhalten der Vorgesetzten im Besonderen zusammenhängen. Führungskräfte, die dazu in der Lage sind, sich selbst und die Menschen in ihrer Umgebung in Zeiten der Unsicherheit und des Wandels geistig agil, emotional belastbar und körperlich gesund zu erhalten, handeln ökonomisch umsichtig und steigern die Marktchancen ihres Unternehmens.

Dieser Zusammenhang wird sich in den kommenden Jahrzehnten noch deutlicher bemerkbar machen. Die Aufgabe einer Führungskraft besteht bei der resilienzorientierten Führung nicht nur darin, andere Menschen, Teams, Funktionen oder ganze Organisationen in diesem Sinne zu führen, sondern vor allem anderen sich selbst und die eigene Emotionalität. Die Führungskraft spielt in diesem Modell eine zentrale Rolle als Vorbild, das durch sein von Integrität geprägtes Handeln seine Mitarbeiter gleichermaßen inspiriert und fordert.

Danksagung

Dieses Buch wäre nicht möglich gewesen, ohne die Unterstützung vieler Menschen, denen ich auf diesem Wege herzlich danken möchte. Zuallererst ist hier meine geschätzte Kollegin Dr. Andrea Claussen zu nennen, die maßgebliche Impulse für die Arbeit an der individuellen Resilienz gegeben hat. Dr. Beate Riechers-Wokurka hat als medizinische Expertin für komplexe Fragestellungen fungiert. Tanja Faust hat mir mit ihrer freundlich-geduldigen Art erfolgreich dabei geholfen, genug Freiraum im Terminkalender zu schaffen. Nicole Jähnichen war wieder für das Lektorat zuständig und hat mit der gewohnten Kombination aus Sachverstand, Freundlichkeit und therapeutischem Geschick blank liegende Nerven beruhigt. Viele Kollegen haben mir zudem mit ihrer Expertise zur Seite gestanden. Darunter waren Dr. Regina Eckert, Nick Petrie und David Altman, PhD vom Center for Creative Leadership, Nicole Neubauer und Christopher Rosenthal von Metaberatung und Markus Brand vom Institut für Lebensmotive. Ich danke auch meinen Kollegen von Leadership Choices, die mir in der heißen Phase ohne Murren den Rücken freigehalten und mir mit tatkräftiger Unterstützung zur Seite gestanden haben: Claudia Salowski, Bill Crombie, Dr. Holger Karsten, Rolf Pfeiffer und Alexander Röntgen.

Allen voran möchte ich aber meiner Familie und hier vor allem meiner Frau Carolin Zeller danken, die mir während der gesamten Zeit der Recherche und des Schreibens mit großem Verständnis begegnet sind und die sowohl die Phasen der Begeisterung als auch die Phasen der Frustration mit mir geteilt haben. Ohne diese Unterstützung hätte ich dieses Buch nicht bei guter Gesundheit fertigstellen können. Vielen Dank dafür!

Über den Autor

Lernen und persönliche Entwicklung sind meine Passion. In meinem Leben war ich bereits Schreiner, Ingenieur, Ökonom, Unternehmensberater, Manager, Unternehmer, Coach und Heilpraktiker für Psychotherapie. Die Basis dafür ist aber, dass ich ein stolzer Vater von tollen Kindern und der oft glückliche Ehemann einer wunderbaren Frau sein darf. Nach sechzehn Jahren Tätigkeit als Manager in internationalen Industriekonzernen und Unternehmensberatungen arbeite ich heute als Executive Coach und bin einer der Managing Partner von Leadership Choices, einer europäischen Unternehmensberatung mit Schwerpunkt auf Executive Development. In meiner Tätigkeit als Coach arbeite ich international mit Topmanagern und ihren Teams u. a. an der Verbesserung ihrer Resilienz. Eine sehr spannende Arbeit, die ich als sinnstiftend und ungemein bereichernd empfinde. Ich lebe mit meiner siebenköpfigen Patchwork-Familie im idyllischen Kraichgau südlich von Heidelberg.

Über Leadership Choices

Leadership Choices ist eine europäische Unternehmensberatung mit Partnern in fünf Ländern, die sich auf Executives und ihre Teams spezialisiert hat und dabei die eher subtilen Themen „unter der Wasseroberfläche" fokussiert. Unser Ziel ist es, Führungskräfte in ihrer persönlichen und professionellen Entwicklung zu unterstützen. Unser Team setzt sich zusammen aus ehemaligen hochkarätigen Führungskräften in internationalen Positionen, die eine bewusste Entscheidung getroffen haben Coach zu werden, und Executive Coachs mit langjähriger Erfahrung in der Arbeit mit Topmanagern. Im Kompetenzbereich „Executive Resilience" begleitet Leadership Choices Führungskräfte, die ihre Resilienz bzw. das Resilienzfeld ihres Teams verbessern möchten.

Literaturverzeichnis

Kapitel: Resilienz – eine Annäherung

Becker, Klaus Jürgen, Ho'oponopono, Die Kraft der Selbstverantwortung, RiWei, Regensburg 2009.
Berndt, Christina, Resilienz, Das Geheimnis der psychischen Widerstandskraft, Deutscher Taschenbuch Verlag, München 2013.
Bilinski, Wolfgang, Phönix aus der Asche, Resilienz — wie erfolgreiche Menschen Krisen für sich nutzen, Haufe, Freiburg 2010.
Bittelmeyer, Andrea, Karrierefaktor Resilienz, Rückschläge besser wegstecken, manager Seminare, Bonn 2007.
Borgert, Stephanie, Resilienz im Projekt Management, Bitte anschnallen, Turbulenzen! Erfolgskonzepte adaptiver Projekte, Springer Gabler, Wiesbaden 2013.
Brooks, Robert Ph.D.; Goldstein, Sam Ph.D., The Power of Resilience, Achieving Balance, Confidence, and Personal Strength in Your Life, McGraw Hill, New York, USA, 2003.
Clarke, Jane; Nicholson, John Dr., Resilience, Bounce back from whatever life throws at you, Crimson Publishing, Surrey, UK, 2010.
Claussen, Andrea, Executive Resilience, Can body-self-awareness create a higher level of resilience?, INSEAD, Fountainbleau 2013.
Coutu, Diane L., How Resilience Works, Confronted with life's hardships, some people snap, and others snap back, Harvard Business School Publishing, Boston, USA 2002.
Csíkszentmihályi, Mihály, Flow — der Weg zum Glück, Der Entdecker des Flow-Prinzips erklärt seine Lebensphilosophie, Herder, Freiburg i. Breisgau 2006.
Grey, Jacqui Dr., Executive Advantage, Resilient leadership for 21st-century organizations, KoganPage, London 2013.
Jackson, Rachel; Watkin, Chris, The resilience inventory, Seven essential skills for overcoming life's obstacles and determining happiness, British Psychological Society, Leicester, UK, 2004.
Maehrleit, Katharina, Resilienz, Stark wie Bambus, manager Seminare, Bonn 2012.
McCann, Joseph; Selsky, John W., Mastering Turbulence, The Essential Capabilities of Agile and Resilient Individuals, Teams, and Organizations, Wiley, San Francisco, USA 2012.

Literaturverzeichnis

Mourlane, Denis, Resilienz, Die unentdeckte Fähigkeit der wirklich Erfolgreichen, Business Village, Göttingen 2013.
Patterson, Jerry L.; Goens, George A.; Reed, Diane E., Resilient Leadership in Turbulent Times, A Guide to Thriving in the Face of Adversitiy, Rowman & Littlefield Publishers, Plymouth 2009.
Reivich, Karen; Shatté, Andrew, The Resilience Factor, 7 Keys to Finding Your Inner Strength and Overcoming Life's Hurdles, Three Rivers Press, New York, USA, 2002.
Schmitz, Christof, Resilienz und Veränderung, Braucht Change Krisen — und wenn ja: welche?, manager Seminare, Bonn 2009.
Schuler, Markus, Resilience, Wie es um Führung, Flexibilität und strategische Weitsicht im Unternehmen bestellt ist, Egon Zehnder International, Zürich 2010.
Siebert, Al, The Resiliency Advantage, Master Change, Thrive Under Pressure, and Bounce Back From Setbacks, Berrett-Koehler Publishers, San Francisco, USA, 2005.
Topf, Cornelia, Krisenstrategien, Rettung aus eigener Kraft, manager Seminare, Bonn 2005.
Verschiedene, Harvard Business Review, Building Personal and Organizational Resilience, Harvard Business School Publishing, Boston, USA 2003.
Werner, Emmy, Resilienz — Gedeihen trotz widriger Umstände, Eröffnungsvortrag Internat. Resilienz-Kongress 2005, ETH Zürich, Auditorium Netzwerk, Müllheim/Baden 2005.
Zolli, Andrew; Healy, Ann Marie, Resilience, Why Things Bounce Back, Free Press, New York, USA, 2012.

Kapitel: Woran Executives scheitern

Babiak, Paul; Hare, Robert D., Snakes in Suits, When Psychopaths Go to Work, Harper, New York, USA, 2006.
Dunsch, Jürgen, Nach Suiziden, Die Schweiz bewegt eine Serie tragischer Manager-Schicksale, Frankfurter Allgemeine Zeitung, Frankfurt/Main, 2013.
Dutton, Kevin, Psychopaten, Was man von Heiligen, Anwälten und Serienmördern lernen kann, Deutscher Taschenbuch Verlag, München 2013.
Freye, Saskia, Führungswechsel, Die Wirtschaftselite und das Ende der Deutschland AG, Campus, Frankfurt/Main 2009.
Haberkorn, Tobias, Verstörender Protest, Die neue französische Revolution: Immer mehr Angestellte begehen Selbstmord, Sueddeutsche.de, Stuttgart 2009.
Kläsgen, Michael, Tödliche Worte, Unheilvolle Dynamik: Die ungeschickten Äußerungen des France-Télécom-Chefs Didier Lombard zeigen, wie schwer sich Firmen mit Selbstmorden tun, Sueddeutsche.de, Stuttgart 2010.
Kowalsky, Marc, Carsten Schloter (†), Was den deutschen Topmanager in den Tod trieb, Axel Springer: Die Welt, Hamburg 2013.

Kowitz, Dorit; Pletter, Roman; Teuwsen, Peer, Manager unter Druck, Wieder nahmen sich zwei Topmanager das Leben: Das Leben der Chefs wird härter, Zeitverlag: Die Zeit, Hamburg 2014.
Schmid, Michael, Management by Psycho, NZZ: Format, Zürich, CH, 2013.
Thadeusz, Frank, Raubtiere ohne Kette, Spiegel, Hamburg 2013.
Wüpper, Gesche, France Télécom, Ex-Chef muss sich für Selbstmorde verantworten, Axel Springer: Die Welt, Hamburg 2012.

Kapitel: Resilienz und Unternehmensführung

Antonovsky, Aaron, Salutogenese, Zur Entmystifizierung der Gesundheit, DGVT Verlag, Tübingen 1997.
Anvari, Mohammad Reza Akhavan; Kalali, Nader Seyed; Gholipour, Aryan, How does Personality Affect on Job Burnout?, International Journal of Trade, Economics and Finance, Singapore 2011.
Bakker, Arnold; Van der Zee, Karen; Lewig, Kerry; Dollard, Maureen, The Relationship Between the Big Five Personality Factors and Burnout, A Study Amon Volunteer Counselors, Routledge: The Journal of Social Psychology, London, UK, 2002.
Bauer, Joachim, Arbeit, Warum unser Glück von ihr abhängt und wie sie uns krank macht, Blessing, München 2013.
Bennis, Warren, Managing People is Like Herding Cats, KoganPage, London, UK, 1998.
Bruch, Heike; Ghoshal Sumantra, Entschlossen führen und handeln, Wie erfolgreiche Manager ihre Willenskraft nutzen und Dinge bewegen, Gabler, Wiesbaden 2006.
Bruch, Heike; Menges, Jochen I., The Acceleration Trap, It's not just individuals who burn out — companies do, too., Harvard Business School Publishing, Boston, USA, 2010.
Bruch, Heike; Vogel, Bern, Organisationale Energie, Wie Sie das Potenzial Ihres Unternehmens ausschöpfen, Gabler, Wiesbaden 2005.
Büssers, Peter, Das Konzept der Salutogenese nach Aaron Antonovsky, Eine Perspektive für die Gesundheitsbildung, Universität zu Köln, Köln 2009.
Collins, Jim; Hansen, Morten T., Oben bleiben. Immer., Campus, Frankfurt/Main 2012.
Goldsmith, Marshall, What Got You Here Won't Get You There, How Successful People Become Even More Successful, Profile Books, London, UK, 2008.
Ion, Frauke; Brand, Markus, Motivorientiertes Führen, Führen auf Basis der 16 Lebensmotive nach Steven Reiss, Gabal, Offenbach 2009.
Katzenbach, Jon R.; Smith, Douglas K., Teams, Der Schlüssel zur Hochleistungsorganisation, Wirtschaftsverlag Ueberreuter, Wien 1993.

Literaturverzeichnis

Kölblinger, Judith, Resilient durch Interpersonelle Kommunikation, Masterthesis im „Universitätslehrgang für Interpersonelle Kommunikation", Universität Salzburg, Salzburg 2010.
Kölblinger, Judith, Resilienz in Strategie, Wandel und Führung, Seminarunterlagen, Heitger Consulting, Wien 2012.
Lencioni, Patrick, The Five Dysfunctions of a Team, A Leadership Fable, John Wiley & Sons, New York, USA,2002.
Levinson, Harry, Psychology of Leadership, Timeless Classics from the World-Renowned Psychologist, Harvard Business School Publishing, Boston, USA,2006.
Maddi, Salvatore R.; Kobasa, Suzanne C., The Hardy Executive, Health Under Stress, Dow Jones-Irwin, Homewood, USA, 1984.
Mahlmann, Regina, Führungskräfte sollten keine Therapeuten sein, Über die Psycho-Pädagogisierung von Unternehmen, manager Seminare, Bonn 2011.
Malik, Fredmund, Führen — Leisten — Leben, Wirksames Management für eine neue Zeit, DVA, München 2000.
McCall, Morgan W.; Lombardo, Michael M. Morrison, Ann M., The Lessons of Experience, How Successful Executives Develop on the Job, Free Press, New York, USA,1988.
Netta, Franz, Partizipation, Gesundheit und wirtschaftlicher Erfolg, Neue Analysen und Erkenntnisse zum Gesundheitsmanagement, Helm Stirlin Institut, Heidelberg 2007.
Nicholson, Nigel; Björnberg Asa M., Whom Shall I Turn to?, The Hidden Role of Critical Leader Relationships in Leader Effectiveness, London Business School, London, UK, 2013.
Petrie, Nick, Wake Up!, The Surprising Truth about What Drives Stress and How Leaders Build Resilience, Center for Creative Leadership, Greensboro, USA, 2013.
Rosenthal, Christopher, Burnout-Marker und Resilienzkompetenzen mit Hogan Assessments, Metaberatung, Düsseldorf 2013.
Schaeppi, Werner, Braucht das Leben einen Sinn?, Empirische Untersuchung zu Natur, Funktion und Bedeutung Subjektiver Sinntheorien, Rüegger, Zürich, CH,2004.
Schnell, Tatjana, Beim Sinn geht es nicht um Glück, sondern um das Richtige und Wertvolle, Tatjana Schnell im Gespräch, Psychologie Heute, Weinheim 2014.
Schnell, Tatjana, Deutsche in der Sinnkrise?, Ein Einblick in die Sinnforschung mit Daten einer repräsentativen Stichprobe, Journal für Psychologie, Berlin 2008.
Schnell, Tatjana, Existential Indifference, Another Quality of Meaning in Life, Universität Innsbruck, Innsbruck 2012.
Schönherr, Katja, Erfolg ist eine Frage der Energie, Unternehmen meistern Krisen, wenn die Mitarbeiter mitziehen. Nur wie?, Zeitverlag: Die Zeit, Hamburg 2011.
Specht, Jule; Egloff, Boris; Schmukle, Stefan C., Examining mechanisms of personality maturation, The impact of life satisfaction on the development of Big Five personality traits, Deutsches Institut für Wirtschaftsforschung, Berlin 2012.

Waaktaar, Trine; Torgersen, Svenn,How resilient are resilience scales?, The Big Five scales outperform resilience scales in predicting adjustment in adolescents, Wiley: Scandinavian Journal of Psychology, Chichester, UK, 2009.
Windle, Gill; Bennett, Kate M.; Noyes, Jane, A methodological review of resilience measurement scales, US National Library of Medicine, Bethesda, USA, 2011.

Kapitel: Neurobiologie, Wohlbefinden und Stress

Campbell, Michael; Baltes, Jessica; Martin, André; Meddings, Kyle, The Stress of Leadership, A CCL Research White Paper, Center for Creative Leadership, Greensboro, USA, 2007.
DAK, Gesundheitsreport 2013, Update psychische Erkrankungen — Sind wir heute anders krank?, DAK, Hamburg 2013.
Damasio, Antonio, Selbst ist der Mensch, Körper, Geist und die Entstehung des Menschlichen Bewusstseins, Siedler, München 2010.
Davidson, Richard J. Ph.D.; Begley, Sharon, The Emotional Life of Your Brain, How Its Unique Patterns Affect the Way You Think, Feel and Live — and How You Can Change Them, Hudson Street Press, London, UK, 2012.
Dispenza, Joe Dr., Schöpfer der Wirklichkeit, Der Mensch und sein Gehirn — Wunderwerke der Evolution, Koha, Burgrain 2011.
Elger, Christian E., Neuroleadership, Erkenntnisse der Hirnforschung für die Führung von Mitarbeitern, Haufe, Freiburg 2013.
Fuchs, Werner T., Warum das Gehirn Geschichten liebt, Mit den Erkenntnissen der Neurowissenschaften zu zielgruppenorientiertem Marketing, Haufe, Freiburg 2009.
Grawe, Klaus, Neuropsychotherapie, Hogrefe, Göttingen 2004.
Holmes, Thomas; Rahe, Richard, The Holmes and Rahe Stress Scale, Understanding the Impact of Long-Term Stress, MindTools.com, London, UK, 2013.
Hüther, Gerald, Was wir sind und was wir sein könnten, Ein neurobiologischer Mutmacher, Fischer, Frankfurt/Main 2011.
Hüther, Gerald; Bentzen, Marianne; Levine, Peter, Die Gehirnforschung, Ihre Bedeutung für Pädagogik, Psychotherapie und Trauma-Arbeit, Auditorium Netzwerk, Mülheim/Baden 2009.
Ising, Marcus, Stresshormonregulation und Depressionsrisiko, Perspektiven für die antidepressive Behandlung, Max-Planck-Gesellschaft, München 2012.
Kabat-Zinn, Jon Ph.D.; Davidson, Richard J. Ph.D., The Mind's Own Physician, A Scientific Dialogue with the Dalai Lama on the Healing Power of Meditation, New Harbinger Publications, Oakland, USA,2011.
Kahneman, Daniel, Schnelles Denken, Langsames Denken, Siedler, München 2011.

Literaturverzeichnis

Libet, Benjamin, Mind Time, Wie das Gehirn Bewusstsein produziert, Suhrkamp, Frankfurt/Main 2007.
Lohmann-Haislah, Andrea, Stressreport Deutschland 2012, Psychische Anforderungen, Ressourcen und Befinden, Bundesanstalt f. Arbeitsschutz u. Arbeitsmedizin, Berlin 2012.
Mainka-Riedel, Maritta, Stressmanagement, Stabil trotz Gegenwind, Springer Gabler, Wiesbaden 2013.
Raichle, Marcus E., Im Kopf herrscht niemals Ruhe, Spektrum der Wissenschaft, Heidelberg 2010.
Rochat, Philippe, Others in Mind, Social Origins of Self-Consciousness, Cambridge University Press, New York, USA,2009.
Rock, David, Managing with the Brain in Mind, strategy + business, issue 56, booz&co, London, UK,2009.
Rock, David, SCARF, A Brain-based Model for Collaborating with and Influencing Others, NeuroLeadership Journal, Sidney, Australia,2008.
Rock, David; Schwartz, Jeffrey, The Neuroscience of Leadership, strategy + business, issue 43, booz&co, London, UK, 2008.
Roth, Gerhard, Persönlichkeit, Entscheidung und Verhalten, Warum es so schwierig ist, sich und andere zu ändern, Klett-Cotta, Stuttgart, 2007.
Rüegg, Johann Caspar, Mind & Body, Wie unser Gehirn die Gesundheit beeinflusst, Schattauer, Stuttgart 2010.
Schmundt, Hilmar, Kritik an Neuroscans, "Hirnforscher sollten nicht überreizen", SpiegelOnline, Hamburg 2012.
Schneider, Maren, Stressfrei durch Meditation, Das MBSR-Kursbuch nach der Methode von Jon Kabat-Zinn, O.W. Barth, München 2012.
Siebecke, Dagmar, Wettbewerbsfähigkeit, Gesundheit und Prävention in der modernen Wissensarbeit, Dt. Gesellschaft für Personalführung, Düsseldorf 2010.
Wagner-Link, Angelika, Der Stress, Stressoren erkennen, Belastungen vermeiden, Stress bewältigen, Techniker Krankenkasse, Hamburg 2011.

Kapitel: Lebenswandel, Psyche und Gesundheit

Brand, Jobst-Ulrich, Trauma-Gen entdeckt, Focus Magazin Nr. 49 ,Focus Magazin Verlag, München 2012.
De Neve, Jan-Emmanuel, Born to lead?, A twin design and genetic association study of leadership role occupancy, Elsevier, Amsterdam 2013.
Friedman, Howard; Martin, Leslie, Die Long-Life Formel, Die wahren Gründe für ein langes und glückliches Leben, Beltz, Weinheim 2012.
Friedman, Howard; Martin, Leslie, The Longevity Project, Surprising Discoveries for Health and Long Life from the Landmark Eight-Decade Study, Hudson Street Press, London, UK,2011.

Graham, Jennifer E.; Christian, Lisa M.; Kiecolt-Glaser, Janice K., Close Relationships and Immunity, Elsevier, Amsterdam 2007.
Hurley, Dan, Trait vs. Fait, Grandma's Experiences Leave a Mark on Your Genes, Kalmbach Publishing, Waukesha, USA, 2013.
Jaffe, Eric, The Link Between Personality and Immunity, Association for Psychological Science, Washington, USA, 2013.
Kemeny, Margaret, Coping With Stress, The Truth About Psycho Neuro Immunology, University of California Television, San Francisco, USA, 2009.
Knospe, Yvonne, Personale Ressourcen und psychisches gesundheitliches Empfinden, Eine empirische Studie über den Zusammenhang zwischen psychischem gesundheitlichem Empfinden, personalen Ressourcen und erwerbstätigen Personengruppen, Helmut-Schmidt-Universität, Hamburg 2013.
Rutter, Michael, Genes and Behavior, Nature-Nurture Interplay Explained, Blackwell Publishing, Oxford, UK, 2006.
Salamon, Maureen, „Resilience Gene" May Save Kids in Troubled Families, Children with the gene have fewer arguments, better relationships with their impaired parents, study finds, U.S. News, Washington, USA, 2014.
Spengler, Dietmar, Gene lernen aus Stress, Max-Planck-Gesellschaft, München 2010.
Taylor, S. E., Reed, M. G., Bower, E.J., Gruenewald, L. T., Psychologische Ressourcen, positive Illusionen und Gesundheit, American Psychological Association, Washington, USA,2000.

Kapitel: Was gefährdet Resilienz?

Bennett, Nathan; Lemoine, G. James , What VUCA Really Means for You, Harvard Business School Publishing, Boston, USA, 2014.
Borysenko, Joan Ph.D., Fried, Why You Burn Out and How to Revive, Hay House, Carlsbad, USA, 2011.
Breuer, Jochen Peter; Oetzmann, Dorothee, Gefühle sichtbar machen, Ausgebrannte Unternehmen, manager Seminare, Bonn 2012.
Casserley, Tim; Megginson, David, Learning from Burnout, Developing sustainable leaders and avoiding career derailment, Butterworth-Heinemann, Oxford, UK, 2009.
Grabe, Martin, Zeitkrankheit Burnout, Warum Menschen ausbrennen und was man dagegen tun kann, Francke, Marburg a.d. Lahn 2005.
Greve, Gustav, Organizational Burnout, Das versteckte Phänomen ausgebrannter Organisationen, Gabler, Wiesbaden 2010.
Han, Byung-Chul, Müdigkeitsgesellschaft,Matthies & Seitz, Berlin 2010.
Händeler, Erik, Die Geschichte der Zukunft, Sozialverhalten heute und der Wohlstand von morgen, Brendow, Moers 2005.

Literaturverzeichnis

Heinemann, Helen, Warum Burnout nicht vom Job kommt, Die wahren Ursachen der Volkskrankheit Nr. 1, Adeo, Asslar 2012.
Illig, Tobias, Jammern ist gut fürs Unternehmen, Resignative Reife, manager Seminare, Bonn 2012.
Johnson, Barry, Polarity Management, Identifying and Managing Unsolvable Problems, HRD Press, Amhurst, USA, 1992.
Kail, Eric G., Leading in a VUCA Environment, Harvard Business School Publishing, Boston, USA, 2010.
Kwoh, Leslie, When the CEO Burns Out, Job Fatigue Catches Up to Some Executives Amid Mounting Expectations; No More Forced Smiles, Wall Street Journal (Dow Jones),New York, USA, 2013.
Lawrence, Kirk, Developing Leaders in a VUCA Environment, UNC Executive Development, Chapel Hill, USA, 2013.
Mahlmann, Regina, Unternehmen in der Psychofalle, Wege hinein. Wege hinaus., Business Village, Göttingen 2012.
Mitchell, Sandra, Komplexitäten, Warum wir erst anfangen, die Welt zu verstehen., Suhrkamp, Frankfurt/Main 2008.
Nagel, Gerhard, Chefs am Limit,5 Coaching-Wege aus Burnout und Jobkrisen, Hanser, München 2010.
Obholzer, Anton; Zagier Roberts, Vega, The Unconnscious at Work, Individual and Organizational Stress in the Human Services, Routledge, East Sussex, UK, 1994.
Oshry, Barry; Devane, Tom, The Organization Workshop ,Collaborating for Change, Power+Systems, Boston, USA, 1999.
Petrie, Nick, Future Trends in Leadership Development, A White Paper, Center for Creative Leadership, Colorado Springs, USA, 2011.
Reeves, Martin et al., The Most Adaptive Companies 2012,Winning in an Age of Turbulence, Boston Consulting Group, New York, USA, 2012.
Sennett, Richard, The Culture of the New Capitalism, Yale University Press, New Haven, USA 2006.
Snowden, David J.; Boone, Mary E., A Leader's Framework for Decision Making, Wise executives tailor their approach to fit the complexity of the circumstances they face, Harvard Business School Publishing, Boston, USA, 2007.
Taleb, Nassim Nicholas, Der Schwarze Schwan, Die Macht höchst unwahrscheinlicher Ereignisse, Deutscher Taschenbuch Verlag, München 2010.
Väth, Markus, Struktureller Burnout ist der blinde Fleck von Unternehmen, Umgamg mit Burnout, manager Seminare, Bonn 2010.

Kapitel: Wie lässt sich Resilienz fördern?

Drath, Karsten, Coaching und seine Wurzeln, Erfolgreiche Interventionen und ihre Ursprünge, Haufe, Freiburg 2012.
Eidelson, Roy; Soldz, Stephen, Does Comprehensive Soldier Fitness Work?, CSF Research Fails the Test, Coalition for an Ethical Psychology, 2012.
Gillham, Jane; Reivich, Karen, Building Resilience in Children, The Penn Resiliency Project, University of Pennsylvania, Philadelphia, USA, 2007.
Lester, Paul B. et al., The Comprehensive Soldier and Family Fitness Program Evaluation, Report #4: Evaluation of Resilience Training and Mental and Behavioral Health Outcomes, US Army, Monterey, USA, 2013.
Maslach, Christina; Leiter, Michael P., The Truth About Burnout, How Organizations Cause Personal Stress and What to Do About it, Jossey-Bass, San Francisco, USA, 1997.
McCarthy, John F.; O'Connell, David J.; Hall, Douglas T., Leading beyond tragedy, The balance of personal identity and adaptability, Emerald Group Publishing, Bingley, UK, 2004.
N.N., Veterans statistics, PTSD, Depression, TBI, Suicide, Veterans and PTSD, 2014.
Sackmann, Sonja, Betriebsvergleich Unternehmenskultur, Welche kulturellen Faktoren beeinflussen den Unternehmenserfolg?, Universität der Bundeswehr, München 2006.
Seligman, Martin, Building Resilience, Harvard Business School Publishing, Boston, USA, 2011.
Seligman, Martin, Building Resilience, What business can learn from a pioneering army program for fostering post-traumatic growth ,Harvard Business School Publishing, Boston, USA, 2011.
Siegel, Daniel J., Das achtsame Gehirn, Arbor, Freiamt i. Schwarzwald 2007.
Tardanico, Susan, Entire Management Team Killed, A CEO's Turnaround Story, Forbes.com, New York, USA, 2012.
Trentmann, Nina, Fünf Dinge, die Sterbende am meisten bedauern, Was bereuen wir, wenn unser Leben zu Ende geht?, Axel Springer: Die Welt, Hamburg 2012.
Ware, Bronnie, The Top Five Regrets of the Dying, A Life Transformed by the Dearly Departing, Hay House, Carlsbad, USA, 2011.
Wellensiek, Sylvia Kéré, Handbuch Resilienz-Training, Widerstandskraft und Flexibilität für Unternehmen und Mitarbeiter, Beltz, Weinheim 2011.
Wellensiek, Sylvia Kéré, Resilienz lernen, Die innere Stärke wecken, manager Seminare, Bonn 2012.
Willingham, Val, Study: Rates of many mental disorders much higher in soldiers than in civilians, CNN, Atlanta, USA, 2014.
Wood, David, Army Chief Ray Odierno Warns Military, Suicides „Not Going To End" After War Is Over, Huffington Post, New York, USA, 2013.

Stichwortverzeichnis

5-Faktorenmodell	123
360°-Feedback	307, 344

A

ABC-Methode	336
Abwärtsspirale	324
Accountability	205, 431
Achtsamkeit	161, 277, 382
Achtsamkeit-Konzept	160
Aktionismus	325
Aktionsplan	373
Amygdala	81, 223
Analysis Paralysis	66
Anerkennung	319
Anti-Stress-Gen	289
Arbeit, Bedeutung	186
Arroganz	67
Authentizität	167
Autonomie	250
Awarenes	398

B

Bahnung	164, 217
Bedürfnispyramide, Maslow	112
Belohnungszentrum	214, 243
Beschleunigungsfalle	192, 310
Beziehungen	167, 278, 383
Bezugsperson	278
Big Five Persönlichkeitsfaktoren	123, 343
Biofeedback	380
Biographie	139, 272, 347
Blinder Fleck	65, 75
Blut	241
Body-Mass-Index	378
Bore-out	192
Brain Initiative	213
Burn-out	48, 326

C

Cartesianische Trennung	159
CCL	43
Cell Phone Separation Anxiety	382
Choicepoints	398
chronischer Stress	240
Clinical Stress Assessment	241
Coaching	395
Coaching-Modell	397
Code, epigenetischer	287
Commitment	204, 418
Comprehensive Soldier and Family Fitness	335
Coping-Strategien	235
Cortisol	228, 240
Critical Leader Relationships	167, 169, 384
Cynefin-Modell	304

D

Dauerbelastung	276
Default Mode Network	218, 229
Delegation	371, 396
Demut	367
Denken, magisches	319
Denkmuster	162, 361
Depression	328
Diskussionskultur	418
Disstress	226
Disstress, langanhaltender	266
Distanz, gesunde	150
Distanziertheit	70
Disziplin	56, 276
Diversity	199
DNS	282
Dramatik, Hang zur	68

Stichwortverzeichnis

E

Effektstärke, Placebo	267
Effort-Reward-Modell	233
Egoismus	367
Eigenreflexion	168
Einstellung	355
Eisbergmodell	422
Eisenhower-Matrix	370
Elektrokardiogramm	380
Emotion	62
Empathie	82, 217
Energieräuber	369
Engramm, Begriff	141
Enthusiasmus	68
Entwicklungsaufgaben	349
Epigenetik	286
erarbeitete Resilienz	134
Erbgut	281
Erfolgsfaktoren, Unternehmensführung	98
Erfolg und Resilienz	95
Erinnerungen	142
Erschöpfung	380
Eustress	226
Executive Derailers	65
Executive Resilience	400
Executive Teams	189
Extraversion	124, 270
Exzentrik	72

F

Fairness	251
Feedback	66, 203, 365, 384, 416
Feedback-Kultur	424
Fehler	150
Fitness, psychische	342
Flow	226
Flügel-Ressourcen	157, 369
Förderprogramm für Resilienz	335
Forschung	34
Free Rider	204
Freundschaft	383

Führung, dysfunktionale	314
Führung, resilienzfördernde	94
Führung, resilienzorientierte	435
Führungskultur	434
Führungsleitbild	429
Führungsprinzipien	94
Führungstheorien	91
funktionale Psychopathen	78

G

Ganzheitliche Achtsamkeit	160
Gedächtnis	141
gedankliches Wiederkäuen	148
Gefallen Wollen	74
Gefühl	62
Gehirnstrukturen	211
Gen	281
Glaubenssatz	319, 351
Groupthink	201
Grübeln	148
Gruppenidentität	207

H

Habit	118
Haltung	196, 318, 355, 442
Härte	56
Helfer-Syndrom	60
Herzratenvariabilität	240, 242, 380
Hippocampus	81, 223
Hirnareale	211
Hirnforschung	116, 209
hirngerechte Führung	243
Hirn-Körper-Achse	265, 276
Hirnrinde	223
Hochleistung	276
Hochleistungsteams	419

I

Idealist	58
Identität, Gruppe	207
Identität, Teams	206

Stichwortverzeichnis

Immunsystem	263
Improvisationstalent	42
Impulskontrolle	357
innere Führung	90
innere Haltung	273
innere Kündigung	204
Inneres Team	149
Insecure Overachiever	321
Interaktion im Team	195, 421
Introversion	124
Intuition	306
Isolation	384

K

Kalender-Management	371
Kinder, resiliente	108
kognitive Enhancer	330
Komfortzone	423
Kommunikationsmuster	424
Kondratieff-Zyklen	291
Konfliktfähigkeit	202, 205
Kontroll-Überzeugung	268
Körper, Einstellung zum	376
Körper-Geist-Wechselwirkung	160
Körpergewicht	378
Krieger-Gen	285

L

Lähmung, resignative	313
Leadership	91
Leadership Choices	397
Learning Agility	197, 415
Lebensgeschichte	139
Lebensumstände, schwierige	111
Leitbildentwicklung	429
Lernende Organisation	415
Lernfähigkeit	197, 200, 414
Levenson Self-Report Psychopathy Scale	79
Logbuch	360
Logotherapie	40
Löwenzahn-Kinder	136

M

Manager-Schicksale	43
Marshmallow-Experiment	147
Maslach Burnout Inventory	327
Master Resilience Trainer	335
Meditation	162, 277
Menschen-Gehirn	223
Mentor	384
Messverfahren, Stress	236
Methylierung	287
Mindfulness	161
Mindfulness Based Stress Reduction	162, 277, 382
Misstrauen	70
Missverständnis	38
Mitarbeiterbefragung	426
Mitläufer	412
Modell der Kugelsphären	113
Mooresches Gesetz	298
Multitasking	382
Mythen	38

N

Narziss	58
Neocortex	223
NEO-FFI	343
Netzwerk	384
Neurasthenie	327
Neurobiologie	209
neurobiologische Grundbedürfnisse	446
Neuro-Leadership	438
Neuron	211
Neuroplastizität	211
Neurotizismus	124, 270
Neurotransmitter	213
Nucleus accumbens	215

O

Open-Window-Phänomen	266
Opferhaltung	145, 273, 357
Opferrolle	40, 323

Optimismus	150
Orchideen-Kinder	136
organisationale Energie	97, 190, 445
Organisationsentwicklung	401
Organizational Resilience	401
Oxytocin	246

P

partizipative Führung	437
Passung, kulturelle	412
Penn Resiliency Program	336
Perfektionismus	73
Perfektionist	60
Personalentwicklung	417
Persönlichkeit	115, 269
Persönlichkeitsprofil	128
Persönlichkeitsstörung	76
Persönlichkeitsstörung, Diagnose	78
Persönlichkeitsstruktur	58
Persönlichkeitstypologie	119
Placeboeffekt	267
Posttraumatische Belastungsstörung	142, 334
präfrontaler Cortex	81, 147
Priming	217
Psychisch krank	47
psychometrische Verfahren	120
Psycho-Neuro-Immunologie	262
Psychopathen	78
Psychopathie, Begriff	79
Psychopathy Checklist Revised	78
Psychopharmaka	330
Puls-Diagnostik	241

Q

Quick Wins	432

R

Reflexion, eigene Resilienz	178
Reflexionsübung	49
Reiss Motivation Profile	128
Reptilien-Gehirn	222
Resilience Factor Inventory	132, 344
Resilienz, Begriff	101
Resilienzfeld	182, 405
Resilienzfeld, Ebenen	194
Resilienz-Gen	285
Resilienz, individuelle	110
respiratorische Sinusarrhythmie	241
Ressource	153, 275, 369
Riemann-Thomann-Modell	413
Risikofaktoren, Resilienz	293
Risikofreudigkeit	71
rohe Resilienz	134
Ruhepuls	377

S

Salutogenese	105
Säugetier-Gehirn	223
SBI-Modell	424
Schmerzareal, Gehirn	213
Schmerzzentrum	216
Schutzfaktoren	101, 108, 316
Sekretariat	371
Selbstbild	273
Selbstdisziplin	357
Selbstmord	47
Selbststeuerung	57
Selbstverantwortung	145, 355
Selbstwahrnehmung	66
Selbstwert	248
Selbstwirksamkeit	148, 250
Sense of Coherence	105
Servant Leadership	367
Sinn	172, 279, 318, 386
Sinn, Bedeutung	39
Sinndimensionen	388
Somatik	164
Somatische Marker	141, 163, 164
Sphären individueller Resilienz	111, 343
Spiegelneuron	82, 217
Sprachmuster	419

463

Stichwortverzeichnis

Sprunghaftigkeit	68	Unternehmenswerte	427
Stammhirn	222	Unterstützungsstrukturen	370
State	118	Utilisation	42
Statistik, Burn-out	328		
Stimmigkeit, Werte	392	**V**	
Storytelling	214	Veränderungsprozess	428
Streitkultur	418	Veranlagung	269
Stressfaktor	237	Verhalten, erlerntes	118
Stresshormon	240	Verhaltensmuster, dysfunktionale	308
Stress-Level	240	Verträglichkeit	271
Stressprävention	401	Vertrauen	422
Stressreport	187, 231	Vier Zimmer der Veränderung	428
Stress-Systeme	227	Visibility	319
Suchtzentrum	147	Volatilität	296
SWOT-Analyse	345	Vorbilder	412
Synapse	211	Vorsicht, übersteigerte	69
Systemische Führung	438	VUKA	295, 439

T		**W**	
Täter-Haltung	273	War for Talent	89
Team	183	Wendepunkte	90
Team-Entwicklung	63, 421	Wert	41, 176, 390
Team, inneres	361	Wertesystem	41, 390
Teamklima	185	Whistleblower	205
Thalamus	218	Wiederkäuen, geistiges	356
Trait Resilience	134	Wirgefühl	207
Traits	115	Workplace Big Five	343
transaktionales Stressmodell	234	Work Shadowing	398, 419
Transformational Leadership	437	Wurzel-Ressourcen	155, 369
Trauma	272		
Trauma-Gen	284	**Y**	
Tunnelblick	363	Yoga	166, 277

U		**Z**	
Überforderung	226, 325	Zusammensetzung, Teams	198
Unternehmensentwicklung	405		
Unternehmensführung	89		
Unternehmensklima	184		
Unternehmenskorrosion	311		
Unternehmenskultur	184, 401, 410		
Unternehmensumfeld	409		